PSIM 시뮬레이션 프로그램으로 해석하는

전력전자실습

김경만 · 최경진 · 심광열 · 조관열
강찬호 · 김희준 · 이홍희 · 전태원
공저

도서출판 태영문화사

머리말

전력전자공학은 1980년대 전력용 반도체 소자인 SCR이 발명된 이후로 현재까지 급속하고 눈부시게 발전을 하였고 전력용 반도체로 스위칭하여 전기에너지를 다양한 형태의 다른 에너지로 변환시키는 등 이제는 전력전자공학이 하나의 학문으로 자리 잡았다. 산업화가 될수록 전력전자의 비중은 높아지고 이제는 보편화된 산업사회의 한 부분 혹은 전부가 되어가고 있으며 산업현장에서의 요구성도 계속 높아지고 있다.

그런데 이러한 전력전자공학은 다양한 수학적 배경을 요구하고 복합적인 기초지식을 필요로 하기 때문에 학부 및 전문대학의 학생들에게는 어렵고 힘든 과목으로 여겨졌다. 이 책은 전력전자공학에서 복잡하고 어려운 수식은 가급적 배제를 하고 개념과 동작원리를 기준으로 이해하는 것을 원칙으로 구성하였으며, 모든 회로는 시뮬레이션 프로그램인 PSIM을 통하여 확인할 수 있도록 하였다. PSIM은 전력전자 분야의 전용 시뮬레이션 프로그램으로 캐나다에서 개발이 되어 현재 버전 7.0까지 출시되었다. 이 책에서는 버전 6.1에 기준으로 하였다.

이 책의 구성은 제1장에 전력전자공학을 위하여 필요한 기초적인 이론을 요약하여 정리하였으며, 제2장에서는 시뮬레이션으로 사용할 PSIM의 기능과 사용법 위주로 설명이 되어 있다. 특히 DLL과 PIM과 연동하여 사용하는 방법은 대학원에서 사용이 될 정도로 고급의 기능이다. 제3장에서는 교류를 직류로 변환시키는 정류회로 및 제어정류회로들을 소개하였으며, 제4장은 교류를 교류로 변환시키는 교류전압 및 교류전류제어회로를 다루었다. 제5장은 직류를 직류로 변환시키는 변환기 중 비절연형의 대표모델인 강압, 승압, 강압-승압 및 척 변환기에 대한 특징과 절연형 변환기인 포워드, 플라이백 변환기 및 인버터 정류형 변환기인 반브리지, 전브리지, 푸시-풀 변환기의 회로와 동작사항에 대하여 설명하였으며, 제6장은 직류를 교류로 변환시키는 인버터에 대하여 설명하였다. 마지막으로 7장은 공진형 변환기에 대하여 소개하고 특성을 살펴보았다.

복잡한 수식보다는 기본에 충실하고, 단순한 암기보다는 시뮬레이션을 통한 확인으로 이해의 폭을 넓힐 수 있다면 저자는 더없이 만족할 것이다. 급히 책을 저술하고 확인과 검증의 시간을 짧아 교재로서 아직은 부족한 면이 있고 오류가 발생할 수 있을 것으로 판단이 된다. 이는 독자들의 많은 지도편달로 수정을 계속해 나갈 것이며, 부디 이 책이 대학 및 전문대학에서 전력전자공학을 공부하는 학생들에게는 좋은 교재가 되고 산업현장에서도 기초서적으로 항상 손에 가까이에 둘 수 있는 책이 되기를 바래본다.

끝으로 어려운 여건 속에서도 이 책의 출판에 도움을 주신 태영문화사의 이진권 사장님에게 감사의 말을 전합니다.

2010년 2월

저자일동

차 례

CHAPTER 1 기초이론

1-1. 스위칭 소자 ······ 11
1-1-1. 다이오드 ······ 11
1-1-2. 쌍극접합 트랜지스터 ······ 13
1-1-3. 전계효과 트랜지스터 ······ 17
1-1-4. SCR ······ 21
1-1-5. TRIAC과 GTO ······ 24
1-2. 순시값, 평균값, 실효값 ······ 25
1-2-1. 순시값 ······ 25
1-2-2. 평균값 ······ 26
1-2-3. 실효값 ······ 26
1-3. 비정현파와 푸리에 급수 ······ 28
1-3-1. 푸리에 급수 ······ 28
1-3-2. 비정현 주기함수 ······ 30
1-4. 역률, 전고조파 왜형률 ······ 32
1-4-1. 역률 ······ 32
1-4-2. 왜곡률과 전고조파 왜형률 ······ 33
1장 연습문제 ······ 35

CHAPTER 2 PSIM

2-1. PSIM ······ 41
2-1-1. Schematic 환경 ······ 41
2-1-2. 소자 가져오기 ······ 42
2-1-3. 배치하기 ······ 43
2-1-4. 결선하기 ······ 44
2-1-5. 소자값 입력하기 ······ 45

2-1-6. 프로브 연결 46
2-1-7. 시뮬레이션 설정 및 실행 47
2-2. SIMVIEW 48
2-2-1. SIMVIEW의 파형 출력하기 48
2-2-2. 시간영역 해석 53
2-2-3. 주파수 영역 해석 60
2-3. 부회로(Subcircuit) 65
2-4. 동적링크라이브러리(DLL) 72
2장 연습문제 84

CHAPTER 3 교류-직류 변환기

3-1. 단상 반파정류 89
3-1-1. 저항부하 89
3-1-2. R-L 부하 94
3-1-3. 환류다이오드 101
3-1-4. 커패시터 필터를 가진 반파정류 105
3-2. 단상 전파정류 110
3-2-1. 저항부하 110
3-3. 3상 반파정류 119
3-4. 3상 전파정류 124
3-5. 단상 반파 위상제어정류 129
3-5-1. 저항부하 129
3-5-2. R-L 부하 135
3-6. 단상 전파 위상제어정류 138
3-7. 3상 반파 위상제어정류 142
3-8. 3상 전파 위상제어정류 147
3장 연습문제 155

CHAPTER 4 교류-교류 변환기

4-1. 단상 교류전압 제어 165
4-1-1. 저항부하 165

4-1-2. R-L 부하 170
4-2. 3상 교류전압 제어 176
4-2-1. Y결선 176
4-2-2. △결선 186
4-3. 사이클로 변환기 191
4-3-1. 단상-단상 사이클로 변환기 191
4-3-2. 3상-단상 사이클로 변환기 196
4장 연습문제 202

CHAPTER 5 직류-직류 변환기

5-1. PWM 207
5-1-1. PWM 제어 207
5-1-2. PSIM 스위칭 소자 구현 209
5-1-3. 구형파와 푸리에 급수 214
5-2. 강압 변환기 218
5-3. 승압 변환기 227
5-4. 강압-승압 변환기 236
5-5. 축 변환기 245
5-6. 절연형 변환기 253
5-6-1. 포워드 변환기 253
5-6-2. 플라이 백 변환기 263
5-7. 인버터 정류형 변환기 270
5-7-1. 반브리지 변환기 271
5-7-2. 전브리지 변환기 274
5-7-3. 푸시-풀 변환기 277
5장 연습문제 285

CHAPTER 6 직류-교류 변환기

6-1. 단상 인버터 293
6-1-1. 단상 전브리지 인버터의 기본동작 293
6-1-2. 출력전압제어와 고조파 제거 300

6-2. PWM 인버터 ········· 306
6-2-1. 양방향 스위칭 ········· 307
6-2-2. 단방향 스위칭 ········· 308
6-3. 3상 인버터 ········· 318
6-3-1. 6스텝 인버터 ········· 318
6-3-2. 3상 PWM 인버터 ········· 325
6-3-3. 3상 농형 유도전동기 구동 ········· 330
6장 연습문제 ········· 334

CHAPTER 7 공진형 변환기

7-1. 공진형 변환시스템 ········· 339
7-2. 공진 스위칭 회로 ········· 340
7-2-1. 전압공진 스위칭 회로 ········· 340
7-2-2. 전류공진 스위칭 회로 ········· 342
7-3. 준공진형 변환기 ········· 345
7-3-1. 영전압 스위칭 준공진형 변환기 ········· 345
7-3-2. 영전류 스위칭 준공진형 변환기 ········· 355
7-4. 다중 공진형 변환기 ········· 367
7-5. 직렬공진 직류-직류 변환기 ········· 369
7-6. 병렬공진 직류-직류 변환기 ········· 379
7-7. 직병렬공진 직류-직류 변환기 ········· 386
7장 연습문제 ········· 391

Appendix 부록

A-1. Elements의 구성요소 ········· 399
A-2. 부품 툴 바의 구성요소 ········· 403

찾아보기 ········· 405

CHAP. 1

기초이론

1-1. 스위칭 소자

1-2. 순시값, 평균값, 실효값

1-3. 비정현파와 푸리에 급수

1-4. 역률, 전고조파 왜형률

1-1 스위칭 소자

1-1-1. 다이오드

PN 접합 다이오드는 <그림 1.1>과 같이 P형과 N형 반도체를 접합시켜 접합다이오드를 만들게 된다. 이 같이 두 개의 반도체로 만들어진 소자는 한쪽 방향으로만 전류를 잘 흐르게 하는 성질을 가지게 된다.

그림 1.1 PN 접합 다이오드의 구조

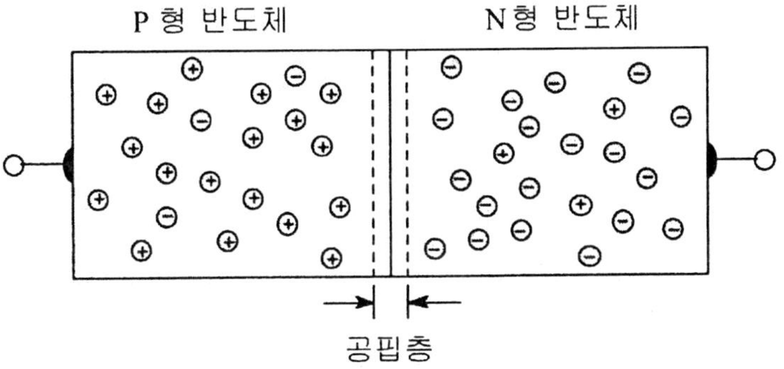

P형 반도체에 (+)전극, N형 반도체에 (−)전극을 접속시킨 경우, 접합면에서 공핍층이 얇아지고 정공과 자유전자의 이동하면서 전류가 흐르기 시작한다. 이렇게 전극에 인가된 전계의 방향과 세기에 의해 공핍층의 두께가 얇아지고 정공과 자유전자가 자유롭게 흐르게 되는 현상을 순방향 바이어스(forward bias)라고 한다.

N형 반도체에 (+)전극, P형 반도체에 (−)전극을 접속시킨 경우, 접합면에서 공핍층이 두꺼워지고 P형 반도체의 다수 캐리어인 정공과 N형 반도체의 다수 캐리어인 자유전자가 각각의 전극에 집중되어 전류는 흐르지 않게 된다. 한편 P형 반도체의 소수캐리어인 자유전자와 N형 반도체의 소수 캐리어인 정공이 이동하면서 전류가 흐르지만 그 크기는 수 [μA]이다. 이렇게 전극에 인가된 전계의 방향과 세기에 의해 공핍층의 두께가 두꺼워지고 정공과 자유전자가 이동하지 못하는 현상을 역방향 바이어스(forward bias)라고 한다.

다이오드(diode)라는 말의 어원은 2개의 전극을 의미하는 2(di)라는 단어와 전극(electrode : ode)이라는 단어의 복합어에서 유래되었다. <그림 1.2>의 (a)는 다이오드의 구조를 나타내며 P측은 애노드(anode), N측은 캐소드(cathode)라 부르고, 그림 (b)는 다이오드의 심벌을 나타내고 있다.

그림 1.2 PN 접합 다이오드의 구조와 심벌

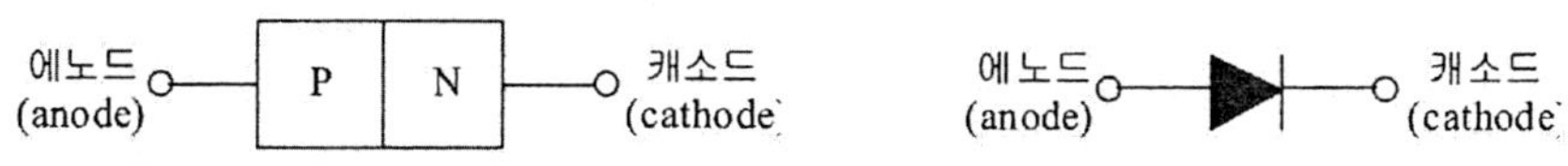

(a) 다이오드의 구조 (b) 다이오드의 심벌

이상적인 다이오드의 경우 한 방향으로는 스위치가 닫힌 동작을 하고 반대방향으로는 스위치가 열린 동작을 한다.

그림 1.3 다이오드의 바이어스

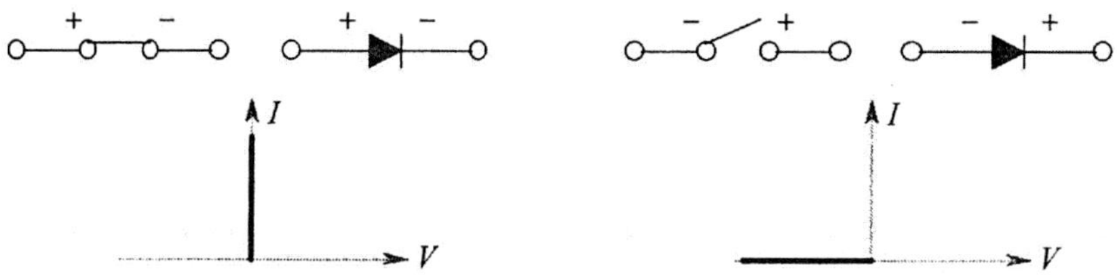

(a) 다이오드의 순방향 동작 (b) 다이오드의 역방향 동작

다이오드의 애노드에 (+), 캐소드에 (−)를 인가할 경우 다이오드는 <그림 1.3> (a)와 같이 닫힌 스위치 동작을 하게 되고, 전압-전류 파형은 작은 인가전압에도 큰 전류를 흘릴 수 있게 된다.

반대로 애노드에 (−), 캐소드에 (+)를 인가할 경우 다이오드는 <그림 1.3> (b)와 같이 열린 스위치 동작을 하게 되고, 전압-전류 파형은 (−)의 방향으로 큰 전압을 인가하여도 전류는 흐르지 않게 된다.

그러나 실제 다이오드는 순방향 바이어스에서 다이오드를 턴-온 시키기 위해 문턱전압(Knee Voltage) 이상의 전압이 걸려야 하고, 역방향 바이어스에서 소수캐리어에 의한 작은 전류가 흐르게 되는데 이를 누설전류라 한다. 또한 음(−)의 방향으로 전압을 계속 증가시켰을 때 어느 순간을 넘어서게 되면 전류가 급격히 음(−)의 방향으로 증가하기 시작하는 항복현상(break down)이 발생하며 이때의 역방향 전압을 역방향 첨두전압(Peak Inverse Voltage : PIV)라 하고 다이오드의 정격을 나타내는데 사용된다.

이와 같이 실제 다이오드의 특성은 이상적인 다이오드의 특성과는 차이가 있다. 실제 다이오드의 특성을 <그림 1.4>에 나타내었다.

그림 1.4 실제 다이오드의 특성곡선

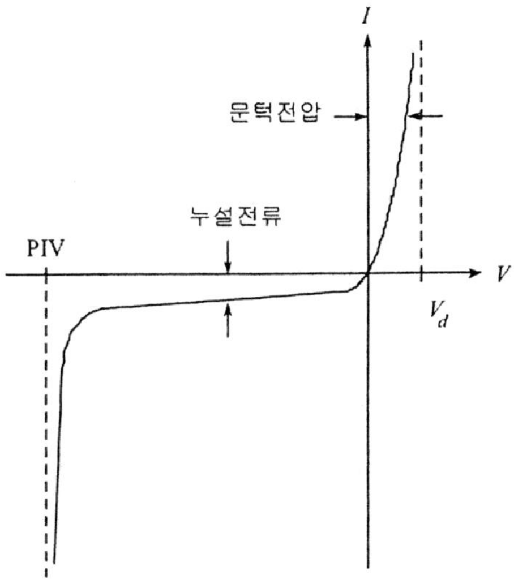

1-1-2. 쌍극접합 트랜지스터

[1] 구조와 기본 동작

트랜지스터는 기본적으로 다이오드와 비슷한 구성을 가지지만 동작은 다르다. 또한 트랜지스터는 그 종류에 따라서 동작이 모두 다르지만 거의 비슷하게 사용이 된다. 트랜지스터의 가장 대표적인 기능은 증폭(amplifier)기능과 스위칭(switching)기능이라고 할 수 있다. 이 중 전자회로나 부품 등에서 작은 신호를 크게 확대시킬 필요가 있는 곳에는 트랜지스터를 증폭용으로 사용을 하고, 회로를 ON/OFF 시킬 때에는 스위칭용으로 사용한다. 그러나 증폭용의 경우 거의 대부분 작은 용량이지만, 스위칭용인 경우 용량에 따라 다양한 정격을 가진다.

<그림 1.5>에 쌍극접합 트랜지스터(Bipolar Junction Transistor)의 구조와 심벌을 나타내고 있다.

그림 1.5 쌍극접합 트랜지스터와 심벌

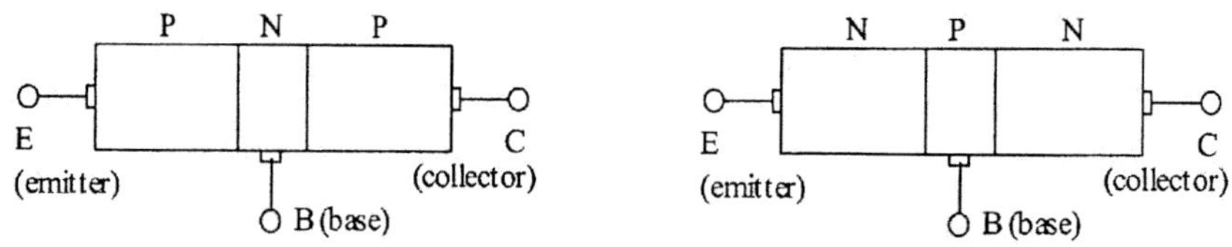

(a) PNP형 접합 트랜지스터 (b) NPN형 접합 트랜지스터

(c) PNP형 트랜지스터의 심벌 (d) NPN형 트랜지스터의 심벌

<그림 1.6>은 NPN형 공통 이미터 구성 회로에 대한 평균 컬렉터 특성 V_{CE}와 I_C를 보여준다. 각 커브는 I_B전류가 주어졌을 때, 컬렉터-이미터 전압 V_{CE}와 컬렉터 전류 I_C를 와 관계를 나타내고 있다.

그림 1.6 트랜지스터 특성곡선

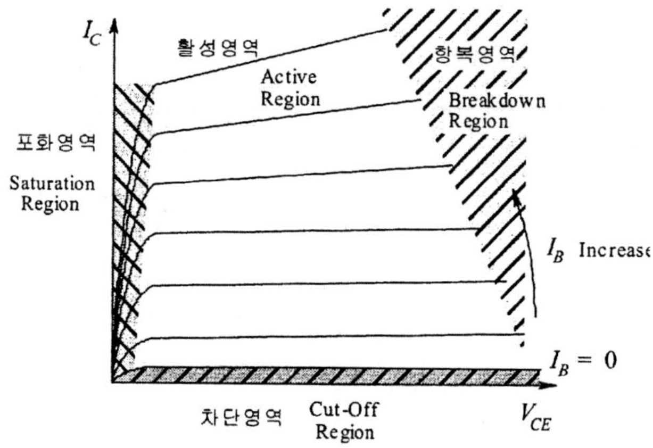

트랜지스터 특성곡선은 크게 4가지 영역으로 구성되어 있다. 컬렉터전류에 대한 컬렉터-이미터간 전압이 비선형성을 띄는 포화영역(saturation region), 트랜지스터에 최소전류를 흐르게 하는 차단영역(cut-off region), 선형 전압조절이나 증

폭 등의 용도로 사용되는 활성영역(active region), 트랜지스터의 정격보다 큰 영역인 항복영역(breakdown region)으로 나눌 수 있다. 트랜지스터를 구동하는데 있어서 항복영역은 사용하지 않는 영역이다. 이 중에서 스위칭용으로 사용하기 위해서는 동작점이 포화영역과 활성영역에 위치하도록 한다.

<그림 1.7>의 회로에 대하여 트랜지스터의 각 부분에 흐르는 전류와 전압에 대하여 살펴보자. 여기서 V_{BB}, R_B, V_{CC}, R_L은 이미 주어진 값이고 트랜지스터 특성곡선을 알고 있다고 가정하면, I_B 전류와 I_C, V_{CE}를 구하기 위한 2개의 방정식을 구할 수 있다.

그림 1.7 이미터 접지회로

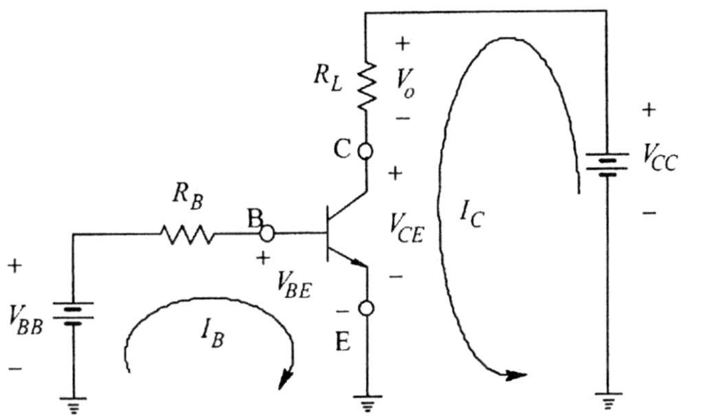

먼저 I_B를 구하기 위하여 베이스 루프에서 키르히호프 전압법칙에 따라 $-V_{BB}+R_BI_B+V_{BE}=0$ 식을 구할 수 있다. 그런데 NPN형 트랜지스터의 베이스(B)와 이미터(E)사이는 다이오드로 해석할 수 있으므로 순방향전압이 인가되었을 경우 V_{BE} = 0.7 [V]로 등가 해석이 가능하며, 식을 정리하면 식(1.1)과 같다.

$$I_B=\frac{V_{BB}-V_{BE}}{R_B}=\frac{V_{BB}-0.7}{R_B} \qquad (1.1)$$

다음으로 컬렉터 루프에서 키르히호프 전압법칙에 따라 컬렉터 전류 I_C와 컬렉터-이미터 전압 V_{CE}의 식은 $-V_{CC}+R_LI_C+V_{CE}=0$이다. 여기서 주어진 값은 V_{CC}와 R_L만 주어져 있으므로, 컬렉터 전류 I_C와 컬렉터-이미터 전압 V_{CE}은 미지수가 된다.

$$I_C = \frac{V_{CC} - V_{CE}}{R_L} = \frac{-V_{CE}}{R_L} + \frac{V_{CC}}{R_L} \qquad (1.2)$$

식(1.2)는 부하의 특성에 의해 결정되는 식으로서 이를 V_{CE}와 I_C에 대한 직선으로 나타내었을 때 직류부하선(DC load line)이라 하고, 이 식을 <그림 1.7>의 특성곡선과 함께 나타내면 다음과 같다.

그림 1.8 트랜지스터의 특성곡선과 직류부하선(DC Load Line)

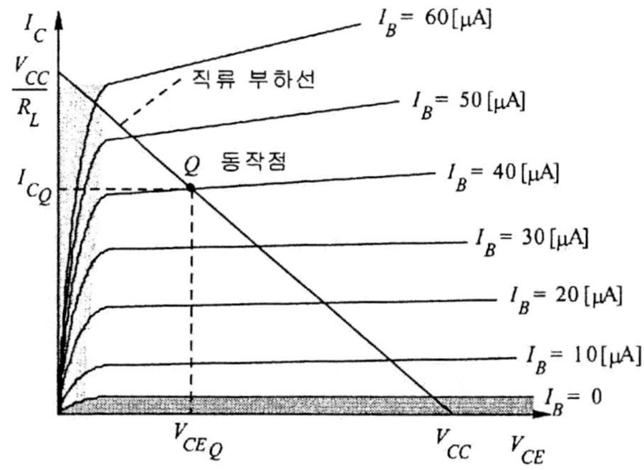

여기서 동작점(operating point : Q)이란 트랜지스터의 제작시 결정되는 특성곡선과 부하에 의해 결정되는 직류부하선이 만나는 지점을 말한다.

먼저 식(1.1)에 의해 결정된 베이스 전류 I_B가 결정되면, 특성곡선의 여러 커브들 중에서 해당되는 곡선이 선택된다. 예를 들어 I_B = 40 [μA]라고 가정하자. 컬렉터측 회로에서 얻어진 식(1.2)에 의해 직류부하선을 그을 때 만나는 지점 Q가 동작점이 된다. 즉, 동작점의 좌표값 (V_{CE_Q}, I_{C_Q})가 트랜지스터의 컬렉터-이미터간 전압이고, 컬렉터로 흐르는 전류가 된다.

[2] 스위치 모드에서의 동작

<그림 1.9> (a)는 I_B = 0일 때 동작점의 위치를 나타낸 것으로 트랜지스터의 컬렉터-이미터 사이 전압이 거의 전원전압과 같고 트랜지스터에 흐르는 전류는 0이 되어 스위치가 열렸을 때와 같은 현상이다.

<그림 1.9> (b)는 I_B = 60 [μA]일 때의 동작점의 위치를 나타낸 것으로 트랜지

스터의 컬렉터-이미터 사이 전압은 0 이고, 트랜지스터에 흐르는 전류 = Vcc/R_L 가 되므로 전원전압과 부하에 의해 흐르는 전류가 트랜지스터에 흘러서 스위치가 닫힌 것과 같은 현상이 된다.

그림 1.9 트랜지스터를 스위칭 모드로 동작할 때 동작점

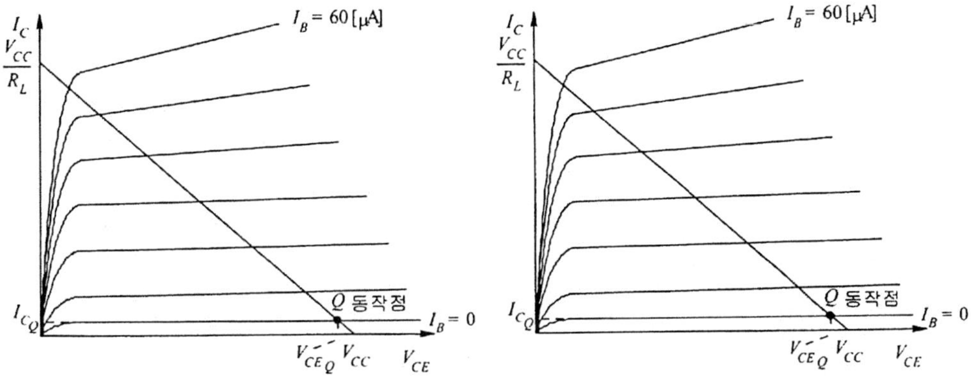

(a) I_B = 0일 때 동작점 (b) I_B = 60 [μA]일 때 동작점

1-1-3. 전계효과 트랜지스터

[1] 구조와 기본동작

쌍극 접합 트랜지스터는 두 개의 극을 가지고 있으며, 단극형 트랜지스터는 한 개의 극을 가지고 있다. 전계효과 트랜지스터(field effect transistor : FET)는 단극형 트랜지스터로 접합형 FET(Junction FET : J-FET), 금속산화물 반도체형 FET (Metal Oxide Semiconductor FET : MOSFET) 등이 있다. 전계효과 트랜지스터가 가지는 특징은 다음과 같다.

① 다수 캐리어에 의해 동작상태가 결정되는 단극형(unipolar)이다.

② 집적회로 제작시 부피가 작다.

③ 입력저항이 아주 크다.

④ 쌍극형에 비하여 노이즈가 적다.

⑤ 오프셋(offset) 전압이 없으므로 초퍼(chopper)로서 동작이 용이하다.

FET에서 드레인, 게이트, 소스는 바이폴라 트랜지스터의 컬렉터, 베이스, 이미터에 각각 해당된다. 그러나 동작에 있어서는 단극형과 쌍극형 트랜지스터가 차이를 나타낸다. 쌍극형 트랜지스터의 경우 베이스 전류 I_B에 의해 컬렉터 전류 I_C와 컬렉터-이미터 전압 V_{CE}을 제어하였지만, 단극형 트랜지스터의 경우 게이트-소스간 전압 V_{GS}에 의해 드레인 전류 I_D와 드레인-소스간 전압 V_{DS}을 제어한다.

그림 1.10 N 채널 JFET의 동작사항

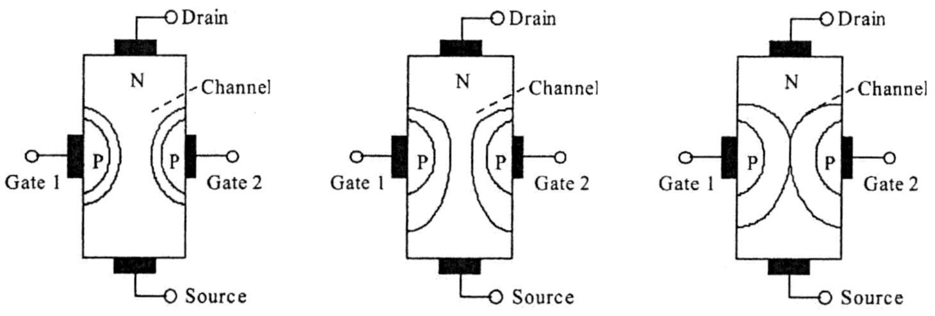

(a) N 채널 JFET (b) 채널폭 감소 (c) 핀치오프현상

드레인 전류의 제어방법은 소스 단자와 비교하여 게이트 단자가 더 역방향 바이어스 되게 하는 것이다. 게이트 단자에 역방향 바이어스를 인가할 때의 효과는 물리적인 특성에 의하여 터널 폭이 좁아지고, 이것이 채널로 흐르는 전류를 제한한다. 또 게이트에 역방향 바이어스를 인가하면 접합부에서 전계는 게이트를 확장시켜 <그림 1.10> (b)와 같이 채널 폭을 더욱 감소시킨다. 만약 게이트에 역방향 바이어스가 충분히 인가되면, <그림 1.10> (c)와 같이 채널 폭이 완전히 막혀 드레인 전류가 흐르지 못하는 상태가 된다. 이러한 현상을 핀치오프(pinch off) 현상이라고 한다.

그림 1.11 JFET의 심벌

(a) N 채널 JFET의 심벌 (b) P 채널 JFET의 심벌

P채널 JFET의 경우는 N채널 JFET의 경우와는 반대로 생각하면 된다. <그림 1.11> (a)는 N채널 JFET에 대한 기호를, (b)는 P채널 JFET 기호를 나타내었다.

N 채널 JFET에서 드레인 전류 I_D와 드레인-소스전압 V_{DS}는 게이트-소스간 전압 V_{GS}에 따라 결정된다. 앞 절에서 살펴본 바와 같이 V_{GS}를 역방향으로 증가시키면 채널의 폭이 감소하면서 도전성이 줄어들어 드레인 전류 I_D가 줄어들고, 급기야 채널이 막히는 핀치오프 현상이 발생한다. 핀치오프 현상 때에는 드레인-소스간 저항값이 ∞가 되어 전류가 흐를 수 없게 되며 핀치오프를 일으키기 위해서는 게이트-소스간의 전압 V_{GS}가 역방향으로 일정크기 이상이어야 하는데 이 전압을 핀치오프 전압 V_P라 한다.

I_D는 0에서 JFET가 파괴되지 않는 범위에서 최대까지 증가하며 이때의 드레인 전류가 I_{DSS}이다. V_{DS}가 V_D에서 V_{DSmax}까지 증가할 때, 드레인 전류 I_{DSS}는 비교적 일정하게 유지한다. JFET는 비교적 I_D의 변화가 거의 없는 V_P에서 V_{DSmax} 사이에서 동작되어 진다. 만약 V_{DS}가 V_{DSmax}점 이상으로 증가하면 JFET가 파괴되는 애벌란치 현상으로 I_D가 증가한다. 그러므로 V_{DSmax}는 V_{GS} = 0 일 때 JFET가 안정하게 동작되어지는 최대 드레인-소스전압이다.

그림 1.12 공통 소스회로와 드레인 특성곡선

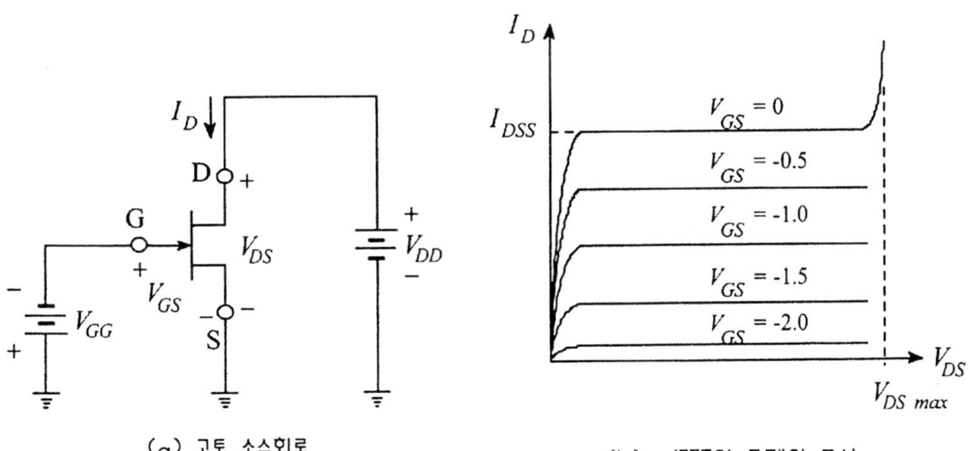

(a) 공통 소스회로　　(b) JFET의 드레인 특성

드레인 특성곡선은 V_{GS}가 −0.5 [V] 간격으로 감소할 때 I_D의 변화를 <그림 1.12> (b)에 나타내었다.

<그림 1.13> (a)의 회로에 대하여 제어전압 V_{GS}에 의하여 부하저항 R_L에 걸린 전압과 흐르는 전류 I_D가 결정된다. JFET의 게이트-소스간의 전압에 따라 JFET의 채널의 폭을 제한하게 되고, 따라서 드레인 전류를 제한시켜 부하저항에 걸리는 전압이 달라진다.

<그림 1.13> (a)에서 드레인측 회로에 대하여 키르히호프 전압법칙을 적용하여 식으로 나타내면 $-V_{DD} + R_L \times I_D + V_{DS} = 0$이므로 이를 정리하면

$$I_D = -\frac{V_{DS}}{R_L} + \frac{V_{DD}}{R_L} \tag{1.3}$$

그림 1.13 드레인 특성곡선

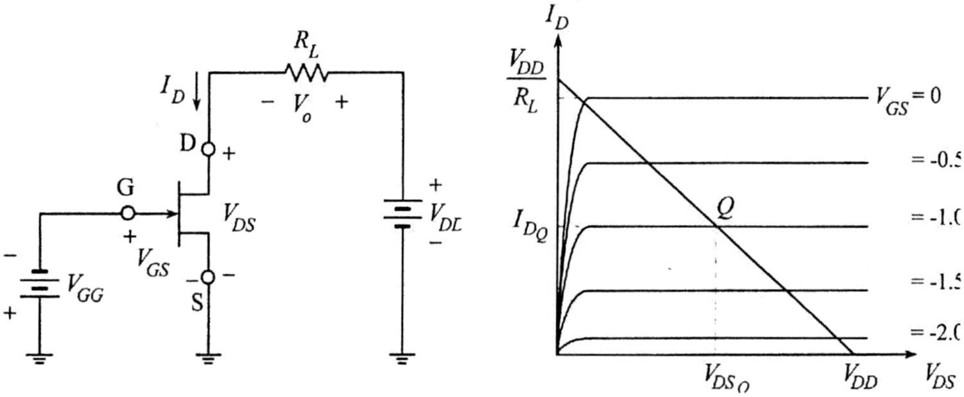

(a) 부하저항 R_L을 부착시킨 모습 (b) 드레인 특성곡선과 직류부하선, 동작점

드레인 특성곡선에 식(1.3)의 직선을 그으면 <그림 1.13> (b)와 같이 나타낼 수 있다. 동작점(operating point : Q)이란 JFET가 제작될 때 결정되는 드레인 특성곡선에서 게이트-소스간 전압에 의해 결정되는 하나의 곡선과 직류부하선이 만나는 지점이다. 이 동작점에서의 좌표값이 JFET에 걸린 전압과 흐르는 전류이다.

[2] 스위치 모드에서 동작

$V_{GS} = V_P$를 가하면 동작점은 <그림 1.14> (a)와 같이 된다. 이 동작점의 특징은 $V_{DS} \cong V_{DD}$, $I_D \cong 0$ 이다. 즉, JFET의 드레인과 소스 사이에 전원전압이 거의 다 걸리고, 직렬도 삽입된 JFET로 전류가 흐르지 않으므로 JFET가 스위치 OFF 된 특성과 같다.

$V_{GS} = 0$을 가하면 동작점은 <그림 1.14> (b)와 같이 된다. 이 동작점의 특징은

$V_{DS} \cong 0$, $I_D \cong V_{GS} / R_L$이다. 즉, JFET가 스위치 ON된 것과 같은 동작을 하게 된다.

그림 1.14 전달특성곡선

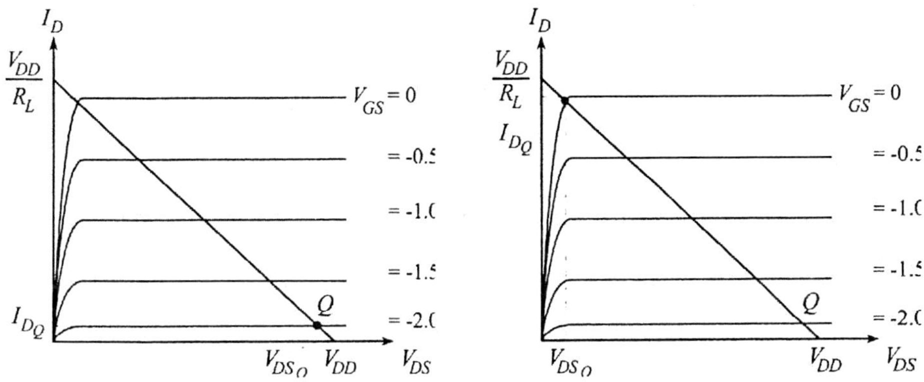

(a) JFET가 OFF 된 상태 (b) JFET가 ON 된 상태

1-1-4. SCR

SCR(Silicon Control Rectifier)은 4층의 NPNP 고체 상태에서 정류기로서 애노드(anode), 캐소드(cathode), 게이트(gate) 등 세 개의 전극을 가지고 있다. SCR은 다이오드와 비슷한 특성을 가지고 있어서 역방향 전압에서 전류를 차단시키고, 순방향 전압에서 게이트 전류를 인가하면 턴-온(turn-on)된다. 즉, 순방향 바이어스라 하더라도 양극전압이 순방향 브레이크오버전압(breakover voltage) V_{BRF} 이상이 되기 전에는 전혀 감지할만한 전류를 흘리지 않는다는 점에서 다이오드 정류기와는 다르다.

그림 1.15 SCR의 구조와 심벌

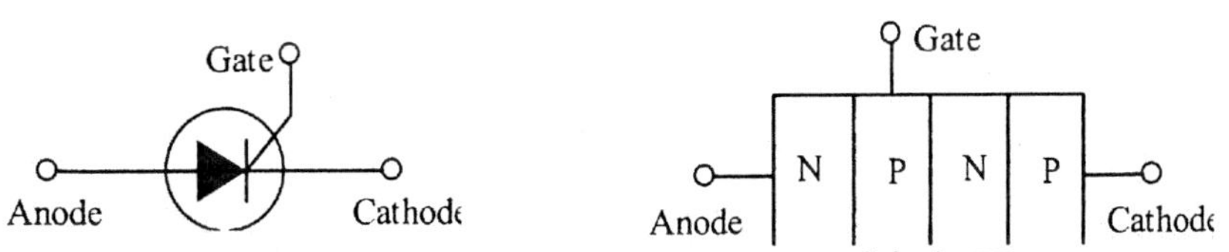

(a) SCR의 회로 심벌 (b)4층 구조

V_{BRF}에 도달하면 SCR은 켜진다. 게이트 전류는 정류기의 동작에서 새로운 차원을 제공하여, 작은 크기의 게이트전류로 큰 크기의 양극 또는 부하전류를 조정하게 된다.

[1] 전압-전류 특성

<그림 1.16>은 게이트가 연결되지 않은(개방된) SCR의 전압-전류 특성이다. 애노드-캐소드 회로가 역방향으로 바이어스 되면, 역방향 블로킹 전류라고 부르는 약간의 역방향 누설전류가 존재한다. 이 전류는 역방향 바이어스 전압이 최대 역방향 전압 V_{ROM}을 초과할 때까지 남아 있다. V_{ROM}의 지점에서 역방향 사태(avalanche)영역이 시작되어서, 누설전류가 급격히 증가한다.

그림 1.16 게이트가 개방된 SCR의 전압-전류 특성곡선

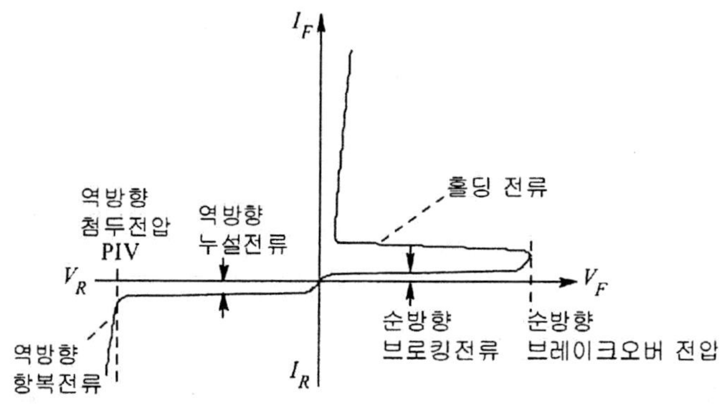

SCR이 정방향으로 바이어스 되면 순방향 방해전류라고 부르는 작은 순방향 누설전류가 존재하는데, 이는 순방향 브레이크오버 전압에 도달할 때까지 남아 있다. 이 영역이 순방향 사태 영역으로서, 이 지점에서 전류는 신속하게 고전도 수준으로 뛰어넘는다. 이때 SCR의 애노드와 캐소드의 저항은 매우 작아져서 SCR은 스위치가 닫힌 것으로 동작한다. 이 고전도 영역에서는 SCR 양단의 전압은 매우 작은 값으로 떨어지고, 사실상 거의 전체 인가전압은 정류기에 직렬 연결된 부하 양단에 걸리게 된다. 그러므로 SCR을 통해 흐르는 전류를 SCR의 정격값 이내로 제한하는 역할을 외부 부하저항이 해야만 한다.

SCR의 두 동작 단계는 개폐 스위치의 두 상태에 해당한다. 인가전압이 브레이크오버 전압보다 낮으면 정류기는 꺼진다. 전압이 브레이크오버 전압 이상이 되면 정류기는 켜진다. 전류가 홀딩전류(holding current)라고 부르는 일정값 이

상으로 머무르는 동안에는, 정류기는 켜진 상태, 즉 고전류 상태에 머문다. 정류기 양단의 전압이 유지전류를 유지할 수 없을 정도로 떨어지면 정류기는 꺼진다.

[2] 게이트 전류와 출력전압

SCR은 교류회로에서 매우 유용하며, 여기서 게이트전류에 의해 출력전류가 조정되는 정류기의 기능을 갖는다. 이러한 유형의 응용 예로서, 교류전원에 의해 직류모터나 기타 직류부하를 조정하는 데에 SCR이 사용된다.

그림 1.17 SCR회로와 파형

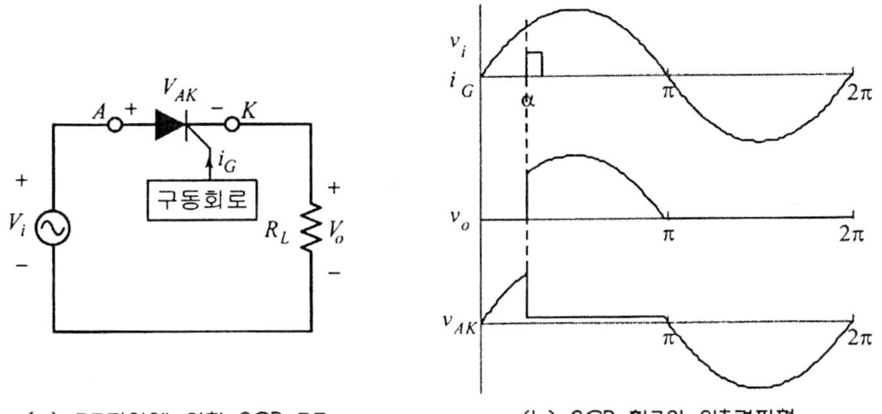

(a) 교류전원에 의한 SCR 구동 (b) SCR 회로의 입출력파형

<그림 1.17> (a)의 회로에서 SCR은 R_L에 전류를 공급하는 반파정류기로서 연결되어있다. <그림 1.17> (b)와 같이 정현전압 입력에 대하여 순방향 전압과 역방향 전압으로 구분할 수 있다. 먼저 역방향 전압에 대해서는 다이오드와 마찬가지로 턴-오프 되어 출력전압은 0이 되고 전원전압은 SCR에 걸리게 된다. 순방향 전압에서 다이오드는 문턱전압 이상이 되면 턴-온 되지만 SCR은 게이트 전류 i_G가 흐르는 순간부터 턴-온이 된다.

<그림 1.17> (b)에서 교류전원을 $v_i = V_m \sin \omega t$라 할 때, 부하저항 R_L에 걸리는 전압의 평균값 V_o을 구하면 다음 식과 같이 나타낼 수 있다.

$$V_o = \frac{1}{2\pi}\int_{\alpha}^{\pi} V_m \sin \omega t \cdot d(\omega t) = \frac{V_m}{2\pi}(1+\cos\alpha)[\mathrm{V}] \qquad (1.4)$$

여기서 α는 점호각으로 SCR을 턴-온 시키기 위하여 게이트에 전류를 흐르는 시점과 전원전압이 0 [V]를 지나는 시점과의 위상각이다. 따라서 출력전압의 평균값은 α = 0 일 때 최대가 되고, α가 증가할수록 평균전압이 작아지는 것을 알 수 있다. 이와 같이 SCR은 교류전원으로부터 평균전압의 크기를 제어할 수 있다는 특징을 가진다.

1-1-5. TRIAC과 GTO

TRIAC과 GTO는 사이리스터의 한 종류들이다.

[1] TRIAC

TRIAC은 양방향성을 가진 소자의 턴-온 조건을 제어하기 위한 게이트 단자를 가지고 있는 다이악(DIAC)이다. 이에 대한 해석은 SCR을 양방향으로 부착시켜 제어를 하는 것과 동일하며 주로 교류 부하를 제어하기 위하여 사용한다.

SCR이 역방향 차단기능과 순방향 턴-온 제어기능을 가졌다고 정의한다면, TRIAC은 SCR의 특징에 역방향 턴-온 제어기능을 가졌다고 할 수 있다.

그림 1.18 TRIAC회로와 파형

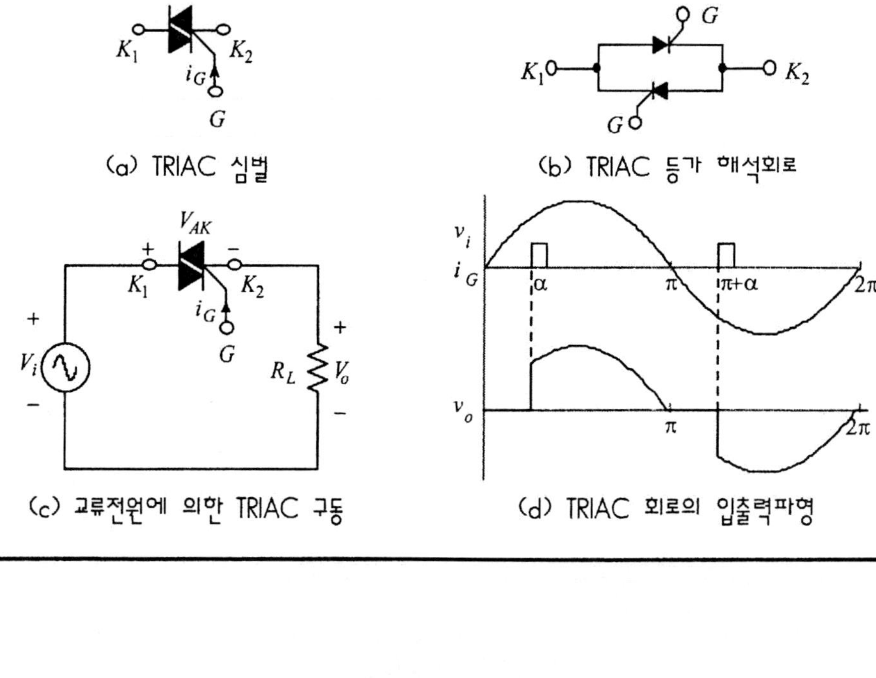

(a) TRIAC 심벌 (b) TRIAC 등가 해석회로 (c) 교류전원에 의한 TRIAC 구동 (d) TRIAC 회로의 입출력파형

[2] GTO

GTO(Gate turn-off thyristor)는 SCR과 비슷하게 역방향 제어기능은 없고, 순방향 턴-온 제어기능과 턴-오프 제어기능을 모두 가지고 있다. 즉, 순방향 전압에서 양(+)의 전류로 턴-온 시킨다면, 순방향 전압에서 음(-)의 전류로 턴-오프를 시킬 수 있다. 따라서 GTO는 스위치의 턴-온과 턴-오프 제어가 모두 요구되는 곳에 사용된다.

그림 1.19 GTO회로와 파형

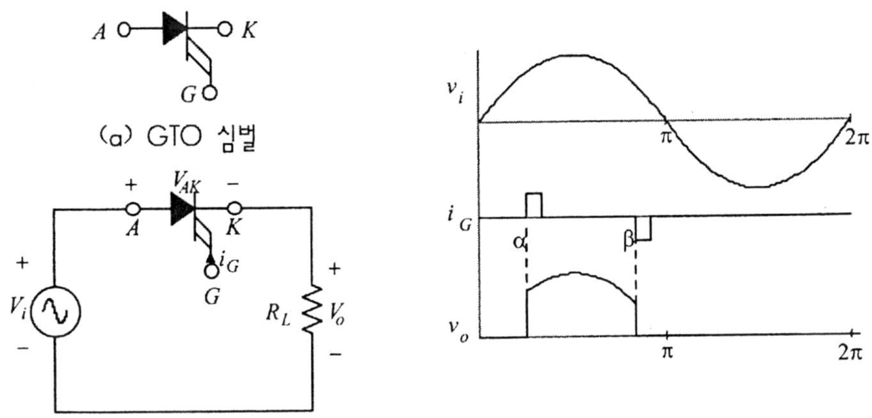

(a) GTO 심벌

(b) 교류전원에 의한 GTO 구동

(d) GTO 회로의 입출력파형

1-2 순시값, 평균값, 실효값

1-2-1. 순시값

어떤 파형에 있어서 순시값은 시간에 대한 값을 표현할 수 있는 값이다. 즉, 시간의 함수로 표현이 되는 식으로 시간을 대입하면 그 때의 값을 구할 수 있다.

정현파 전압의 순시값에는 최대값, 주파수, 위상이 표현된다.

$$v(t) = V_m \sin(\omega t + \theta) = V_m \sin(2\pi f t + \theta) \tag{1.5}$$

어떤 소자에 걸린 전압과 흐르는 전류의 순시값을 각각 $v(t)$, $i(t)$라 했을 때 그 소자의 전력 $p(t)=v(t)\cdot i(t)$이 된다. 여기서 전력 $p(t)$의 값이 양(+)이면 전력을 소모하는 것이고, 음(-)이면 전력을 공급하는 것이다.

1-2-2. 평균값

어떤 파형의 평균값은 그 파형의 직류값을 의미하며 구하는 식은 다음과 같다.

$$V_{ave}=\frac{1}{T}\int_{0}^{T}v(t)\cdot dt \tag{1.6}$$

한편 전력에 대한 평균값인 평균전력은

$$P=\frac{1}{T}\int_{0}^{T}p(t)\,dt=\frac{1}{T}\int_{0}^{T}v(t)\,i(t)\,dt \tag{1.7}$$

으로 유효전력(effective power)이 된다. 교류회로에서 평균전력은 회로에 공급되는 전체 평균전력이면서 회로에서 소비하는 전체 평균전력이며 실효전력이라고도 한다.

1-2-3. 실효값

전압의 실효값 rms(root mean square)는 다음과 같이 구할 수 있다.

$$V_{o,rms}=\sqrt{\frac{1}{T}\int_{0}^{T}v(t)^{2}\,dt} \tag{1.8}$$

전압이 정현파일 때 $T=2\pi/\omega$이므로 적분식을 ωt에 대하여 정리하면 다음과 같이 구할 수 있다.

$$V_{o,rms}=\sqrt{\frac{1}{2\pi}\int_{0}^{2\pi}V_{m}^{2}\sin^{2}\omega t\,d(\omega t)}=\frac{V_{m}}{\sqrt{2}} \tag{1.9}$$

[예제 1.1] 그림과 전압, 전류의 파형에 대하여 각각의 평균값, 실효값 및 평균전력을 구하여라.

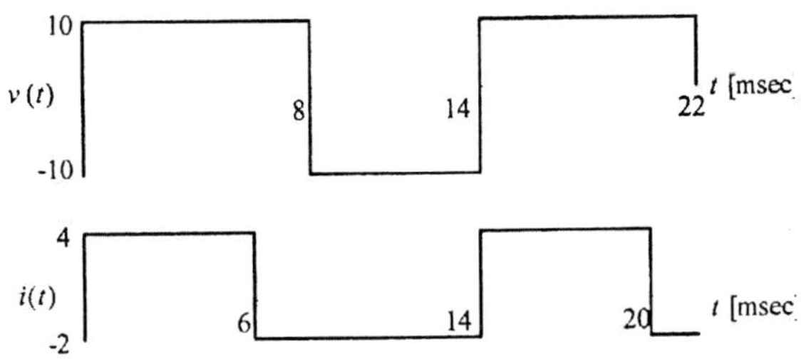

<풀이> (1) 전압식 $v(t)=\begin{cases}10 & 0\le t<8\\ -10 & 8\le t<14\end{cases}$

평균값 $V_{avg}=\frac{1}{14}\left[\int_0^8 10\cdot dt+\int_8^{14}-10\cdot dt\right]=\frac{1}{14}\left([\,10t\,]_0^8+[-10t\,]_8^{14}\right)$

$=\frac{1}{14}(80-140+80)=1.4286\ [\mathrm{V}]$

실효값 $V_{rms}=\sqrt{\frac{1}{14}\left[\int_0^8 10^2\cdot dt+\int_8^{14}(-10)^2\cdot dt\right]}$

$=\sqrt{\frac{1}{14}\left([\,100t\,]_0^8+[\,100t\,]_8^{14}\right)}=\sqrt{\frac{1}{14}(800+1400-800)}=10\ [\mathrm{V}]$

(2) 전류식 $i(t)=\begin{cases}4 & 0\le t<6\\ -2 & 6\le t<14\end{cases}$

평균값 $I_{avg}=\frac{1}{14}\left[\int_0^6 4\cdot dt+\int_6^{14}-2\cdot dt\right]=\frac{1}{14}\left([\,4t\,]_0^6+[-2t\,]_6^{14}\right)$

$=\frac{1}{14}(24-28+12)=0.5714\ [\mathrm{A}]$

실효값 $I_{rms}=\sqrt{\frac{1}{14}\left[\int_0^6 4^2\cdot dt+\int_6^{14}(-2)^2\cdot dt\right]}$

$=\sqrt{\frac{1}{14}\left([\,16t\,]_0^6+[\,4t\,]_6^{14}\right)}=\sqrt{\frac{1}{14}(96+56-24)}=3.024\ [\mathrm{A}]$

(3) 전력식 $p(t)=\begin{cases}40 & 0\le t<6\\ -20 & 6\le t<8\\ 20 & 8\le t<14\end{cases}$

평균값 $P_{avg}=\frac{1}{14}\left[\int_0^6 40\cdot dt+\int_6^8 -20\cdot dt+\int_8^{14}20\cdot dt\right]$

$=\frac{1}{14}\left([\,40t\,]_0^6+[-20t\,]_6^8+[\,20t\,]_8^{14}\right)$

$=\frac{1}{14}(240-160+120+280-160)=22.8571\ [\mathrm{W}]$

1-3 비정현파와 푸리에 급수

1-3-1. 푸리에 급수

모든 주기 함수 $f(t)$는 식(1.10)과 같이 표현할 수 있다.

$$f(t)= a_0 + \sum_{n=1}^{\infty} a_n \cos n\omega_0 t + \sum_{n=1}^{\infty} b_n \sin n\omega_0 t \tag{1.10}$$

식(1.10)은 푸리에 급수(fourier series)로서 주기함수를 삼각함수로 구성되는 급수에 의한 표현하는 것이다. 식(1.10)에서 Cosine항과 Sine항의 계수는 다음 식과 같이 구할 수 있다.

$$a_0 = \frac{1}{T}\int_{-T/2}^{T/2} f(t) \cdot dt \tag{1.11}$$

$$a_n = \frac{1}{T/2}\int_{-T/2}^{T/2} f(t)\cos n\omega_0 t \cdot dt \tag{1.12}$$

$$b_n = \frac{1}{T/2}\int_{-T/2}^{T/2} f(t)\sin n\omega_0 t \cdot dt \tag{1.13}$$

그런데 Sine 항과 Cosine 항은 같은 정현적인 형태이므로 다음 식과 같이 나타낼 수 있다.

$$f(t) = a_0 + \sum_{n=1}^{\infty} C_n \sin(n\omega_0 t + \theta_n) \tag{1.14}$$

여기서 고조파 항의 계수 $C_n = \sqrt{a_n^2 + b_n^2}$이고, $\theta_n = \tan^{-1}(a_n/b_n)$이다. 즉, 식(1.14)는 모든 주기함수를 직류분과 고조파항을 포함하는 교류분의 합으로 표현된다는 것을 의미한다.

한편 함수 $f(t)$의 실효값은 다음과 같이 나타낼 수 있다.

$$F_{rms} = \sqrt{a_0^2 + F_{1,rms}^2 + F_{2,rms}^2 + F_{3,rms}^2 + \cdots} \tag{1.15}$$

[예제 1.2] 그림과 같은 파형에 대한 푸리에 급수식을 구하여라.

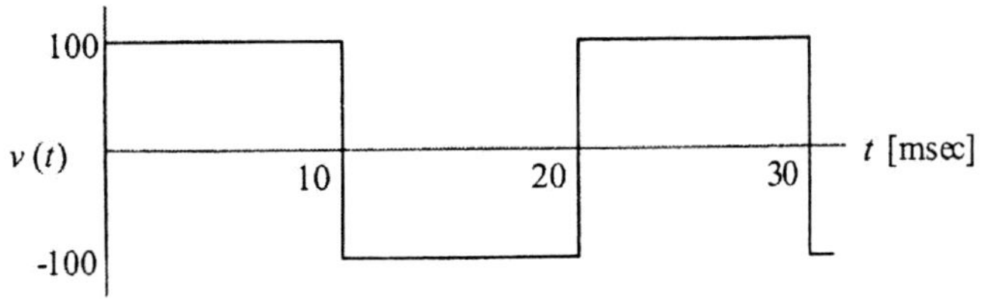

<풀이> 전압식 $v(t)=\begin{cases}100 & 0\le t<10\\ -100 & 10\le t<20\end{cases}$

주파수 및 각 주파수 $f=\dfrac{1}{20\ \text{msec}}=50\ [\text{Hz}],\ \omega_0=2\pi f=100\pi$

① 직류항 $a_0=\dfrac{1}{20}\left[\int_0^{10}100\cdot dt+\int_{10}^{20}-100\cdot dt\right]=0$

② Cosine항 계수 $a_n=\dfrac{1}{T/2}\int_{-T/2}^{T/2}v(t)\cos(n\omega_0 t)dt$

$$a_1=\frac{1}{T/2}\int_{-T/2}^{T/2}v(t)\cos(\omega_0 t)dt=0,\quad a_2=\frac{1}{T/2}\int_{-T/2}^{T/2}v(t)\cos(2\omega_0 t)dt=0$$

$$a_3=\frac{1}{T/2}\int_{-T/2}^{T/2}v(t)\cos(3\omega_0 t)dt=0$$

$$\vdots$$

③ Sine항 계수 $b_n=\dfrac{1}{T/2}\int_{-T/2}^{T/2}v(t)\sin(n\omega_0 t)dt$

$$b_1=\frac{1}{T/2}\int_{-T/2}^{T/2}v(t)\sin(\omega_0 t)dt=\frac{4\times100}{\pi}$$

$$b_2=\frac{1}{T/2}\int_{-T/2}^{T/2}v(t)\sin(2\omega_0 t)dt=0$$

$$b_3=\frac{1}{T/2}\int_{-T/2}^{T/2}v(t)\sin(3\omega_0 t)dt=\frac{4\times100}{3\times\pi}$$

$$b_4=\frac{1}{T/2}\int_{-T/2}^{T/2}v(t)\sin(4\omega_0 t)dt=0$$

$$b_5=\frac{1}{T/2}\int_{-T/2}^{T/2}v(t)\sin(5\omega_0 t)dt=\frac{4\times100}{5\times\pi}$$

$$\vdots$$

$$\therefore v(t)=\sum_{n=1,3,5,\cdots}^{\infty}\frac{4\times100}{n\pi}\sin(n\times\omega_0 t)$$

1-3-2. 비정현 주기함수

어떤 소자나 회로에 나타나는 주기전압 및 전류를 푸리에 급수로 다음과 같이 표현할 수 있다.

$$v(t) = V_0 + \sum_{n=1}^{\infty} V_n \sin(n\omega_0 t + \theta_n) \tag{1.16}$$

$$i(t) = I_0 + \sum_{n=1}^{\infty} I_n \sin(n\omega_0 t + \delta_n) \tag{1.17}$$

위 식에서 평균전력은 다음과 같이 구할 수 있다.

$$P = \frac{1}{T}\int_0^T v(t) \cdot i(t)\, dt \tag{1.18}$$

직류값에 대한 평균전력은 서로 곱하면 되고, 주파수가 서로 다른 두 항의 곱에 대한 적분값은 0이므로 같은 주파수를 가지는 $v_n(t)$과 $i_n(t)$를 곱하여 적분을 취하면 된다.

$$\begin{aligned} P &= V_0 I_0 + V_{1,rms} I_{1,rms} \cos(\theta_1 - \delta_1) + V_{2,rms} I_{2,rms} \cos(\theta_2 - \delta_2) + \cdots \\ &= V_0 I_0 + \sum_{n=1}^{\infty} V_{n,rms} I_{n,rms} \cos(\theta_n - \delta_n) \end{aligned} \tag{1.19}$$

[예제 1.3] 다음과 같은 회로에 대하여 소비하는 전력을 계산하여라.

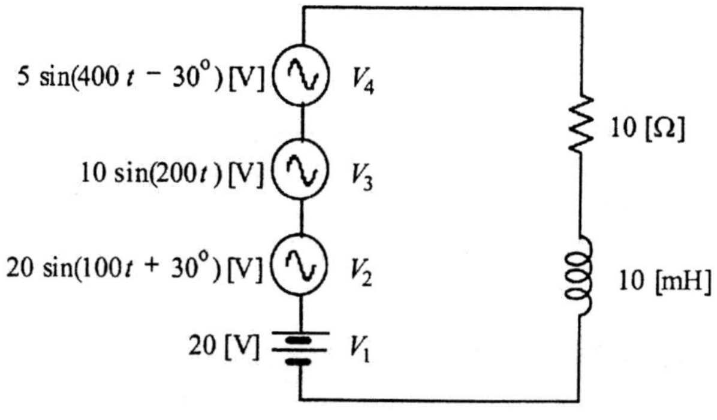

<풀이> 중첩의 원리를 적용하여 각각의 전원에 대한 전류식을 구하면 다음과 같다.

(1) 직류 V_0에 의한 전류 I_0

- 부하임피던스 $Z = R$ = 5 [Ω]
- 전류 I_0 = V_0 / R = 4 [A]
- 평균전력 $P_0 = V_0 \, I_0$ = 20 × 4 = 80 [W]

(2) 기본파 V_1에 의한 전류 I_1

- 전원의 각주파수 ω_1 = 100
- 부하임피던스 $Z_1 = R + j\omega_1 L$ = 5 + $j100 \times 10 \times 10^{-3}$ = 5.0990∠11.3099
- 전류의 최대값 I_{m1} = $V_{m1} / |Z_1|$ = 20/5.0990 = 3.9223
- 전압과 전류의 위상차 $\theta_1 - \delta_1$ = $\angle Z_1$ = 11.3099
- 평균전력 $P_1 = V_{1.rms} I_{1.rms} \cos(\theta_1 - \delta_1) = \dfrac{V_{m1}}{\sqrt{2}} \dfrac{I_{m1}}{\sqrt{2}} \cos(\theta_1 - \delta_1)$

  = 38.4615 [W]

(3) 2고조파 V_2에 의한 전류 I_2

- 전원의 각주파수 ω_2 = 200
- 부하임피던스 $Z_2 = R + j\omega_2 L$ = 5 + $j200 \times 10 \times 10^{-3}$ = 5.3852∠21.8014
- 전류의 최대값 I_{m2} = $V_{m2} / |Z_2|$ = 10/5.3852 = 1.8570
- 전압과 전류의 위상차 $\theta_2 - \delta_2$ = $\angle Z_2$ = 21.8014
- 평균전력 $P_2 = \dfrac{V_{m2} I_{m2}}{2} \cos(\theta_2 - \delta_2)$ = 9.2848 [W]

(4) 4고조파 V_4에 의한 전류 I_4

- 전원의 각주파수 ω_4 = 400
- 부하임피던스 $Z_4 = R + j\omega_4 L$ = 5 + $j400 \times 10 \times 10^{-3}$ = 6.4031∠38.6598
- 전류의 최대값 I_{m4} = $V_{m4} / |Z_4|$ = 5/6.4031 = 0.7809
- 전압과 전류의 위상차 $\theta_4 - \delta_4$ = $\angle Z_4$ = 38.6598
- 평균전력 $P_4 = \dfrac{V_{m4} I_{m4}}{2} \cos(\theta_4 - \delta_4)$ = 1.5244 [W]

(5) 전체 소비전력

- 평균전력 $P = P_0 + P_1 + P_2 + P_4$ = 128.6066 [W]

1-4 역률, 전고조파 왜형률

1-4-1. 역률

전력전자회로에서 다루는 전압 및 전류의 파형은 거의 대부분 비정현파이다. 그러나 비정현 주기함수일 경우 푸리에 급수로 나타낼 수 있기 때문에 정현파에 대한 각종 전력, 역률 등의 계산이 가능해야 한다.

그림 1.20 정현전압에 대한 벡터도

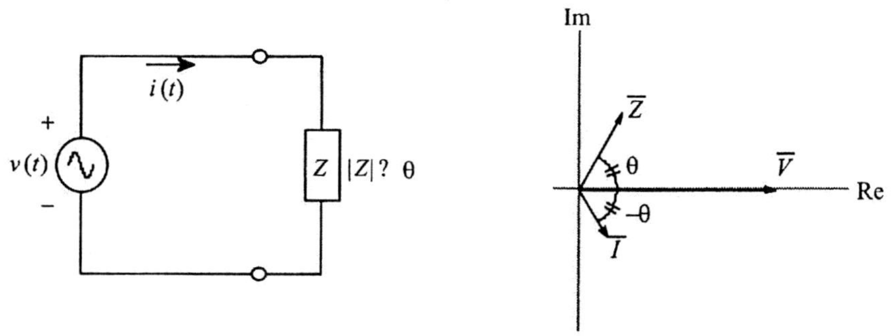

(a) 교류회로 (b) 전압, 전류, 부하임피던스 벡터도

어느 부하에 대하여 전압, 전류, 부하를 벡터로 나타내면 <그림 1.20> (b)와 같다. 그림에서 살펴보는 바와 같이 전압을 기준 위상으로 0°로 하였을 때 부하 임피던스의 위상각이 양(+)의 θ°라면 전류의 위상각은 음(-)의 θ°가 된다.

전압을 기준으로 하였을 때 전류의 위상각에 대하여 Cosine을 취한 것을 역률(Power Factor, PF)이라고 한다. 여기서 역률은 부하각에 의해 결정이 되며 역률각을 부하각이라고도 한다.

또 다른 관점에서 역률을 정의하면 피상전력 $S = V_{rms}I_{rms}$에 대한 유효전력 P의 비율을 역률이라고 한다. 유효전력은 전류 성분 중에서 전압과 동상인 성분의 전류의 곱이므로 다음과 같이 표현할 수 있다.

$$\mathrm{PF} = \frac{P}{S} = \frac{P}{V_{rms}I_{rms}} = \frac{V_{rms}(I_{rms}\cos\theta)}{V_{rms}I_{rms}} = \cos\theta \qquad (1.20)$$

식(1.16)의 전압과 식(1.17)의 전류가 주어지는 비정현파의 경우 역률은 다음과 같이 구할 수 있다.

$$\begin{aligned} \mathrm{PF} &= \frac{P}{S} = \frac{P}{V_{rms} I_{rms}} \\ &= \frac{V_{1,rms}(I_{1,rms}\cos(\theta_1 - \delta_1))}{V_{1,rms} I_{rms}} = \frac{I_{1,rms}}{I_{rms}}\cos(\theta_1 - \delta_1) \end{aligned} \tag{1.21}$$

1-4-2. 왜곡률과 전고조파 왜형률

식(1.21)에서 기본주파수의 실효값 $I_{1,rms}$과 전체 주파수의 실효값 I_{rms}의 비율을 왜곡률(Distortion Factor, DF)라 하고, 전류의 비정현적인 성질로 인하여 역률의 감소를 나타낸다.

$$\mathrm{DF} = \frac{I_{1,rms}}{I_{rms}} \tag{1.22}$$

따라서 역률과 왜곡률은 다음의 관계를 가진다.

$$\mathrm{PF} = \mathrm{DF} \times \cos(\theta_1 - \delta_1) \tag{1.23}$$

한편 기본 주파수 항의 실효값에 대한 기본파가 아닌 다른 모든 주파수의 실효값의 비율을 나타낸 것이 전고조파 왜형률(Total Harmonic Distortion, THD)이라고 한다.

$$\mathrm{THD} = \sqrt{\frac{I_{2,rms}^2 + I_{3,rms}^2 + \cdots}{I_{1,rms}^2}} = \sqrt{\frac{I_{rms}^2 - I_{1,rms}^2}{I_{1,rms}^2}} \tag{1.24}$$

전고조파 왜형률 THD와 왜곡률 DF는 다음의 관계를 가진다.

$$\mathrm{DF} = \sqrt{\frac{1}{1 + \mathrm{THD}^2}} \tag{1.25}$$

[예제 1.4] [예제 1.3]의 회로에서 부하역률 PF, 부하전류의 왜곡률 DF, 전고조파 왜형률 THD를 구하여라.

<풀이> 각 전압의 실효값

$$V_{1,rms} = \frac{20}{\sqrt{2}} = 14.1421\ [V],\ V_{2,rms} = 7.0711\ [V],\ V_{4,rms} = 3.5355\ [V]$$

전체 전압의 실효값

$$V_{rms} = \sqrt{V_0^2 + V_{1,rms}^2 + V_{2,rms}^2 + V_{4,rms}^2} = 25.7391\ [V]$$

전체 전류의 실효값

$$I_{rms} = \sqrt{I_0^2 + I_{1,rms}^2 + I_{2,rms}^2 + I_{4,rms}^2} = 5.0716\ [V]$$

역률

$$PF = \frac{P}{S} = \frac{P}{V_{rms} I_{rms}} = \frac{128.6066}{25.7391 \times 5.0716} = 0.9852$$

왜형률

$$DF = \frac{I_{1,rms}}{I_{rms}} = \frac{2.7735}{5.0716} = 0.5469$$

전고조파 왜형률

$$THD = \sqrt{\frac{I_{rms}^2 - I_{1,rms}^2}{I_{1,rms}^2}} = \sqrt{\frac{5.0716^2 - 2.7735^2}{2.7735^2}} = 1.5309$$

1장 연습문제

Ex 1.1 순방향 바이어스와 역방향 바이어스에 대하여 설명하여라.

Ex 1.2 이상적인 다이오드 특성곡선과 실제 다이오드 특성곡선의 차이점은 무엇인가?

Ex 1.3 트랜지스터의 4가지 영역에 대하여 설명하여라.

Ex 1.4 전계효과트랜지스터의 특징에 대하여 설명하여라.

Ex 1.5 다이오드의 특성과 SCR의 특성을 비교하여라.

Ex 1.6 TRIAC의 특징과 GTO의 특징을 SCR의 특징과 비교하여라.

Ex 1.7 순시값으로 표현할 수 있는 것은 무엇인가?

Ex 1.8 평균값의 정의와 실효값의 정의를 적어라.

Ex 1.9 다음의 전압 전류 파형에 대하여 각각의 평균값, 실효값 및 평균전력을 구하여라.

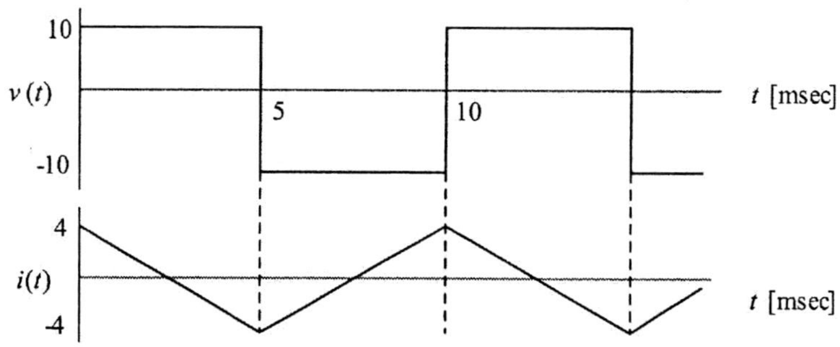

Ex 1.10 부하에 걸린 전압과 전류의 주기 T = 20 [ms]이고 파형의 주기함수가 다음과 같을 때 순시전력, 평균전력, 각 주기에서 소자에 소비되는 에너지를 구하여라.

$$v(t) = \begin{cases} 5\ [\mathrm{V}] & 0 \leqq t < 12\ [\mathrm{ms}] \\ 0\ [\mathrm{V}] & 12 \leqq t < 20\ [\mathrm{ms}] \end{cases}$$

$$i(t) = \begin{cases} 5\ [\mathrm{A}] & 0 \leqq t < 5\ [\mathrm{ms}] \\ -4\ [\mathrm{A}] & 5 \leqq t < 9\ [\mathrm{ms}] \\ 3\ [\mathrm{A}] & 9 \leqq t < 20\ [\mathrm{ms}] \end{cases}$$

Ex 1.11 정격 2000 [W]의 전열기는 실효전압 220 [V]에 의해 동작하며 이 전열기의 온도에 의해 자동으로 제어되는 제어스위치를 가지고 있다. 이 스위치는 4분 동안 켜지고 8분 동안 꺼지게 된다. 다음을 구하여라.

(a) 최대 순간전력을 구하여라.

(b) 12분 동안의 평균전력을 구하여라.

(c) 12분 동안에 열로 발생한 에너지를 구하여라.

Ex 1.12 정현파의 실효값은 최대값의 $\sqrt{2}$로 나눈 관계를 가진다. 구형파와 삼각파의 최대값과 실효값과의 관계를 설명하여라.

Ex 1.13 그림과 같은 파형에 대하여 푸리에 급수식을 구하여라.

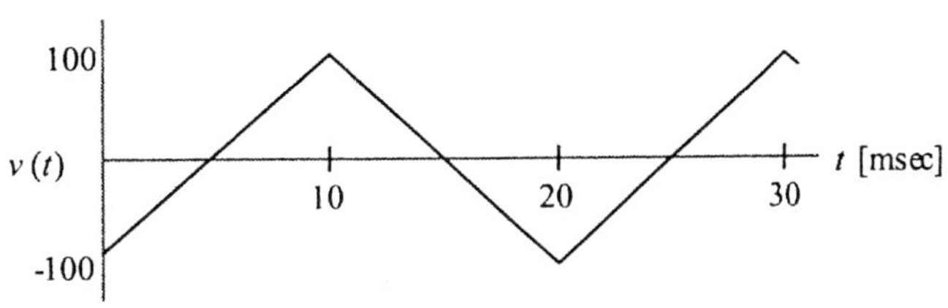

Ex 1.14 전류원 $i(t) = 5 + 3\cos 120\pi t + 1\cos 360\pi t$ [A]의 전류원이 R = 10 [Ω], C = 20 [μF]의 병렬 R-C 부하와 연결되었다. 부하에 소비되는 평균전력을 구하여라.

Ex 1.15 $R = 10$ [Ω], $L = 10$ [mH]인 R-L 직렬부하에 대하여 비정현 주기전압 $v(t) = 10 + 10\sin(100t - 30°) + 5\sin 300t + 2\cos 500t$이 인가되었을 때 소비하는 전력을 계산하고, 부하역률 PF, 부하전류의 왜곡률 DF, 전고조파 왜형률 THD를 구하여라.

CHAP. 2 PSIM

2-1. PSIM

2-2. SIMVIEW

2-3. 부회로(Subcircuit)

2-4. 동적링크라이브러리(DLL)

2-1 PSIM

2-1-1. Schematic 환경

그림 2.1 PSIM Schematic의 기본 환경

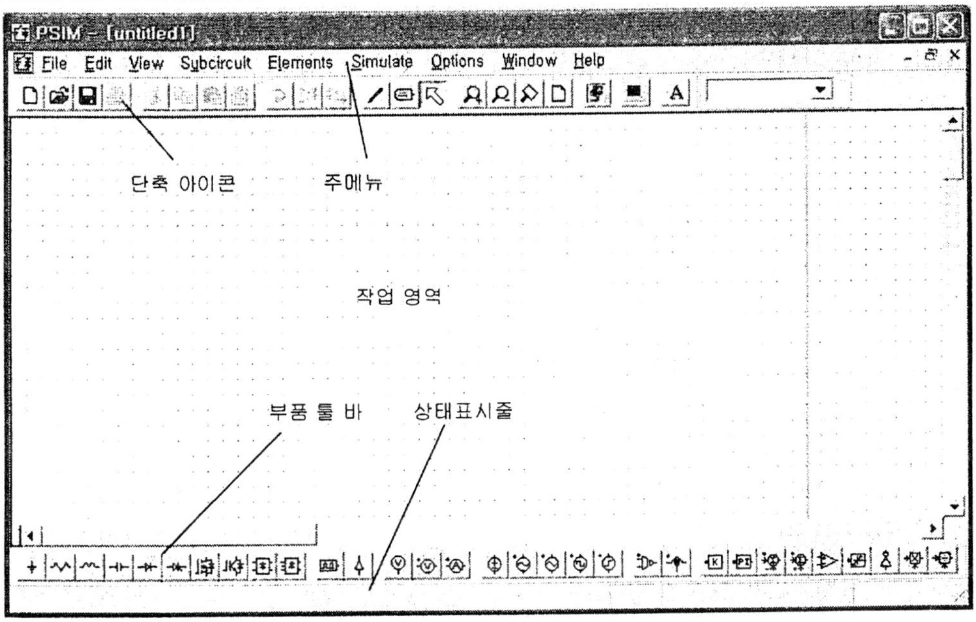

PSIM에서 도면을 그리는 작업을 수행하는 곳이 PSIM Schematic이다. PSIM 프로그램을 실행을 시키고 **[File]** - **[New]**를 선택하면 <그림 2.1>과 같은 화면이 나타난다.

- 주메뉴 : PSIM Schematic 프로그램의 주메뉴이다.
- 단축아이콘 : 프로그램을 사용할 때 자주 사용하는 아이콘으로 구성되어 있다.
- 부품 툴 바 : 저항, 인덕터 등을 비롯한 각종 부품 중에서 자주 사용하는 라이브러리들이 아이콘으로 구성되어 있다.
- 상태표시줄 : 선택한 라이브러리 및 현재의 동작상태를 나타내어주는 곳이다.
- 작업영역 : 도면을 그리거나 수정하는 영역이다.

Schematic에서 회로를 작성하고 시뮬레이션을 수행하기 위해서는 6가지의 기본 단계를 거치게 된다.

① 필요한 소자 배치
② 배선(Wire)을 선택하여 소자 결선
③ 전원을 포함한 각 소자들의 값을 입력
④ 측정하고자 하는 유형의 프로브(probe)를 적절한 위치에 연결(혹은 설치)
⑤ 시뮬레이션의 형태 설정
⑥ [Simulation Control]에서 시뮬레이션 수행 시간 등을 설정

2-1-2. 소자 가져오기

그림 2.2 소자(element) 선택

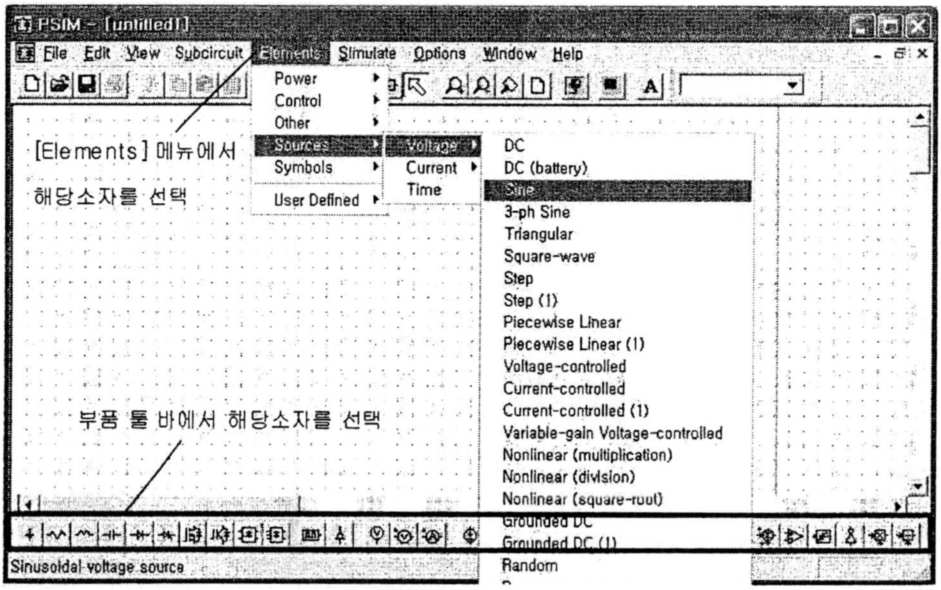

Schematic 상의 메뉴를 통하여 소자를 가져오기 위해서는 주메뉴의 **[Elements]**를 클릭하여 해당 그룹에서 소자를 선택하거나, Schematic의 아래쪽에 있는 부품 툴 바에서 해당 소자를 선택한다.

원하는 소자를 정확히 가져오기 위해서는 우선 PSIM에서 어떤 소자들을 제공하고 있으며, 어떤 그룹으로 구분이 되어 있는지 알아야 한다. 전체 부품은 부록에 나타내어져 있다.

소자를 선택하면 마우스에 해당 소자의 아이콘이 Schematic의 작업영역에 마우스를 따라 움직이게 되는데 원하는 지점에서 마우스 왼쪽버튼을 클릭하면 그

자리에 소자가 배치된다. 마우스 오른쪽 버튼을 클릭하여 소자가 90°씩 회전을 하게 되고 Esc키를 누르면 소자가 사라진다.

2-1-3. 배치하기

- [Elements] 메뉴에서 해당 소자를 선택한다. 만약 사이리스터(Thyristor)를 선택하려면 [Elements] - [Power] - [Switches] - [Thyristor]를 선택하면 된다.
- 원하는 위치에 마우스 커서를 위치시키고 마우스 왼쪽(Mouse Left : ML) 버튼을 클릭한다.
- 회전을 시켜서 배치할 경우 마우스 오른쪽(Mouse Right : MR) 버튼을 한 번씩 눌러 원하는 각도를 찾는다.
- 연속적인 배치를 마치려면 Esc를 누른다.

그림 2.3 소자의 배치

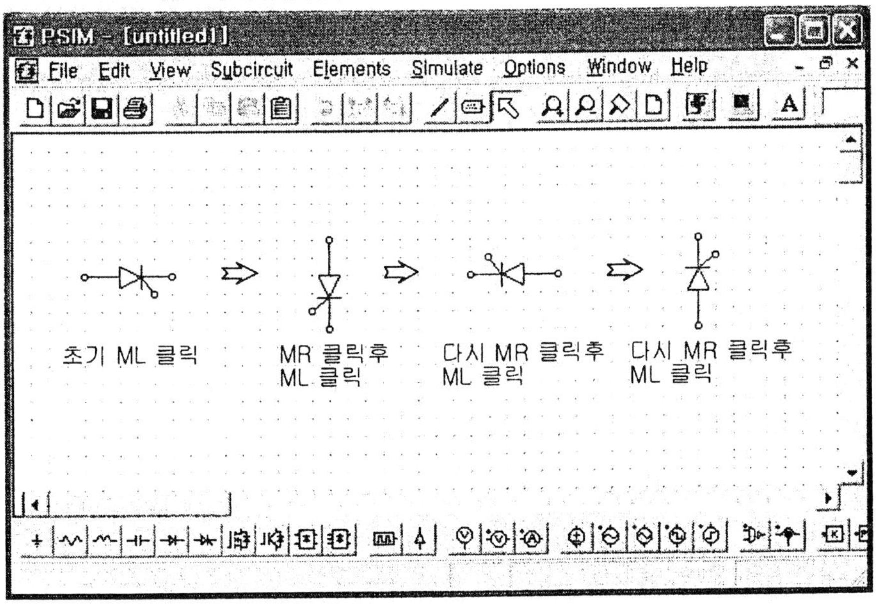

- 이미 배치가 되어 있는 소자를 회전시키려면 해당 소자를 클릭하고 단축아이콘 를 누르면 회전한다.
- 배치된 소자 클릭한 후 단축아이콘 을 클릭하면 수평대칭으로 회전한다.
- 배치된 소자 클릭한 후 단축아이콘 을 클릭하면 수직대칭으로 회전한다.

그림 2.4 소자의 회전

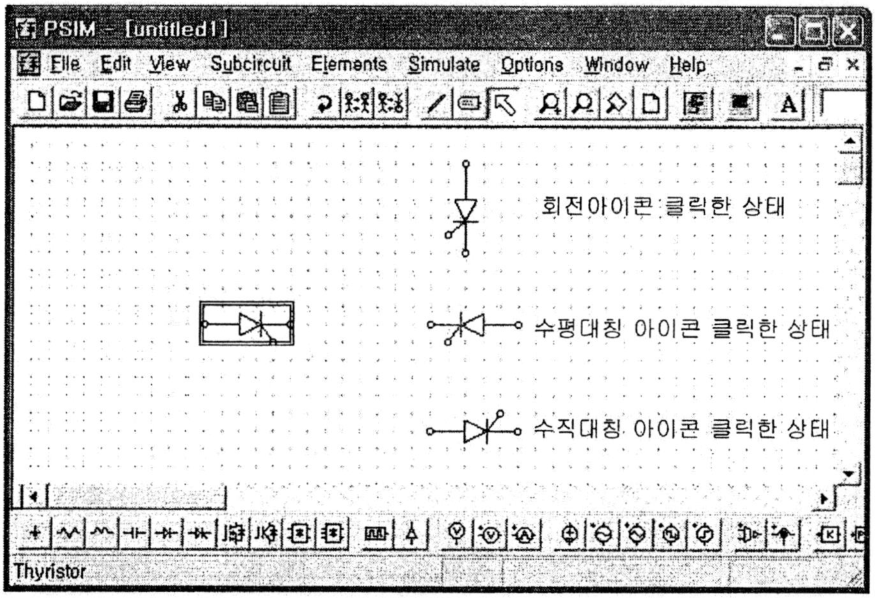

- 소자를 삭제하려면 해당소자를 클릭하고 Delete키를 누르면 된다.

2-1-4. 결선하기

회로를 작성하는데 필요한 소자들을 모두 가져온 후에 선을 연결하여 회로를 완성하여야 한다.

- [Edit] - [Wire]를 선택하거나 단축 아이콘 ╱를 선택한다.
- 마우스 커서가 연필모양으로 바뀌게 된다.
- 연결하고자 하는 두 지점을 마우스로 드래그시켜 연결시킨다.
- 이 때 선은 두 번 이상 꺾이지 않으므로 그 지점에서 다시 연결시키면 된다.
- 결선이 모두 끝나면 Esc키를 누르면 결선이 모두 끝난다.

그림 2.5 소자의 결선

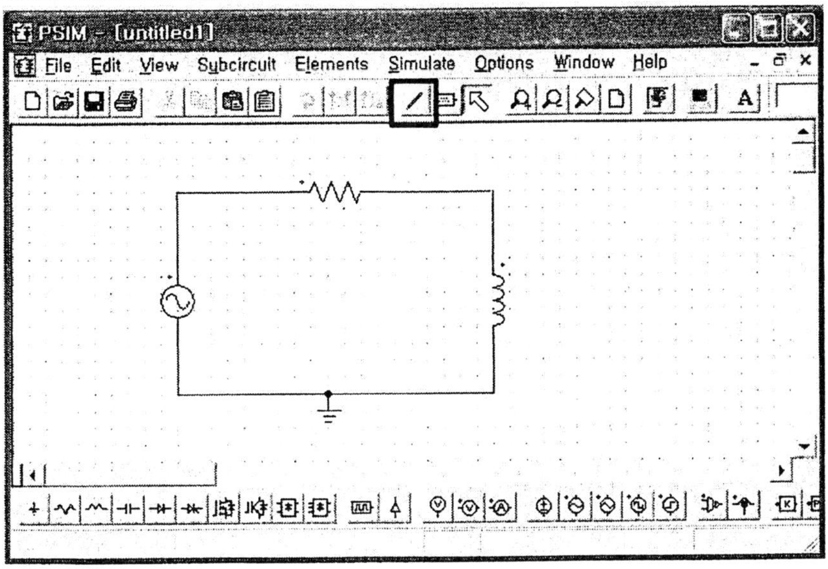

2-1-5. 소자값 입력하기

- PSIM에서 소자 값을 입력하려면 해당 소자를 마우스 왼쪽 버튼으로 더블클릭을 하여 속성창에서 직접 값을 입력하면 된다.

그림 2.6 소자값 입력하기

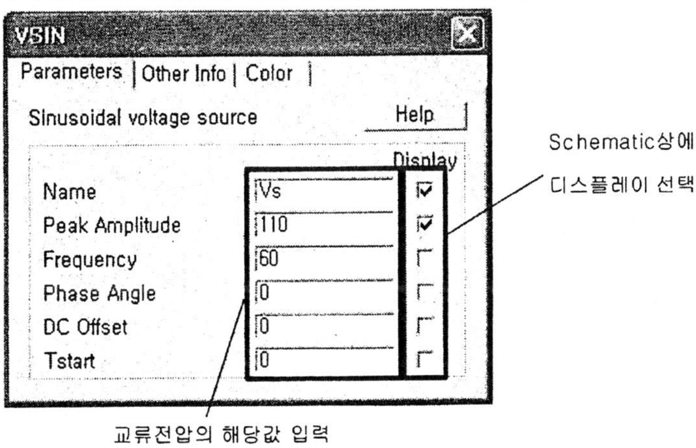

(a) 전압값 입력

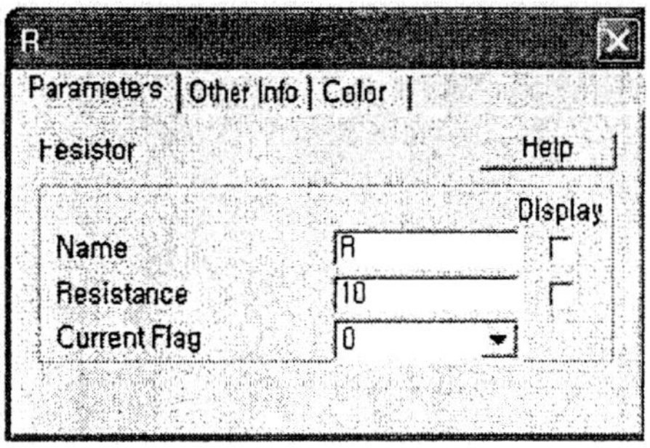

(b) R값 입력

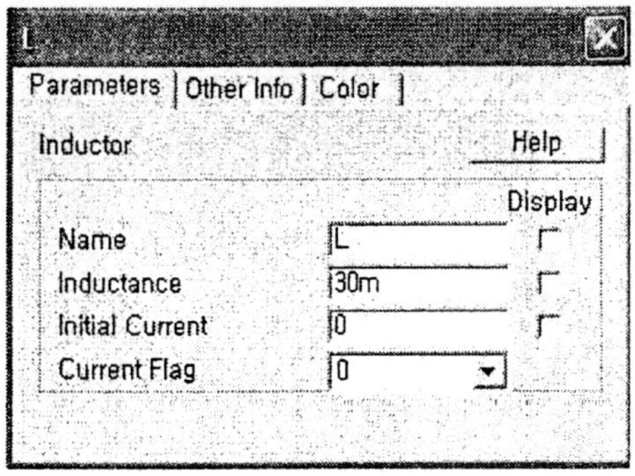

(c) L값 입력

표 2.1 소자값 입력을 위한 Scale과 Unit

Scale	G	M	K 혹은 k	m	u	n	p
Unit	10^{9}	10^{6}	10^{3}	10^{-3}	10^{-6}	10^{-9}	10^{-12}

2-1-6. 프로브 연결

PSIM에서 사용할 수 있는 프로브(probe)는 다음의 3가지이다.

표 2.2 프로브의 종류

명칭	소자	기능	비고
전압 프로브 (Node to GND)		GND를 기준으로 한 그 지점의 전압 측정	해당 노드에 클릭
전압 프로브 (Node to Node)	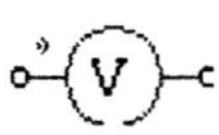	두 지점 사이의 전압 측정	측정 두 지점에 병렬로 연결
전류 프로브	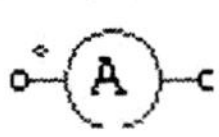	노드와 노드 사이의 전류 측정	측정 두 지점에 직렬로 연결

PSIM Schematic의 부품 툴바에 해당 프로브를 선택하거나 메뉴의 **[Elements]** - **[Other]** - **[Probes]**에서 해당 프로브를 선택하여 배치한다. 각각의 프로브를 더블 클릭하여 이름을 따로 부여할 수 있다.

그림 2.7 프로브 설치

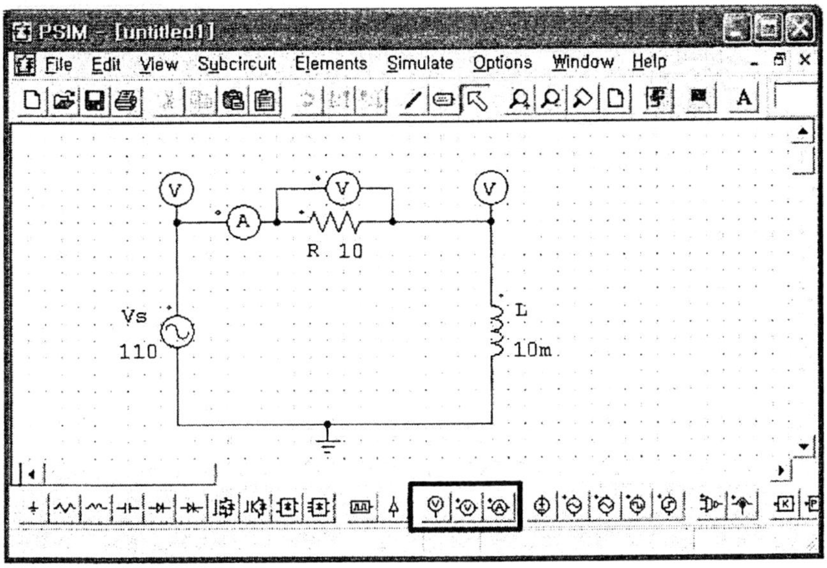

TIP
주어진 회로에서 GND를 하지 않을 경우 비정상적인 파형이 출력된다.

2-1-7. 시뮬레이션 설정 및 실행

그림 2.8 Simulation Control 설정

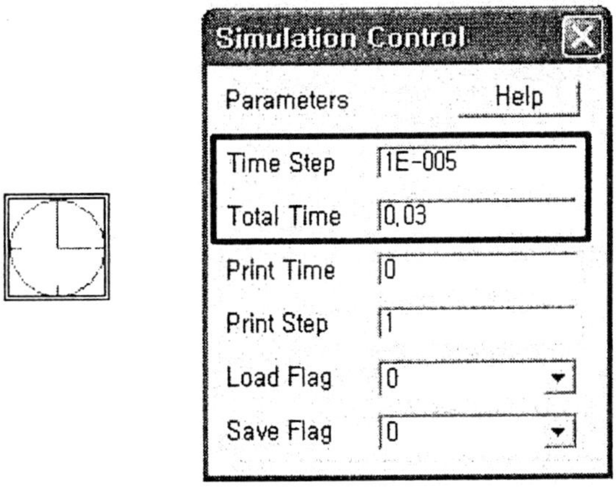

Simulation Control은 시뮬레이션을 위한 기본 설정을 하는 기능으로 **[Simulate] - [Simulation Control]**을 선택하면 시계모양의 소자가 나타나며 Schematic의 빈 영역에 클릭하면 대화상자가 나타난다. 이 때 다음과 같이 설정한다.

- Time Step : 샘플링 시간(sampling time)으로 시뮬레이션의 정확도를 결정하는 중요한 파라메타이다. 현재는 10^{-5}의 시간간격으로 시뮬레이션을 수행하게 된다.
- Total Time : 전체 시뮬레이션 시간을 설정하는 곳이다. 또한 SIMVIEW에서 가로축(X축)의 끝나는 시간이다.

이상으로 Schematic에서의 모든 설정은 끝났다. 결과를 얻기 위하여 시뮬레이션을 수행하여 각 프로브의 결과를 측정하도록 한다. 이러한 방식은 시간영역에서 결과를 해석하는 과도해석**(Transient Analysis)** 방식이다.

2-2 SIMVIEW

2-2-1. SIMVIEW의 파형 출력하기

PSIM의 Schematic에 회로를 그리고 모든 설정이 끝나면 회로 해석을 위하여 2가지 영역의 파형을 확인할 수 있다. 먼저 시간영역에서 시간과 각 변수의 크기의 변화를 살피는 것이고, 두 번째에는 주파수영역에서 파형에 포함된 주파수 특성을 알아보는 것이다. 그런데 주파수영역의 특성은 기본적으로 시간영역에서의 파형을 바탕으로 주파수영역으로 환산을 하는 것이다. 따라서 시간영역의 특성을 먼저 알아보도록 한다.

- [Simulate] - [Run Simulation]을 클릭하거나 단축 아이콘 을 클릭한다.
- 시뮬레이션이 모두 끝나면 자동으로 SIMVIEW가 실행되고 그림과 같이 결과를 측정한 프로브 변수 선택창이 나타난다.
- 보고 싶은 파형에 대한 변수를 선택하여 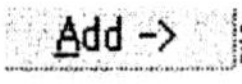을 클릭하여 'Variables for Display' 창으로 보내고 [OK]버튼을 클릭한다.

<그림 2.9> (c)의 그림은 선택한 변수에 대한 출력파형이고, <그림 2.9> (d)의 그림은 이 때 생성된 값의 배열을 보여주고 있다. 즉, <그림 2.9> (a)와 (b)에서 변수를 선택하면 그에 대한 출력값을 생성시키고 이를 파형으로 나타내는 구조이다.

그림 2.9 측정할 변수 선택 및 SIMVIEW에서 파형 출력

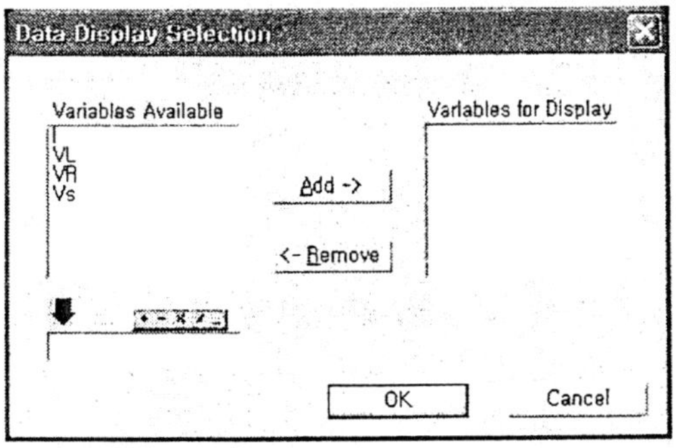

(a) 프로브 선택 전

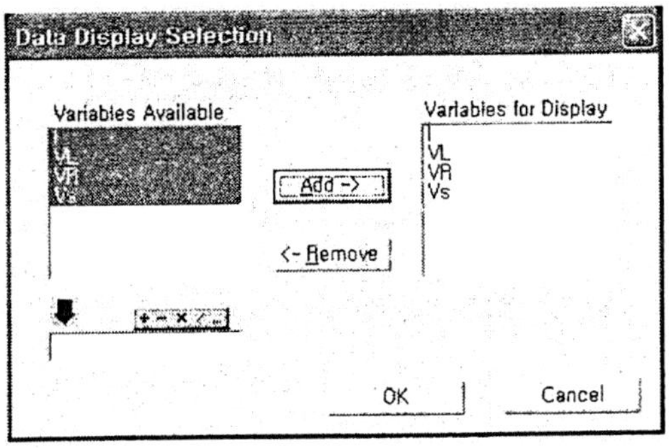

(b) 프로브 선택 후

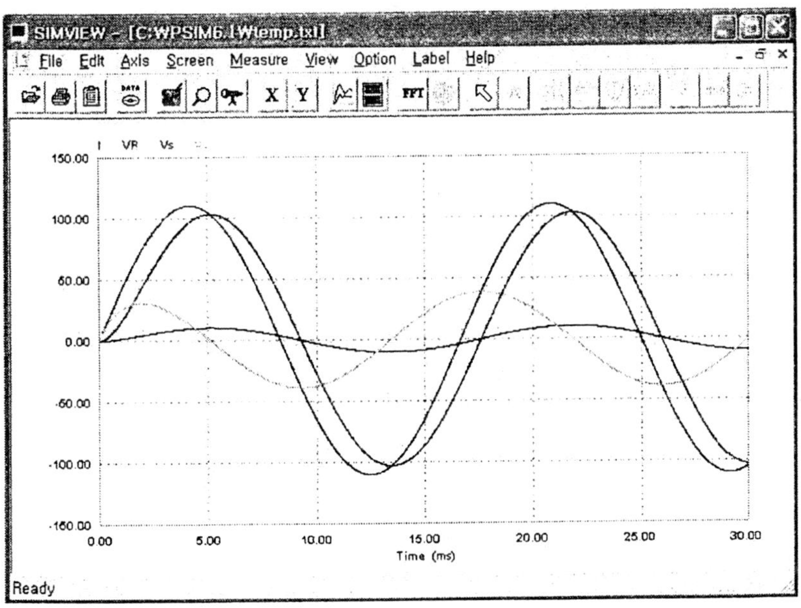

(c) SIMVIEW의 출력파형

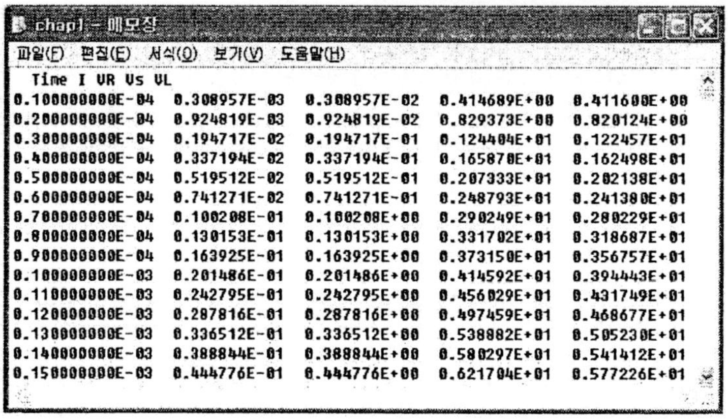

chap1 - 메모장

파일(F) 편집(E) 서식(O) 보기(V) 도움말(H)

Time	I	VR	Vs	VL
0.100000000E-04	0.308957E-03	0.308957E-02	0.414689E+00	0.411600E+00
0.200000000E-04	0.924819E-03	0.924819E-02	0.829373E+00	0.820124E+00
0.300000000E-04	0.194717E-02	0.194717E-01	0.124404E+01	0.122457E+01
0.400000000E-04	0.337194E-02	0.337194E-01	0.165870E+01	0.162498E+01
0.500000000E-04	0.519512E-02	0.519512E-01	0.207333E+01	0.202138E+01
0.600000000E-04	0.741271E-02	0.741271E-01	0.248793E+01	0.241380E+01
0.700000000E-04	0.100208E-01	0.100208E+00	0.290249E+01	0.280229E+01
0.800000000E-04	0.130153E-01	0.130153E+00	0.331702E+01	0.318687E+01
0.900000000E-04	0.163925E-01	0.163925E+00	0.373150E+01	0.356757E+01
0.100000000E-03	0.201486E-01	0.201486E+00	0.414592E+01	0.394443E+01
0.110000000E-03	0.242795E-01	0.242795E+00	0.456029E+01	0.431749E+01
0.120000000E-03	0.287816E-01	0.287816E+00	0.497459E+01	0.468677E+01
0.130000000E-03	0.336512E-01	0.336512E+00	0.538882E+01	0.505230E+01
0.140000000E-03	0.388844E-01	0.388844E+00	0.580297E+01	0.541412E+01
0.150000000E-03	0.444776E-01	0.444776E+00	0.621704E+01	0.577226E+01

(d) 생성된 txt 파일의 모습

<그림 2.9> (c)와 같이 하나의 창에 여러 개의 파형을 놓고 비교하기 어려운 경우 2개 이상의 그래프에 따로 파형을 출력할 때에는 다음과 같은 방법이 있다.

- 현재의 그래프를 모두 지울 때에는 SIMVIEW 메뉴에서 [Screen] - [Add/Delete Curve]을 선택한다.
- 우선 전원전압 Vs만 남기고 나머지를 지울 경우 VL, VR, I를 선택하고 [<- Remove]를 클릭하면 SIMVIEW의 창에는 하나의 파형만 남게 된다.

그림 2.10 변수제거

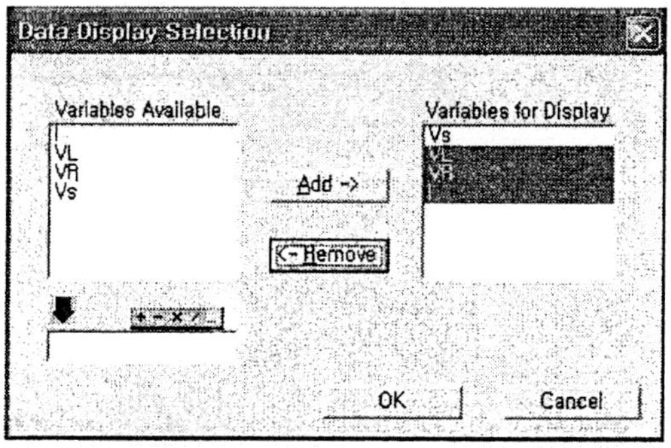

- [Screen] - [Add Screen]에서 선택하면 <그림 2.9> (a)와 같은 대화상자가 다시 나타나게 되는데 여기에는 두 번째 그래프 좌표에 출력할 변수를 선택한다.

그림 2.11 2번째 그래프에 추가할 변수 선택

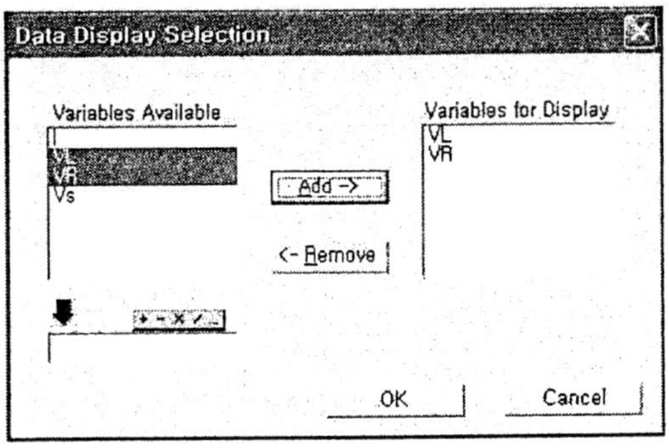

(a) 추가 그래프의 변수 선택

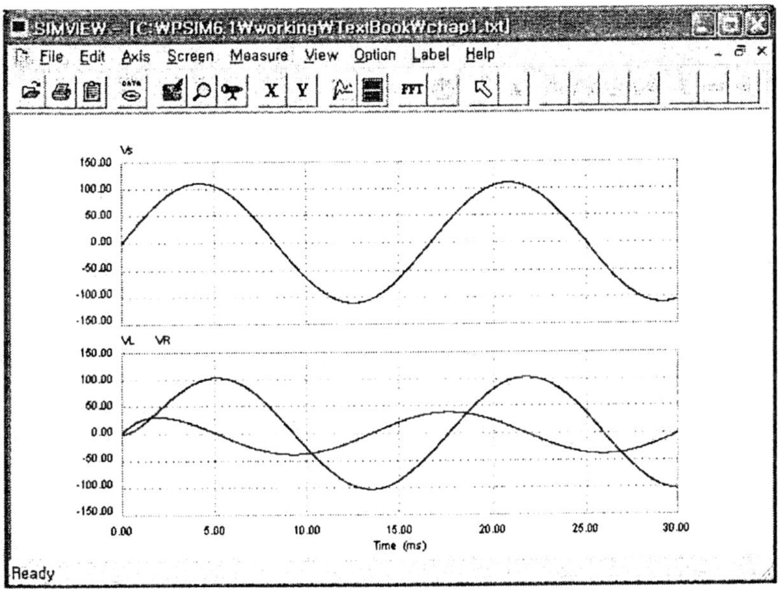

(b) 추가된 그래프의 모습

- <그림 2.11>의 (b)와 같이 그래프가 하나 더 추가된 모습을 볼 수 있다.
- 현재의 그래프에 변수를 추가할 경우에는 해당 그래프를 마우스로 한 번 클릭한 다음 [Screen] - [Add/Delete Curve]을 선택하여 해당 변수를 추가(Add)하면 된다. <그림 2.12>은 1번 그래프에 변수 I(전류파형)을 추가한 결과 그래프이다.
- 만약 하나의 그래프를 삭제할 경우에는 해당 그래프를 마우스로 클릭하여 선택을 한 후 [Screen] - [Delete Screen]을 선택하면 그래프가 삭제된다.

그림 2.12 1번째 그래프에 변수를 추가한 모습

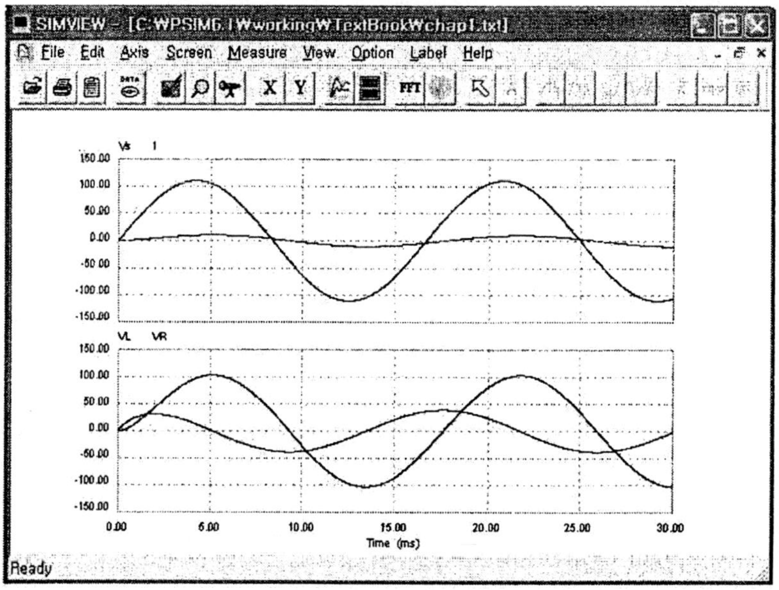

SIMVIEW에는 그래프의 연산기능이 있다. 즉, 두 개 혹은 그 이상의 여러 변수에 대하여 연산을 하고 그 파형을 출력할 수 있는 기능이 있다. 예를 들어 앞에서 사용한 것과 같은 방법으로 첫 번째 그래프에는 전원전압 Vs를 출력하고 두 번째 그래프에는 저항전압 VR과 인덕터 전압 VL의 합을 출력하도록 해보자.

- 그래프를 1개만 남기고 모두 삭제시킨다.
- [Screen] - [Add/Delete Curve]을 선택하여 변수 Vs만 Variables for Display에 남도록 조정한다.
- [Screen] - [Add Screen]을 선택하고 <그림 2.13> (a)의 대화상자가 나타나면 Variable Available 하단에 있는 창에 'VR+VL'을 직접 입력한 후 Add -> 를 클릭한다.
- 만약 마우스로 변수를 선택하고 화살표 아이콘을 클릭하면 직접 입력하지 않아도 된다.
- 화살표 아이콘 옆의 연산선택을 클릭하여 연산의 내용도 선택할 수 있다.
- 연산을 할 수 있는 것은 다음과 같다.

+, -, *, /, ^, SQRT, SIN, COS, TAN, ATAN, EXP, LOG, LOG10, ABS, SIGN, AVG, INT

- 변수명이 복잡하거나 길 경우를 제외하고는 직접 입력하는 것이 편하다.

그림 2.13 그래프 연산기능

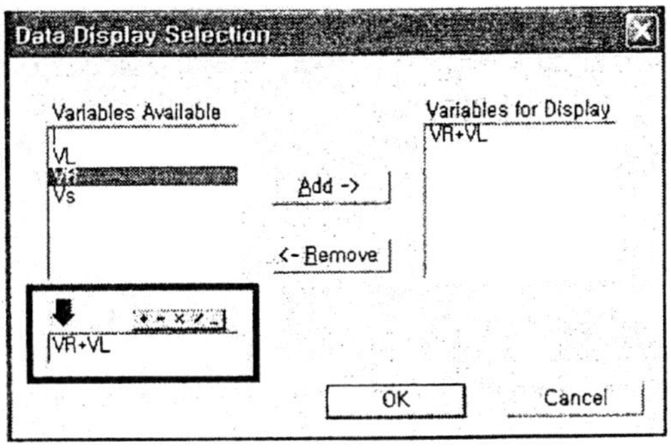

(a) 연산을 수행할 변수 입력

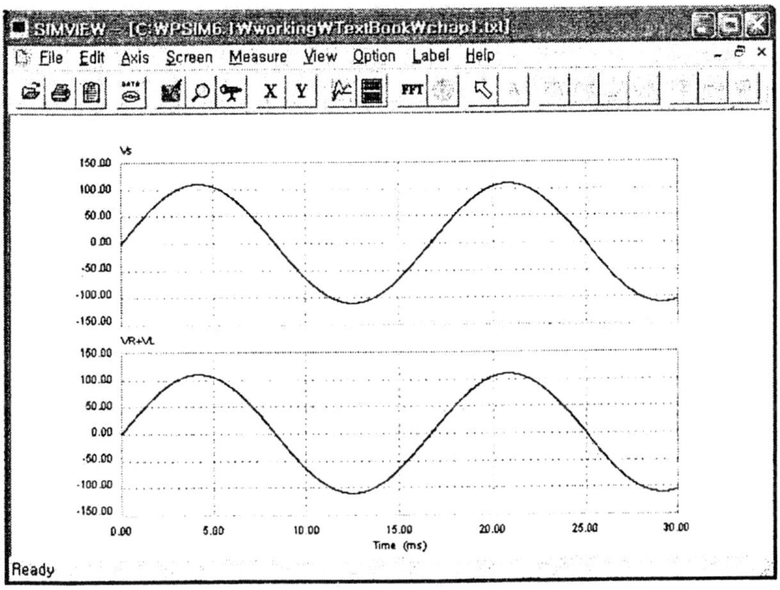

(b) 출력된 파형

<그림 2.13> (b)에서 전원전압 Vs와 저항전압과 인덕터 전압의 합(VR + VL)이 각각 출력되었음을 볼 수 있다. 두 그래프는 크기와 위상이 완전히 동일함을 알 수 있다. 이는 키르히호프 전압 법칙에 따라 공급전압은 부하전압의 합과 같기 때문이다.

2-2-2. 시간영역 해석

출력파형이 과도상태를 가지고 정상상태에서도 주기적인 진동이나 변화가 있다면 해석을 하기 위해서 수행시간을 크게 잡아야 한다. 그러면 전체적인 파형의 흐름은 볼 수 있지만 정상상태의 변화나 세부적인 파형을 볼 수 없다. 따라서 정상상태의 파형이나 혹은 특정구간의 파형을 보거나 그래프의 좌표축의 크기를 변화시키기 위해서는 다음의 사항에 대하여 학습하여야 한다.

[1] 그래프 확대 및 축소

- <그림 2.14> (a)와 같이 회로를 구성하고 각 파라메타를 설정한다.
- 'Time Step 1E-004'과 'Total Time 1'이라는 글자는 임의로 입력한 것이며 나머지 문자의 출력은 하지 않아도 관계없다.
- SIMVIEW에서 Vout, Id1, Id2, Io의 출력이 각각 그래프에 출력이 되도록 한다.
- <그림 2.14> (b)와 같은 파형을 얻을 수 있으며 파형의 구체적인 형태는 알 수 없지만 일정한 패턴을 반복하고 있으며 거의 일정한 것이므로 크게 좌표를 확인할 필요가 없는 것처럼 보인다.
- 하지만 파형을 자세히 보면 파형이 시작하는 순간에서 얼마까지는 시간이 꽤 흐른 상태와 다른 모습을 보여주고 있다. 즉 정상상태에서는 거의 일정하지만 과도상태를 가지는 파형임을 알 수 있다.
- 따라서 과도상태와 정상상태의 특성을 확인하기 위하여 그래프를 확대할 필요가 있다.

그림 2.14 그래프 확대/축소를 위한 예제 회로

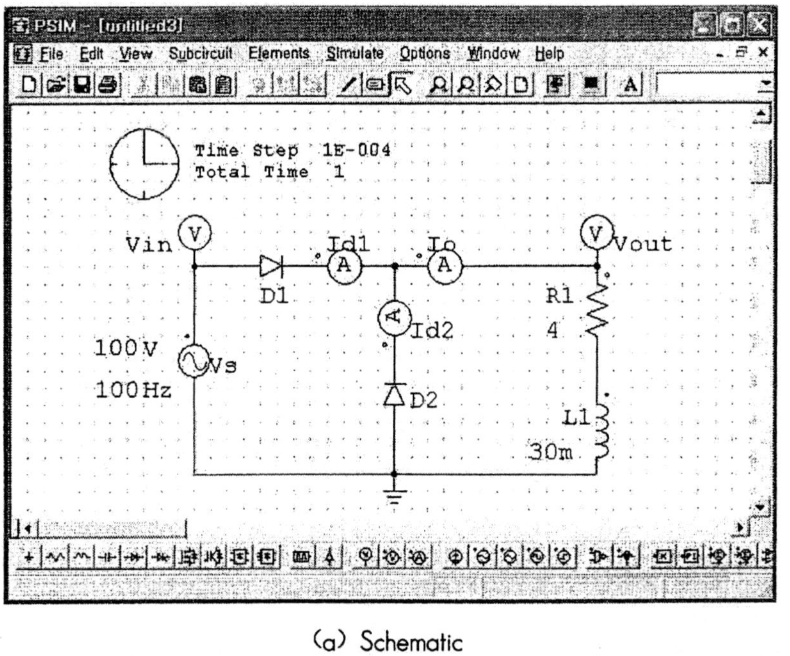

(a) Schematic

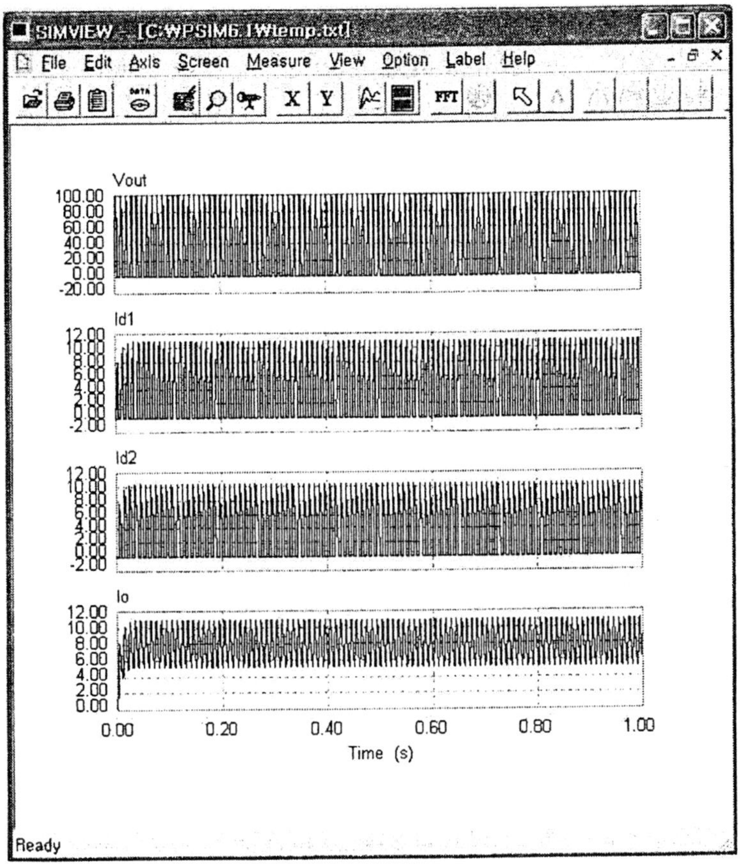

(b) SIMVIEW의 출력파형

- SIMVIEW의 주메뉴에서 [Axis]메뉴에는 4가지가 있으며 이것의 기능은 다음과 같다.

표 2.3 SIMVIEW에서 Axis의 기능

명 칭	단축아이콘	기 능	설 정
X Axis	X	그래프의 X축의 범위를 설정	시간영역 : 시간범위 주파수영역 : 주파수범위
Y Axis	Y	그래프의 Y축의 범위를 설정	그래프의 크기값 설정
Axis Label Setting	없음	그래프 변수명의 글자 속성 설정	
Default Axis : Time	없음	시간영역과 주파수영역 표시	

현재 그래프가 처음 설정값인 0 ~ 1.0 [sec] 사이가 모두 출력하도록 되어 있다. 이를 0 ~ 0.20 [sec] 사이의 값만 출력하도록 하려면 다음과 같이 설정한다.

- [Axis] - [X Axis]를 선택하거나 단축아이콘 X 을 클릭한다.
- <그림 2.15> (a)의 대화상자에서 'Range' 가 Auto-Scale로 선택되어 있는 것을 해제시킨다.
- From에 시작할 시간 '0'을, To에 끝나는 시간 '0.2'를 기입한다. Grid Division' 은 그리드의 간격을 설정하는 란이며, 'Scale' 은 가로축의 간격을 설정하는 것이다.
- 설정이 끝나면 [OK]버튼을 클릭한다.

그림 2.15 X Axis Setting 기능

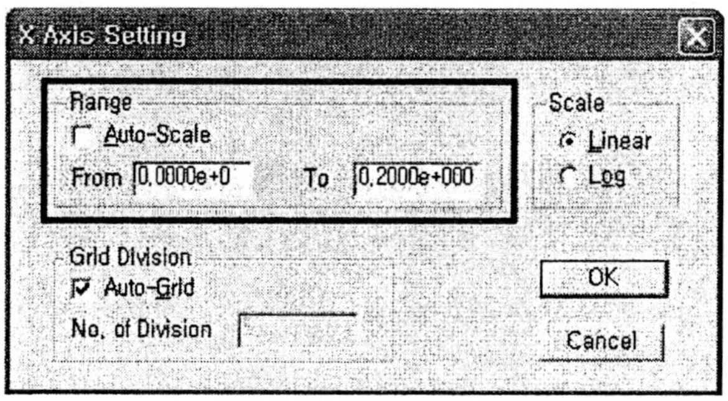

(a) X축 설정 대화상자

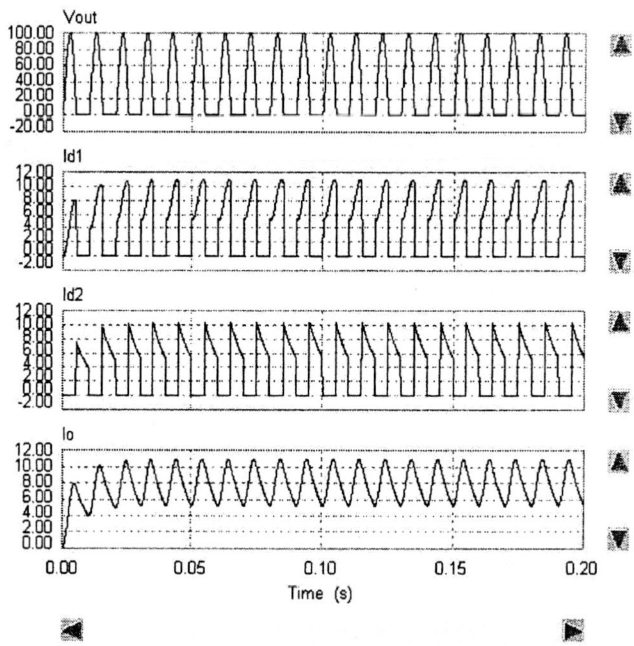

(b) 0 ~ 0.2 [sec]사이를 확대한 파형

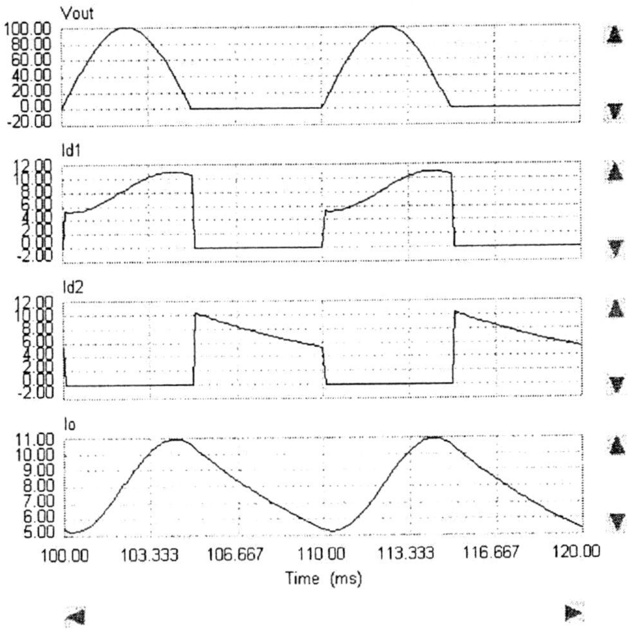

(c) 0.10 ~ 0.12 [sec]사이를 확대한 파형

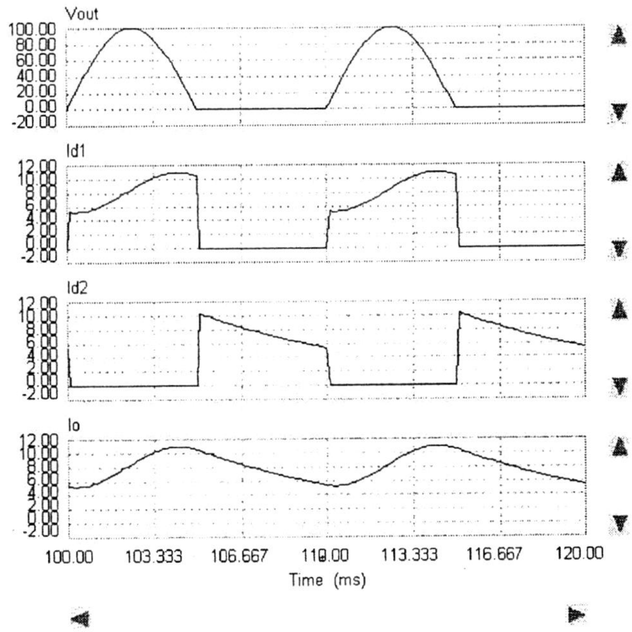

(d) Io파형의 Y축 좌표를 -2～12의 범위로 변화시킨 파형

- <그림 2.15> (b)와 같이 전체적인 그래프가 변화했음을 알 수 있다.
- 각 그래프의 우측과 하단에 생긴 화살표는 현재의 X축과 Y축의 간격을 유지하면서 상하좌우로 시프트 시켜서 보기 위한 버튼이다.

- <그림 2.15> (c)는 시간을 0.1 ~ 0.12 [sec]동안 나타나게 한 파형이다.
- [view] - [zoom]이나 단축아이콘 을 클릭하면 마우스를 드래그시켜 영역을 확대시켜 확인할 수 있다.
- [view] - [Re-Draw]이나 단축아이콘 을 클릭하면 <그림 2.18> (b) 그림과 같이 처음 상태로 되돌아간다.

[2] 좌표값 측정 및 그래프 분석

<그림 2.15> (d)에서 각 그래프의 최대값, 최소값, 주기 등을 정확하게 눈으로 판독하기 어렵다. 따라서 그래프의 각 좌표값인 시간, 크기 등의 값을 파악하기 위하여 다음과 같은 방법으로 행한다.

- [Measure] - [Measure]이나 단축아이콘 을 클릭한다.

그림 2.16 시간영역의 좌표값 측정

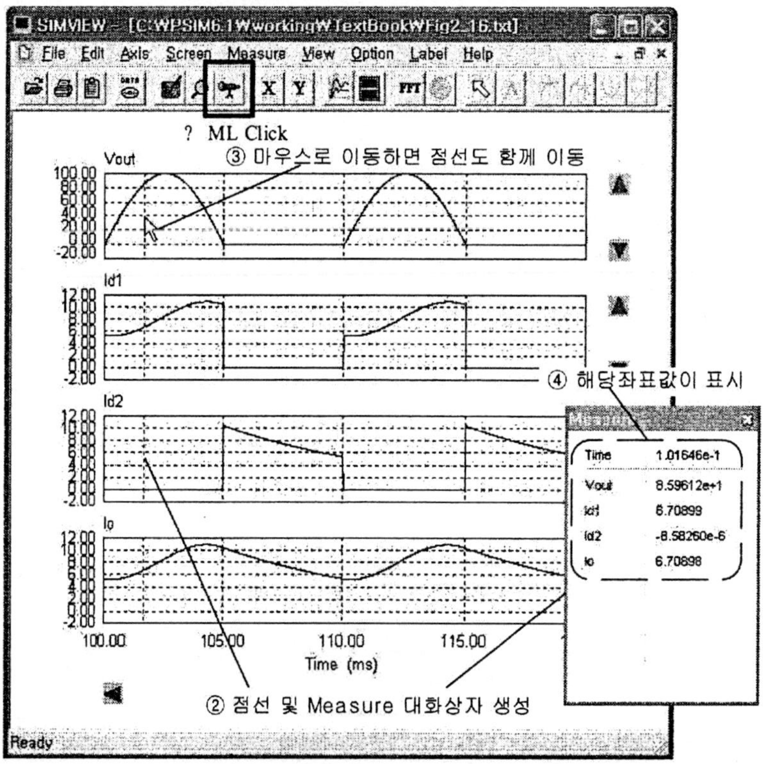

- <그림 2.16>과 같이 가로축(Time)과 세로축(각 변수값)에 대한 값이 기록되는 Measure 창이 나타난다.
- 그래프 상에 마우스로 드래그 시키면 세로 점선이 나타나면서 마우스를 따라 이동하게 된다.
- 점선이 움직이면서 변화한 가로축(Time)에 해당되는 세로축(각 변수값)의 값이 Measure 창에 나타난다.
- Measure 모드에서 마우스 왼쪽 버튼으로 드래그 시키는 것과 오른쪽 버튼으로 시키는 것 사이의 시간 및 주파수도 계산을 해 준다.

SIMVIEW에서는 그래프의 좌표값을 판독하는 기능 이외에도 <표 2.4>와 같은 여러 기능들을 제공한다.

표 2.4 Measure의 기능

명 칭	단축아이콘	기 능
Measure		마우스 위치에 대한 그래프의 가로축과 세로축의 값을 표시
Max		선택된 그래프에 대하여 최대값을 찾아 표시
Min		선택된 그래프에 대하여 최소값을 찾아 표시
Next Max		선택된 그래프에서 다음 최대값을 찾아 표시
Next Min		선택된 그래프에서 다음 최소값을 찾아 표시
Avg	$\bar{x}$	선택된 파형의 평균값을 계산
Avg(|x|)	rms	선택된 파형의 절대값의 평균값을 계산
rms	$\|\bar{x}\|$	선택된 파형의 실효값을 계산

- <표 2.4>에 대한 기능을 사용하기 위해서는 반드시 [Measure] - [Measure]이나 단축아이콘 을 먼저 선택하여야 한다.
- 다음으로 측정하고자 하는 그래프의 변수명을 마우스로 클릭(ML)한다.
- 선택된 그래프에 대하여 측정하고자 하는 메뉴를 Measure 메뉴에서 선택을 하거나 단축아이콘으로 선택한다.
- Max, Min, Next Max, Next Min 기능은 해당 시간 및 해당 값을 Measure 창에 표시한다.
- Avg, Avg(|X|), rms 기능은 그래프의 구간에 대하여 해당 값을 Measure 창에 표시한다.

그림 2.17 파형의 실효값(rms) 측정 방법

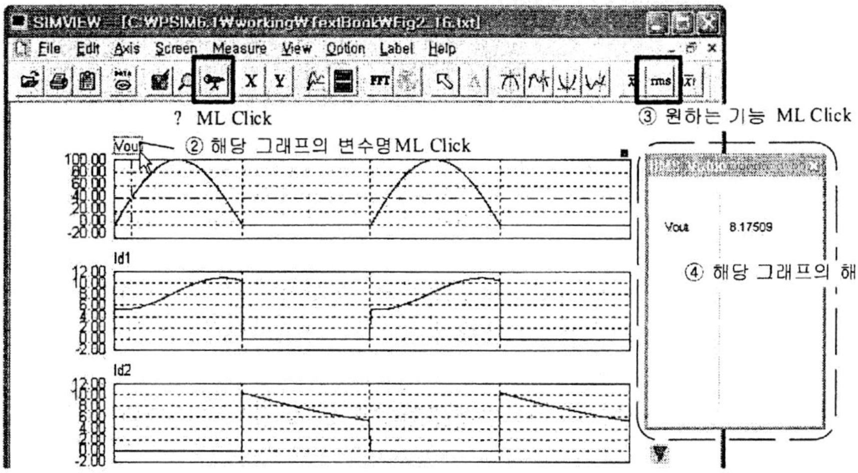

TIP
보다 정밀한 값을 측정하기 위해서는 Simulation Control에서 Time Step은 작게 Total Time은 크게 설정을 하면 좋다. 그러나 이렇게 설정할 경우 시뮬레이션 하는데 시간이 너무 오래 걸리므로 적정한 시간을 선택하는 것이 좋다.

2-2-3. 주파수 영역 해석

전력전자공학에서는 다루는 파형은 깨끗한 정현파는 거의 없고 찌그러지거나 정현파가 아닌 파형이 대부분이다. 이는 푸리에 급수로 표현했을 때 모두 고조파로 표현이 되는 것을 의미하고 이를 수학적으로 해석하기에 너무 시간이 많이 걸릴 뿐 만 아니라 제대로 해석하기 어려운 경우가 많다. 따라서 이런 경우 출력파형에 대한 푸리에 급수를 구하기에 가장 편리한 것이 **FFT**(Fast Fourier Transform)이다.

시간영역(time domain)의 파형은 시간에 대한 크기의 변화를 그래프로 나타내고 있으므로 이 영역에서는 주기, 위상, 크기, 시간 등을 비교할 수 있을 뿐 주파수 영역의 해석은 거의 불가능하다.

주파수영역(frequency domain)에서 표현할 수 있는 것으로 보드선도(bode plot), 나이퀴스트선도(Nyquist diagram), 라플라스 변환(laplace Transform), FFT(Fast

Fourier Transform) 등이 있으나 여기서는 FFT에 대해서만 언급하기로 한다. FFT는 전대역 주파수에 대한 크기를 나타내고 있는 파형이다.

FFT 급수파형은 시간영역의 그래프에서 좌표의 가로축인 시간 범위에 대하여 변환을 하게 된다. 만약 과도상태를 포함하고 있는 파형의 경우 과도상태의 주파수 특성도 함께 변환되므로, [Axis] - [X Axis] (X)을 선택하여 과도상태가 포함되지 않도록 시간범위를 재설정하는 것이 좋다.

- <그림 2.15>에서 Id1 그래프를 선택하고 [Screen] - [Delete Screen]을 선택하여 그래프를 삭제한다. 같은 방법으로 Id2의 그래프도 삭제한다.
- [Axis] - [X Axis] (X)을 선택하여 0.05 ~ 0.2 [sec]의 범위가 되도록 설정한다.
- [Option] - [FFT] 혹은 단축아이콘 FFT을 선택하면 <그림 2.18> (a)와 같은 파형이 나타나게 된다.
- [Axis] - [X Axis] (X)을 선택하여 0.0 ~ 1,000 [Hz]의 범위가 되도록 설정하면 <그림 2.18> (b)와 같이 파형이 확대된다.
- [Axis] - [X Axis] (X)을 선택하여 0.0 ~ 150 [Hz]의 범위가 되도록 설정하면 <그림 2.18> (c)와 같이 파형이 확대된다.

그림 2.18 FFT 파형

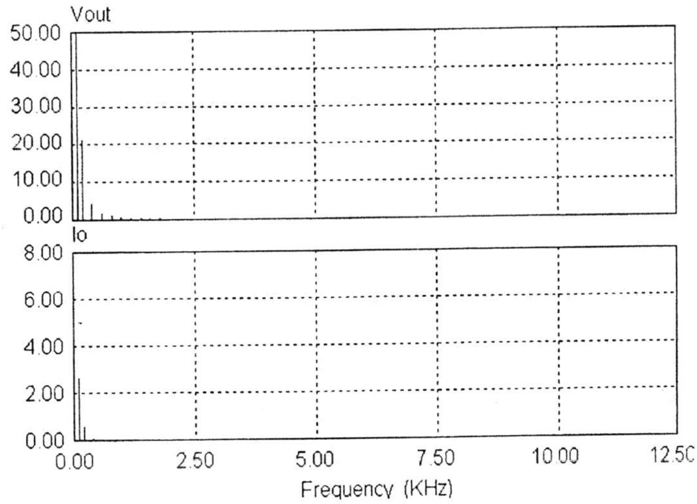

(a) FFT 변환파형

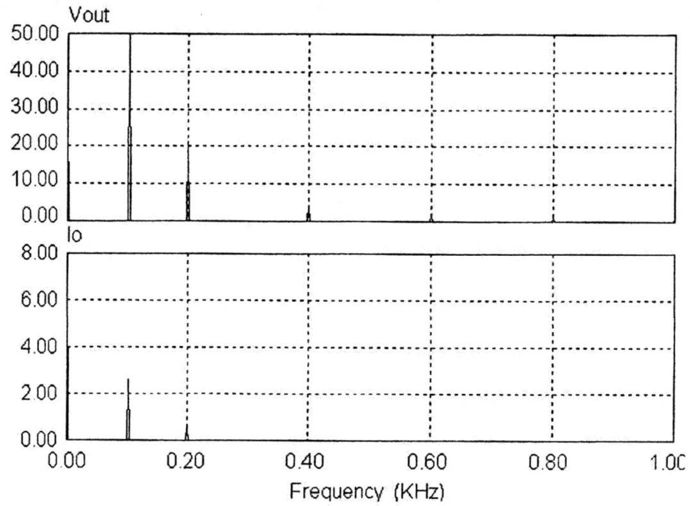

(b) 0 ~ 1,000 [Hz]로 확대한 파형

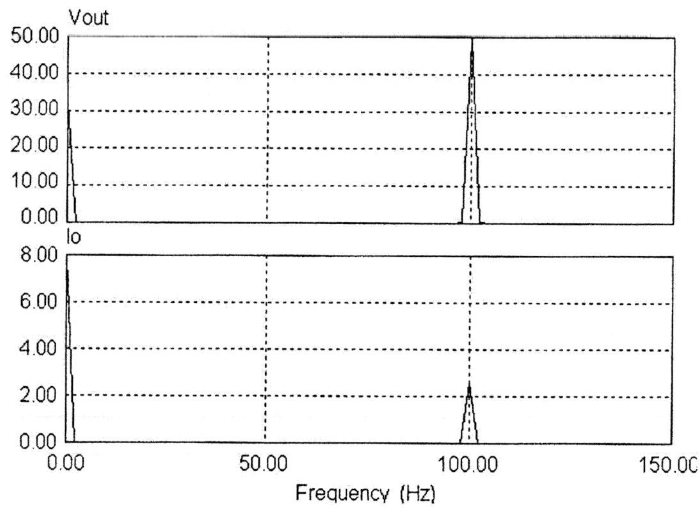

(c) 0 ~ 150 [Hz]로 확대한 파형

<그림 2.18> (a) 그래프는 막대그래프나 직선같이 보이지만 실제 확대하면 <그림 2.18> (c)와 같은 삼각형이다. 이 삼각형의 꼭지점에서의 두 값 즉, 크기와 주파수가 FFT의 구성요소인 셈이다.

각 좌표의 값을 측정하기 위하여 파형을 확대하거나 측정하는 기법은 시간영역과 거의 동일하며 다음과 같이 2가지 방법을 이용하면 편리할 것이다.

측정하고자 하는 주파수 대역만 크게 확대하고 파형의 좌표값을 측정하는 방법과 Next Max 기능을 이용하여 측정하는 방법이 있다.

[1] 파형 확대 후 측정하는 방법

- <그림 2.18> (c)와 같이 파형을 자세히 확대시킨 후 [Measure] - [Measure] ( )을 선택하고 측정하고자 하는 위치에 마우스를 위치시켜 값을 계측한다.
- 다시 [Axis] - [X Axis] (X)을 선택하여 150 ~ 250으로 확대한 후 같은 방법으로 값을 계측한다.
- 이렇게 주파수 대역을 변화시키고 마우스를 위치시켜 값을 측정하는 것을 반복한다.

시간영역에서 가로축인 시간의 변화에 대한 세로축 값의 크기를 측정하는 것은 시간의 값에 따라 중요하게 여겨지지만, 주파수영역인 FFT 파형은 가로축인 주파수의 변화에 세로축인 크기값의 측정이 크게 중요하진 않다. 왜냐하면 FFT 파형에서 삼각형의 꼭지점 좌표에 대한 주파수와 크기가 중요할 뿐 그 주변인 삼각형의 빗변 측정은 크게 의미가 없다. 따라서 FFT 파형의 측정은 삼각형의 꼭지점만 측정하면 된다.

[2] Next Max의 기능을 활용하는 방법

- [Axis] - [X Axis] (X)을 선택하여 좌표를 적당한 크기로 확대한다(0 ~ 1,000 [Hz]).
- [Measure] - [Measure] ( )을 선택하고 마우스를 가장 왼쪽으로 이동시킨 후 값을 측정한다. 이 값은 주파수가 0 [Hz]인 직류값이다.
- 측정하고자 하는 그래프의 변수명을 클릭한다(변수명 Vout 클릭).
- [Measure] - [Next Max] ( )을 선택하면 마우스가 위치하고 있는 곳에서 가장 가까운 주파수에 해당하는 값을 찾아 Measure창에 디스플레이 된다.
- 다시 [Measure] - [Next Max] ( )을 선택하면 다음 주파수에서의 값을 측정하여 Measure창에 디스플레이 된다.
- 반복하여 값을 계측할 수 있다.
- 변수명을 바꾸어 같은 방법으로 측정할 수 있다.

<표 2.5>에는 이상의 방법으로 각 주파수에 대한 크기를 나타내고 있다.

표 2.5 〈그림 2.18〉의 FFT파형에서 각 좌표값

단위 [Hz]

주파수	0	100	200	300	400	500	600	700	800	900	…
Vout 크기	31.83	49.99	21.22	0	4.25	0	1.82	0	1.01	0	…
Io 크기	7.96	2.59	0.56	8.4e-5	0.056	4.1e-5	0.016	3.0e-5	0.0067	2.3e-5	
의미	직류분	기본파	2고조파	3고조파	4고조파	5고조파	6고조파	7고조파	8고조파	9고조파	

이 결과를 다시 식으로 나타내면

$$
\begin{aligned}
v_o(t) &= 31.8 \\
&+ 50.0\sin\omega t \qquad (2.1) \\
&+ 21.2\sin 2\omega t + 4.3\sin 4\omega t + 1.8\sin 6\omega t + 1.0\sin 8\omega t \ldots
\end{aligned}
$$

이고 여기서 $\omega = 2\pi f = 2\pi \times 50 = 100\pi$이다. 식(2.1)에서 31.8 항은 직류성분의 크기로 31.8 [V]의 직류값이 있다는 것을 나타낸다. $50.0\sin\omega t$ 항은 주파수가 50 [Hz]이고 최대값이 50.0 [V]인 정현파이다. 이 항은 교류성분의 기본파(fundamental wave)에 해당이 된다. $21.2\sin 2\omega t$ 항은 주파수가 100 [Hz]이고 최대값이 21.2 [V]인 정현파로 2고조파(2' harmonics)라고 한다. 이 2고조파는 기본파에 대해 주파수가 2배이다. 나머지 항도 각각의 크기와 주파수를 가지는데 그 크기가 기본파의 정수배이다. 요약하면 31.8 [V]의 직류성분과 최대값이 50 [V]인 기본파와 나머지 고조파 항의 합으로 표현이 되는데 이것이 푸리에 급수(fourier series)이다.

푸리에 급수는 모든 주기 파형은 직류성분과 기본파의 정수배의 주파수를 가지는 Sine 고조파의 합과 기본파의 정수배의 주파수를 가지는 Cosine 고조파의 합으로 표현을 할 수 있다는 것이다.

어떤 파형으로부터 푸리에 급수로 표현하는 수학적인 방법이 있지만 그 식은 너무 복잡하고 해결하는데 시간이 많이 걸리게 된다. 따라서 PSIM이나 기타 시뮬레이션 프로그램에서 제공하는 FFT의 기능을 활용하면, 수학적인 해법을 사용하지 않더라도 그 파형에 포함된 각종 신호의 크기를 알 수 있는 것이다.

- 다시 시간영역의 파형으로 돌아가려면 주메뉴에서 [Option] - [Time]을 선택하거나 단축아이콘 를 클릭하면 된다.

2-3 부회로(Subcircuit)

PSIM의 메뉴 중 [Elements]는 다양한 부품이나 라이브러리가 있다. 전력전자에서 사용이 요소 중 가장 기본이 되는 것을 모두 제공해 준다. 이와 유사하게 부회로(Subcircuit)기능이 있는데 이 기능은 Elements 몇 개가 모여 반복적으로 사용이 될 경우 이를 하나의 그룹으로 묶어서 불러 사용할 때 사용된다.

> **TIP**
> Subcircuit기능은 PSIM Demo version에서는 지원되지 않는 기능이다.

<그림 2.19>와 같은 강압 변환기 회로를 직접 설계해 보기로 하자.

그림 2.19 기본 배치 회로

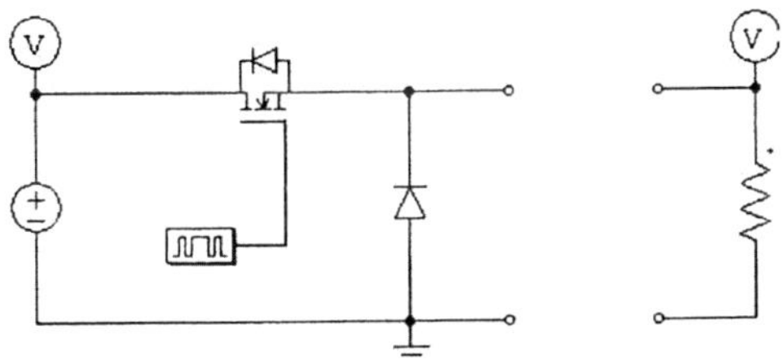

[1] 부회로(Subcircuit) 생성

- 먼저 <그림 2.20> (a)와 같이 부회로(Subcircuit)를 제외한 나머지 빈 회로를 구성한다.
- [Subcircuit] - [New Subcircuit]을 선택하면 사각형의 상자가 마우스를 따라다니며 나타난다.
- 마우스 원하는 위치에 위치시키고 왼쪽 버튼을 클릭하면 <그림 2.20> (b)와 같이 된다.
- 생성된 사각형(Subcircuit)을 더블클릭하면 빈 CAD 창이 나타난다.

그림 2.20 기본 배치회로

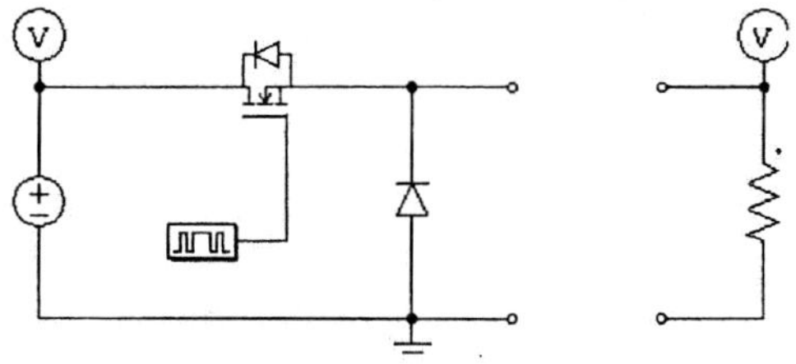

(a) Subcircuit을 제외한 빈 회로 작성

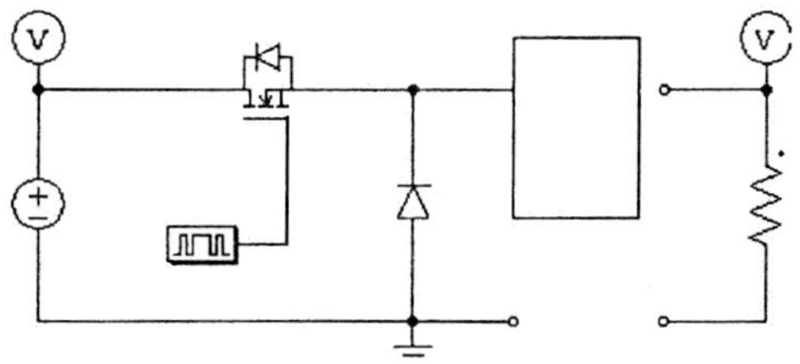

(b) Subcircuit 생성

[2] 크기 설정

- [Subcircuit] - [Set Size]을 선택하여 <그림 2.21>와 같이 설정한다(Width : 10, Height : 11). 값의 크기는 격자크기를 의미하고, 사용자가 크기를 설정하면 된다.

그림 2.21 크기 설정

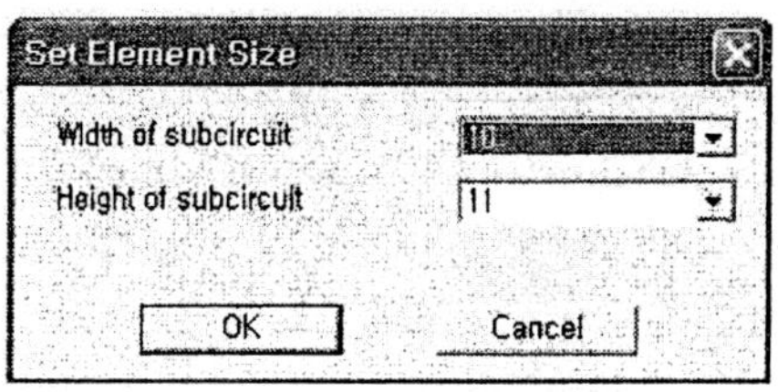

[3] 포트 설정

- [Subcircuit] - [Place Port]를 선택하고 원하는 위치에 클릭을 하면 <그림 2.22> (a)와 같이 포트 표시가 나타나면서 동시에 <그림 2.22> (b)와 같은 대화상자가 나타난다.
- 여러 ◇ 중에서 원하는 위치의 포트를 클릭하고 Port Name에 포트명을 기입하면 <그림 2.22> (c)와 같이 된다.

- [Subcircuit] - [Place Port]를 선택하여 포트를 추가하게 되면 <그림 2.22> (d)와 같이 대화상자가 나타나며, 추가할 포트의 위치를 지정하고 포트명을 기입한다.
- 같은 방법으로 총 4개의 포트를 설정한다. 여기서는 입력 2포트, 출력 2포트가 되도록 하며 각각의 변수명은 in(+), in(-), out(+), out(-)이 되도록 한다.
- 모두 설정이 끝나면 <그림 2.22> (e)와 (f)와 같이 된다.

그림 2.22 포트 설정

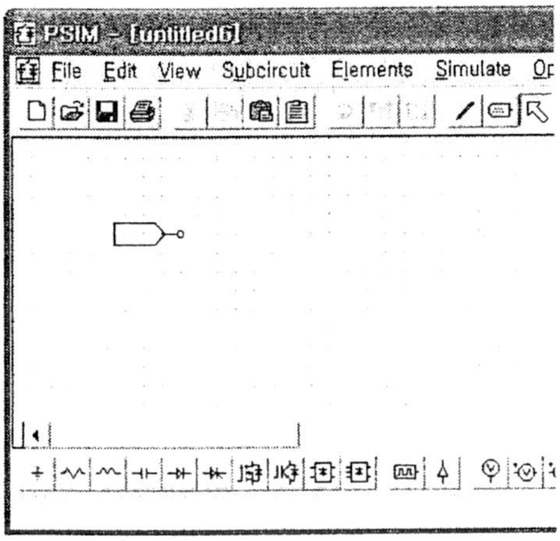

(a) Subcircuit 크기 설정

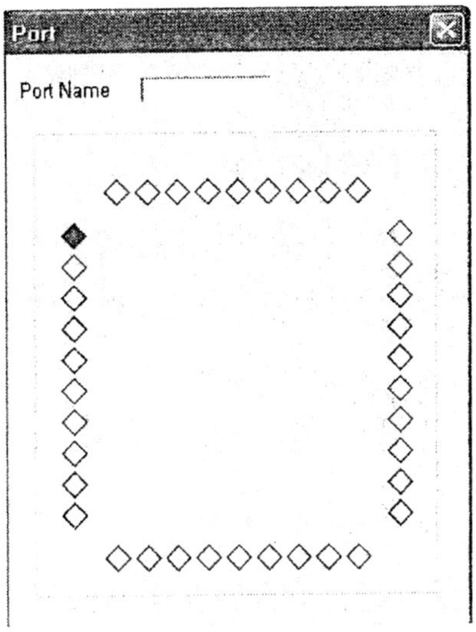

(b) 포트설정 대화상자

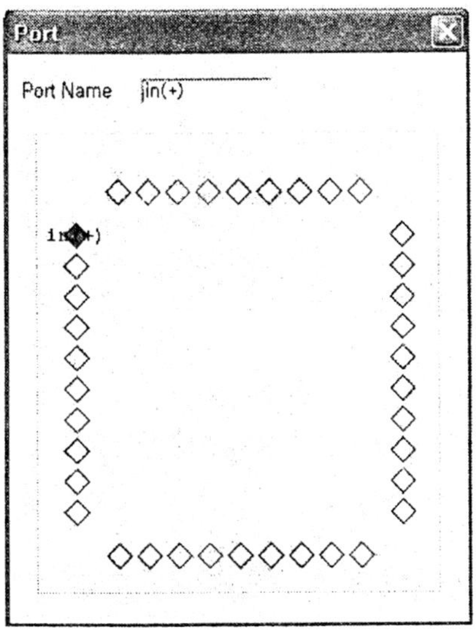

(c) 포트명 기입

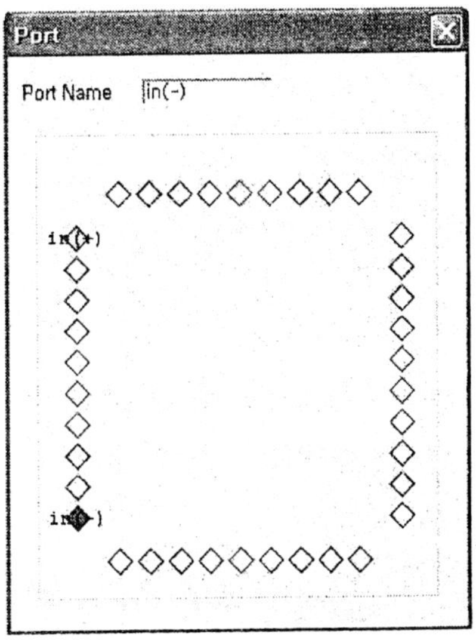

(d) 추가포트시 대화상자

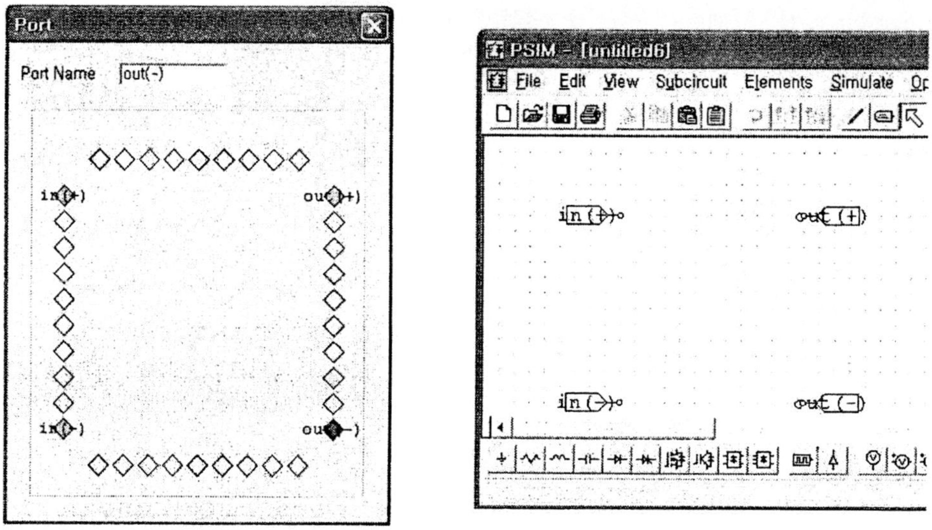

(e) 모든 포트 설정 모습 (f) Subcircuit의 모습

[4] 부회로(subcircuit) 회로구성

그림 2.23 소자배치 및 결선하기

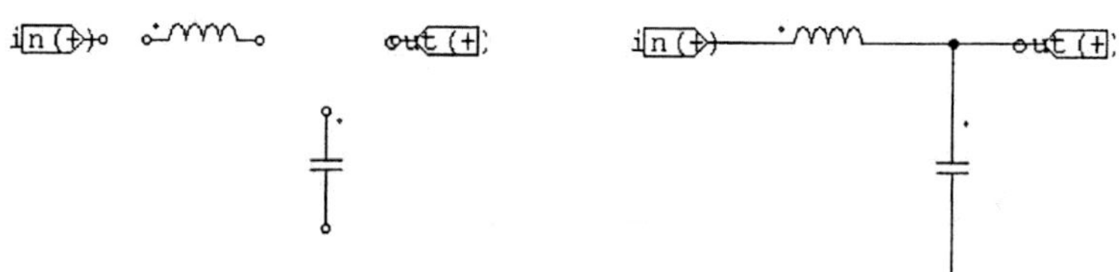

(a) 소자배치 (b) 결선하기

- <그림 2.23> (a)와 같이 원하는 소자를 배치시킨다.
- [Edit] - [Wire] ( )을 선택하고 <그림 2.23> (b)와 같이 결선을 한다.
- 각 소자를 더블클릭하여 명칭을 부여한다. 여기서는 인덕터 L과 커패시터 C를 더블클릭하여 각각의 명칭을 L과 C가 되도록 지정한다.
- [Subcircuit] - [Edit Default Variable List]를 선택하면 <그림 2.24> (a)와 같은 대화상자가 나타난다.
- 대화상자에서 [Add] 버튼을 클릭하면 <그림 2.24> (b)와 같은 대화상자가 또 나타난다.

- 여기에 앞서 설정한 소자들의 명칭과 그의 초기값을 기입한다.
- 설정을 마치면 [Close] 버튼을 클릭한다.
- 설정이 모두 마치면 파일로 저장시킨다. 여기서는 "LC_Filter.sch"로 저장한다.

그림 2.24 Subcircuit의 초기값 설정

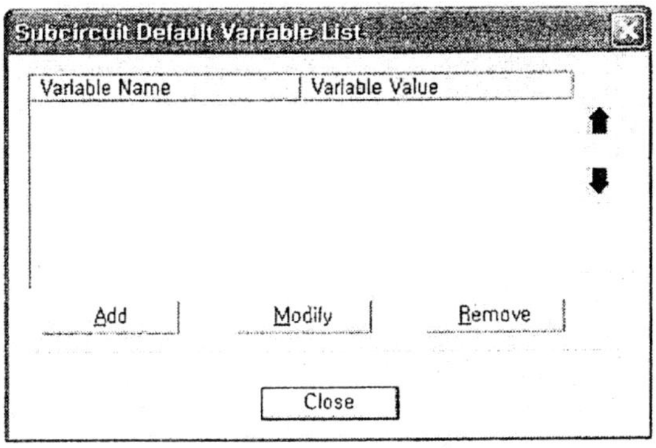

(a) Subcircuit 초기값 설정창

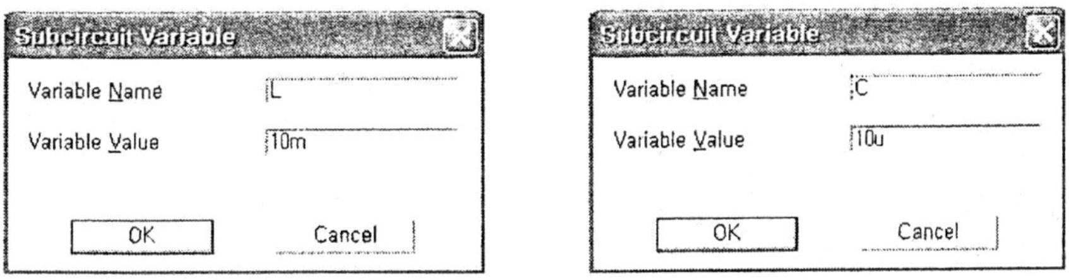

(b) 변수명 및 초기값 기입

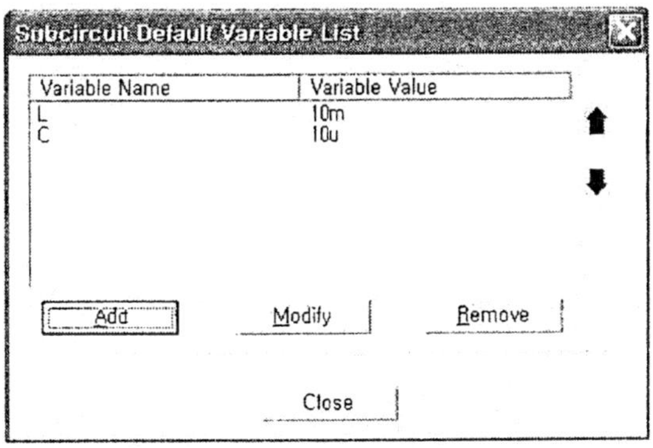

(c) Subcircuit의 초기값 설정을 모두 마친 경우

- 부회로에서 [Subcircuit] - [Top Page]를 선택하면 <그림 2.25>와 같이 생성된 부회로 (subcircuit) 블록이 나타난다.
- 주회로에서 [Subcircuit] - [Hide Subcircuit Ports]를 선택하면 부회로 블록에서 포트명이 사라지게 되고, [Show Subcircuit Ports]를 선택하면 포트명이 다시 나타나게 된다.

그림 2.25 Subcircuit의 초기값 설정

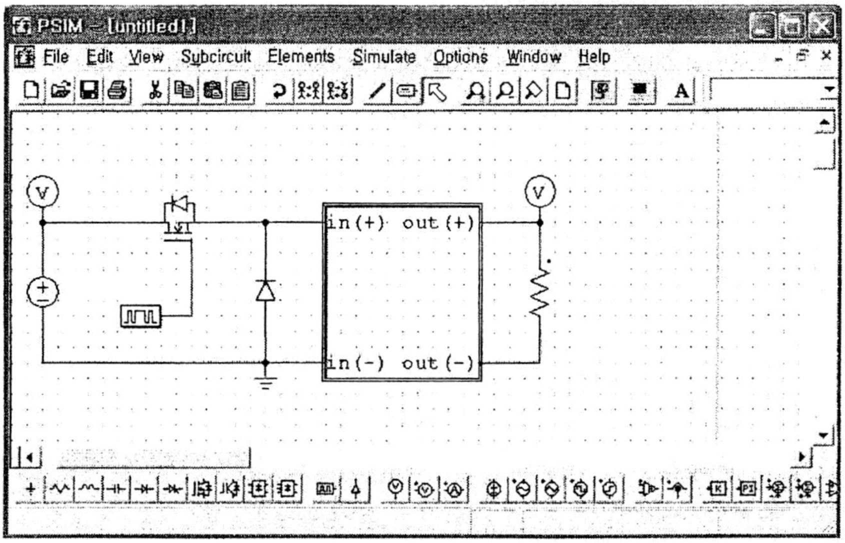

(a) 부회로(Subcircuit) 생성을 모두 마친 화면

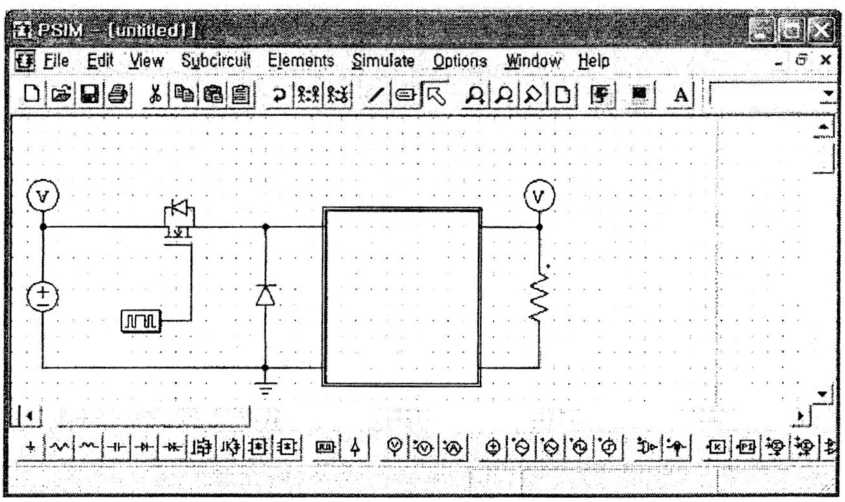

(b) 부회로 포트를 숨긴 경우

[5] 부회로 불러오기

- 다른 파일의 회로나 반복적으로 사용이 필요한 경우 [Subcircuit] - [Load Subcircuit]을 선택한다.
- 이미 저장한 부회로를 불러온다. 여기서는 'LC_Filter.sch' 파일을 선택한다.
- 원하는 위치에 마우스를 클릭하면 <그림 2.26>과 같은 부회로가 나타나게 된다.

그림 2.26 부회로(Subcircuit) 불러오기

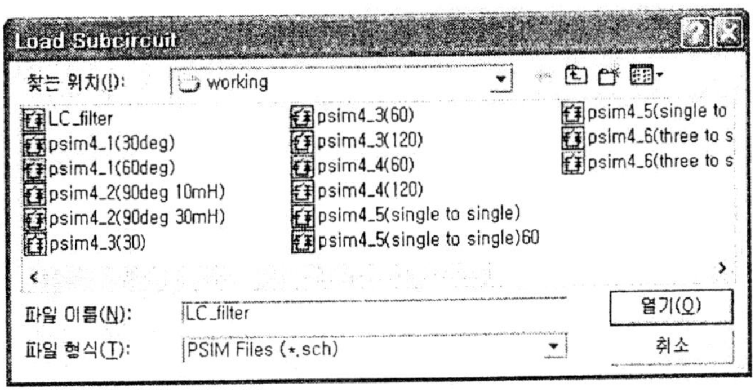

(a) 부회로 선택

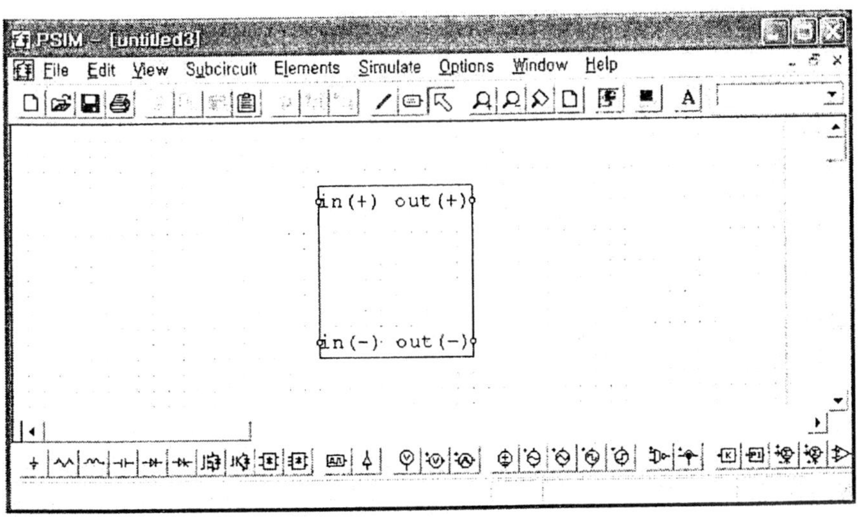

(b) 부회로 불러오기

2-4 동적링크라이브러리(DLL)

PSIM의 메뉴 중 [Elements]는 다양한 부품이나 라이브러리가 있으나 모든 환경이나 수학적인 연산을 수행하기에는 어려움이 많다. 이와 같은 경우 동적링크라이브러리(Dynamic Link Library : DLL)를 사용하면 사용자가 더욱 용이하게 회로를 해석하거나 시뮬레이션 할 수 있다는 장점을 가진다.

동적라이브러리(DLL) 파일을 생성시키기 위해서는 C 소스를 코딩해서 DLL 파일을 생성시킬 수 있는 프로그램인 Borland C/C++이나 Visual Studio(Visual C++) 등의 프로그램이 필요하다. 본 교재에서는 Microsoft Visual Studio 6.0 소프트웨어를 사용하는 방법에 대하여 설명하도록 한다.

> TIP
> DLL기능은 PSIM Demo version에서는 지원되지 않는 기능이다.

[1] DLL 생성환경 설정

- Microsoft Visual C++ 6.0을 실행시킨다.
- [File] - [New]을 실행시키고 <그림 2.27> (b)와 같은 대화상자에서 다음과 같이 설정한다.

  Location : 작업할 폴더를 지정한다(여기서는 C:₩PSIM6.1₩Working로 지정).

  Project name : 생성할 dll의 이름이 되도록 적는다(여기서는 DLL_test로 설정).
- Project name에서 지정한 이름은 Location에서 지정한 폴더 하위에 같은 이름으로 폴더를 생성시키고, 같은 이름으로 *.dsp 와 *.dsw의 확장자를 가진 파일과 Debug 폴더를 생성한다.
- 설정을 마치면 [OK]버튼을 클릭한다.
- <그림 2.27> (c)와 같은 대화상자가 나타나면 An empty DLL project를 선택하고 [Finish] 버튼을 클릭한다.
- <그림 2.27> (d)의 확인 대화상자가 나타나면 [OK]버튼을 클릭한다.
- 메모장을 실행시키고 아무런 내용없이 저장을 한다. 이때 확장자가 '*.c'인 파일이 되도록 하고 DLL Project가 저장된 폴더에 저장한다(여기서는 파일명을 source.c로 한다).
- Visual C++에서는 확장자가 '*.cpp'로 저장이 되며 PSIM과는 연동이 되지 않는다.

그림 2.27 DLL 생성과정(1)

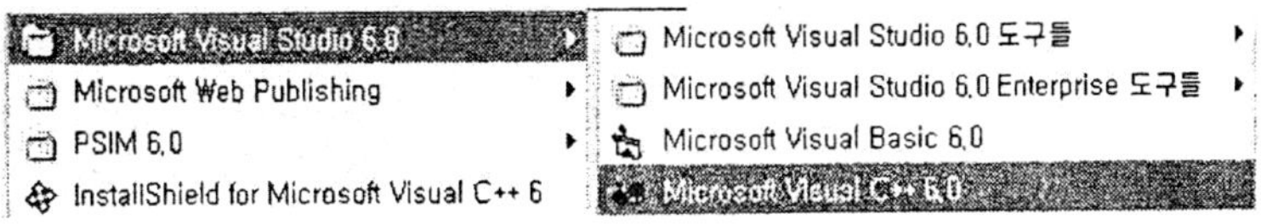

(a) Microsoft Visual C++ 6.0 프로그램 시작

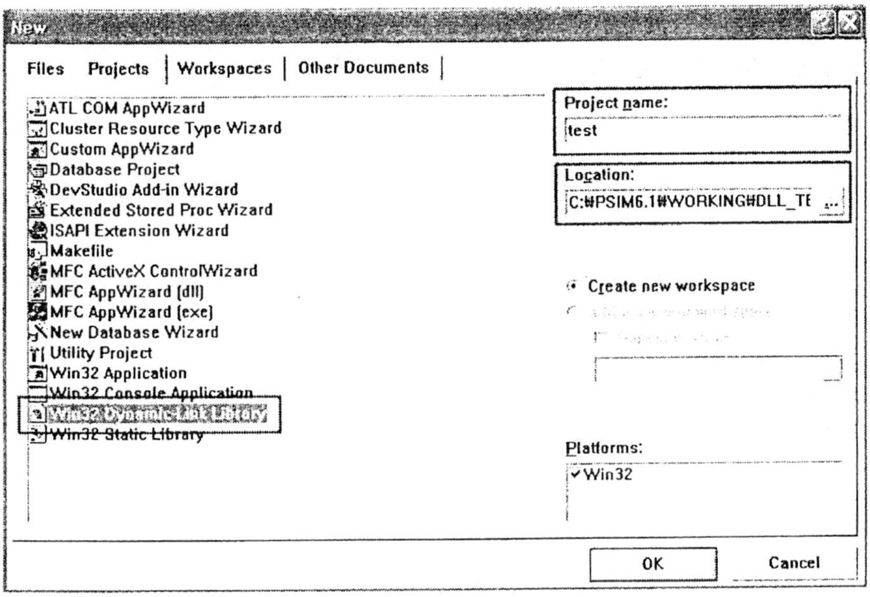

(b) New 설정 환경

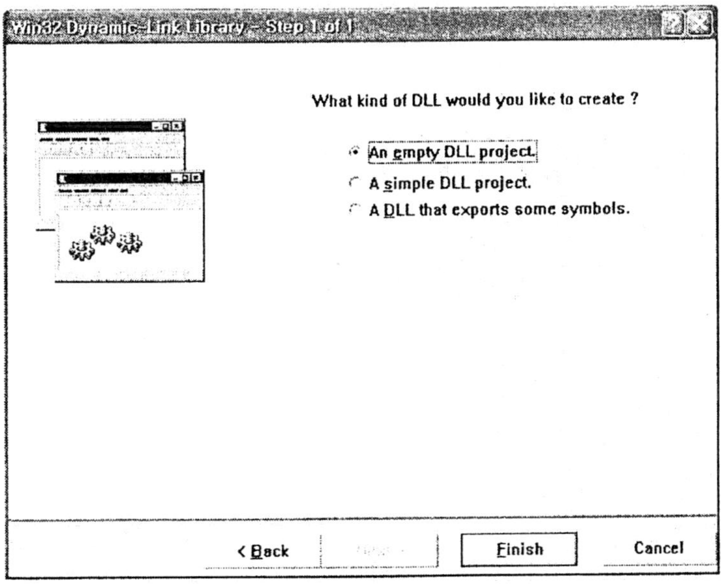

(c) DLL 프로젝트의 유형선택

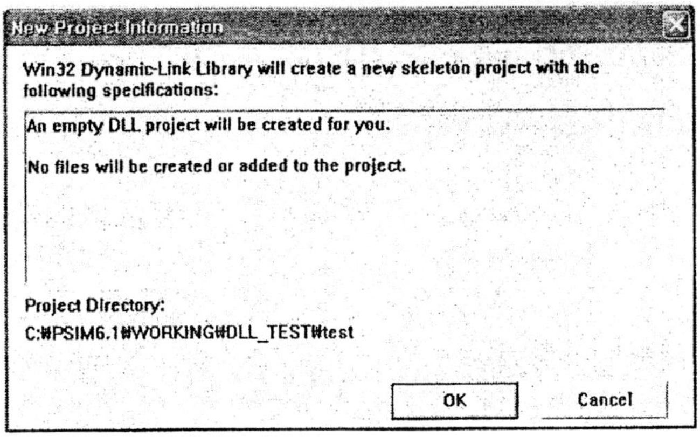

(d) 확인 대화상자

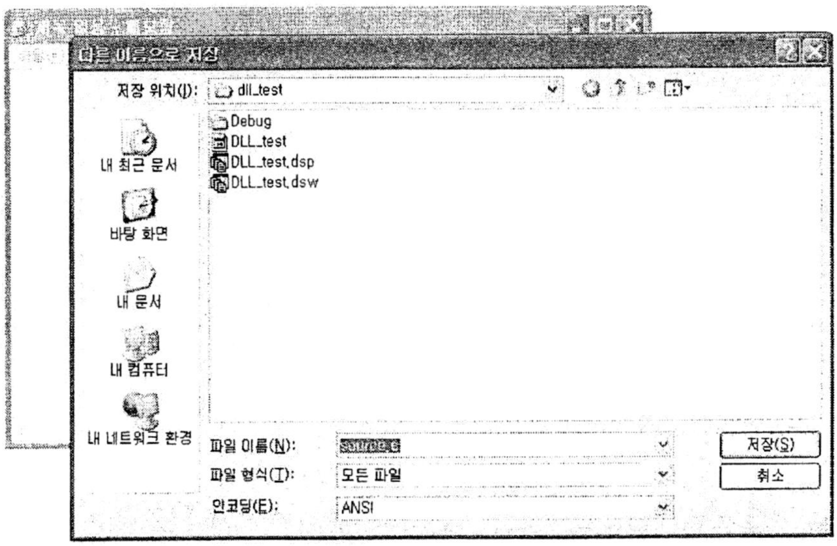

(e) 메모장으로 소스프로그램(*.c)파일 생성

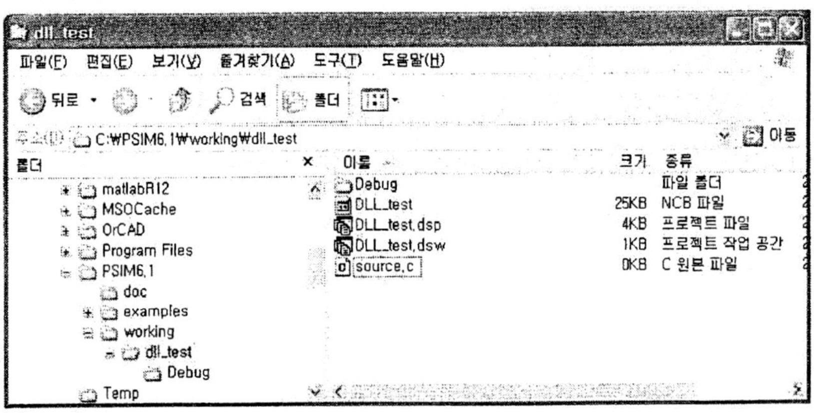

(f) 생성된 파일들의 모습

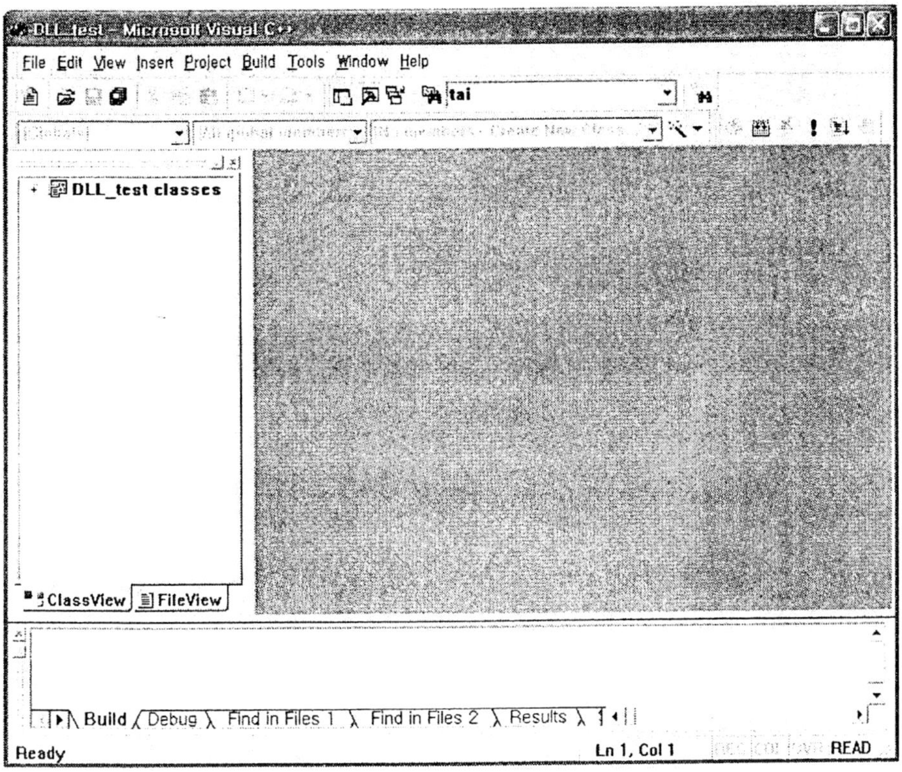

(g) 환경설정을 마친 Microsoft Visual C++ 6.0 에디터의 모습

- 최종적으로 <그림 2.27> (g)와 같은 환경의 에디터가 나타난다.
- <그림 2.28> (a)에서 [Project] - [Add To Project] - [Files]를 선택한다.
- 메모장을 통하여 저장한 소스프로그램 *.c를 찾아 선택하고 [OK]버튼을 클릭한다.
- <그림 2.28> (c)에서 에디더 중간 좌측의 경로창 하단에서 'FileView' 탭을 선택하고 DLL_test files의 ⊞ 탭을 펼쳐 Source Files의 source.c파일을 선택한다.
- <그림 2.28> (d)와 같이 [Build] - [Set Active Configuration]을 선택한다.
- <그림 2.28> (e)의 대화상자에서 'Win32 Release'를 선택한고 [OK]버튼을 클릭한다.
- <그림 2.28> (f)와 같이 [Build] - [Rebuild All]을 선택하면 <그림 2.28> (g)와 같이 생성된 DLL파일을 확인할 수 있다.

이상은 DLL 파일을 생성하는 과정을 보인 것이다. DLL 파일의 기능과 PSIM과의 변수 설정 관계 및 소스프로그램의 작성은 다음 절에서 설명을 할 것이다.

그림 2.28 DLL 생성과정(2)

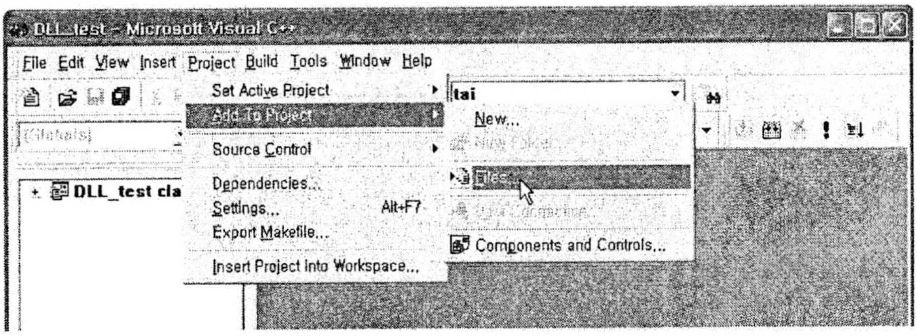

(a) 소스프로그램(*.c) 첨부

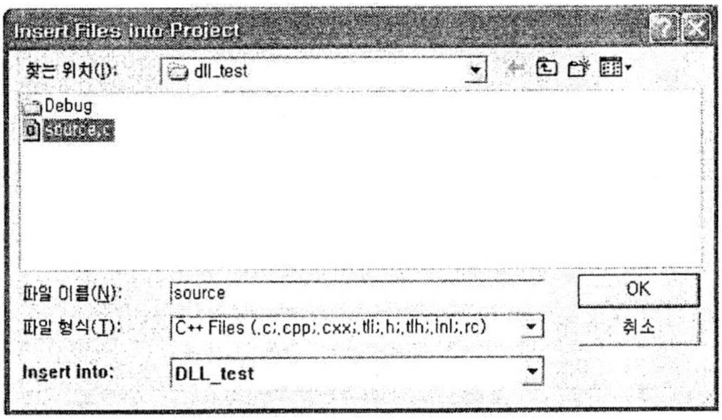

(b) 소스프로그램의 위치

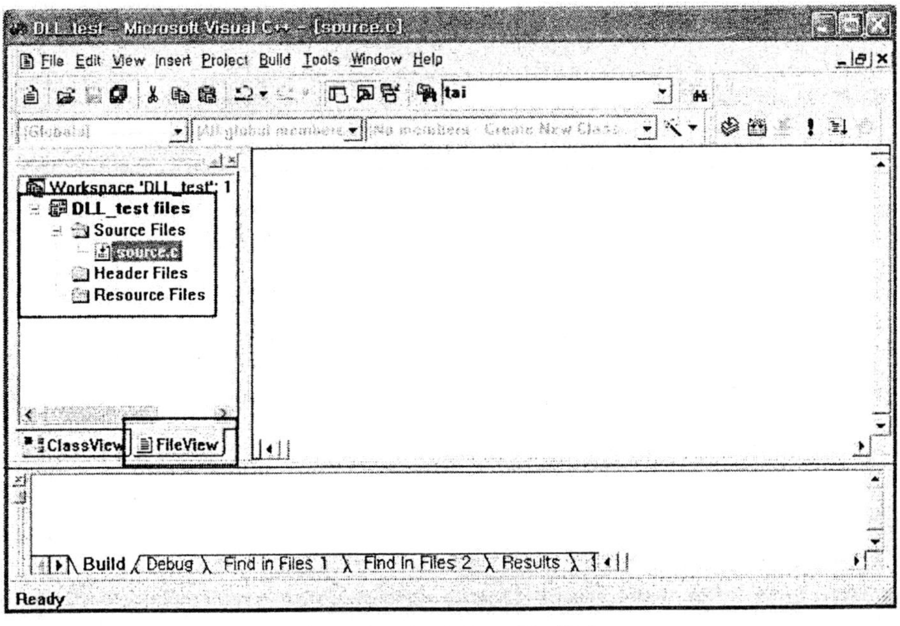

(c) 에디터에 소스프로그램 띄우기

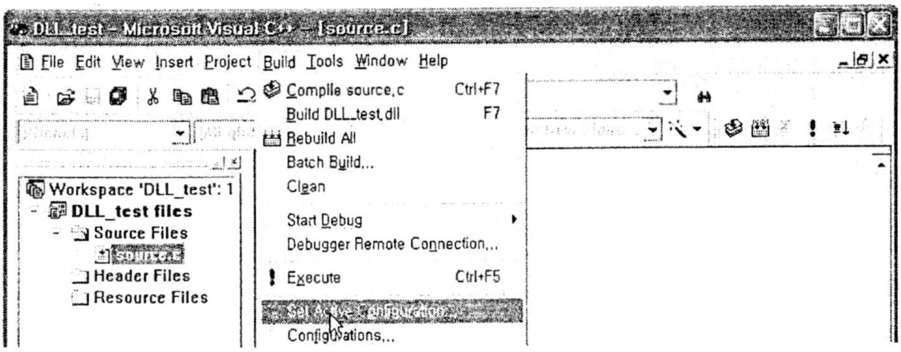

(d) Active Project 환경 실행

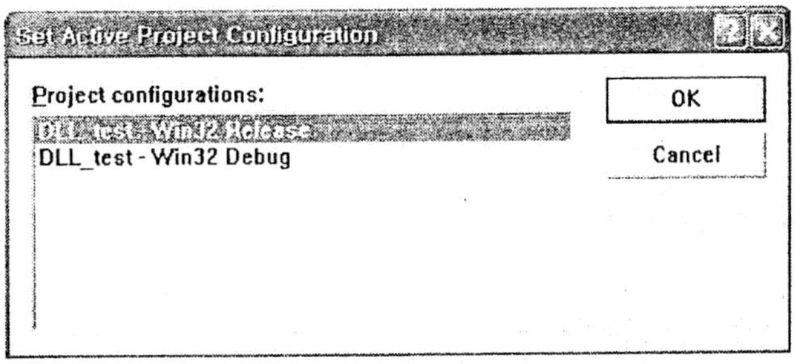

(e) Active Project 환경설정

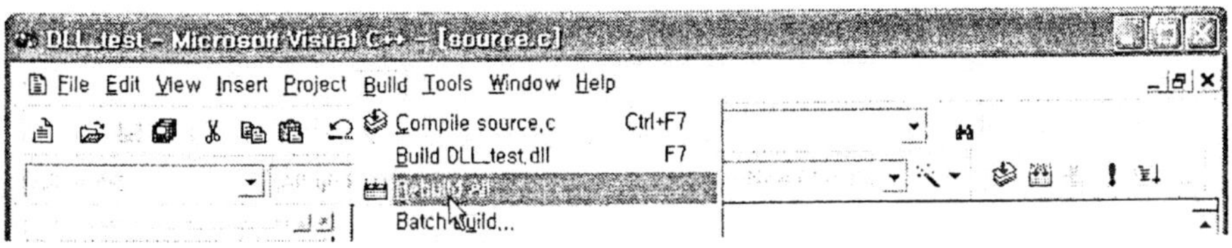

(f) DLL 파일 생성 실행

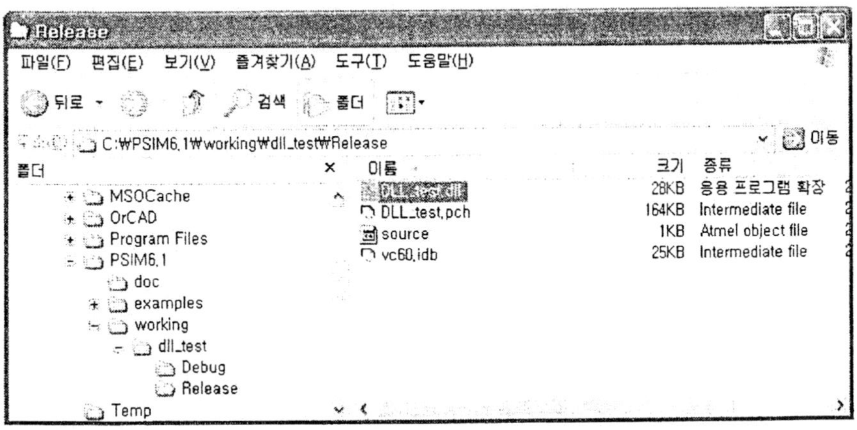

(g) 생성된 DLL 파일의 모습

[2] PSIM과 DLL의 상관관계

PSIM에서 DLL 블록이 필요한 이유는 PSIM에서 제공하는 연산블록을 비롯한 기타 함수블록을 결선을 통하여 연산을 하는데 너무 복잡하고 효율이 떨어지기 때문이다. 또한 전동기 제어를 비롯한 각종 회로는 전력회로와 제어회로로 구분이 되는데 이 중 전력회로는 PSIM으로 구현이 가능하지만 제어회로는 PSIM으로 구현하기가 힘들다. 이와 같은 경우 DLL을 활용하면 제어회로를 포함한 시뮬레이션을 행할 수 있다는 장점을 가지므로 실험실, 연구실 등에서 사용되는 고급기능이다.

그림 2.29 DLL Block

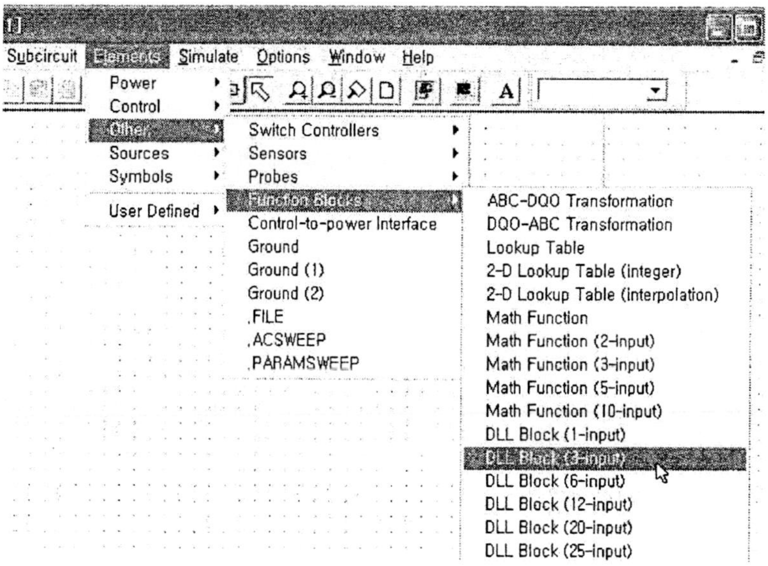

(a) DLL 블록 선택하기

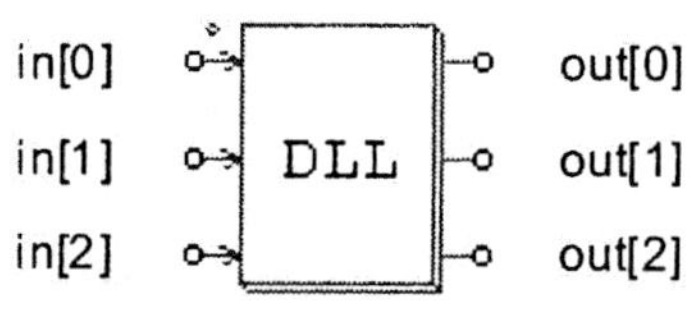

(b) 3-Input DLL 블록

PSIM에서 DLL Block은 1, 3, 6, 12, 20, 25개의 입력을 가지는 DLL 블록이 있다. 예를 들어 <그림 2.29> (a)와 같이 **[Elements] - [Other] - [Function Blocks] - [DLL Block(3-input)]**을 선택하면 <그림 2.29> (b)와 같이 3개의 입력과 3개의 출력을 가지는 DLL 블록이 나타나게 된다. 이 DLL 블록의 특징은 다음과 같다.

- PSIM에서 DLL로 입력시키는 변수 혹은 값은 DLL 블록의 왼쪽으로 연결시킨다.
- DLL로부터 연산이나 명령처리가 끝난 출력은 DLL 블록의 오른쪽에 연결시킨다.
- DLL 블록에서 사용하지 않는 입력과 출력은 접지(GND)시킨다.

PSIM의 DLL 블록으로 입력된 변수(혹은 값)는 DLL로 입력이 되고 연산을 마치면 다시 PSIM의 DLL 블록으로 넘겨지게 된다. DLL의 소스에서는 PSIM의 DLL 블록으로부터 값을 주고받는 관계는 다음과 같다.

- PSIM의 DLL 블록 → DLL : in[ ]
- DLL → PSIM의 DLL 블록 : out[ ]

[3] 소스프로그램 작성방법

Microsoft Visual C++에서 생성한 DLL은 다음과 같은 구조를 가진다.

```
#include <math.h>
/* 전역변수 및 사용할 변수를 지정할 영역
__declspec(dllexport) void SIMUSER(t, delt, in, out)
double t, delt;
double *in, *out
{
   val = in[0];          // val은 소스프로그램에서 작성한 사용자 변수
        :
/* DLL 블록에서 수행할 프로그램을 적는 영역
   out[0] = cal;             // cal은 소스프로그램에서 작성한 사용자 변수
        :
}
```

- t : PSIM에서 수행중인 현재의 시간이 입력된다.
- delt : PSIM의 시뮬레이션 시간 간격이 입력된다.
- in : PSIM의 DLL블록으로 입력되는 값이며 배열이다.
- out : DLL에서 PSIM의 DLL블록으로 출력하게 될 값이며 배열이다.
- _declspec(dllexport) void SIMUSER(t, delt, in, out)은 그대로 사용하여야 한다.
- double t, delt는 그대로 사용하여야 한다.
- double *in, *out는 그대로 사용하여야 한다.

[4] 예제

PSIM에서 교류전압 $a = 10\sin(2\pi \times 50)$와 직류전압 $b = 10$을 DLL로 입력시키고 이를 입력받은 DLL에서는 두 전압의 합과 두 전압의 곱을 출력시키도록 하는 방법에 대하여 살펴보도록 한다.

그림 2.30 PSIM에서 작업

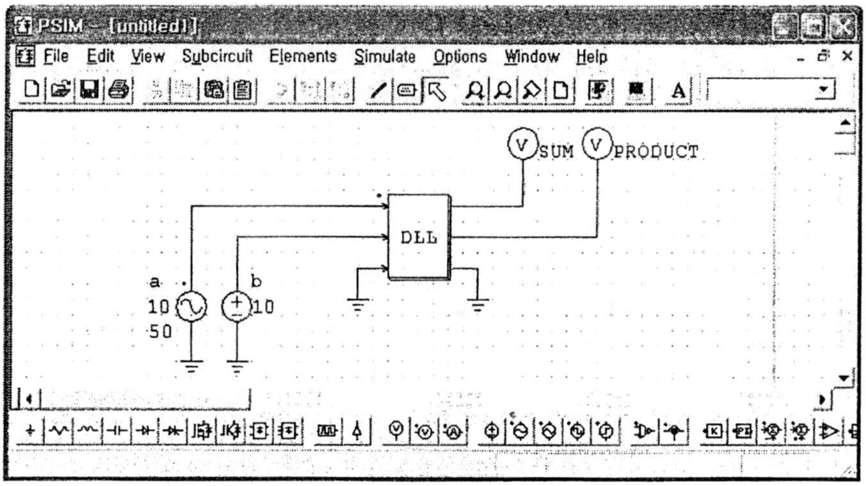

(a) PSIM Schematic

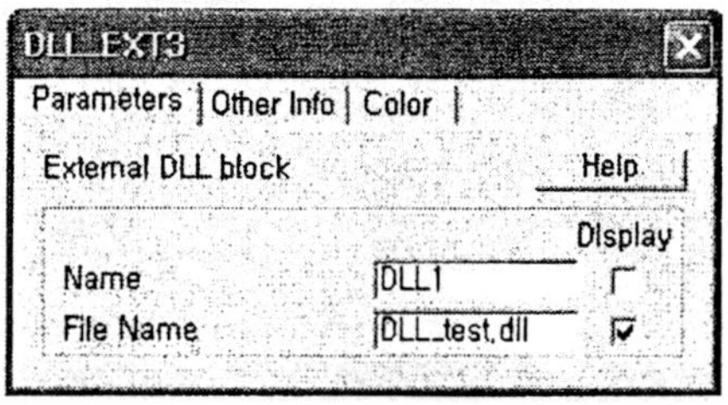

(b) DLL 블록에서 File Name 설정값

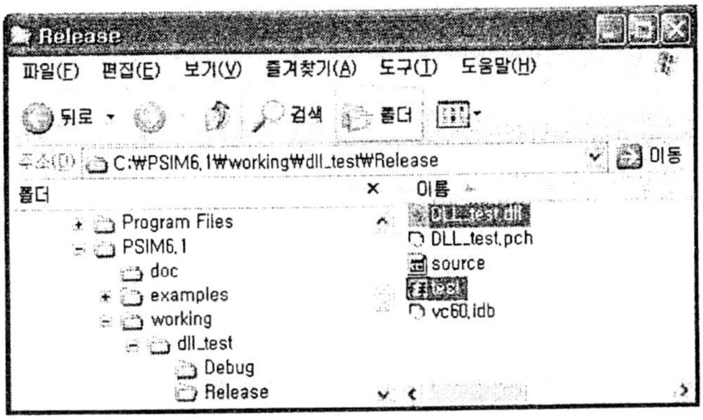

(c) DLL과 PSIM Schematic 파일의 위치

- PSIM을 실행시킨다.
- [Elements] - [Other] - [Function Blocks] - [DLL Block(3-input)]을 선택하여 배치한다.
- 나머지 회로는 <그림 2.30> (a)와 같이 회로를 작성한다.
- [Simulate] - [Simulation Control]을 실행시켜 적당한 시간을 설정한다.
- DLL블록을 더블클릭하여 <그림 2.30> (b)와 같이 File Name에 DLL 이름을 입력한다. 여기서는 앞서 만든 DLL명인 DLL_test.dll로 입력한다.
- 회로 구성이 모두 끝나면 파일을 저장한다. 이때 PSIM 파일이 저장할 위치는 반드시 DLL이 있는 경로가 되어야 하며 파일명은 임의로 지정하면 된다.

> **TIP**
>
> PSIM에서 작성한 Schematic 파일과 DLL 파일은 같은 폴더에 있어야 한다.
>
> PSIM의 DLL 블록과 DLL명은 같아야 한다.

- Microsoft Visual C++을 실행시킨다.
- [File] - [Open Workspace]를 선택하여 앞서 만들어진 프로젝트 파일을 실행시킨다.
- <그림 2.31> (b)와 같이 소스프로그램을 작성한다.
- 프로그램의 작성이 모두 끝나면 [Build] - [Rebuild All]을 실행시켜 DLL 파일을 다시 만든다.
- PSIM에서 [Simulate] - [Run Simulation] 혹은 F8을 눌러 시뮬레이션을 시킨다.
- <그림 2.31> (c)와 같이 두 전압의 합과 곱의 파형을 확인한다.

그림 2.31 DLL 작업

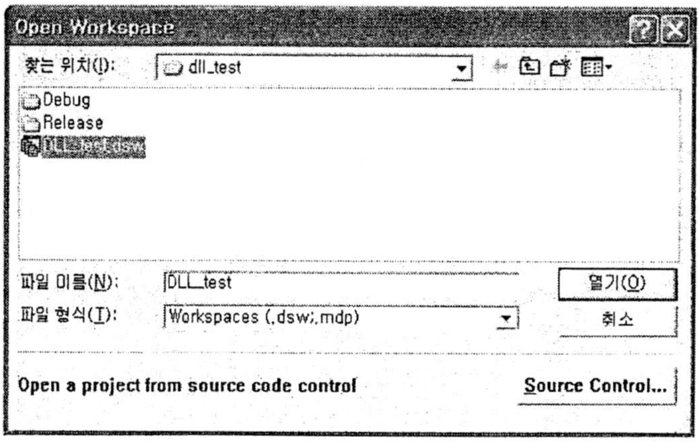

(a) Open Workspace

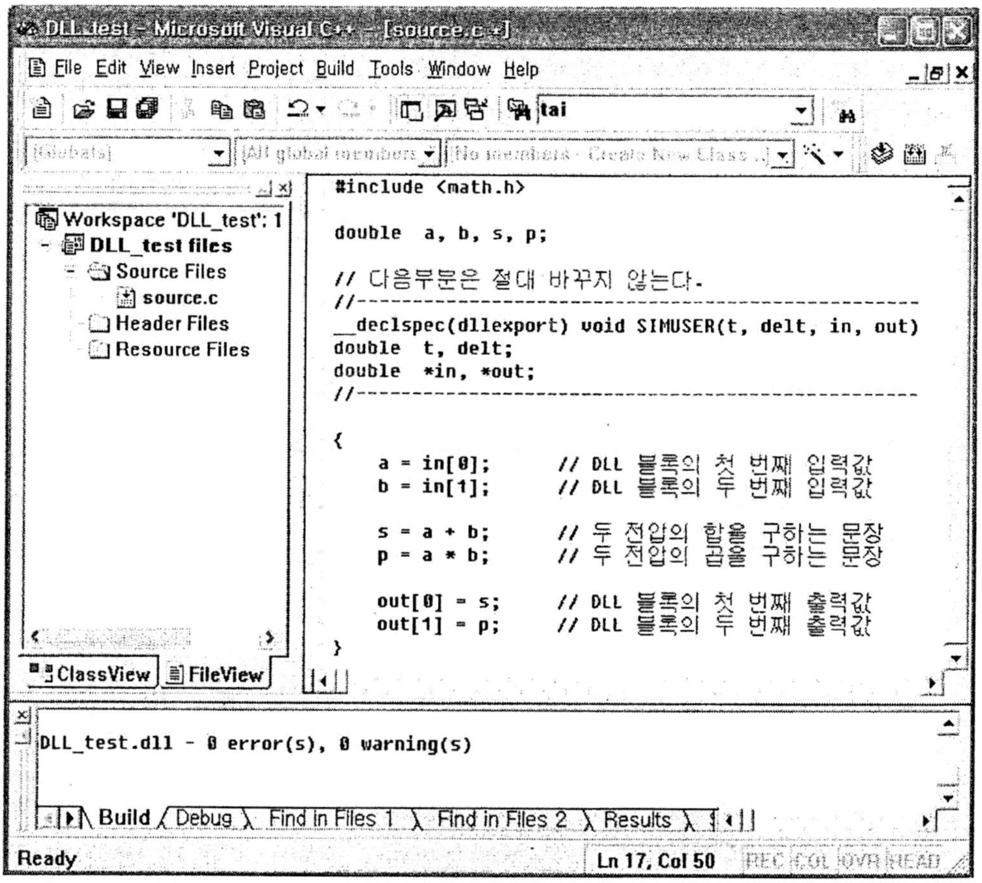

(b) 소스프로그램 작성

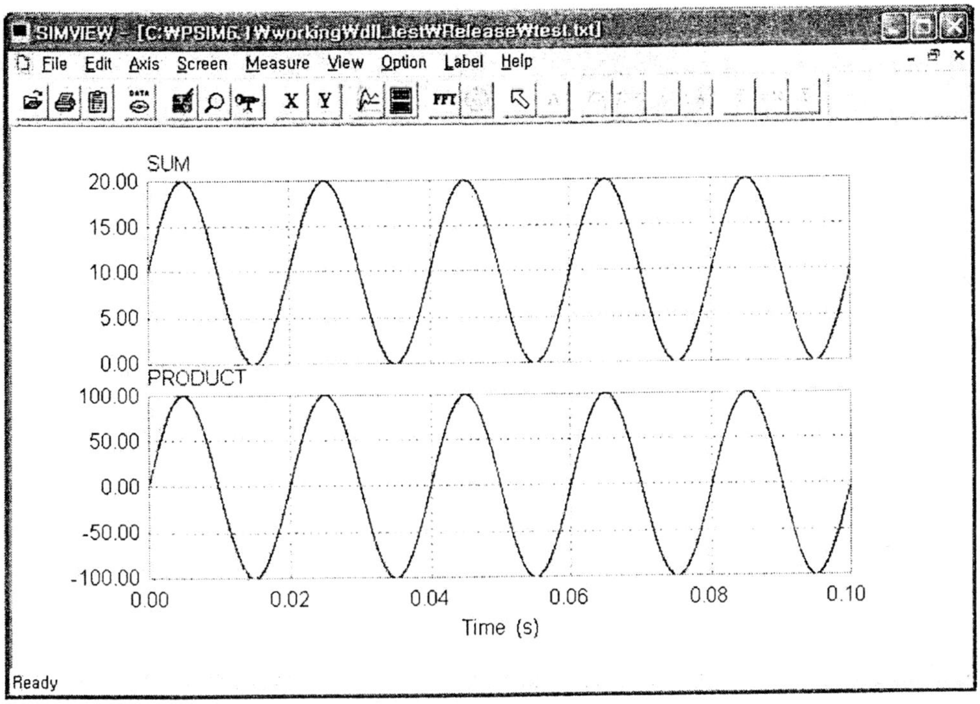

(c) 출력파형

이상에서 3입력 DLL 블록의 사용법에 대하여 설명하였다. 많은 입력과 출력을 가지는 다른 DLL 블록에 대해서도 in[0], in[1], in[2], … 과 out[0], out[1], out[2], …을 원하는 숫자에 맞도록 사용하면 되고 사용하지 않는 변수는 적지 않아도 무방하다.

TIP

PSIM DLL 블록에 입력/출력되는 변수의 순서와 DLL 소스프로그램에서 in[]/out[]의 순서가 같아야 한다.

2장 연습문제

Ex 2.1 PSIM에서 전압 프로브의 두 가지 종류에 대하여 비교 설명하여라.

Ex 2.2 두 지점 사이를 측정하는 전압 프로브와 전류 프로브는 회로상에서 어떻게 결선이 되어야 하는지 말하여라.

Ex 2.3 Simulation Control에서 Time Step과 Total Time의 역할에 대하여 기술하여라.

Ex 2.4 다음과 같이 회로를 구성하고 물음에 답하여라.

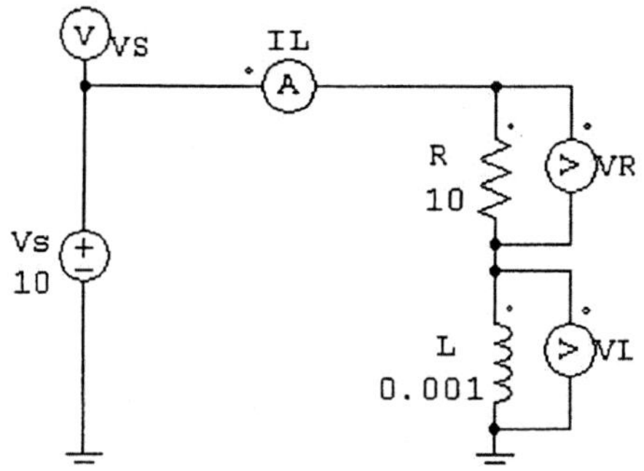

(a) 그래프를 추가시켜 4개의 창에 전원전압 VS, 전류 IL, 저항양단전압 VR, 인덕터 양단전압 VL을 각각 나타내어라.

(b) 또한 확대 기능을 사용하여 부하전류의 시정수를 측정하여라.

(c) 저항 양단전압과 인덕터 양단전압의 파형을 더하기 연산을 하여 파형으로 나타내어라.

Ex 2.5 1상의 실효값이 220 [V]이고 주파수가 60 [Hz]인 3상 전원이 120°의 위상차를 가지고 있다. 이 전압을 동적링크라이브러리(DLL)에 입력시켜 선간전압을 구하여 파형을 나타내어라.

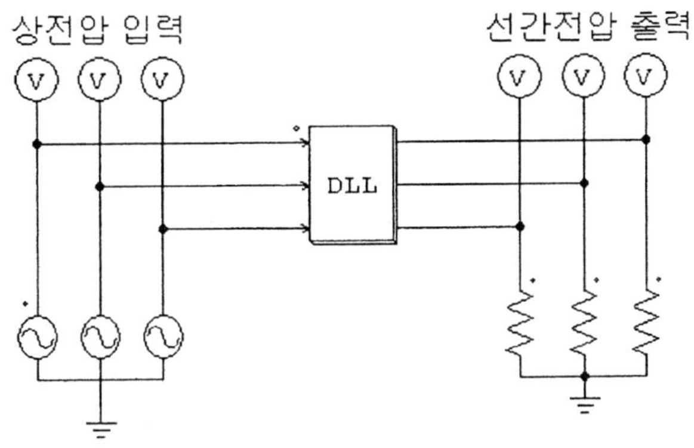

CHAP. 3 교류-직류 변환기

3-1. 단상 반파정류

3-2. 단상 전파정류

3-3. 3상 반파정류

3-4. 3상 전파정류

3-5. 단상 반파 위상제어정류

3-6. 단상 전파 위상제어정류

3-7. 3상 반파 위상제어정류

3-8. 3상 전파 위상제어정류

3-1 단상 반파정류

3-1-1. 저항부하

그림 3.1 단상 반파정류 - 저항부하

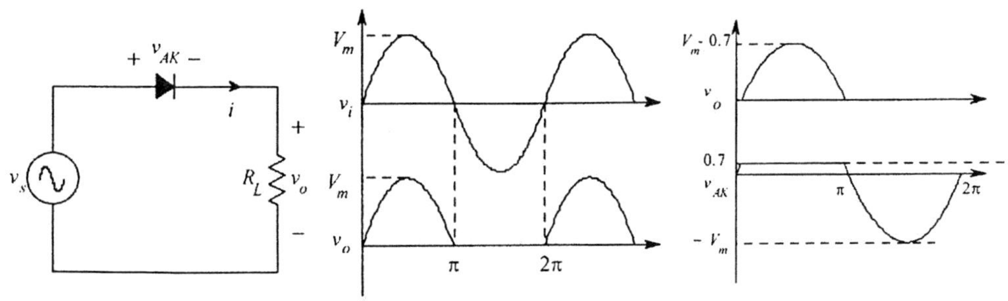

(a) 반파정류회로 (b) 입력출력파형 (b) 문턱전압을 고려한 파형

저항부하를 가지는 단상 반파정류(single phase half-wave rectification)에서 다이오드가 이상적이라고 가정하면 교류 전원전압을 인가하였을 경우 전원전압이 양(+)의 주기에서 다이오드는 턴-온(turn on)되고 음(−)의 주기는 턴-오프(turn off) 됨으로써 부하저항에는 양(+)의 파형만 가지게 된다. <그림 3.1> (a)와 같은 회로에서 교류전압 $v_s = V_m \sin \omega t$ 이 주어졌을 때, 다이오드 회로에 대한 입력파형과 출력파형을 비교하여 나타내면 <그림 3.1> (b)와 같이 나타낼 수 있다.

실제 다이오드는 문턱전압에 의하여 <그림 3.1> (c)와 같은 파형이 된다. 실리콘 다이오드인 경우 순방향바이어스에서 부하에는 약 0.7 [V]의 전압강하가 발생하게 되어 <그림 3.1> (c)와 같이 된다. 그러나 전력용 정류회로에서는 전원전압에 비해 문턱전압에 비해 아주 작아서 문턱전압을 무시할 수 있다. 따라서 정류회로에서 다이오드는 이상적인 다이오드로 고려해도 무방하다.

[1] 전원전압이 양(+)인 경우

전원전압이 0보다 크면 다이오드는 턴-온 되어 스위치 닫힘과 같은 현상이 된다. 이상적인 다이오드이라면 부하저항의 출력전압, 다이오드 양단전압 및 부하전류는 다음과 같다.

$$v_o = v_s$$

$$v_{AK} = 0$$

$$i = \frac{v_o}{R} = \frac{v_s}{R} = \frac{V_m}{R}\sin\omega t = I_m \sin\omega t$$

[2] 전원전압이 음(-)인 경우

전원전압이 0보다 작게 되면 다이오드는 턴-오프되어 스위치 열림과 같은 현상이 된다. 이상적인 다이오드이라면 부하저항의 출력전압, 다이오드 양단전압 및 부하전류는 다음과 같다.

$$v_o = 0$$

$$v_{AK} = v_s$$

$$i_L = 0$$

[3] 평균값, 실효값, 효율, PIV

V_m은 전원전압의 최대값이고 V는 전원전압의 실효값이라 할 때, 부하 양단전압과 전류의 평균값, 직류출력 P_{dc}는 다음과 같다.

$$V_o = \frac{1}{2\pi}\int_0^{\pi} V_m \sin\omega t \cdot d(\omega t)$$

$$= \frac{V_m}{\pi} = 0.318\,V_m = 0.45\,V\ [\mathrm{V}] \tag{3.1}$$

$$I_o = \frac{V_o}{R} = \frac{0.318\,V_m}{R} = \frac{0.45\,V}{R}\ [\mathrm{A}] \tag{3.2}$$

$$P_{dc} = I_o^2 \times R = \left(\frac{V_m/\pi}{R}\right)^2 \times R = \frac{V_m^2}{\pi^2 R}\ [\mathrm{W}] \tag{3.3}$$

한편 부하 양단전압과 전류의 실효값, 교류입력 P_{ac}은 다음과 같다.

$$V_{o.rms} = \sqrt{\frac{1}{2\pi}\int_0^{\pi}\left(V_m^2 \sin^2\omega t\right)\cdot d(\omega t)}$$

$$= \frac{V_m}{2} = 0.5\,V_m = 0.707\,V\ [\mathrm{V}] \tag{3.4}$$

$$I_{o.rms} = \frac{V_{o.rms}}{R} = \frac{0.5\,V_m}{R} = \frac{0.707\,V}{R}\ [\mathrm{A}] \tag{3.5}$$

$$P_{ac} = I_{o.rms}^2 \times R = \left(\frac{V_m/2}{R}\right)^2 \times R = \frac{V_m^2}{4\times R}\ [\mathrm{W}] \tag{3.6}$$

따라서 효율 η는 다음과 같이 쓸 수 있다.

$$\eta = \frac{P_{dc}}{P_{ac}} = \frac{\left(\frac{V_m}{\pi}\right)^2 \times \frac{1}{R}}{\left(\frac{V_m}{2}\right)^2 \times \frac{1}{R}} \times 100\ [\%] = 40.6[\%] \tag{3.7}$$

맥동율(ripple factor) ν는 다음과 같다.

$$\nu = \frac{\text{교류분}}{\text{직류분}} = \frac{\sqrt{\text{실효값}^2 - \text{평균값}^2}}{\text{평균값}} = \frac{\sqrt{(V_{o.rms})^2 - V_o^2}}{V_o}$$

$$= \frac{\sqrt{(0.5\,V_m)^2 - (0.318\,V_m)^2}}{0.318\,V_m} = 1.2134 = 121.34\ [\%] \tag{3.8}$$

한편 다이오드에 걸리는 전압 중 최대 높은 전압은 다이오드가 턴-오프 되었을 때 전원전압이 걸리므로 음의 전원전압의 최대값이 다이오드에 걸리는 최대 전압이다. 따라서 다이오드의 최대 역방향 전압 PIV(Peak Inverse Voltage)는 다음 식과 같다.

$$\mathrm{PIV} = V_m \tag{3.9}$$

[예제 3.1] 그림과 같은 다이오드 반파정류회로에서 전원전압 V = 220 [V], 60 [Hz], 부하저항 R = 5 [Ω]일 때 다음의 값을 구하여라. 다이오드는 이상적인 다이오드라 가정한다.

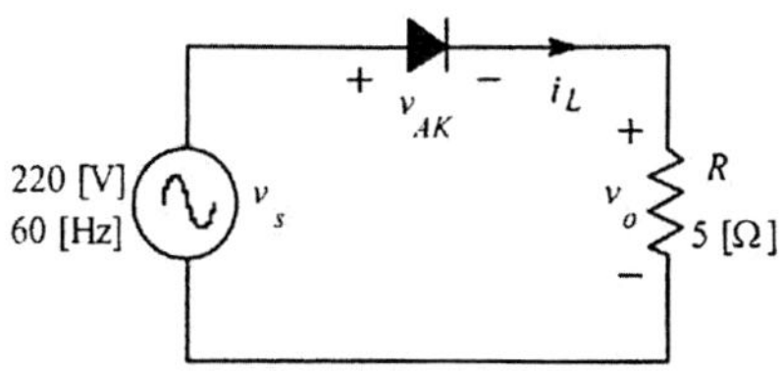

(1) 부하전압의 평균값　(2) 부하전류의 평균값
(3) 부하전류의 실효값　(4) 부하에 공급되는 전력
(5) 효율　(6) 역률　(7) PIV

<풀이>

(1) 부하전압의 평균값 $V_o = \dfrac{V_m}{\pi} = \dfrac{\sqrt{2}\,V}{\pi} = \dfrac{\sqrt{2}\times 220}{\pi} = 99.03$ [V]

(2) 부하전류의 평균값 $I_o = \dfrac{V_o}{R} = \dfrac{99.03}{5} = 19.806$ [A]

(3) 부하전압의 실효값 $V_{o,rms} = 0.707\,V = 0.707\times 220 = 155.54$ [V]

∴ 부하전류의 실효값 $I_{o.rms} = \dfrac{V_{o.rms}}{R} = \dfrac{155.54}{5} = 31.108$ [A]

(4) 부하에 공급되는 전력

∴ $P_{ac} = I_{o.s}^2 \times R = 31.108^2 \times 5 = 4838.54$ [W]

(5) $P_{dc} = I_o^2 \times R = 19.81^2 \times 5 = 1962.18$ [W]

∴효율 $\eta = \dfrac{P_{dc}}{P_{ac}} = \dfrac{1962.18}{4838.54} \times 100 = 40.55$ [%]

(6) 역률(PF) = $\dfrac{P_{ac}}{S} = \dfrac{P_{ac}}{V_s I_{o.rms}} = \dfrac{4838.54}{220\times 31.11} = 0.707$

(7) PIV = $\sqrt{2}\times V = \sqrt{2}\times 220 = 311.12$ [V]

[4] PSIM 해석

> **PSIM 3.1** [예제 3.1]의 문제에서 전원전압, 다이오드에 걸리는 전압, 부하에 걸리는 전압, 부하에 흐르는 전류의 파형과 이에 대한 FFT 파형을 PSIM을 이용하여 구하여라.

그림 3.2 단상 반파정류 시뮬레이션- 저항부하

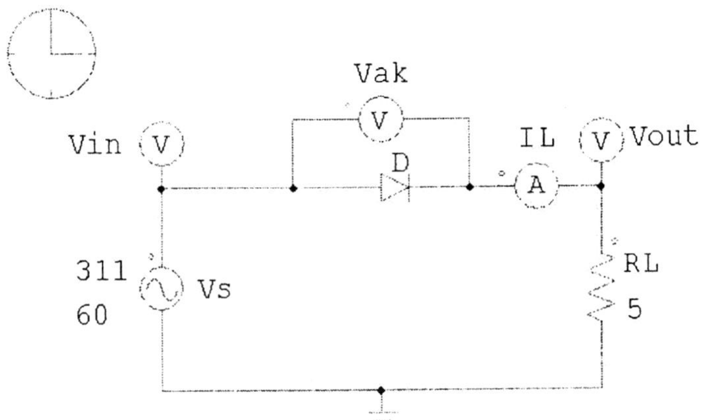

(a) Schematic

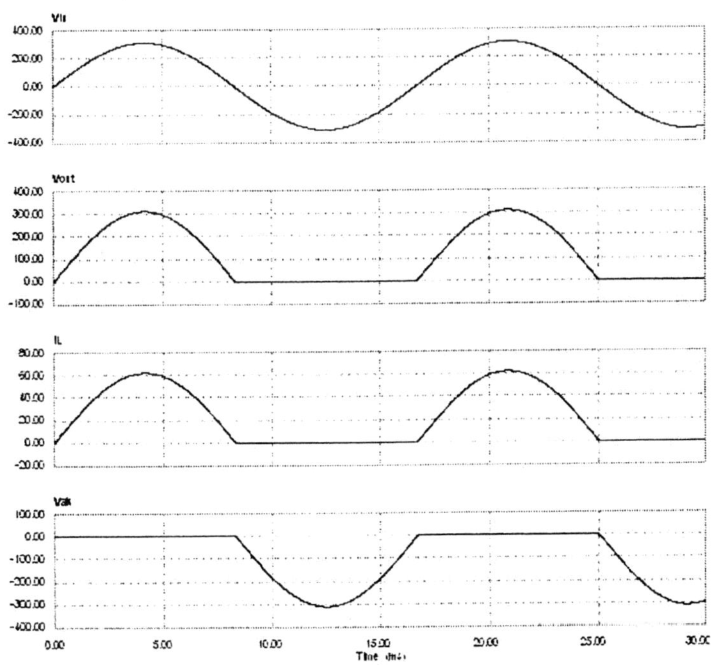

(b) 각부의 전압, 전류파형

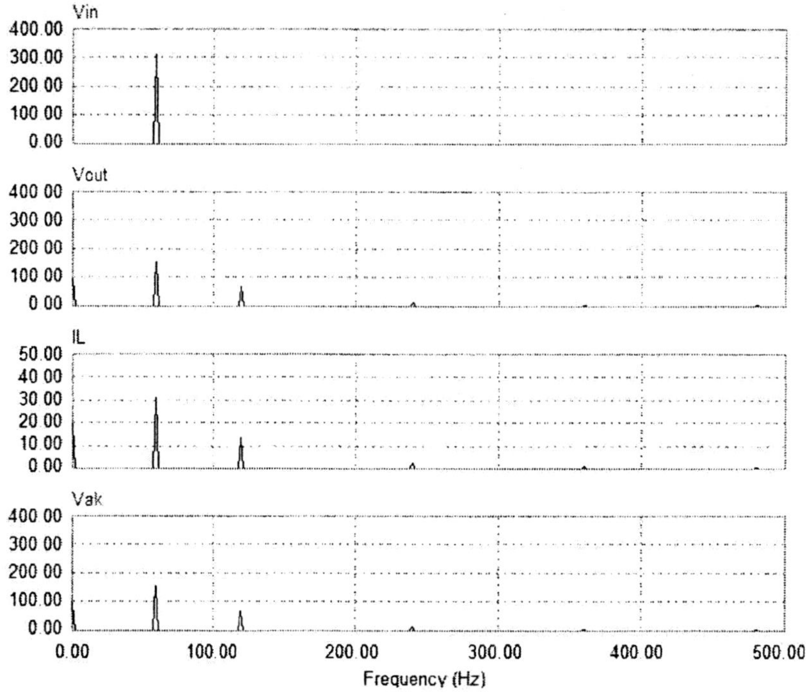

TIP

시간영역 파형에서 단축아이콘 **FFT**를 클릭하면 주파수영역의 파형으로 바뀌고 주파수영역 파형에서 단축아이콘 🕘를 클릭하면 시간영역의 파형으로 바뀐다.

3-1-2. R-L 부하

산업 현장에서 가장 많은 부하로는 저항뿐만 아니라 인덕턴스를 포함하는 R-L 부하이다. <그림 3.3> (a)의 회로에서 전원 전압이 양(+)이 되었다가 영으로 갈 때까지 다이오드는 턴-온이 된다. 순방향 바이어스 된 이상적인 다이오드에 대한 회로의 전류를 나타내는 전압방정식은 다음식과 같다.

$$V_m \sin\omega t = R\,i(t) + L\frac{di(t)}{dt} \tag{3.10}$$

전류에 대한 식이 1차 미분방정식으로 되어 있으므로 강제응답(forced response)과 자연응답(natural response)의 합으로 전류식을 구할 수 있다.

$$i(t) = i_f(t) + i_n(t) \tag{3.11}$$

그림 3.3 단상 반파정류 - R-L 부하

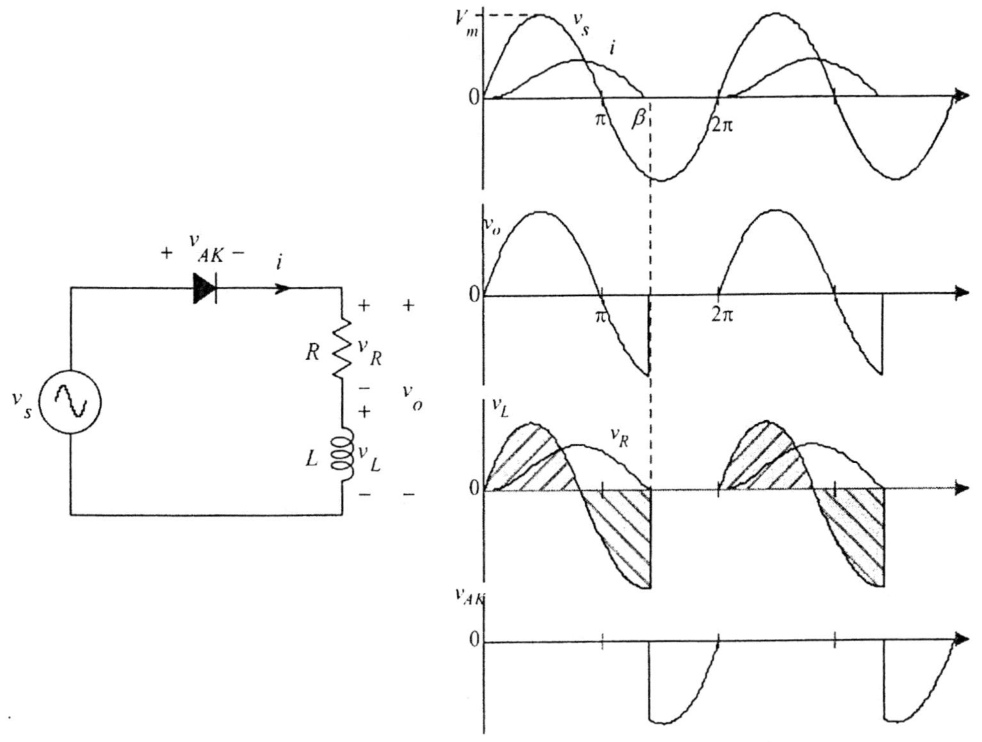

(a) 반파정류회로 (b) 각부 파형

[1] 강제응답

전류의 강제응답(forced response) $i_f(t)$은 자연응답이 없어진 후 존재하는 전류로 정상상태(steady state)의 전류이다. 따라서 전원이 교류전원이므로 정현파가 되며 R-L의 부하에 대하여 전류는 지상전류가 된다.

$$i_f(t) = \frac{V_m}{\sqrt{R^2 + (\omega L)^2}} \sin(\omega t - \theta) \tag{3.12}$$

여기서 $\theta = \tan^{-1}\dfrac{\omega L}{R}$이다.

[2] 자연응답

전류의 자연응답(natural response) $i_n(t)$는 부하에 에너지가 저장될 때 발생되는 과도상태(transient state)의 전류이다. 따라서 전원이 없다고 간주를 해도 무방하므로 다이오드가 없는 회로의 동차 미분방정식의 해가 된다.

$$R\,i_n(t) + L\frac{di_n(t)}{dt} = 0 \tag{3.13}$$

이러한 1차 회로에 대한 미분방정식의 해는

$$i_n(t) = A\exp^{-\frac{t}{\tau}} \tag{3.14}$$

이고 여기서 $\tau = L/R$이고 A는 초기상태에 의해 결정되는 상수이다.

따라서 전류는 강제응답과 자연응답의 합이므로 다음과 같이 나타낼 수 있다.

$$i(t) = i_n(t) + i_f(t) = \frac{V_m}{\sqrt{R^2 + (\omega L)^2}}\sin(\omega t - \theta) + A\exp^{-\frac{t}{\tau}} \tag{3.15}$$

상수 A는 초기상태의 전류값 = 0인 조건으로부터 구할 수 있다. 즉,

$$i(0) = \frac{V_m}{\sqrt{R^2 + (\omega L)^2}}\sin(0 - \theta) + A\exp^0 = 0$$

$$A = \frac{V_m}{\sqrt{R^2 + (\omega L)^2}}\sin(\theta) \tag{3.16}$$

이므로 식(3.15)에 대입하여 전류식을 구하면

$$i(t) = \frac{V_m}{\sqrt{R^2 + (\omega L)^2}}\left[\sin(\omega t - \theta) + \sin(\theta)\exp^{-\frac{t}{\tau}}\right] \tag{3.17}$$

앞서 구한 전류의 식으로 그래프를 작도하였을 때 <그림 3.3> (b)와 같이 나타낼 수 있다. 회로의 다이오드 때문에 음(-)의 전류를 흐를 수 없으므로 식(3.17)에서 양(+)의 부분만 해당이 되고, 음(-)의 부분은 0이 된다.

[3] 동작특성

초기 인덕터에 전류가 흐르지 않는다면 전원전압이 양(+)으로 증가하면 다이오드는 도통되어 회로에는 식(3.17)의 양(+)의 전류가 흐르게 된다. 그러다가 전원전압이 감소하여 0이 되어도 인덕터에 축적된 전하에 의하여 다이오드는 턴-오프가 되지 않게 된다. 즉, 전원전압이 음(-)이 되어도 다이오드가 턴-오프 되지 않는다. 인덕터에 저장된 전하가 저항을 통하여 모두 방전이 일어나면 전류는 0이 되게 되며 다이오드는 턴-오프가 된다.

다이오드가 턴-오프 되면 식(3.17)의 전류는 0이 된다. 전류가 양(+)의 값에서 0으로 될 때 다이오드 턴-오프 되므로 이때의 위상을 소호각(extinction angle) β 이라고 하여 식(3.17)에 β를 대입하고 $i(\beta)=0$이 되는 값을 구하면 된다. 그러나 그 식에 대한 완전한 해가 없기 때문에 수치해석이나 PSIM과 같은 시뮬레이션 프로그램을 통하여 구할 수 있다.

[4] 평균값, 실효값

부하 양단전압과 전류의 평균값은

$$V_o = \frac{1}{2\pi}\int_0^{\beta} V_m \sin\omega t \cdot d(\omega t) = \frac{V_m}{2\pi}(1-\cos\beta) \tag{3.18}$$

$$I_o = \frac{V_o}{R} = \frac{V_m}{2\pi R}(1-\cos\beta) \tag{3.19}$$

이고 전류의 실효값은

$$I_{o,rms} = \sqrt{\frac{1}{2\pi}\int_0^{\beta} i(\omega t)\cdot d(\omega t)} \tag{3.20}$$

PSIM 3.2 그림과 같은 다이오드 반파정류회로에서 R = 5 [Ω], L = 0.02 [H]의 R-L 직렬부하일 때 다음 물음에 답하여라.

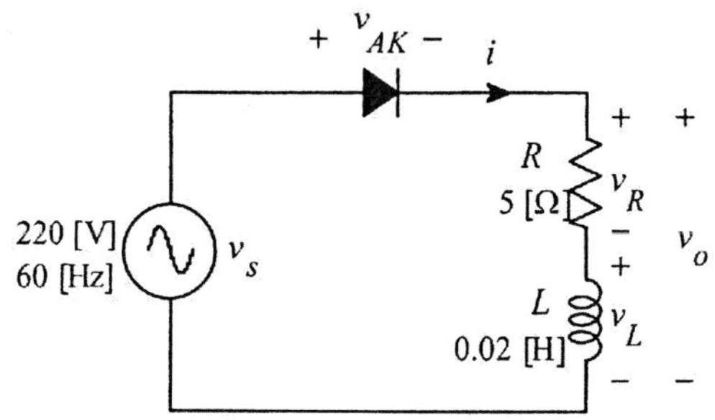

(1) PSIM을 이용하여 각부의 전압의 파형과 전류의 파형을 구하여라.

(2) SIMVIEW에서 **Measure** 기능을 사용하여 저항 양단전압, 인덕터 양단전압, 전류파형의 최대값을 구하고 그 때의 시간 및 위상을 구하여라.

(3) **Measure** 기능을 사용하여 소호각 β를 구하여라.

(4) 구한 소호각을 활용하여 부하전압 v_o과 부하전류 i의 평균값을 구하여라.

(5) 그림의 회로에서 저항을 2배로 늘이고 인덕터를 1/2로 줄였을 때의 파형과 (2)번항, (3)번항의 값을 구하여라.

그림 3.4 단상 반파정류 시뮬레이션 - R-L 부하

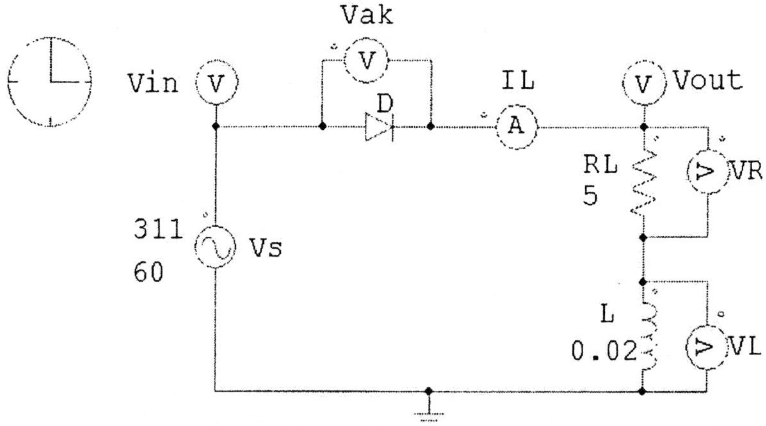

(a) Schematic

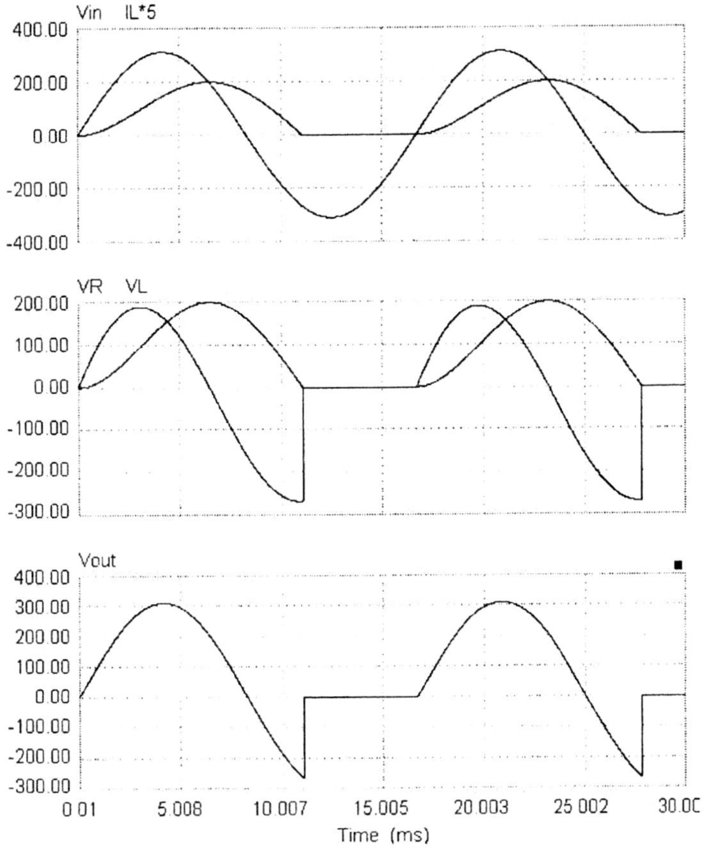

(b) 각부 전압, 전류파형

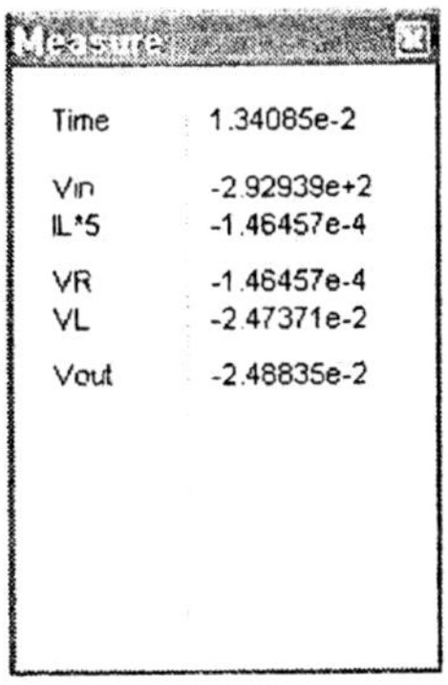

(c) Measure 대화창

TIP

SIMVIEW의 주메뉴에서 [Measure]를 선택하거나, 단축아이콘 을 클릭하면 〈그림 3.4〉 (c)와 같은 미니창이 나타나며 그래프에 점선이 그어지면서, 점선이 위치한 시간과 각 파형의 크기를 값으로 표현해준다.

<풀이>

(2) 주기파형의 시간과 위상의 관계는 $\theta = \omega t = 2\pi f \times t$ [rad] 혹은 $\theta = 360 \times f \times t$ [DEG]이다.

	최대값	시간	위상
저항 양단전압	199.12	0.00652 sec	140.83°
인덕터 양단전압	188.86	0.00307 sec	66.31°
부하전류	39.836	0.00652 sec	140.83°

(3) 소호각 $\beta = 360 \times f \times t = 360 \times 60 \times 0.01109$ = 239.54°

(4) 부하전압 v_o, 부하전류 i의 평균값

$$V_o = \frac{V_m}{2\pi}(1-\cos\beta) = \frac{220\sqrt{2}}{2\pi}(1-\cos 239.54) = 74.62\ [\mathrm{V}]$$

$$I_o = \frac{V_o}{R} = \frac{74.62}{5} = 14.92\ [\mathrm{A}]$$

(5)

	최대값	시간	위상
저항 양단전압	291.61	0.00508 sec	109.73°
인덕터 양단전압	87.49	0.00194 sec	42.01°
부하전류	29.16	0.00508 sec	109.73°

소호각 $\beta = 360 \times f \times t = 360 \times 60 \times 0.009289$ = 200.64°

부하전압 v_o, 부하전류 i의 평균값

$$V_o = \frac{V_m}{2\pi}(1-\cos\beta) = \frac{220\sqrt{2}}{2\pi}(1-\cos 200.64) = 95.86\ [\mathrm{V}]$$

$$I_o = \frac{V_o}{R} = \frac{95.86}{5} = 19.17\ [\mathrm{A}]$$

TIP

인덕터에 걸리는 전압의 양(+)의 면적과 음(-)의 면적은 같다.

그림 3.5 단상 반파정류 시뮬레이션 – R 증가, L 감소

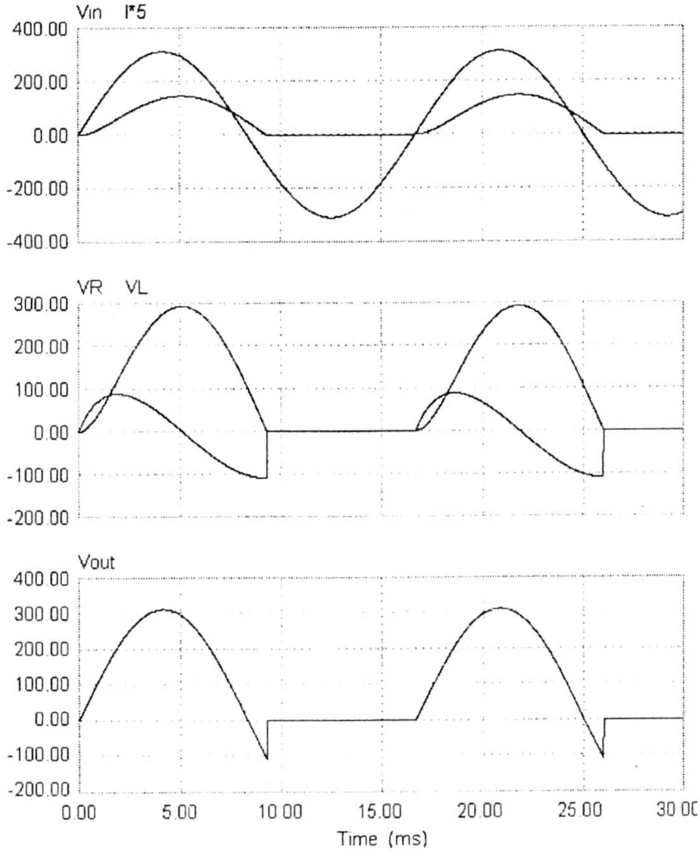

3-1-3. 환류다이오드

그림 3.6 단상 반파정류 – 환류다이오드

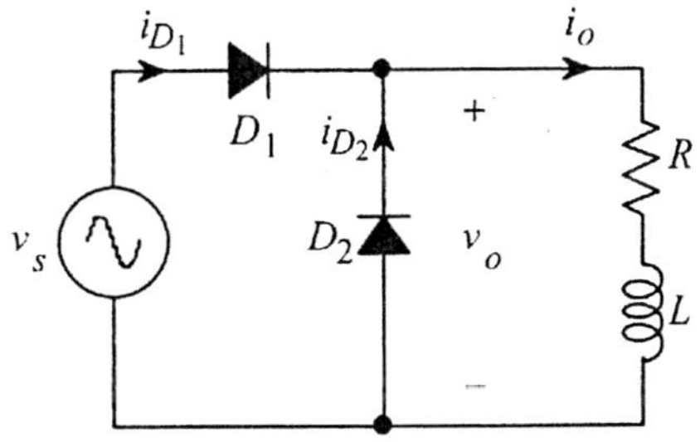

(a) 환류다이오드를 가진 단상 반파정류회로

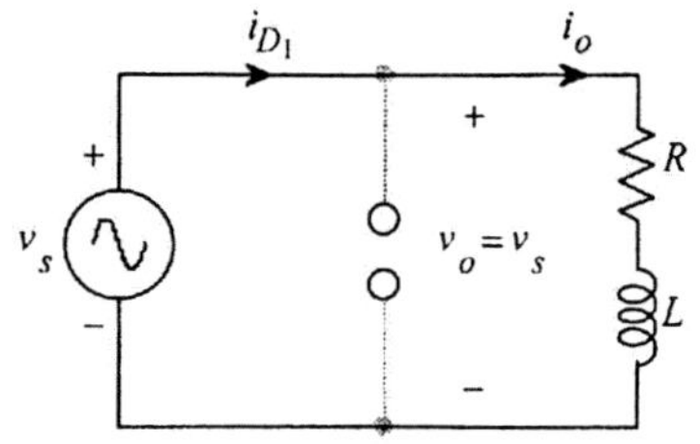

(b) 양의 전원전압일 때 등가회로

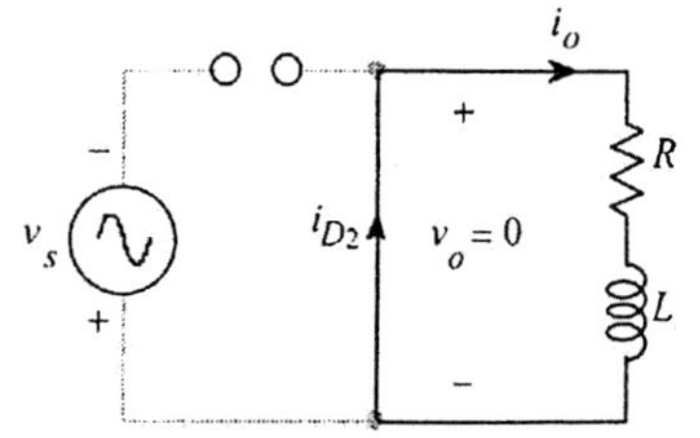

(c) 음의 전원전압일 때 등가회로

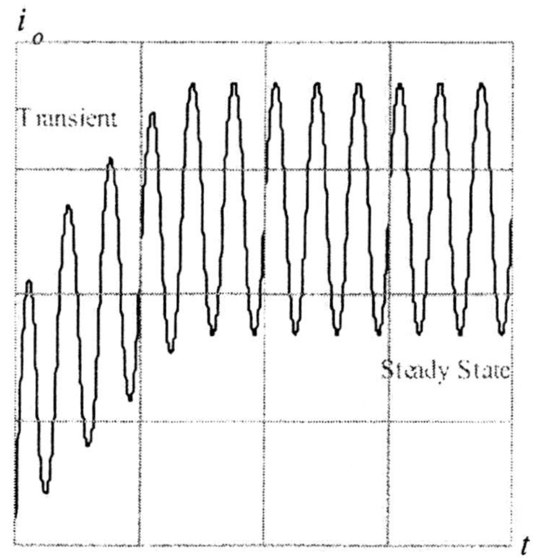

(d) 출력전압파형

R-L 부하와 병렬로 환류다이오드(freewheeling diode) D_2가 추가된 경우 출력 특성이 달라진다. 이 두 다이오드는 동시에 도통되지 않고 어느 하나만 도통이 된다.

<그림 3.6> (a)에서 전원전압이 양(+)의 반주기 동안에는 다이오드 D_1이 턴-온 되고, 환류 다이오드 D_2는 턴-오프 된다. 부하에는 전원전압이 인가되어 전류가 흐르게 되고 인덕터에는 전하가 축적이 된다. <그림 3.6> (b)에 등가회로가 나타내어져 있다.

한편, 전원전압이 음(-)의 반주기 동안에는 환류다이오드 D_2가 턴-온 되고, 다이오드 D_1가 턴-오프 된다. 이 구간동안에는 전원전압은 부하에 영향을 미치지 못하고 인덕터에 저장된 전하는 환류다이오드를 통하여 방전을 하게 된다. 방전하는 전류의 시정수는 R-L회로의 시정수에 의해 결정되는데, L이 매우 크면 인덕터 전류는 거의 리플이 없는 직류가 되고, 시정수가 작으면 <그림 3.6> (d)의 그래프에서 정상상태로 도달하는 시간이 길어지게 된다.

출력전압의 평균값과 출력전류의 평균값은 다음과 같이 나타낼 수 있다.

$$V_o = \frac{1}{2\pi}\int_0^{\pi} V_m \sin\omega t \cdot d(\omega t) = \frac{V_m}{\pi} \tag{3.21}$$

$$I_o = \frac{V_o}{R} = \frac{V_m}{\pi R} \tag{3.22}$$

PSIM 3.3 <그림 3.6>의 회로에서 전원전압 V = 220 [V], 60 [Hz], 부하저항 R = 2 [Ω], L = 25 [mH]일 때 각 부의 파형을 구하여라.

그림 3.7 단상 반파정류 시뮬레이션 - 환류다이오드를 포함한 R-L 부하

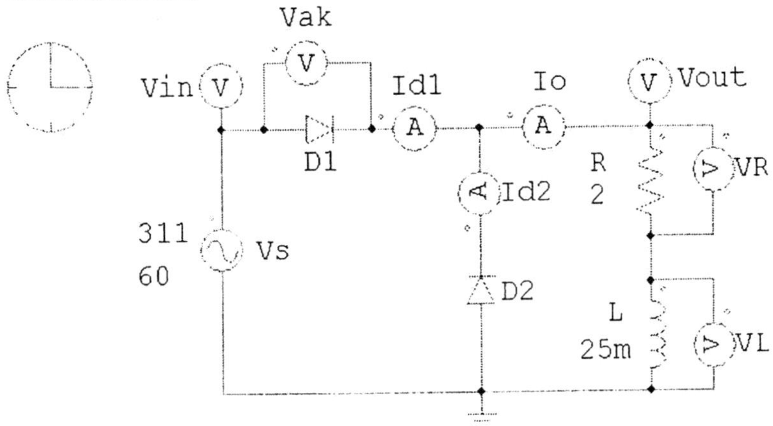

(a) Schematic

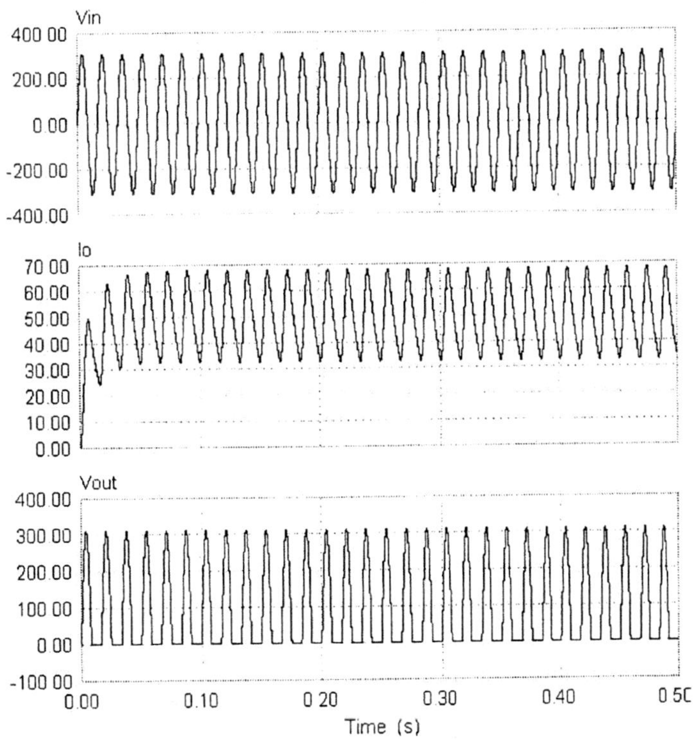

(b) 입력전압, 출력전압, 출력전류 파형

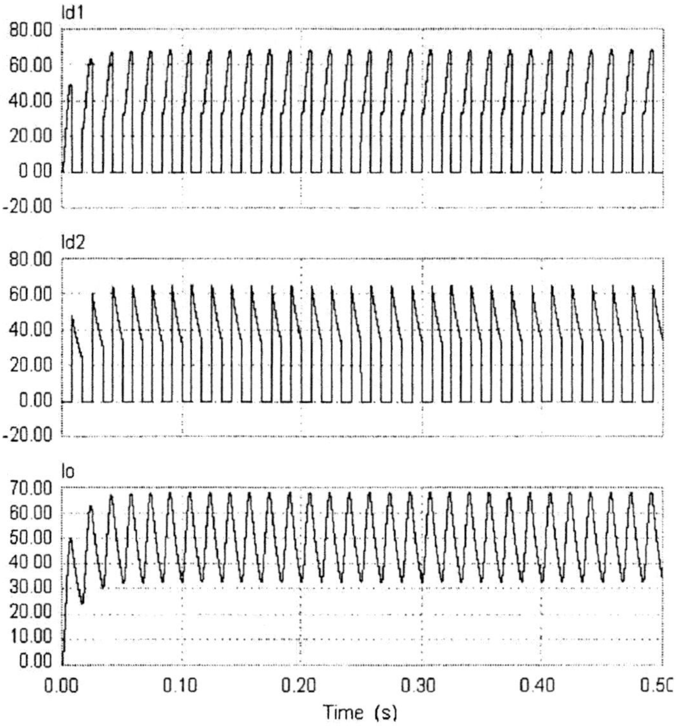

(c) D1, D2 다이오드에 흐르는 전류 및 부하전류

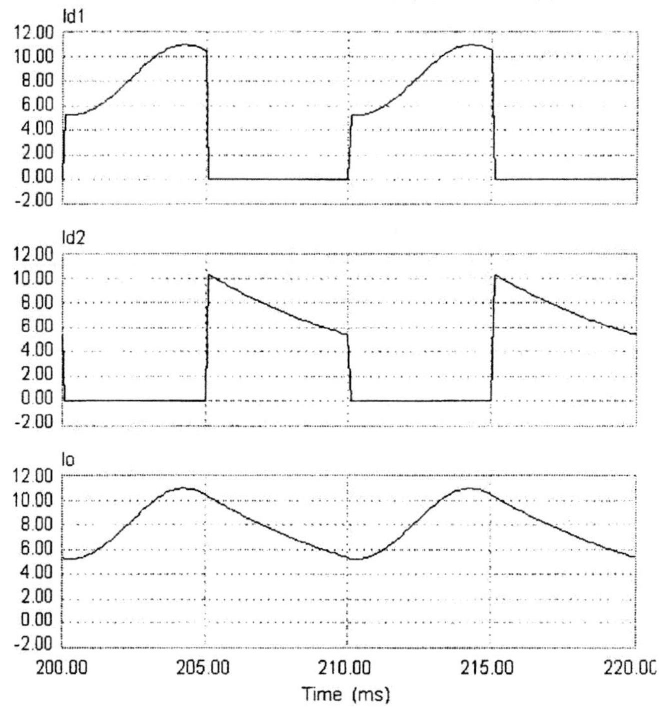

(d) D1, D2 다이오드에 흐르는 전류 및 부하전류 파형의 확대

그림 (b)의 출력전류 파형이 과도상태에서 정상상태 변화함을 알 수 있다. 또한 출력전류에 많은 직류성분이 포함되었음을 알 수 있다. 그림 (c)에는 출력전류와 각 다이오드의 전류의 파형을 보여주고 있으며, 그림 (d) 이를 확대하고 Y axis의 크기를 맞추어 나타낸 것이다. 출력전류는 각 다이오드에 흐르는 전류의 합과 같다는 것을 알 수 있다.

3-1-4. 커패시터 필터를 가진 반파정류

정류회로의 목적은 교류전원으로부터 직류 출력전압으로 변환을 하는 것이다. 앞서 R-L 부하 반파정류회로와 환류다이오드를 가지는 R-L 부하 반파정류회로에서 살펴본 바와 같이 환류 다이오드로 인하여 직류성분이 많이 커짐을 확인할 수 있었다. 커패시터 필터를 부착 여부에 따라 직류성분과 교류성분이 얼마나 차이가 있는지 확인해 보도록 하자.

그림 3.8 단상 반파정류 – 커패시터 필터 포함

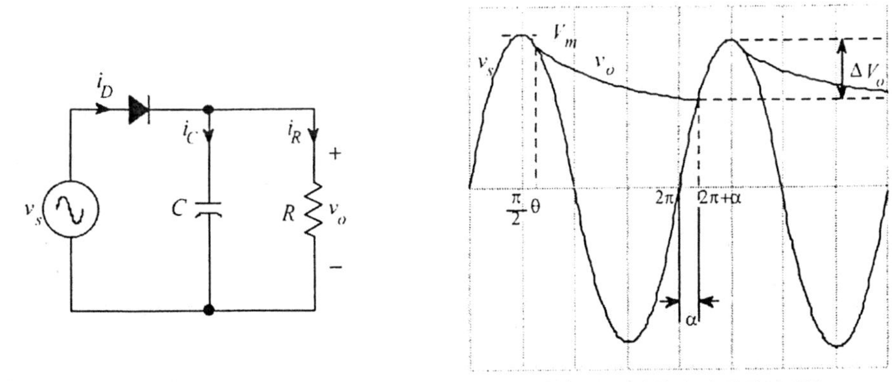

(a) 커패시터를 포함한 단상 반파정류회로 (b) 입력전압과 출력전압파형

초기 커패시터에 전하가 충전되어 있지 않다고 가정하고 $\omega t = 0$에서 교류전원이 공급된다고 했을 때, 다이오드는 순방향바이어스가 되어 턴-온 된다. 이 때 출력전압은 전원전압과 같게 되고 부하저항에는 정현전압에 의한 전류가 흐르게 되며, 커패시터에는 전원전압에 의해 충전을 하게 된다. 전원전압이 $\pi/2$일 때 V_m으로 최대가 되며, 부하전압과 커패시터 전압도 최대 V_m이 된다. 즉, 커패시터는 최대 V_m까지 충전이 된다.

다이오드는 전원전압에 의해 턴-온/턴-오프 되는 것이 아니라, 다이오드의 양단 전압에 의해 결정된다. 즉, 다이오드의 애노드측 전압보다 캐소드측 전압이 높을 경우 턴-오프 된다. 따라서 전원전압이 양(+)의 값을 가지더라도 캐소드측 전압인 커패시터 전압이 애노드측 전압인 전원전압보다 높을 경우에는 다이오드는 턴-오프가 되고, 이로 인하여 부하저항과 커패시터는 전원전압과 분리가 되어 버린다.

다이오드가 턴-오프가 되면 커패시터와 부하저항과는 직렬이 되어 방전을 시작하게 된다. 방전은 지수함수적으로 방전을 하게 되며, 이 때 시정수 $\tau = RC$이다. 방전을 시작함으로써 커패시터전압도 줄어들게 된다.

$\omega t = \pi/2$에서는 전원전압과 커패시터 전압이 모두 V_m이 되지만 그 이후부터 전원전압은 정현적으로 감소를 하고, 커패시터 전압은 지수적으로 감소를 하기 때문에 $\pi/2$에서 얼마간은 전원전압이 약간 높게 된다. 그러다가 전원전압이 더 작아지면 다이오드는 턴-오프 된다.

따라서 $\pi/2$에서 다이오드가 턴-오프가 되는 순간까지의 위상차 θ가 발생을 하는데 이 크기는 $\theta = -\tan^{-1}(\omega RC) + \pi$이다. 실제 회로에서는 시정수가 크기 때문에 거의 $\theta \approx \pi/2$가 된다.

전원전압이 감소를 하여 음(-)이 되었다가 다시 양(+)으로 증가 할 때까지 커패시터는 방전을 해서 커패시터 전압이 감소한다. 만약 커패시터가 전원전압이 양(+)이 되기 전에 완전 방전을 하게 되면 전원전압이 양(+)이 되는 순간부터 다이오드는 다시 턴-온이 된다. 만약 그렇지 않은 경우에는 전원전압이 양(+)이 된다고 하더라도 커패시터 전압이 남아있으면 다이오드는 턴-온이 되지 않는다.

감소하는 커패시터의 전압보다 전원전압이 커지게 되면 다이오드는 턴-온이 되는데 이때 α만큼의 지연이 일어나게 된다. 이 α의 값이 크게 하기 위해서는 커패시터의 전압이 천천히 감소하면 되므로, 이는 시정수 $\tau = RC$와 관계가 있다. 이렇게 α가 커지게 되면 <그림 3.8> (b)에서 커패시터의 전압 즉, 부하전압 v_o의 변화량인 맥동전압 ΔV_o가 줄어진다는 것을 알 수 있다. 따라서 부하에 걸리는 직류전압이 커지고, 맥동전압을 작게 하기 위해서는 커패시터 C를 크게 하면 된다는 것을 알 수 있다. 그런데 커패시터를 크게 했을 때 문제점도 있다. 이는 예제를 통하여 확인해보도록 하자.

PSIM 3.4 <그림 3.8>의 회로에서 전원전압 V_m = 220 [V], 60 [Hz], 부하저항 R = 500 [Ω], C = 100 [μF]일 때 다음 물음에 답하여라.

(1) 전원전압, 부하전압, 다이오드 전류, 커패시터 전류, 부하전류의 파형을 구하여라.

(2) 부하전압에 대한 FFT파형을 구하고 직류성분의 크기인 평균전압을 구하여라.

(3) 초기 과도상태를 제외하고 정상상태에서 출력전압의 최대값과 최소값을 구하여 맥동전압 ΔV_o을 구하여라.

(4) 같은 전원과 같은 부하저항에 대하여 커패시터 C를 2배로 하였을 때 앞서 구한 값과 어떠한 차이가 있는지 나타나는 현상을 모두 설명하여라.

그림 3.9 단상 반파정류 시뮬레이션 - 커패시터 필터를 포함한 R 부하

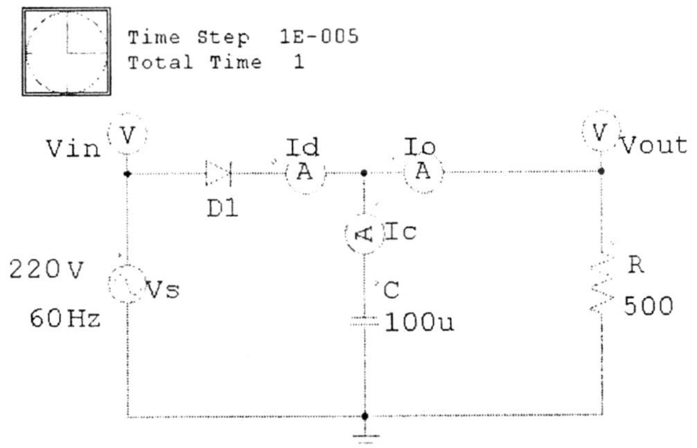

(a) Schematic

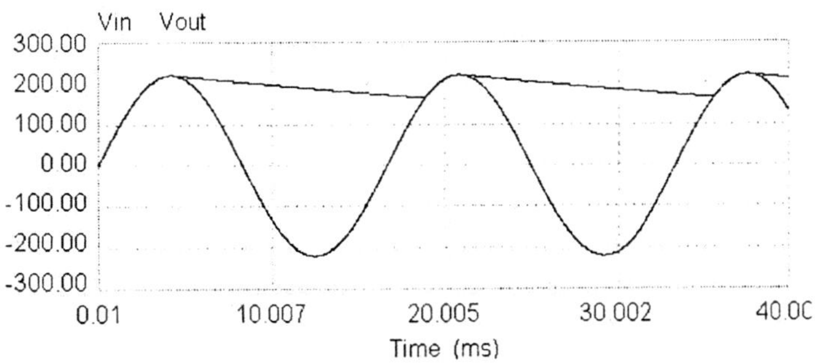

(b) C = 100 [μF]에서 전원전압 파형과 부하전압파형

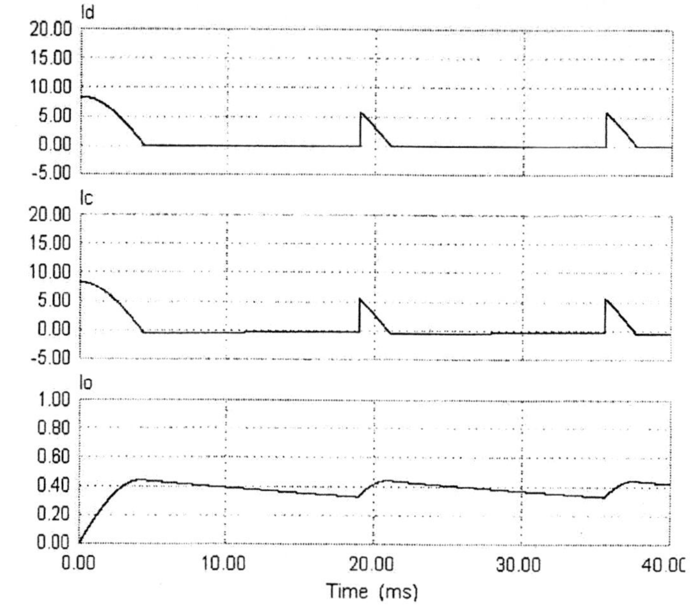

(c) C = 100 [uF]에서 다이오드, 커패시터, 부하전류 파형

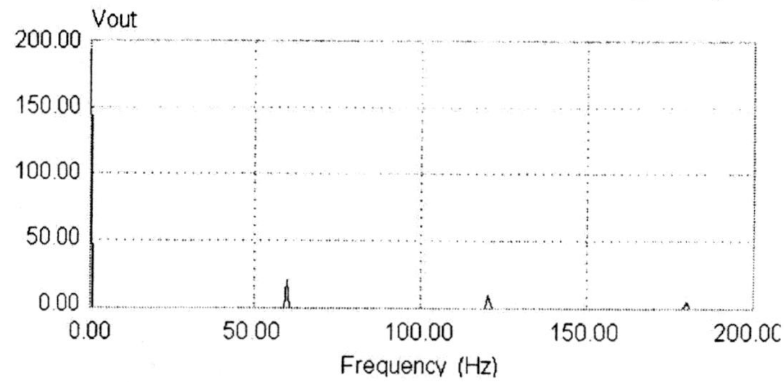

(d) 부하전압의 FFT파형 (f = 0일 때 Vdc = 191.815 [V])

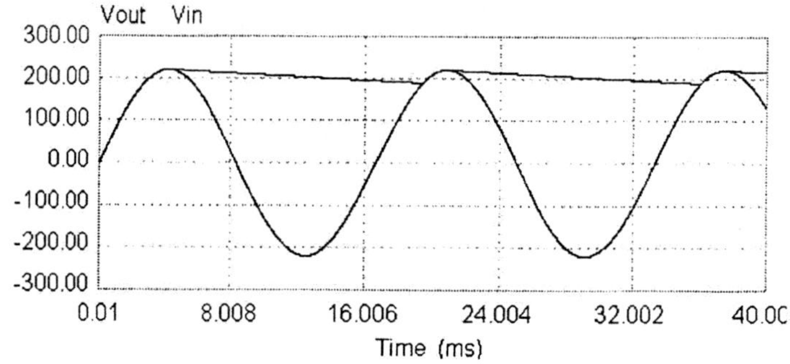

(e) C = 200 [uF]에서 전원전압 파형과 부하전압파형

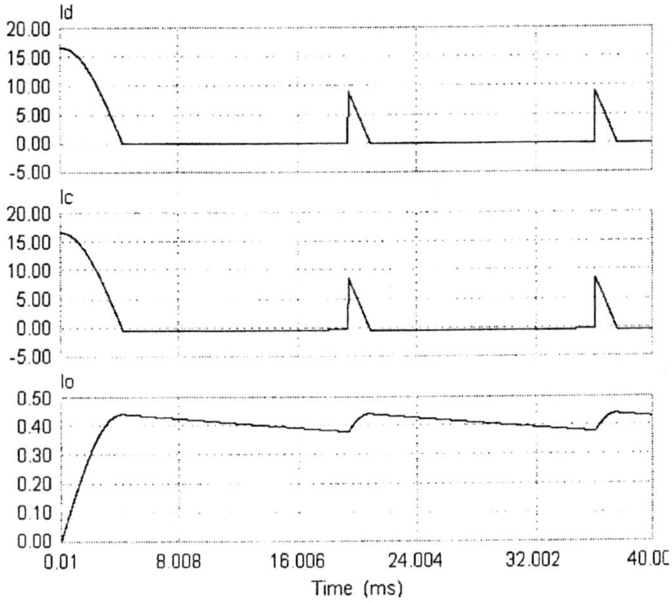

(f) C = 200 [μF]에서 다이오드, 커패시터, 부하전류 파형

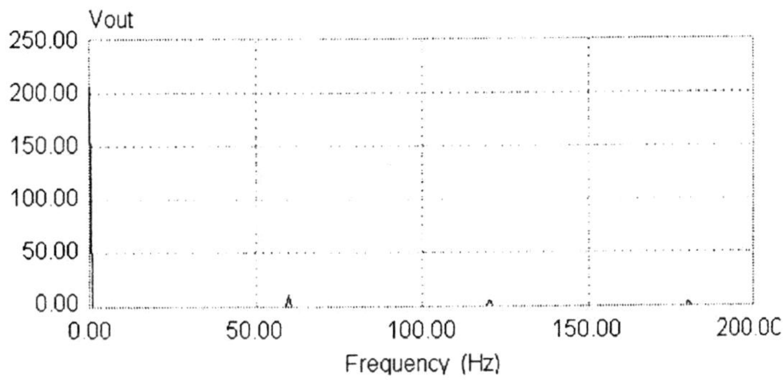

(g) 부하전압의 FFT파형 (f = 0일 때 Vdc = 204.343 [V])

<풀이>

부하전압 / 커패시터	최대값 [V]	최소값 [V]	맥동전압 [V]	직류성분 [V]	맥동율 [%]
C = 100 [μF]	220.00	164.11	55.89	191.81	29.13
C = 200 [μF]	220.00	189.00	31.00	204.34	15.17

커패시터가 커지면 출력전압의 직류성분이 커지고, 맥동전압 및 맥동율이 감소하게 되어 더욱 우수한 양질의 직류전원을 얻을 수 있다.

그러나 그림 (c)와 (f)에서 보는 바와 같이 커패시터가 커지면 초기 충전 시 큰 전류가 각 소자에 흐르게 된다. 이로 인하여 각종 부품의 정격이 상승하게 되고 커패시터의 가격도 상승하므로, 이는 경제적인 부담으로 이어지게 된다.

3-2 단상 전파정류

단상 전파정류(single phase full wave rectification)에는 저항을 이용한 정류, 변압기 중간탭을 이용한 정류 등이 있으나 가장 많이 사용하는 방법은 단상 브리지 전파정류(single phase full-wave rectification)이다.

3-2-1. 저항부하

단상 브리지 전파정류는 교류전압이 양(+)인 구간에서 도통되는 다이오드와 음(−)인 구간에서 도통되는 다이오드를 함께 연결하여 항상 일정한 방향으로 전압이 걸리고 전류가 흐르게 하는 회로이다.

브리지 다이오드를 이용한 전파정류회로가 <그림 3.10>에 나타내고 있다.

그림 3.10 단상 브리지 전파정류 − 저항부하

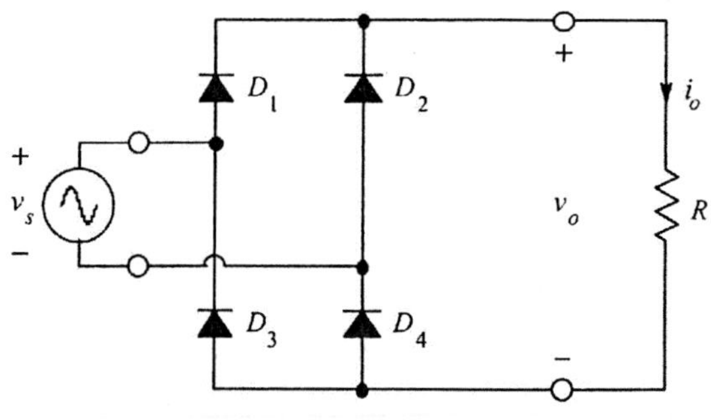

(a) 단상 브리지 전파정류 회로

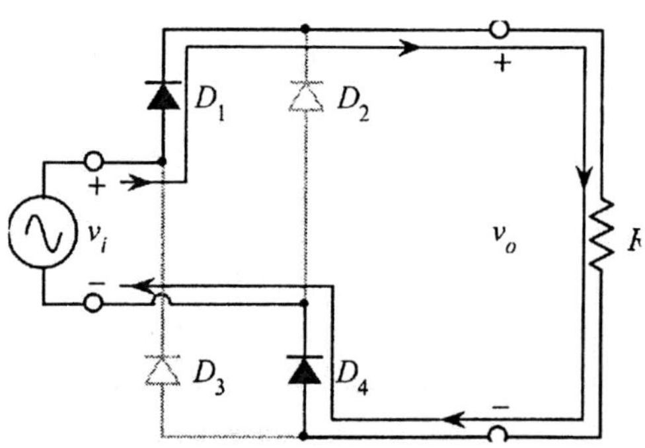

(b) 양(+)의 주기 동안 도통모습

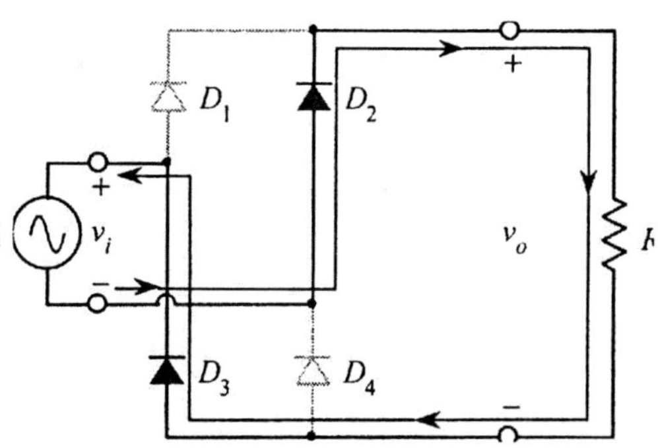

(c) 음(−)의 주기 동안 도통모습

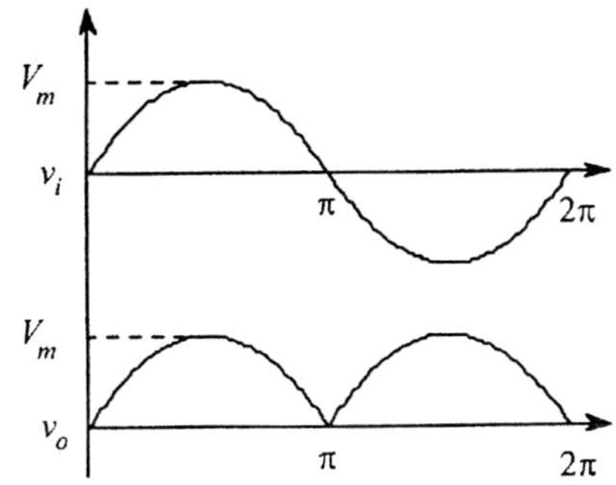

(d) 전원전압과 부하전압의 파형

단상 브리지 전파정류는 전원전압이 양(+)인 동안은 <그림 3.10> (b)와 같이 다이오드 D_1과 D_4가 도통되어 부하저항 R에 전류가 흐르게 되고, 음(−)인 구간에는 그림 (c)와 같이 D_2와 D_3가 도통되어 부하저항 R에 전류가 흐르게 된다. 이때 부하저항 R에는 양(+)인 구간과 음(−)인 구간 모두 한 쪽 방향으로만 전류가 흐르게 되어 정류(整流)가 된다.

부하저항에 걸리는 전압은 다음 식과 같이 표현할 수 있다.

$$V_o = \begin{cases} V_m \sin\omega t & 0 \le \omega t < \pi \\ -V_m \sin\omega t & \pi \le \omega t < 2\pi \end{cases} \tag{3.23}$$

식(3.23)에서 양(+)의 주기 $0 \le \omega t < \pi$ 동안 사인(sine)값은 양(+)이므로 이 구간의 부하전압은 모두 양(+)이고, 음(-)의 주기 $\pi \le \omega t < 2\pi$에서는 사인값이 음(-)이고 식의 부호가 음(-)이므로 전체적으로 양(+)이 된다. 따라서 부하전압은 모든 주기에 대하여 양(+)의 값을 가진다. 부하전압과 부하전류의 평균값은

$$V_o = \frac{1}{\pi}\int_0^{\pi} V_m \sin\omega t \cdot d(\omega t) = \frac{2V_m}{\pi} \tag{3.24}$$

$$I_o = \frac{V_o}{R} = \frac{2V_m}{\pi R} \tag{3.25}$$

이다. 부하전압 파형의 주기는 입력전압 주기에 대해 1/2이 되므로 2배의 주파수를 가진다.

PSIM 3.5 <그림 3.10>의 회로에서 전원전압의 최대값 V_m = 100 [V], 60 [Hz], 부하저항 R = 10 [Ω]일 때 다음 물음에 답하여라.

(1) 전원전압, 부하전압, 다이오드 전압, 부하전류의 파형을 구하여라.

(2) 부하전압에 대한 FFT파형을 구하고 직류성분의 크기인 평균전압을 구하여라.

그림 3.11 단상 브리지 전파정류 시뮬레이션 – 저항부하

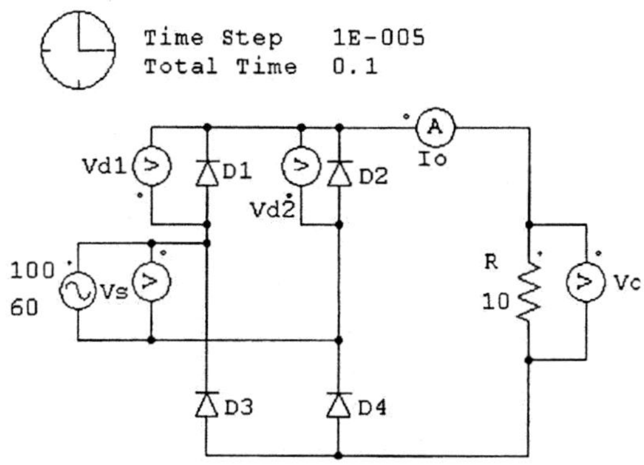

(a) Schematic

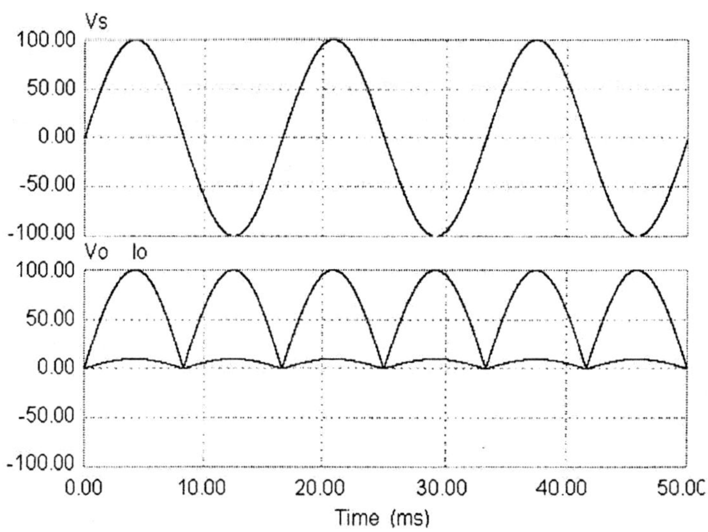

(b) 전원전압과 부하전압, 부하전류 파형

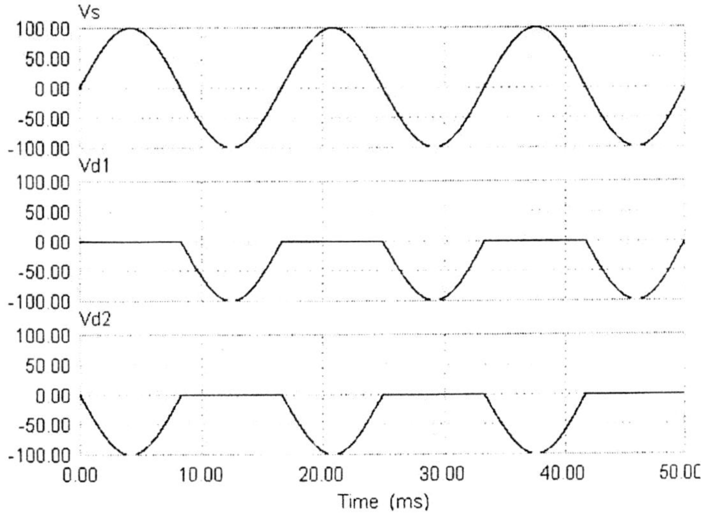

(c) 전원전압과 다이오드에 걸리는 전압의 파형

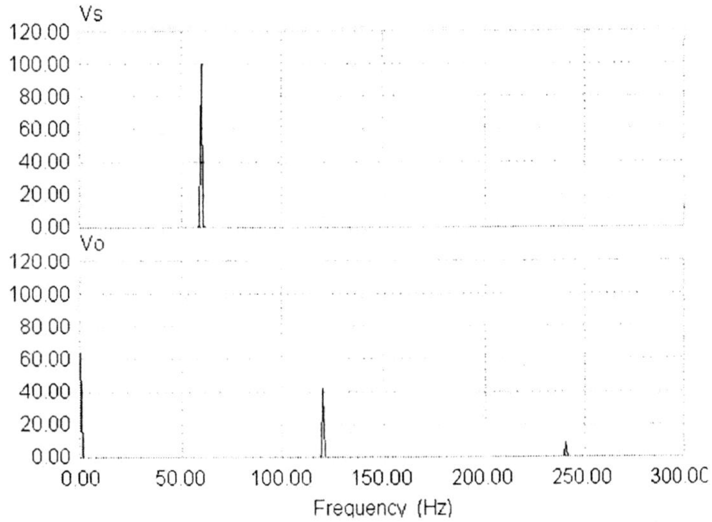

(d) 전원전압과 부하전압의 FFT파형

<풀이>

FFT 파형에서 좌표의 크기를 측정하는 을 클릭하고 f = 0일 때 부하 전압 Vo의 값을 계측하면 63.668 [V]이다. 직류값은 f = 0일 때 이므로 이 값이 평균값이며 식(3.24)와도 일치함을 알 수 있다.

PSIM 3.6 <PSIM 3.6>에서 부하가 R-L인 경우에 대하여 물음에 답하여라. 단, R = 10 [Ω], L = 10 [mH]이다.

(1) 전원전압, 부하전압, 다이오드 전압, 부하전류의 파형을 구하여라.

(2) 부하전압에 대한 FFT파형을 구하고 직류성분의 크기인 평균전압을 구하여라.

그림 3.12 단상 브리지 전파정류 시뮬레이션- R-L부하

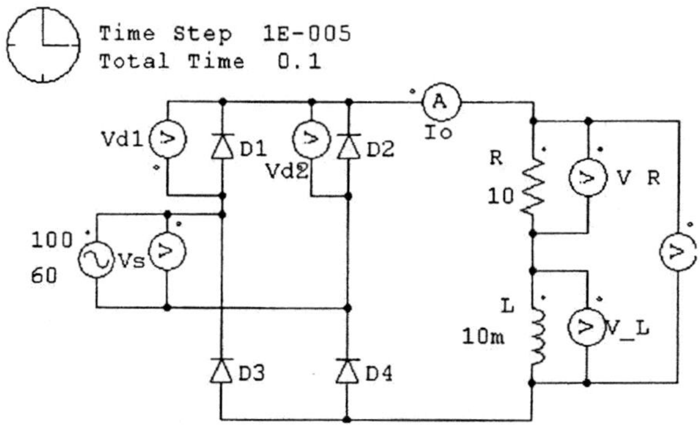

(a) Schematic

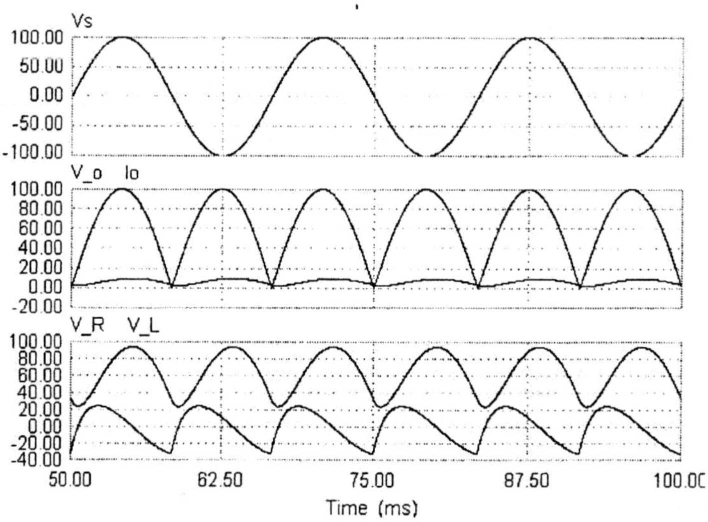

(b) 전원전압과 부하전압, 부하전류, 저항양단전압, 인덕터 양단전압파형

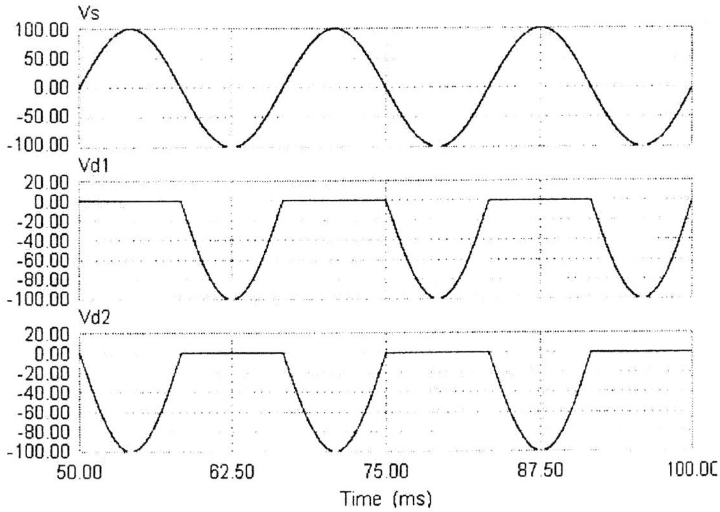

(c) 전원전압과 다이오드 전압의 파형

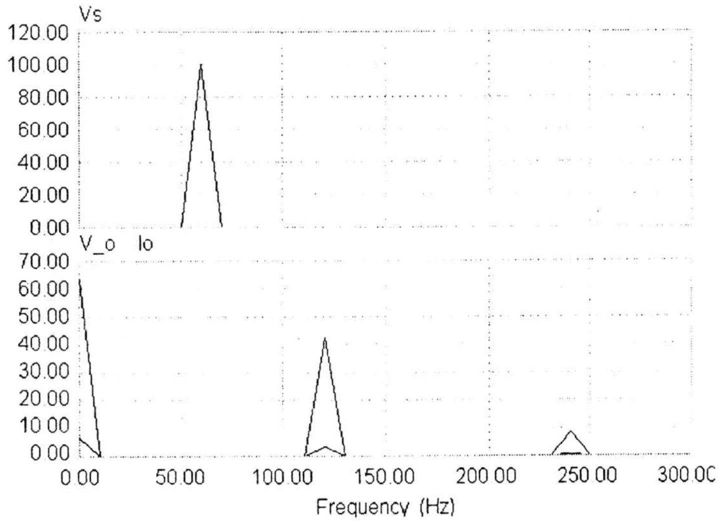

(d) 전원전압과 부하전압의 FFT파형

<풀이>

FFT 파형에서 좌표의 크기를 측정하는 을 클릭하고 f = 0일 때 부하 전압 Vo의 값을 계측하면 63.668 [V]이다. 직류값은 f = 0일 때 이므로 이 값이 평균값이며 식(3.24)와 일치함을 알 수 있다.

PSIM 3.7 전원전압 V_m = 220 [V], 60 [Hz], 부하저항 R = 500 [Ω]인 단상 브리지 전파정류회로에서 커패시터 필터 C = 100 [μF]일 때 다음 물음에 답하여라.

(1) 전원전압, 부하전압, 커패시터 전류, 부하전류의 파형을 구하여라.
(2) 부하전압에 대한 FFT파형을 구하고 직류성분의 크기인 평균전압을 구하여라.
(3) 초기 과도상태를 제외하고 정상상태에서 부하전압의 최대값과 최소값을 구하여 맥동전압 ΔV_o을 구하여라.
(4) 같은 전원과 같은 부하저항에 대하여 커패시터 C를 2배로 하였을 때 앞서 구한 값과 어떠한 차이가 있는지 나타나는 현상을 모두 설명하여라.

그림 3.13 단상 브리지 전파정류 시뮬레이션 – 커패시터 필터를 포함한 저항부하

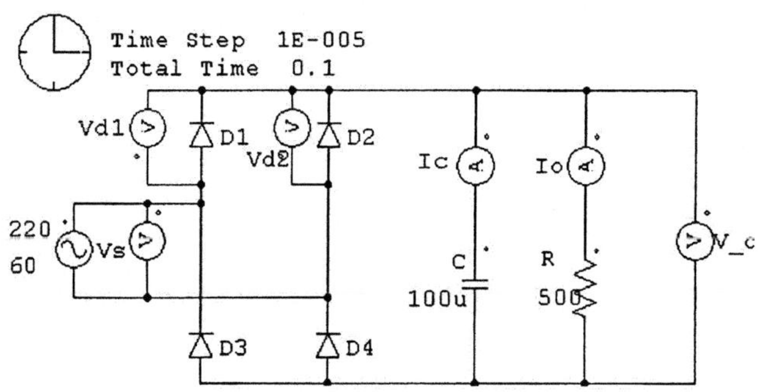

(a) Schematic

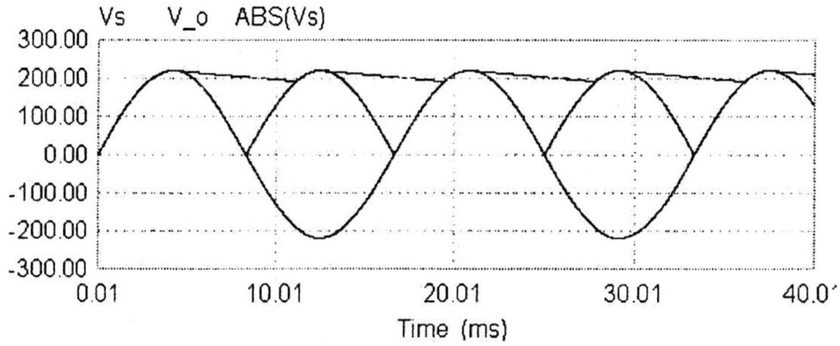

(b) C = 100 [μF]에서 전원전압 파형과 부하전압파형

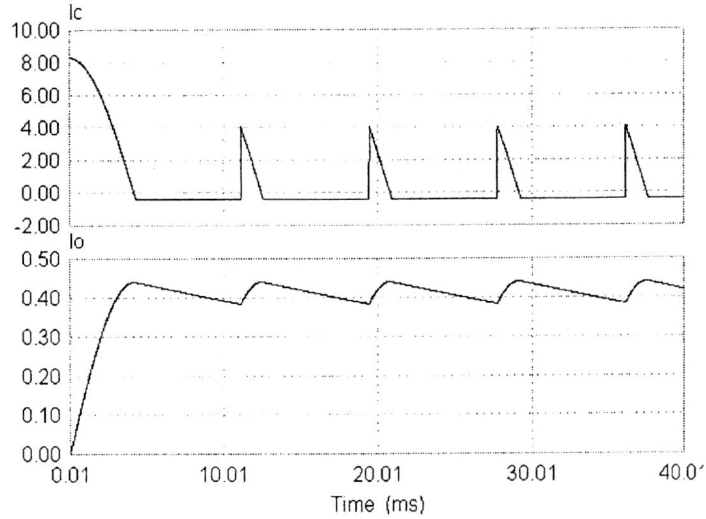

(c) C = 100 [μF]에서 커패시터, 부하전류 파형

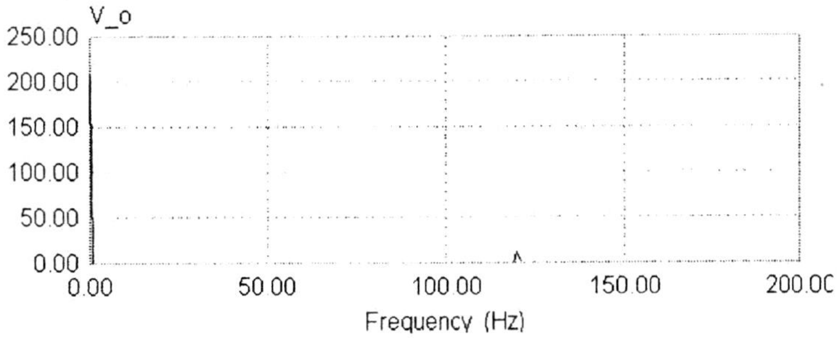

(d) 부하전압의 FFT 파형 (f = 0일 때 Vdc = 206.16 [V])

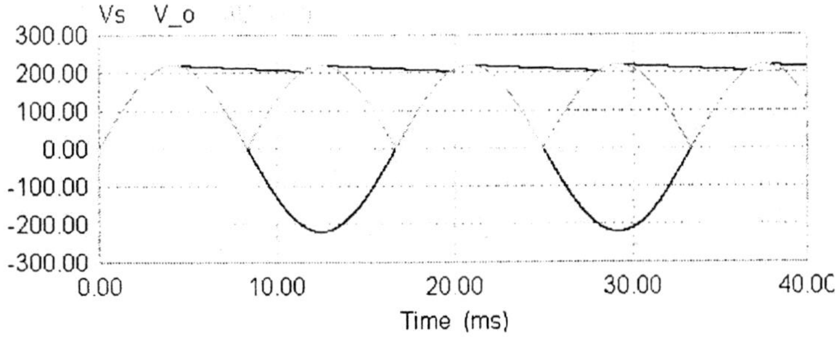

(e) C = 200 [μF]에서 전원전압 파형과 부하전압 파형

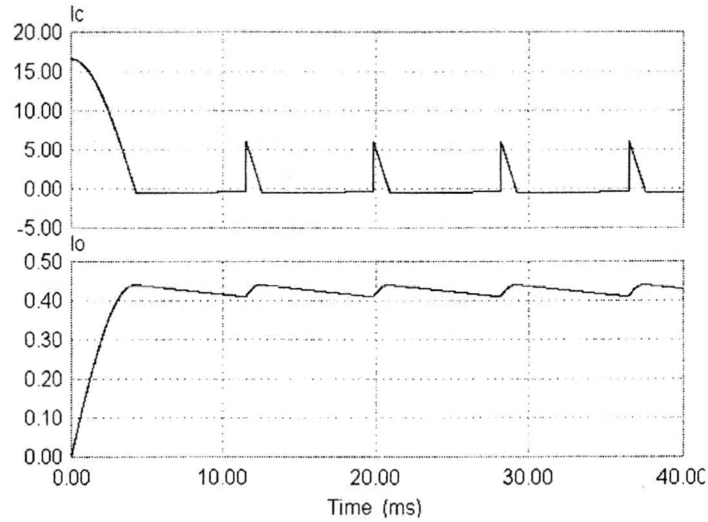

(f) C = 200 [uF]에서 다이오드, 커패시터, 부하전류 파형

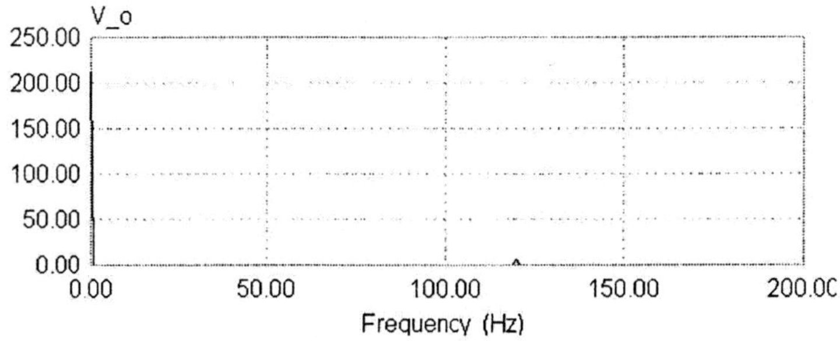

(g) 부하전압의 FFT파형 (f = 0일 때 Vdc = 212.22 [V])

<풀이>

커패시터 \ 부하전압	최대값 [V]	최소값 [V]	맥동전압 [V]	직류성분 [V]	맥동율 [%]
C = 100 [μF]	220.00	191.66	28.34	206.16	13.75
C = 200 [μF]	220.00	204.55	15.45	212.22	7.28

커패시터가 커지면 부하전압의 직류성분이 커지고, 맥동전압 및 맥동율이 감소하게 되어 더욱 우수한 양질의 직류전원을 얻을 수 있다.

그러나 그림 (c)와 (f)에서 보는 바와 같이 커패시터가 커지면 초기 충전 시 큰 전류가 각 소자에 흐르게 된다. 이로 인하여 각종 부품의 정격이 상승하게 되고 커패시터의 가격도 상승하므로, 이는 경제적인 부담으로 이어지게 된다.

3-3 3상 반파정류

그림 3.14 3상 반파정류

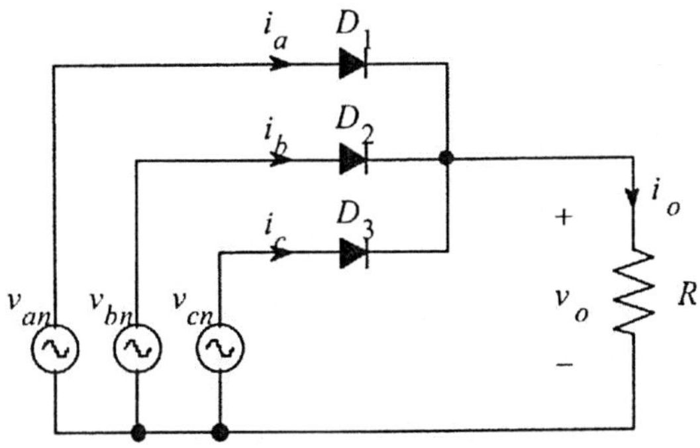

(a) 3상 반파정류회로

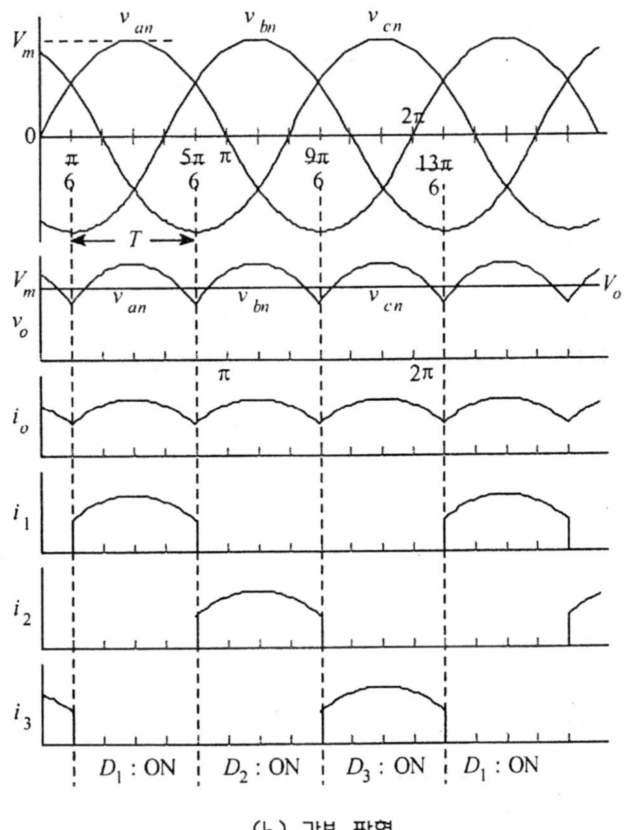

(b) 각부 파형

<그림 3.14> (a)와 같이 변압기 2차를 3상 Y결선으로 된 회로에 다이오드의 캐소드를 공통으로 하여 부하를 통하여 변압기의 중성점에 연결하여 정류하는 것을 3상 반파정류(three phase half-wave rectification)라 한다.

$$v_{an} = V_m \sin \omega t$$
$$v_{bn} = V_m \sin \left(\omega t - \frac{2}{3}\pi\right) \qquad (3.26)$$
$$v_{cn} = V_m \sin \left(\omega t + \frac{2}{3}\pi\right)$$

다이오드는 애노드 전압이 캐소드보다 높을 때 턴-온이 되고, 3개의 다이오드의 캐소드가 공통으로 연결되어 있으므로 상전압이 제일 높은 쪽에 연결된 다이오드가 턴-온 된다. 따라서 구간별로 도통이 되는 다이오드와 부하전압은 다음과 같이 나타낼 수 있다.

표 3.1 구간별 전압의 크기와 다이오드 상태

구간	전압의 크기	턴-온 다이오드	부하전압
$\frac{\pi}{6} \le \omega t < \frac{5\pi}{6}$	$v_{an} > v_{bn},\ v_{cn}$	D_1	$v_o = v_{an}$
$\frac{5\pi}{6} \le \omega t < \frac{9\pi}{6}$	$v_{bn} > v_{cn},\ v_{an}$	D_2	$v_o = v_{bn}$
$\frac{9\pi}{6} \le \omega t < \frac{13\pi}{6}$	$v_{cn} > v_{an},\ v_{bn}$	D_3	$v_o = v_{cn}$

<그림 3.14> (b)에서 부하전압 v_o의 파형은 전원전압 1주기에 대하여 120°씩 3개의 파형이 반복이 된다. 따라서 부하전압의 주기 $T=\frac{2\pi}{3}$이고 주파수는 전원주파수의 3배가 된다. 부하전압 v_o의 평균값 V_o와 부하전류 i_o의 평균값 I_o는 다음과 같다.

$$V_o = \frac{1}{2\pi/3}\int_{\frac{\pi}{6}}^{\frac{5\pi}{6}} V_m \sin\omega t \cdot d(\omega t) = \frac{3\sqrt{3}\,V_m}{2\pi} \qquad (3.27)$$

$$I_o = \frac{V_o}{R} = \frac{0.827\,V_m}{R} = \frac{1.17\,V}{R} \qquad (3.28)$$

한편 부하전류의 실효값은 다음과 같이 구할 수 있다.

$$I_{o,rms} = \sqrt{\frac{3}{2\pi}\int_{\frac{\pi}{6}}^{\frac{5\pi}{6}}\left(\frac{V_m}{R}\sin\omega t\right)^2 \cdot d(\omega t)} = \frac{0.838\,V_m}{R} \tag{3.29}$$

맥동율(ripple factor) ν 는 다음과 같다.

$$\nu = \frac{\text{교류분}}{\text{직류분}} = \frac{\sqrt{\text{실효값}^2 - \text{평균값}^2}}{\text{평균값}} = \frac{\sqrt{(I_{o.rms})^2 - I_o^2}}{I_o}$$

$$= \sqrt{\frac{\frac{0.828\,V_m}{R} - \frac{0.828\,V_m}{R}}{\frac{0.828\,V_m}{R}}} = 0.17 = 17\ [\%] \tag{3.30}$$

[예제 3.2] 60 [Hz] V = 220 [V] 3상 전원전압을 3상 반파정류를 하는 경우 부하전압의 평균값, 부하전류의 평균값과 실효값을 구하여라. 단 부하는 저항 R = 10 [Ω]이 연결되어 있으며 다이오드는 이상적인 다이오드로 간주한다.

<풀이>

(1) 부하전압의 평균값

$$V_o = \frac{3\sqrt{3}\,V_m}{2\pi} = \frac{3\sqrt{3}\sqrt{2}\,V}{2\pi} = \frac{3\sqrt{6}\times 220}{2\pi} = 257.3\ [\text{V}]$$

(2) 부하전류의 평균값

$$I_o = \frac{V_o}{R} = \frac{257.3}{10} = 25.73\ [\text{A}]$$

(3) 부하전류의 실효값

$$I_{o.rms} = \frac{0.838\,V_m}{R} = \frac{0.838\sqrt{2}\,V}{R} = \frac{0.838\times 220\sqrt{2}}{10} = 26.07\ [\text{A}]$$

PSIM 3.8 [예제 3.2]의 회로에 대하여 다음 물음에 답하여라.

(1) 3상 전원전압과 부하전압을 비교파형으로 나타내어라. Y축이 같은 크기가 되도록 하여라.
(2) 부하전류와 각 다이오드에 흐르는 전류의 파형을 나타내어라.
(3) FFT 파형에서 부하전압과 부하전류의 직류분을 구하여라.
(4) 부하전압파형의 주기를 구하여라.

그림 3.15 3상 반파정류 – 저항부하

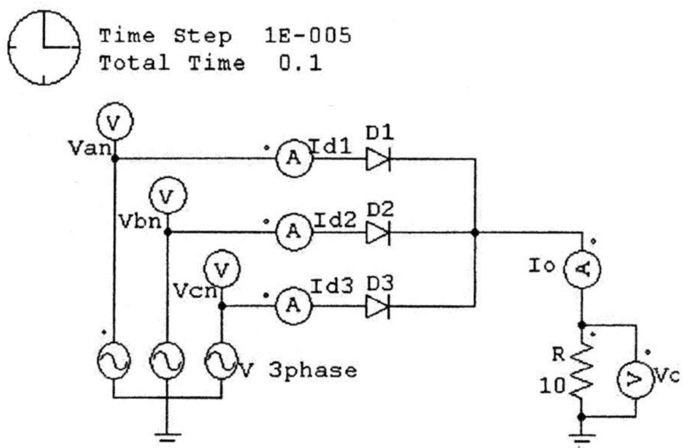

(a) Schematic

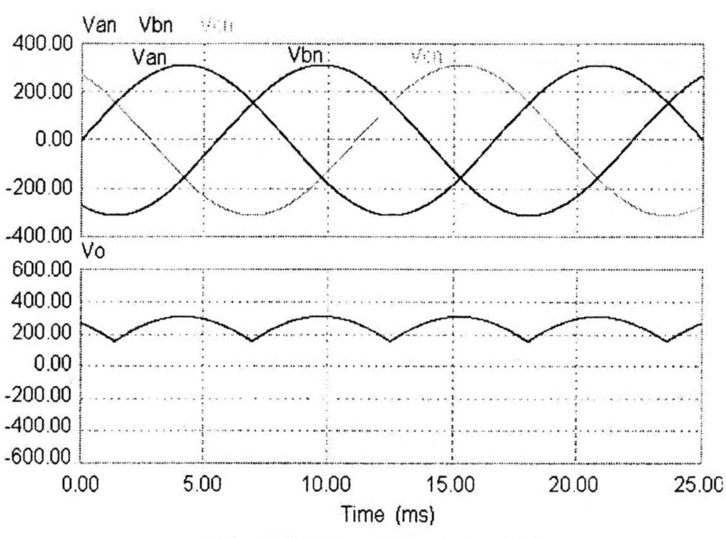

(b) 전원전압과 부하전압의 파형

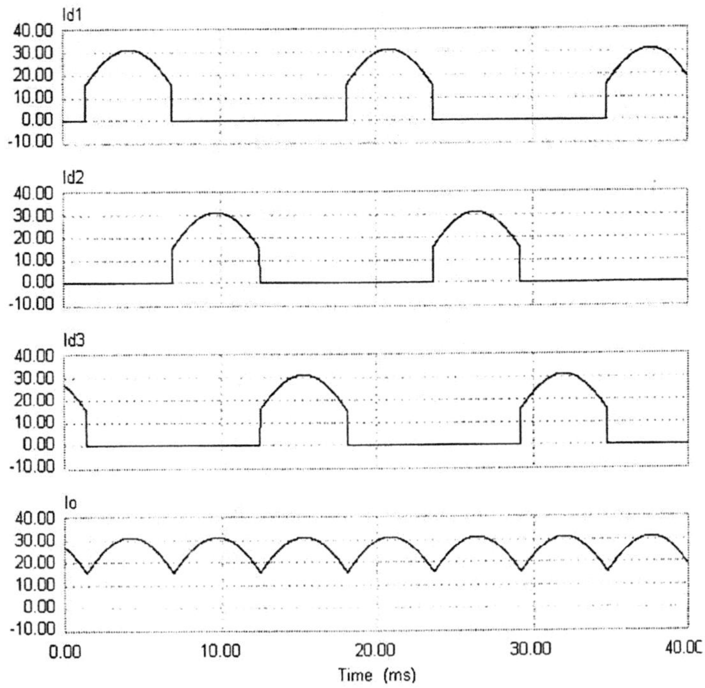

(c) 각 다이오드와 부하전류파형

<풀이>	부하전압의 평균값 = 257.40 [V]
	부하전류의 평균값 = 25.73 [A]
	부하전압파형의 주기 T ≒ 5.55 [ms]
	부하전압파형의 주파수 $f=\frac{1}{T}$ ≒ 180 [Hz]

TIP

3상 전원은 [Elements]-[Voltage]-[3-ph Sine]를 선택하고, 전압은 선간전압의 실효값을 입력해야 하므로 상전압에 대한 환산값을 구해서 입력한다.

3-4 3상 전파정류

그림 3.16 3상 전파정류

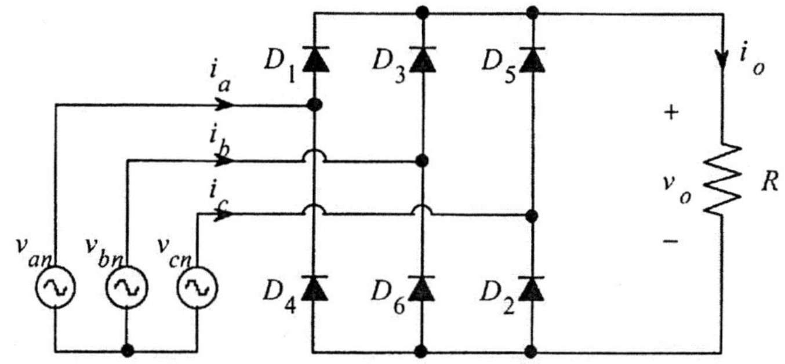

(a) 3상 전파정류회로

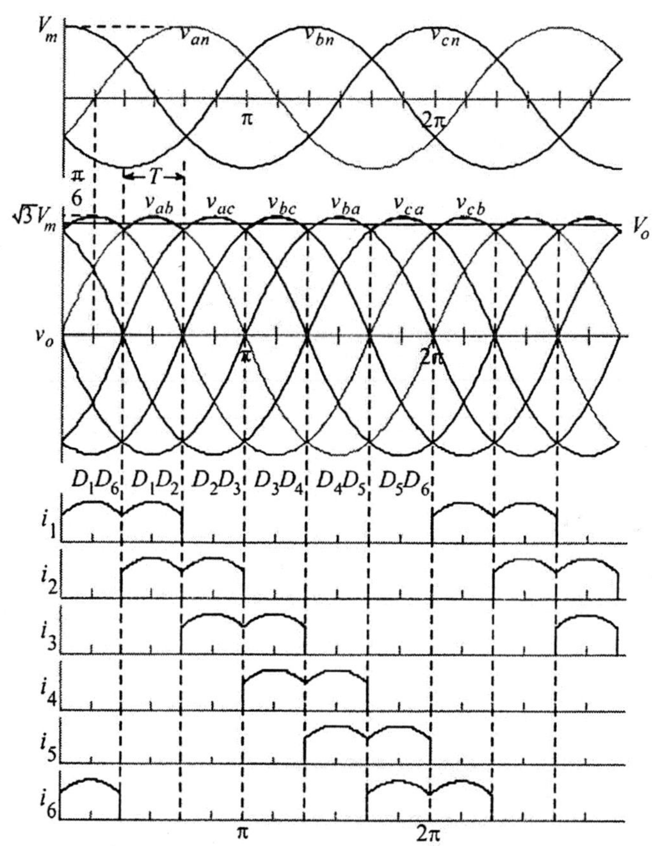

(b) 각부 파형

표 3.2 구간별 전압의 크기와 다이오드 상태

구간	전압의 크기	턴-온 다이오드	부하전압
$0 \le \omega t < \frac{\pi}{3}$	$v_{cb} \ge$ any line voltage	D_6, D_1	$v_o = v_{cb}$
$\frac{\pi}{3} \le \omega t < \frac{2\pi}{3}$	$v_{ab} \ge$ any line voltage	D_1, D_2	$v_o = v_{ab}$
$\frac{2\pi}{3} \le \omega t < \pi$	$v_{ac} \ge$ any line voltage	D_2, D_3	$v_o = v_{ac}$
$\pi \le \omega t < \frac{4\pi}{3}$	$v_{bc} \ge$ any line voltage	D_3, D_4	$v_o = v_{bc}$
$\frac{4\pi}{3} \le \omega t < \frac{5\pi}{3}$	$v_{ba} \ge$ any line voltage	D_4, D_5	$v_o = v_{ba}$
$\frac{5\pi}{3} \le \omega t < 2\pi$	$v_{ca} \ge$ any line voltage	D_5, D_6	$v_o = v_{ca}$

3상 전파정류(three phase full-wave rectification)는 일반적으로 대용량 부하에 직류전압과 전류를 공급하는 산업용으로 사용되고 있다. 3상 전파 브리지 정류 회로는 <그림 3.16> (a)와 같다. 3상 전압원은 평형이고 상순은 a- b- c이다. 전원과 다이오드는 회로의 초기해석에서 이상적이라 가정하면, 회로에 대한 기본적인 요점은 다음과 같다.

- 임의 경로에 따른 키르히호프의 전압법칙은 브리지의 상단(D_1, D_3, D_5)의 단지 1개의 다이오드만이 도통되고, 도통하고 있는 다이오드의 애노드는 가장 높은 상전압에 연결된다.
- 키르히호프의 전압법칙은 역시 브리지 하단(D_2, D_4, D_6)의 1개의 다이오드만이 동시에 도통하는 경우에 적용되고, 도통하고 있는 다이오드의 캐소드는 가장 낮은 상전압에 연결된다.
- 앞의 두 항에서 D_1과 D_4, D_3과 D_6, D_5과 D_2는 동시에 도통될 수 없다.
- 부하전압은 전원의 선간전압 중 하나가 된다. 예를 들어 D_1과 D_2가 도통되었을 경우 부하전압은 $v_{an} - v_{bn} = v_{ab}$이다.

- 선간전압의 조합은 6개 이다. 전원의 한 주기가 360°인 것을 고려하면 가장 높은 선간전압의 전환은 360° ÷ 6 = 60°마다 이루어진다.
- 3상 전원의 각 주파수가 ω일 때, 부하전압의 기본주파수는 6ω이다.
- 필터의 차단주파수가 높아지게 되므로, 필터의 용량이 줄어들게 된다.
- 3상 반파정류에 비해 맥동율이 작다.

a상 전압 $v_a = V_m \sin\left(\omega t - \frac{\pi}{6}\right)$이라고 할 때 선간전압 $v_{ab} = \sqrt{3}\, V_m \sin \omega t$이 되고, 부하전압의 평균값 V_o와 부하전류의 평균값 I_o는 다음과 같다.

$$V_o = \frac{1}{\frac{\pi}{3}} \int_{\frac{\pi}{3}}^{\frac{2\pi}{3}} \sqrt{3}\, V_m \sin \omega t \cdot d(\omega t) = \frac{3\sqrt{3}\, V_m}{\pi} \tag{3.31}$$

$$I_o = \frac{V_o}{R} = \frac{3\sqrt{3}\, V_m}{\pi R} \tag{3.32}$$

PSIM 3.9 <그림 3.16> (a)의 회로에서 1상 전압이 220 [V] 60 [Hz]이고, 부하저항 R = 10 [Ω]일 때 다음 물음에 답하여라.

(1) 3상 전원전압과 부하전압을 비교파형으로 나타내어라. Y축이 같은 크기가 되도록 하여라.
(2) 각 다이오드에 흐르는 전류의 파형을 나타내어라.
(3) 전원의 각상 전류와 부하전류를 나타내어라.
(4) FFT 파형에서 부하전압과 부하전류의 직류분을 구하여라.
(5) 부하전압파형의 주기를 구하여라.
(6) 3상 반파정류의 특성과 비교하여라.

그림 3.17 3상 전파정류 시뮬레이션 – 저항부하

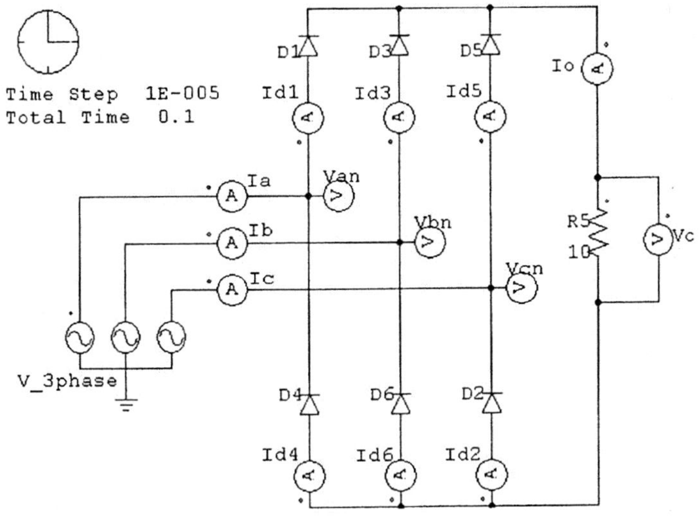

(a) Schematic

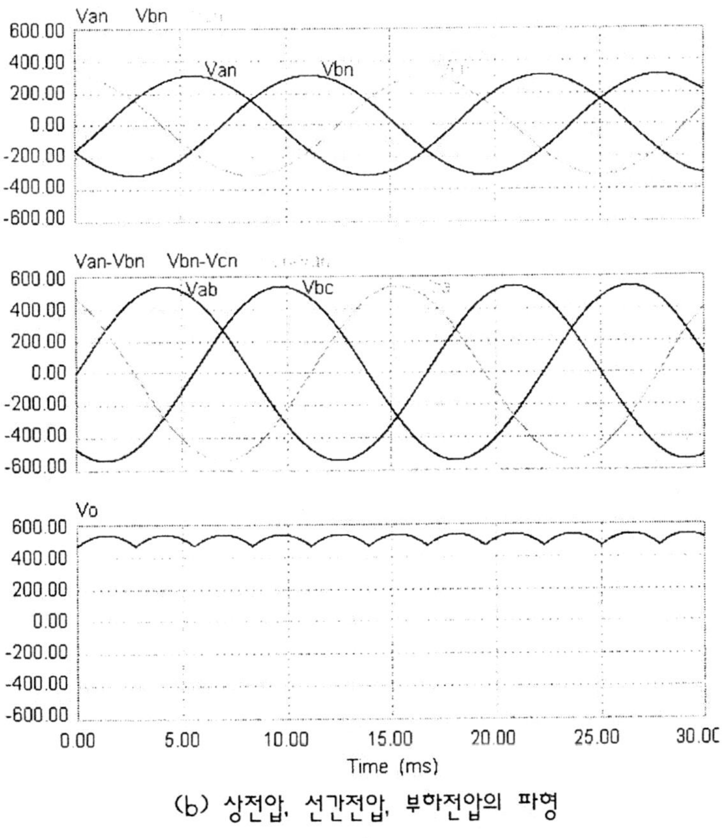

(b) 상전압, 선간전압, 부하전압의 파형

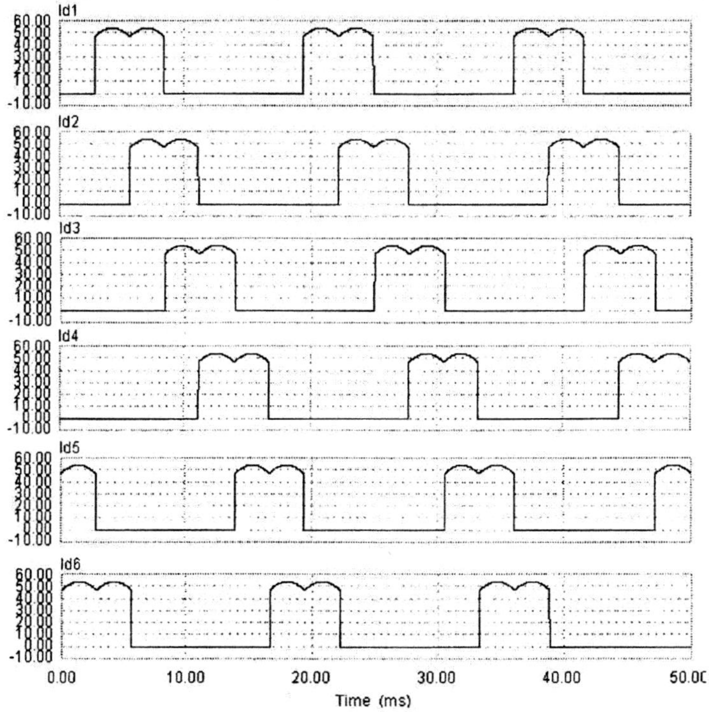

(c) 각 다이오드의 전류 파형

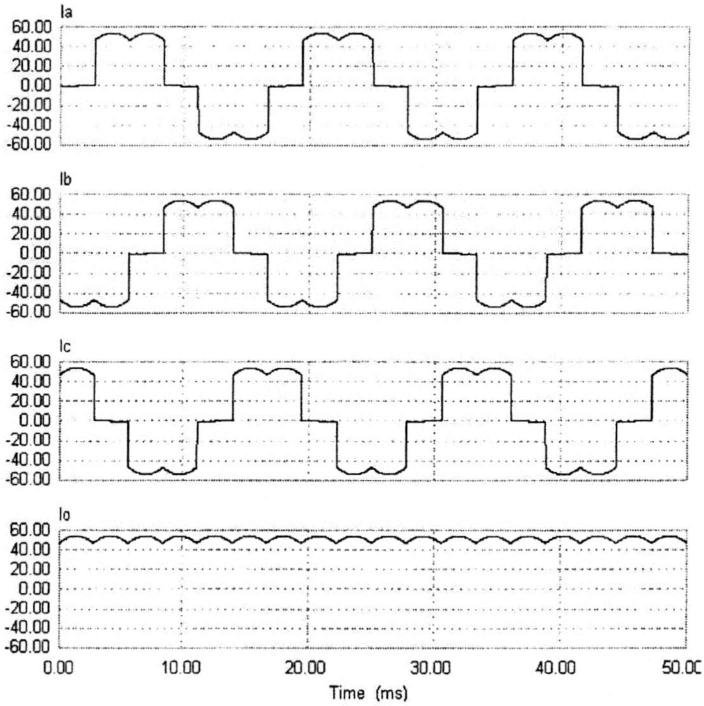

(d) 전원의 각상 전류와 부하전류

<풀이> 부하전압의 평균값 = 514.61 [V]

부하전류의 평균값 = 51.46 [A]

부하전압파형의 주기 $T \fallingdotseq 2.776$ [ms]

부하전압파형의 주파수 $f = \frac{1}{T} \fallingdotseq 360$ [Hz]

3-5 단상 반파 위상제어정류

3-5-1. 저항부하

[1] 이론

그림 3.18 단상 반파 위상제어정류

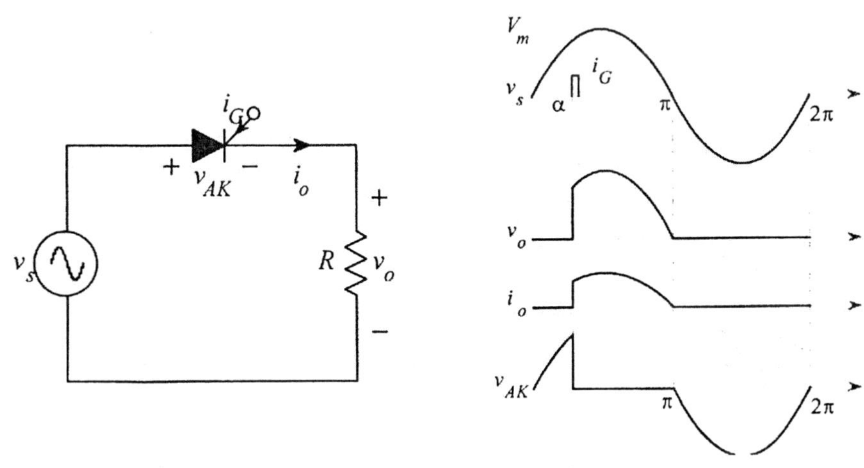

(a) 단상 반파 위상제어정류회로 (b) 각부 파형

다이오드 정류회로에서 다이오드 대신 SCR로 바꾸어주면 위상제어 정류회로가 된다. <그림 3.18> (a)는 단상 반파 위상제어정류가 나타내어져 있다. 그림

(b)에서 보는 바와 같이 정현전압을 입력하였을 때, 음(-)의 구간($\pi \le \omega t < 2\pi$)에는 다이오드의 특성과 같이 SCR은 턴-오프 되어 부하에 전류가 흐르지 않게 되고, 양(+)의 구간 ($0 \le \omega t < \pi$)동안에는 SCR의 게이트 전류 i_G가 인가되면 부하저항에는 입력전압 v_s가 걸리게 되어 전류가 흐른다. 양(+)의 구간에서 게이트 전류가 흐르는 시점을 점호각(firing angle)이라고 한다. 정현 교류전압에 대하여 부하전압의 파형 v_o는 점호각에 따라 면적이 달라지므로 평균전압, 즉 정류값을 제어할 수 있다. 이러한 형식의 회로를 위상제어 정류회로(phase control rectifier circuit)라 한다.

부하전압의 주기(주파수)는 전원전압의 주기(주파수)와 같고, 부하전압의 면적은 양(+)의 구간 중 $0 \le \omega t < \alpha$에서는 부하전압 $v_o = 0$이므로 $\alpha \le \omega t < \pi$까지 면적에 대하여 고려를 하면 부하전압의 평균값을 구할 수 있다.

$$V_o = \frac{1}{2\pi}\int_{\alpha}^{\pi} V_m \sin \omega t \cdot d(\omega t) = \frac{V_m}{2\pi}(1+\cos\alpha) \tag{3.33}$$

부하전압의 실효값은 다음과 같이 나타낼 수 있다.

$$V_{o,rms} = \sqrt{\frac{1}{2\pi}\int_{\alpha}^{\pi}(V_m \sin \omega t)^2 \cdot d(\omega t)}$$

$$= \frac{V_m}{2}\sqrt{1-\frac{\alpha}{\pi}+\frac{1}{2\pi}\sin 2\alpha} \tag{3.34}$$

효율 η 및 맥동률 ν는 각각

$$\eta = \frac{P_{dc}}{P_{ac}} = \frac{V_o^2/R}{V_{o,rms}^2/R} = \frac{V_o^2}{V_{o,rms}^2} \tag{3.35}$$

$$\nu = \frac{\text{교류분}}{\text{직류분}} = \frac{\sqrt{(V_{o,rms})^2 - V_o^2}}{V_o} = \sqrt{\left(\frac{V_{o,rms}}{V_o^2}\right)^2 - 1} \tag{3.36}$$

이고 SCR에 걸리는 최대 역방향 전압(Peak Inverse Voltage, PIV)은 다이오드와 같이 $\mathrm{PIV} = V_m$이다.

[예제 3.3] 그림과 같은 단상 반파 위상제어정류회로에서 전원전압 V = 220 [V], 60 [Hz], 부하저항 R = 5 [Ω], 점호각 $\alpha = 30°$ 일 때 물음에 답하여라.

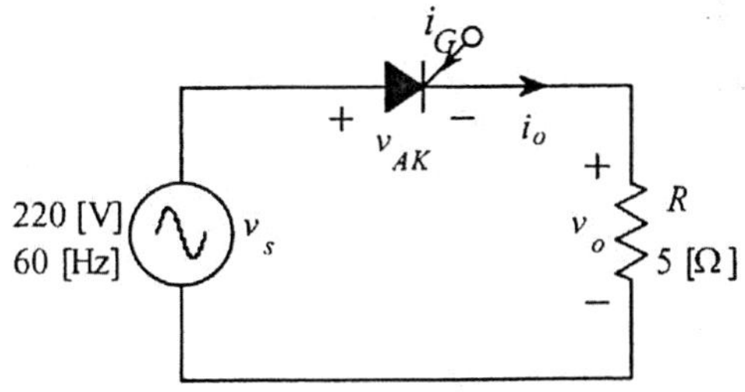

(1) 부하전압의 평균값　(2) 부하전류의 평균값
(3) 부하전류의 실효값　(4) 부하에 공급되는 전력
(5) 효율　(6) 역률　(7) PIV

<풀이>

(1) 부하전압의 평균값

$$V_o = \frac{V_m}{2\pi}(1+\cos\alpha) = \frac{220\sqrt{2}}{2\pi}(1+\cos\frac{\pi}{6}) = 92.40 \text{ [V]}$$

(2) 부하전류의 평균값

$$I_o = \frac{V_o}{R} = \frac{92.40}{5} = 18.48 \text{ [A]}$$

(3) 부하전압의 실효값

$$V_{o,ms} = \frac{V_m}{2}\sqrt{1-\frac{\alpha}{\pi}+\frac{1}{2\pi}\sin 2\alpha} = \frac{220\sqrt{2}}{2}\sqrt{1-\frac{(\pi/6)}{\pi}+\frac{1}{2\pi}\sin\frac{2\pi}{6}}$$

$$= 153.30 \text{ [V]}$$

∴ 부하전류의 실효값 $I_{o.rms} = \frac{V_{o.rms}}{R} = \frac{153.30}{5} = 30.66 \text{ [A]}$

(4) 부하에 공급되는 전력

∴ $P_{ac} = I_{o.rms}^2 \times R = 30.66^2 \times 5 = 4700.35 \text{ [W]}$

(5) $P_{dc} = I_o^2 \times R = 18.48^2 \times 5 = 1707.55 \text{ [W]}$

∴ 효율 $\eta = \frac{P_{dc}}{P_{ac}} = \frac{1707.55}{4700.35} \times 100 = 36.33 \text{ [\%]}$

(6) 역률(PF) = $\frac{P_{ac}}{S} = \frac{P_{ac}}{V_s I_{o.rms}} = \frac{4700.35}{220 \times 30.66} = 0.697$

(7) PIV = $\sqrt{2} \times V = \sqrt{2} \times 220 = 311.12 \text{ [V]}$

(2) SCR의 게이트 펄스 만들기

SCR의 게이트 펄스를 인가하기 위해서는 다음의 사항을 미리 숙지해야 한다.

- PSIM의 주메뉴에서 [Elements] - [Power] - [Switches] - [Gating Block]을 선택하거나 부품 툴 바에서 아이콘을 클릭한다.
- 게이팅 펄스 신호를 생성시키기 위한 심벌이 나타나면 원하는 위치에 마우스를 클릭한다.
- 파라메타를 입력하기 위하여 Gating Block을 더블 클릭한다.
- <그림 3.19> (a)와 같은 대화상자가 나타난다. 여기에서 사용되는 파라메타에 대하여 설명하면

Name : 해당 심벌의 사용자 지정 이름

Frequency : 게이팅 펄스의 주파수를 설정한다. 즉, 주기와 관련이 있다.

No. of Points : 스위칭 할 지점의 수를 입력한다.

Switching Points : 스위칭 할 지점의 위상을 Degree로 기입한다.

그림 3.19 게이팅 펄스 사용법

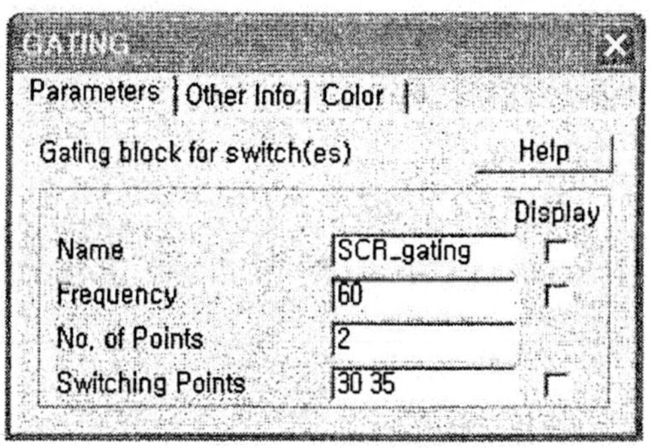

(a) Gating 설정상자

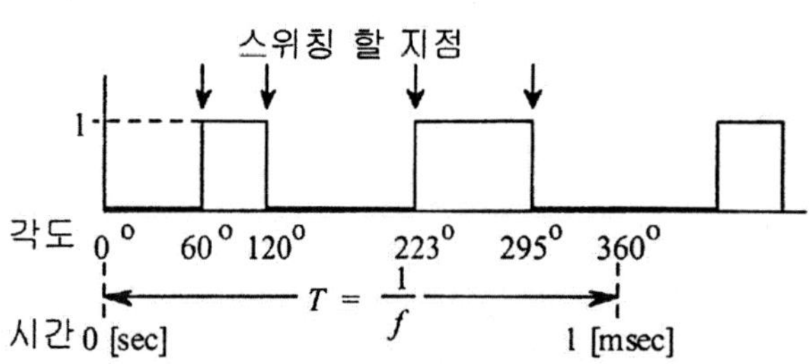

Frequency : 1000

No. of Points : 4

Switching Points : 60 120 223 295

(b) 1주기에 4번의 스위칭을 하는 펄스파형과 설정값

PSIM 3.10 [예제 3.3]의 문제에서 전원전압, SCR에 걸리는 전압, 부하전압 및 부하전류의 파형과 이에 대한 FFT 파형을 분석하여 부하전압과 전류에 대한 직류분을 구하여라. 또한 점호각을 α = 60° 로 변화시켰을 때 반복해서 구하여라.

그림 3.20 단상 반파 위상제어정류 시뮬레이션 – 저항부하

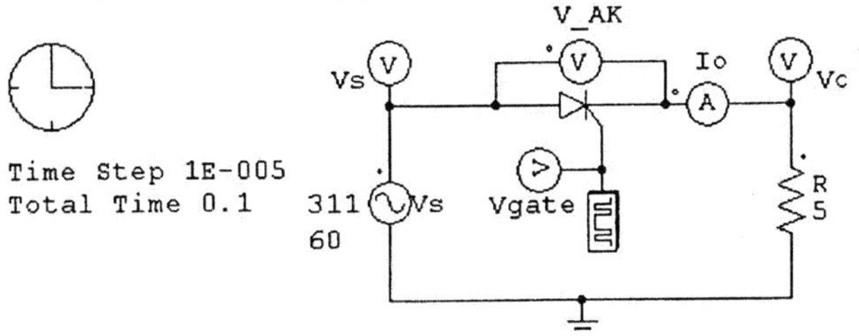

(a) Schematic

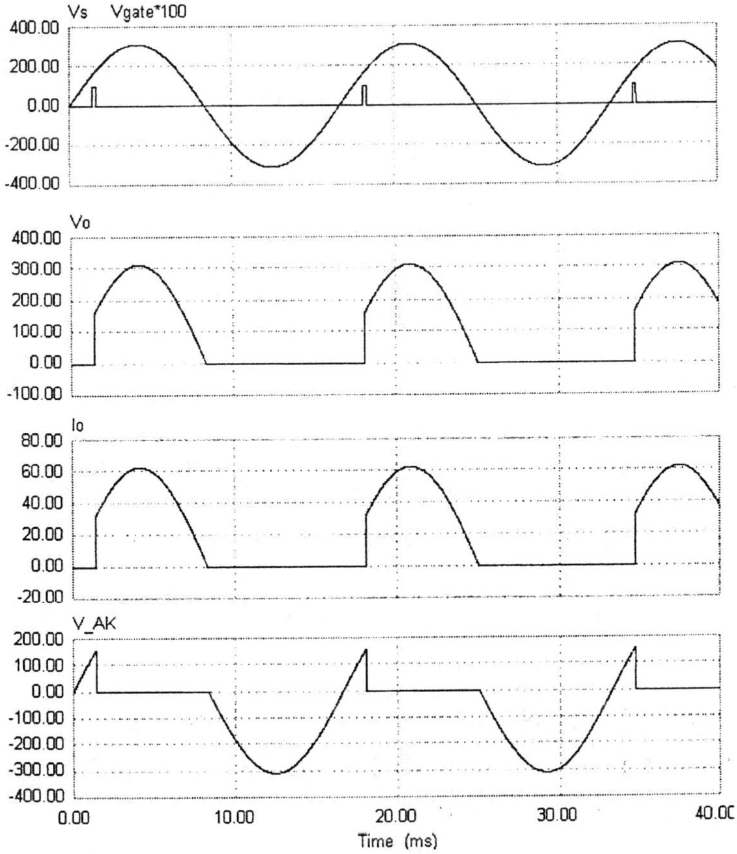

(b) 전원전압 및 부하전압의 파형 ($\alpha = 30^\circ$)

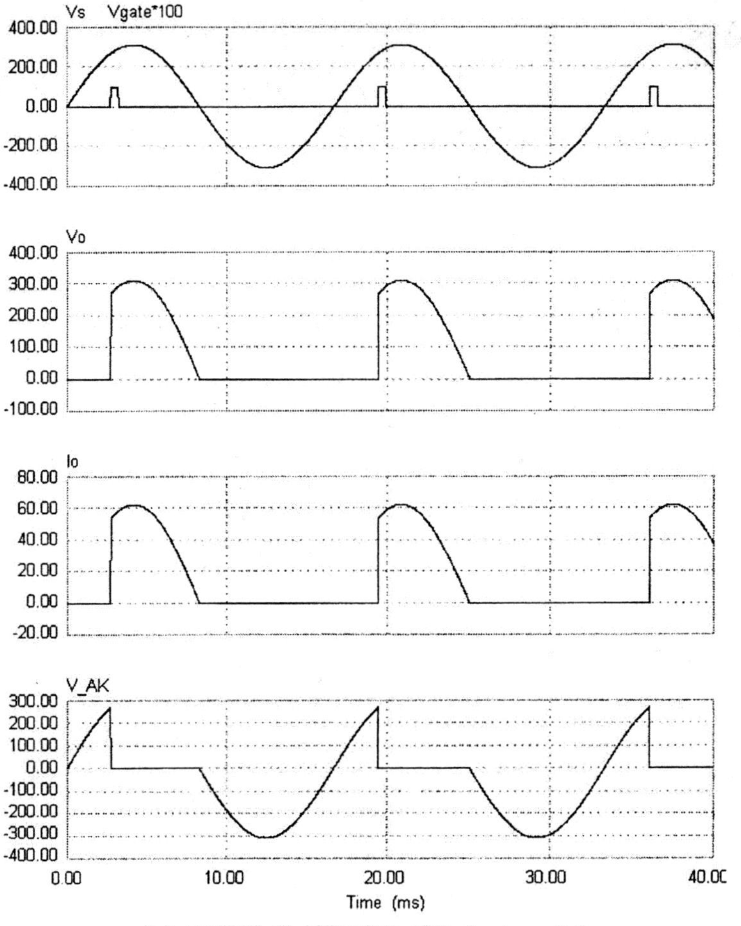

(c) 전원전압 및 부하전압의 파형 ($\alpha = 60°$)

<풀이>

α	부하전압 평균값	부하전류 평균값
30°	92.38	18.48
60°	74.24	14.85

SCR은 게이트 펄스는 펄스를 인가하는 시점이 중요한 것이므로 펄스를 길게 인가할 필요가 없다. 또한 전원의 주파수와 게이트 펄스의 주파수는 같아야 같은 지점에서 스위칭이 일어나게 된다.

3-5-2. R-L 부하

그림 3.21 단상 반파 위상제어정류 - R-L 부하

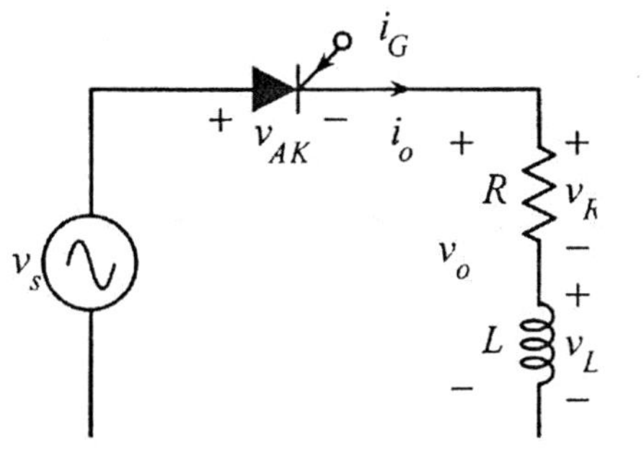

(a) 단상 반파 위상제어정류회로

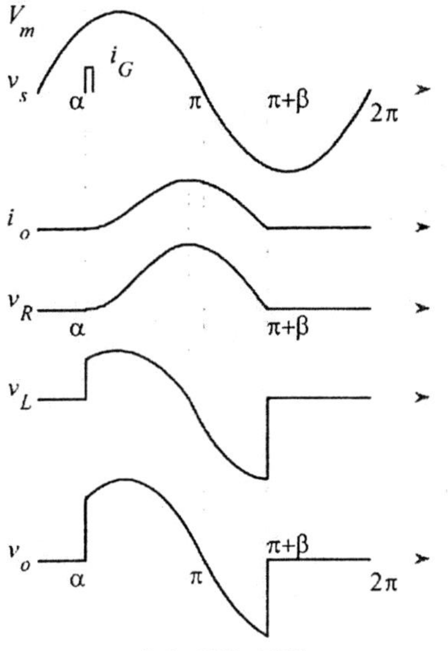

(b) 각부 파형

점호각 α에서 SCR은 턴-온 되어 회로에 전류가 흐르게 된다. 전류는 인덕터로 인하여 전원전압이 음(-)이 되는 $\omega t=\pi$인 순간에 0이 되지 않고 $\omega t=\pi+\beta$가 되어야 0이 된다. 이 β는 소호각(angle of extinction)이라고 하며 인덕터 L이 클수록 소호각도 커진다. SCR이 턴-온 되어 있는 구간은 $\alpha \le \omega t \le \pi+\beta$가 되고 나머지 구간에서 SCR은 오프가 된다.

회로에 흐르는 전류는 다음식과 같이 나타낼 수 있다.

$$i_o = \frac{V_m}{Z}\left[\sin(\omega t-\theta)-\sin(\alpha-\theta)\exp^{\frac{R}{\omega L}(\omega t-\alpha)}\right] \tag{3.37}$$

여기서 $Z=\sqrt{R^2+(\omega L)^2}$이고, $\theta=\tan^{-1}\dfrac{\omega L}{R}$이다. 저항에 걸리는 전압과 인덕터에 걸리는 전압은 다음식과 같다.

$$v_R = i_o R \ , \ v_L = L\frac{di_o}{dt} \tag{3.38}$$

부하전압 v_o의 평균값 V_o는 $\alpha \le \omega t < \pi + \beta$까지 전원전압을 적분을 취하면 된다.

$$V_o = \frac{1}{2\pi}\int_{\alpha}^{\pi+\beta} V_m \sin \omega t \cdot d(\omega t) = \frac{V_m}{2\pi}(\cos\alpha + \cos\beta) \tag{3.39}$$

[예제 3.4] <그림 3.21>의 회로에서 점호각 α = 45°로 한 경우 부하에 흐르는 전류를 측정하는 직류전류계의 눈금이 5 [A]를 가리켰다. 전원전압 $V_s = 100$ [V], f = 60 [Hz]일 때, 저항 R과 인덕터 L의 값을 구하여라.

<풀이>

$$\alpha = \theta = 45^\circ \quad \tan 45^\circ = 1 = \frac{\omega L}{R}$$

부하전류의 평균값

$$I_o = \frac{1}{2\pi}\int_{\alpha}^{\pi+\beta} \frac{V_m}{Z}\sin(\omega t - \theta) \cdot d(\omega t) = \frac{1}{\pi}\frac{V_m}{Z} = \frac{1}{\pi}\frac{V_m}{\sqrt{R^2 + (\omega L)^2}}$$

여기서 $R = \omega L$이므로

$$I_o = \frac{1}{\pi}\frac{V_m}{\sqrt{2}R} = \frac{V_m}{\sqrt{2}\pi R} = \frac{100\sqrt{2}}{\sqrt{2}\pi R} = 5\ [\mathrm{A}]$$

$$\therefore\ R = \frac{100}{5\pi} = 6.37\ [\Omega]$$

$$\therefore\ L = \frac{R}{\omega} = \frac{R}{2\times\pi\times f} = \frac{6.37}{2\pi\times 60} = 16.89\ [\mathrm{mH}]$$

PSIM 3.11 전원전압 V = 220 [V], 60 [Hz], 부하저항 R = 5 [Ω], L = 0.02 [H], 점호각 α = 30° 인 단상 반파 위상제어 정류회로에서 각 부 파형과 소호각 β를 측정하여라. 또한 부하전압과 부하전류의 직류분을 구하여라.

그림 3.22 단상 반파 위상제어정류 시뮬레이션 - R-L부하

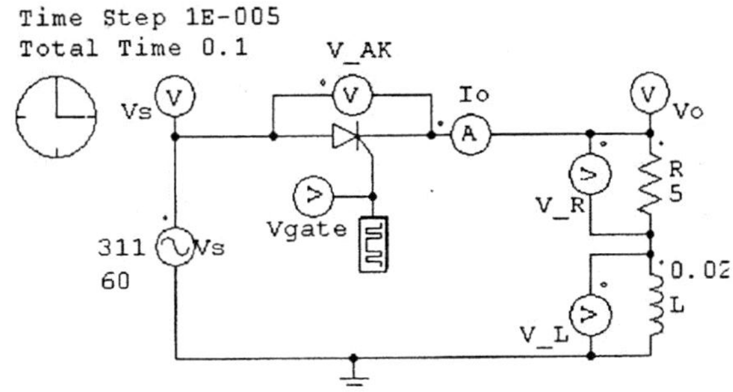

(a) Schematic

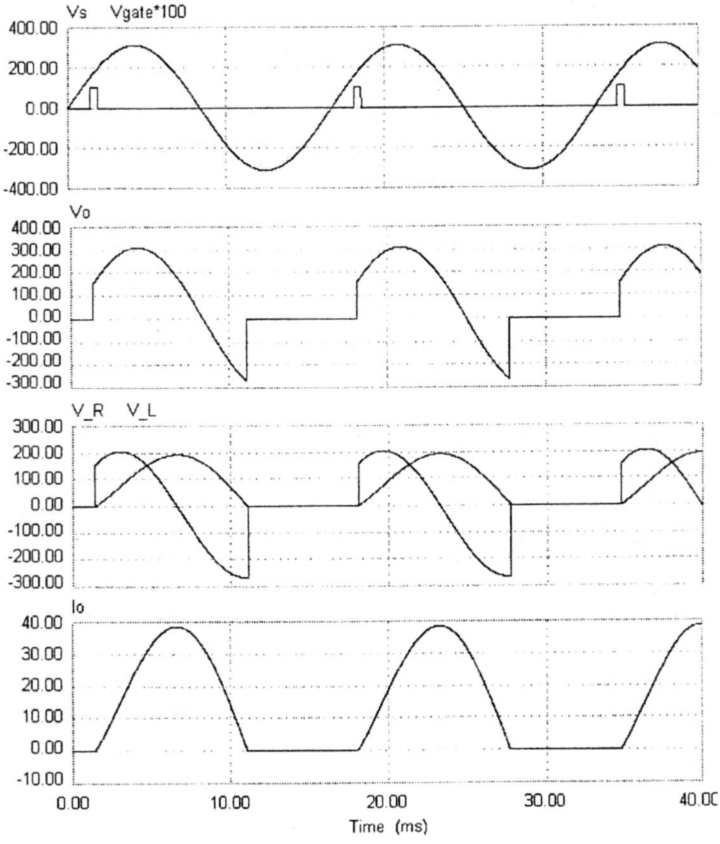

(b) 각 부의 파형 ($\alpha = 30°$)

<풀이>

부하전압 평균값	부하전류 평균값
68.57 [V]	13.71 [A]

3-6 단상 전파 위상제어정류

그림 3.23 단상 브리지 전파 위상제어정류 - 저항부하

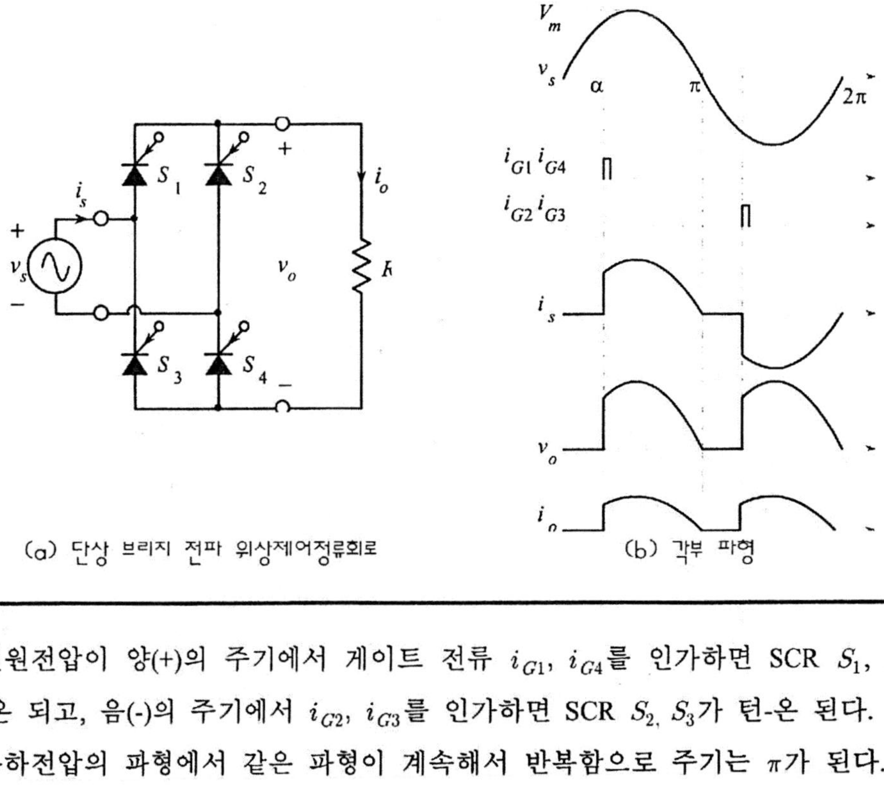

(a) 단상 브리지 전파 위상제어정류회로 (b) 각부 파형

전원전압이 양(+)의 주기에서 게이트 전류 i_{G1}, i_{G4}를 인가하면 SCR S_1, S_4가 턴-온 되고, 음(-)의 주기에서 i_{G2}, i_{G3}를 인가하면 SCR S_2, S_3가 턴-온 된다.

부하전압의 파형에서 같은 파형이 계속해서 반복함으로 주기는 π가 된다. 따라서 부하전압의 평균값 V_o, 실효값 $V_{o,rms}$와 평균전류 I_o는 각각 다음과 같다.

$$V_o = \frac{1}{\pi}\int_{\alpha}^{\pi} V_m \sin \omega t \cdot d(\omega t) = \frac{V_m}{\pi}(1+\cos\alpha) \tag{3.40}$$

$$V_{o,rms} = \sqrt{\frac{1}{\pi}\int_{\alpha}^{\pi}(V_m \sin\omega t)^2 \cdot d(\omega t)} = \frac{V_m}{\sqrt{2}}\sqrt{1-\frac{\alpha}{\pi}+\frac{\sin 2\alpha}{2\pi}} \tag{3.41}$$

$$I_o = \frac{V_o}{R} = \frac{V_m}{\pi R}(1+\cos\alpha) \tag{3.42}$$

PSIM 3.12 <그림 3.23>의 회로에서 전원전압의 최대값 V_m = 100 [V], 60 [Hz], 부하저항 R = 10 [Ω], 점호각 $\alpha = 30°$ 일 때 다음 물음에 답하여라.

(1) 전원전압, 부하전압, 부하전류의 파형을 구하여라.
(2) 부하전압과 부하전류의 평균값을 FFT로 구하여라.

그림 3.24 단상 브리지 전파 위상제어정류 시뮬레이션 – 저항부하

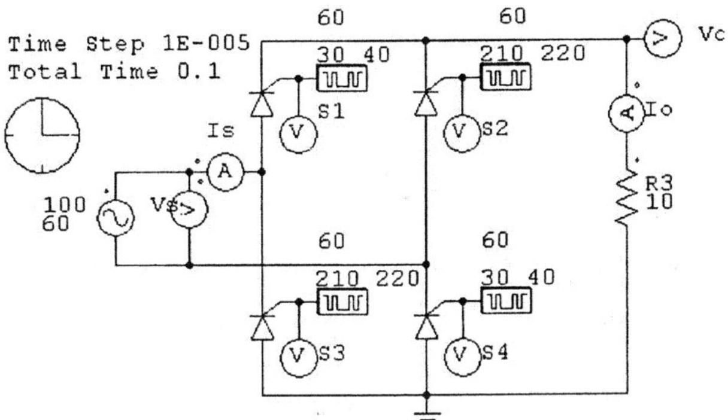

(a) Schematic

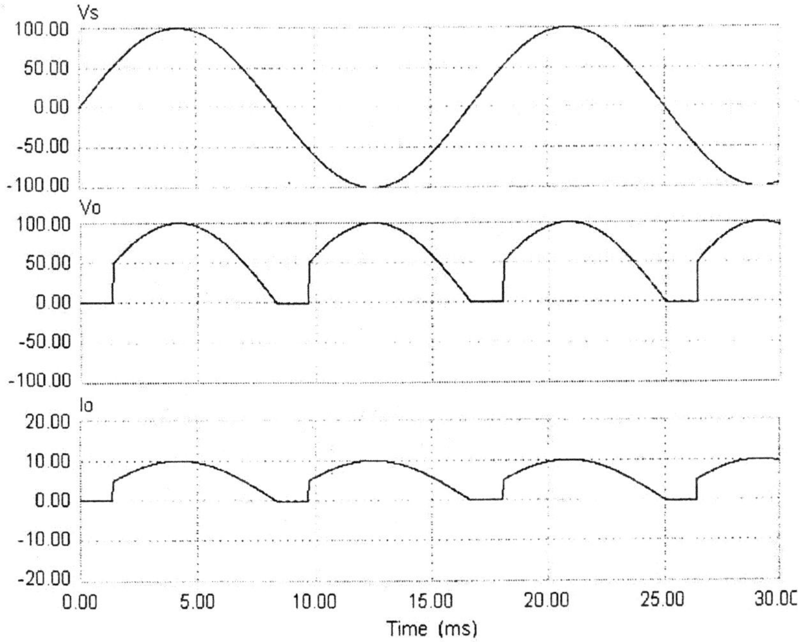

(b) 전원전압과 부하전압, 부하전류 파형

<풀이>

부하전압 평균값	부하전류 평균값
59.41 [V]	5.94 [A]

TIP

SCR을 구동하기 위하여 인가하는 펄스 파형은 점호각이 30° 일 경우 Switching Point는 S_1, S_4는 '30 40' 이고, S_2, S_3는 '210 220' 이 되어야 한다.

PSIM 3.13 <PSIM 3.12>에서 부하가 $R-L$인 경우의 회로에서 전원전압의 최대값 V_m = 100 [V], 60 [Hz], 부하저항 R = 10 [Ω], L = 10 [mH], 점호각 $\alpha = 30°$ 일 때 다음 물음에 답하여라.

(1) 전원전압, 부하전압, 부하전류의 파형을 구하여라.
(2) 부하전압과 부하전류의 평균값을 FFT로 구하여라.

그림 3.25 단상 브리지 위상제어정류 시뮬레이션 - R-L부하

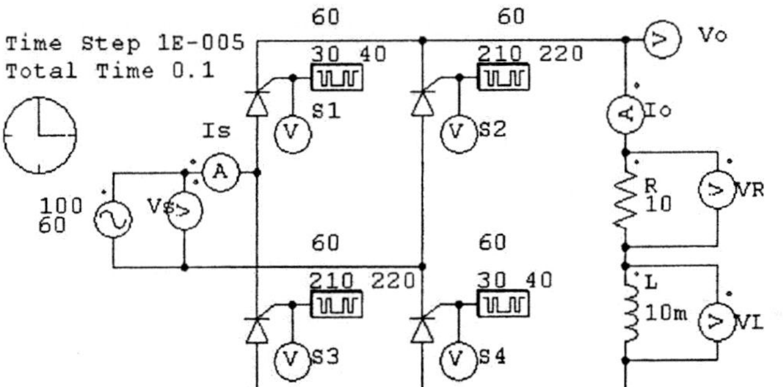

(a) Schematic

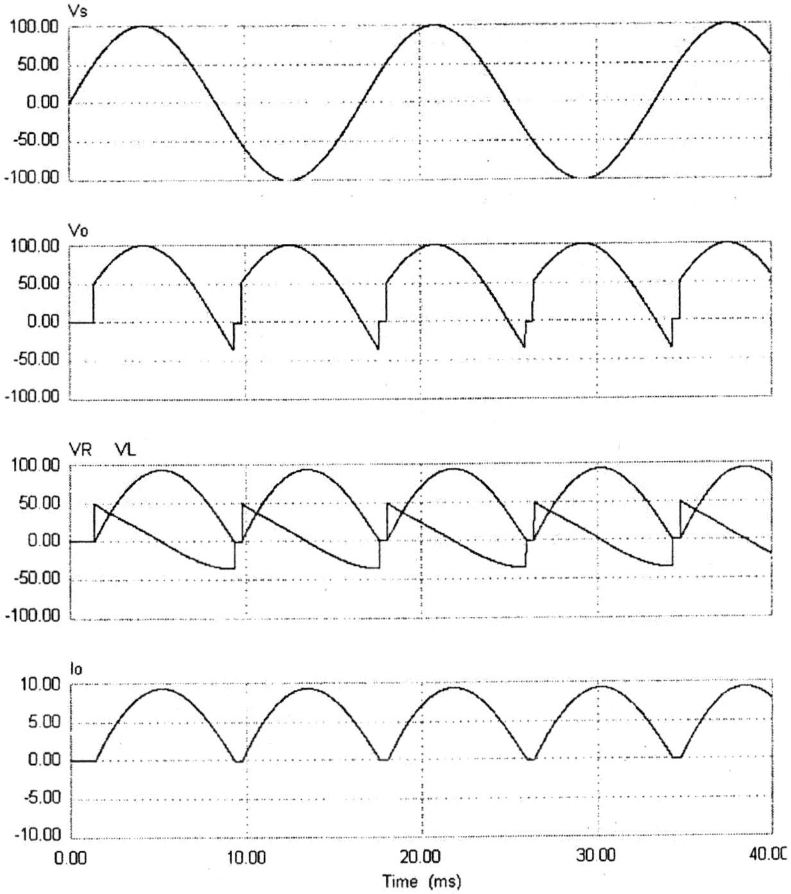

(b) 전원전압과 부하 출력전압, 부하전류 파형

<풀이>

부하전압 평균값	부하전류 평균값
57.54 [V]	5.72 [A]

3-7 3상 반파 위상제어정류

그림 3.26 3상 반파 위상제어정류

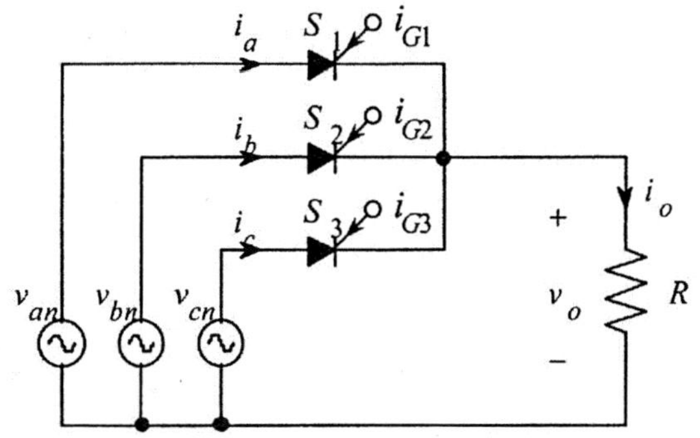

(a) 3상 반파 위상제어정류회로

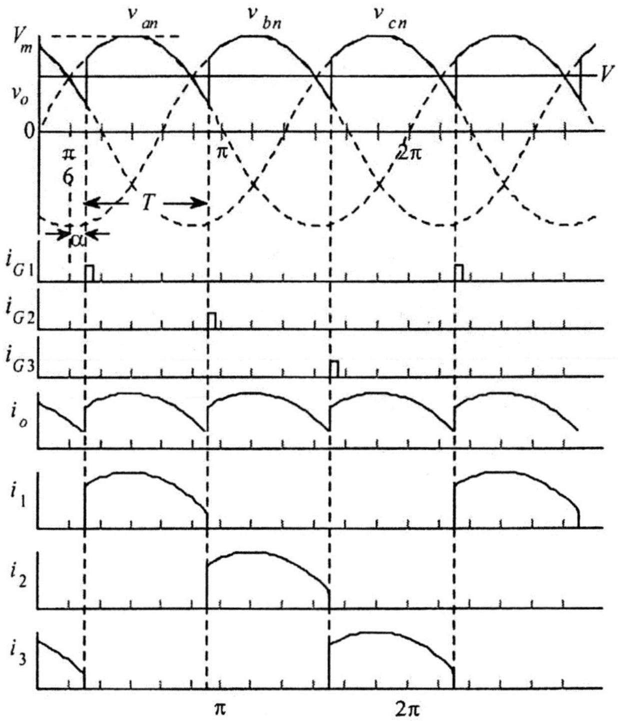

(b) 각부 파형

3상 반파 위상제어정류는 3상 반파정류회로에서 게이트 전류가 인가된 시점부터 도통이 된다는 점만 다르다. 3상 반파정류회로는 상전압 v_{an}과 v_{cn}이 만나는 지점인 $\pi/6$부터 v_{bn}과 v_{an}이 만나는 $5\pi/6$까지 도통이 되지만, 3상 위상제어 정류회로는 <그림 3.26>에서 보는 바와 같이 $\pi/6$에서 점호각 α만큼 지난 후에 도통이 된다. 따라서 부하전압의 평균값이 달라지며 이는 점호각에 따라 제어가 된다. 그러나 점호각에 관계없이 부하전압파형의 주기는 $2\pi/3$이다.

부하전압의 평균값 V_o, 실효값 $V_{o,rms}$ 부하전류의 평균값 I_o는 다음과 같다.

$$V_o = \frac{3}{2\pi}\int_{\frac{\pi}{6}+\alpha}^{\frac{5\pi}{6}+\alpha} V_m \sin\omega t \cdot d(\omega t) = \frac{3\sqrt{3}\,V_m}{2\pi}\cos\alpha \tag{3.43}$$

$$V_{o,rms} = \sqrt{\frac{3}{2\pi}\int_{\frac{\pi}{6}+\alpha}^{\frac{5\pi}{6}+\alpha} (V_m \sin\omega t)^2 \cdot d(\omega t)} \tag{3.44}$$

$$= V_m\sqrt{\frac{3}{2\pi}\left[\frac{\pi}{3} - \frac{1}{4}\left\{\sin 2\left(\alpha + \frac{5\pi}{6}\right) - \sin 2\left(\alpha + \frac{\pi}{6}\right)\right\}\right]}$$

$$I_o = \frac{V_o}{R} = \frac{3\sqrt{3}\,V_m}{\pi R}\cos\alpha \tag{3.45}$$

[예제 3.5] <그림 3.26>의 회로에서 각 상 전압 $V_s = 100$ [V], f = 60 [Hz]일 때, 부하전압의 평균값이 V_o = 82.7 [V]가 되게 하려면 점호각 α는 얼마가 되어야 하며, 이때의 실효값은 얼마인가?

<풀이>

$$V_o = \frac{3\sqrt{3}\,V_m}{2\pi}\cos\alpha = 82.7$$

$$\alpha = \cos^{-1}\left(\frac{82.7\times 2\pi}{3\sqrt{3}\times 100\sqrt{2}}\right) \doteq 45^\circ$$

부하전압의 실효값

$$V_{o.rms} = \sqrt{3}\,V_m\sqrt{\frac{3}{2\pi}\left[\frac{\pi}{3} - \frac{1}{4}\left\{\sin 2\left(\alpha + \frac{5\pi}{6}\right) - \sin 2\left(\alpha + \frac{\pi}{6}\right)\right\}\right]}$$

$$= 100\sqrt{6}\times\sqrt{\frac{3}{2\pi}\left[\frac{\pi}{3} - \frac{1}{4}\left\{\sin 2\left(\frac{\pi}{4} + \frac{5\pi}{6}\right) - \sin 2\left(\frac{\pi}{4} + \frac{\pi}{6}\right)\right\}\right]} = 100\sqrt{3}\,[\mathrm{V}]$$

PSIM 3.14 60 [Hz] V = 220 [V] 3상 전원전압을 3상 반파 위상제어 정류하는 경우, 부하저항 R = 10 [Ω]에 대하여 점호각 α = 30°가 일 때 다음 물음에 답하여라.

(1) 3상 전원전압과 부하전압을 비교파형으로 나타내어라. Y축이 같은 크기가 되도록 하여라.
(2) 부하전류와 각 SCR에 흐르는 전류의 파형을 나타내어라.
(3) FFT 파형에서 부하전압과 부하전류의 직류분을 구하여라.
(4) 부하전압파형의 주기를 구하여라.
(5) 점호각 α =60°로 했을 경우에 대해서 위를 반복하여라.

TIP
점호각이 30° 이므로 a상 SCR의 게이트 신호는 (0° +30°) +30° =60°, b상 SCR의 게이트 신호는 (120° +30°) +30° =180°, c상 SCR의 게이트 신호는 (240° +30°) +30° =300°

그림 3.27 3상 반파 위상제어정류 시뮬레이션 – 저항부하

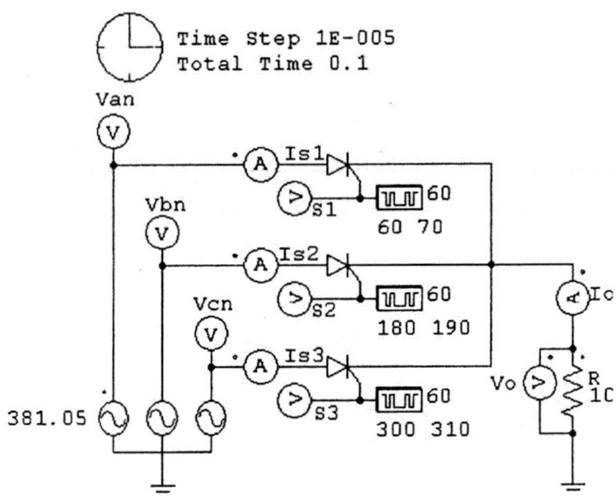

(a) Schematic

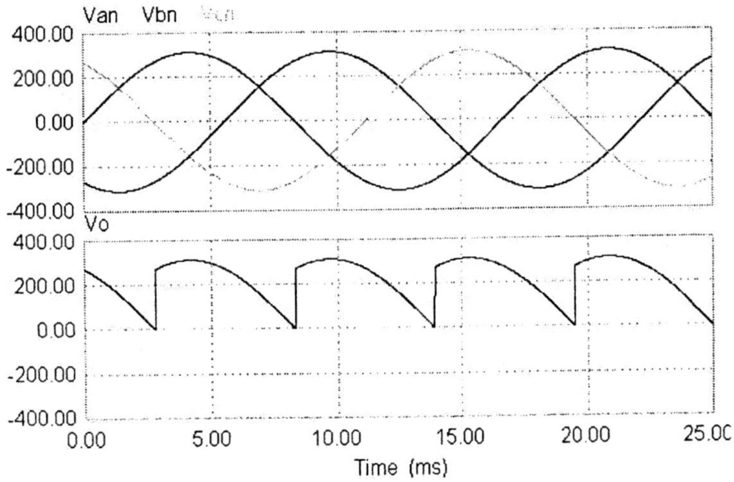

(b) 전원전압과 부하전압의 파형(점호각 $\alpha = 30°$)

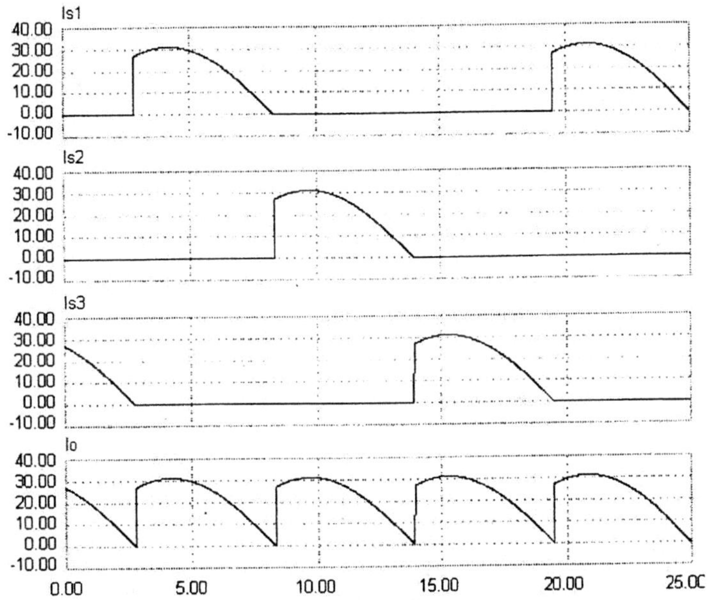

(c) 각 SCR와 부하전류파형(점호각 $\alpha = 30°$)

TIP

점호각이 60° 이므로 a상 SCR의 게이트 신호는 (0° + 30°) + 60° = 120°, b상 SCR의 게이트 신호는 (120° + 30°) + 60° = 210°, c상 SCR의 게이트 신호는 (240° + 30°) + 60° = 330°

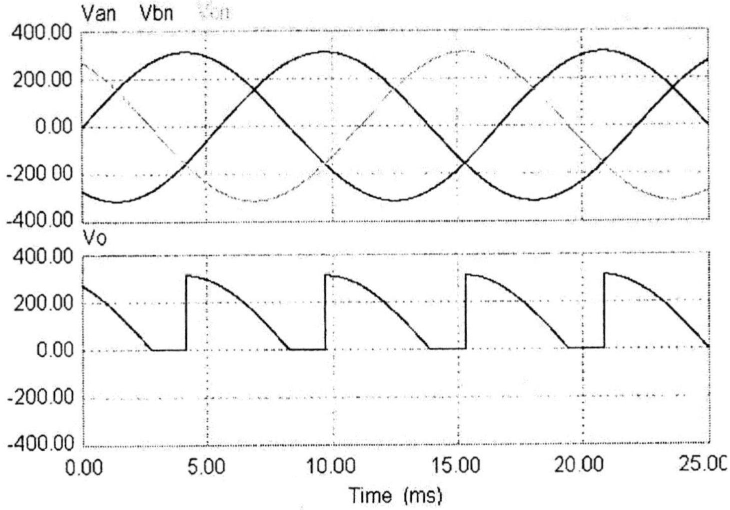

(d) 전원전압과 부하전압의 파형(점호각 $\alpha = 60°$)

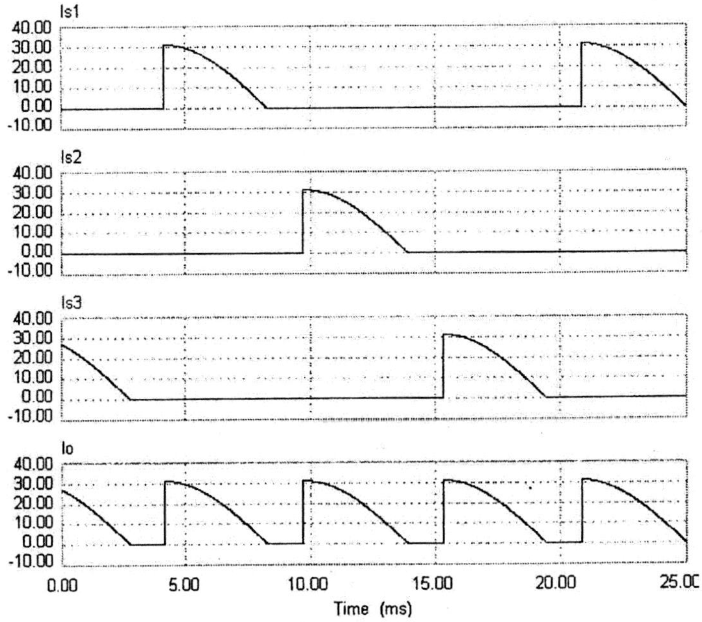

(e) 각 SCR와 부하전류파형(점호각 $\alpha = 60°$)

<풀이>

점호각	부하평균전압	부하평균전류	부하전압 주기	부하전압 주파수
α = 30°	222.58 [V]	22.26 [A]	5.55 [ms]	180 [Hz]
α = 60°	148.51 [V]	14.85 [A]	5.55 [ms]	180 [Hz]

3-8 3상 전파 위상제어정류

그림 3.28 3상 전파 위상제어정류

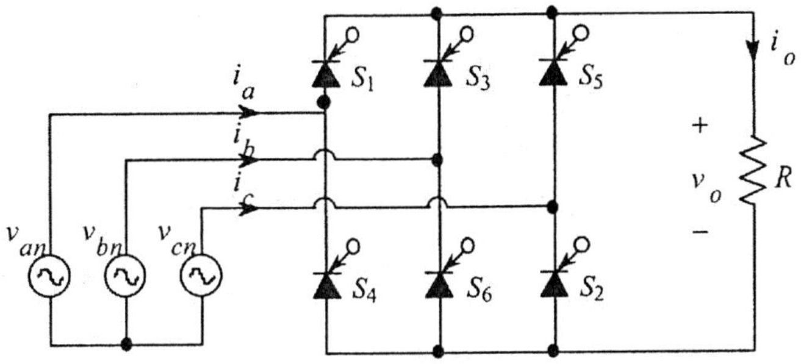

(a) 3상 전파 위상제어정류회로

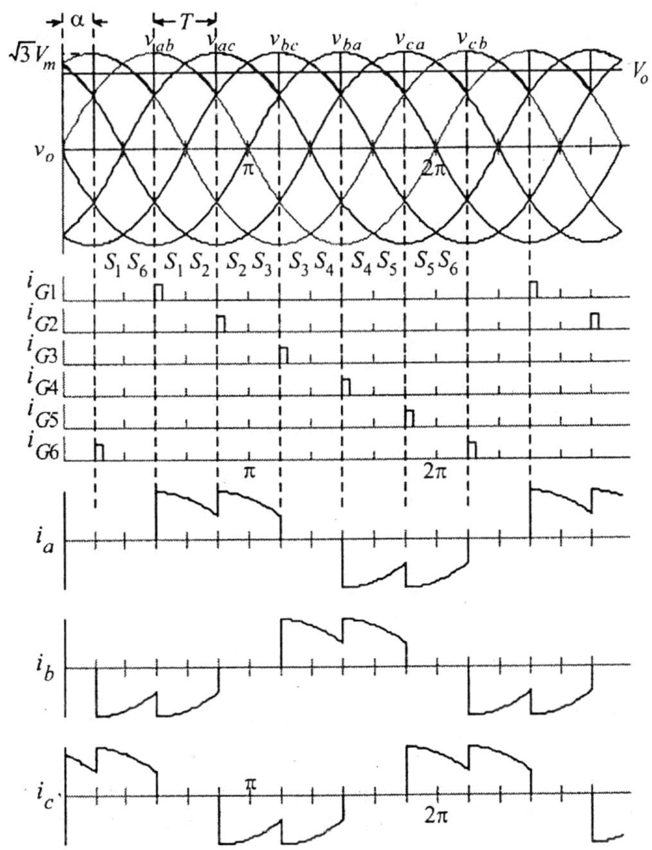

(b) 각부 파형

3상 전파 위상제어정류는 <그림 3.28> (a)와 같다. 3상 전파 브리지 정류회로와 마찬가지로 위쪽 SCR 중 하나와 아래쪽 SCR 중 하나가 턴-온 되어 부하에는 선간전압이 걸리게 된다. a상 전압 $v_a = V_m \sin(\omega t - \pi/6)$일 때 $a-b$사이 선간전압 $v_{ab} = \sqrt{3}\, V_m \sin\omega t$가 된다.

단상 반파 혹은 전파 위상제어 정류회로에서는 점호각이 α일 때 양(+)의 전압이 0°를 기준으로 α 위상 후에 게이트 전류를 인가하면 되지만, 3상 반파 위상제어 정류회로에서는 a상 SCR을 턴-온 시키기 위해서는 점호각 α에 π/6를 더해서 인가해야 한다. 3상 전파 위상전류회로에서는 a상 브리지의 상위 SCR을 턴-온 시키기 위해서는 점호각 α에 60°를 더해서 인가한다.

<표 3.3>에 4가지 제어정류회로의 각 게이트 전류의 인가해야 하는 시작 위상과 점호각의 범위를 나타내고 있다.

표 3.3 각 위상제어 정류회로에서 각 게이트 전류의 위상과 전원전압의 관계

종류	전압의 크기와 위상	게이트 전류의 인가 시작 위상	점호각의 최대값
단상 반파 제어정류	$v_s = V_m \sin\omega t$	$\angle i_G = \alpha \quad (0 \le \alpha \le \pi)$	π = 180°
단상 전파 제어정류	$v_s = V_m \sin\omega t$	$\angle i_{G1} = \alpha$ $\angle i_{G2} = \alpha + 180°$ $\angle i_{G3} = \alpha + 180°$ $\angle i_{G4} = \alpha$	π = 180°
3상 반파 제어정류	$v_{an} = V_m \sin\omega t$	$\angle i_{G1} = \alpha + 30°$ $\angle i_{G2} = \alpha + 30° + 120° = \alpha + 150°$ $\angle i_{G3} = \alpha + 30° + 240° = \alpha + 270°$	$\frac{2\pi}{3}$ = 120°
3상 전파 제어정류	$v_{an} = V_m \sin(\omega t - \frac{\pi}{6})$ $v_{ab} = \sqrt{3}\, V_m \sin\omega t$	$\angle i_{G1} = \alpha + 60°$ $\angle i_{G2} = \alpha + 60° + 60° = \alpha + 120°$ $\angle i_{G3} = \alpha + 60° + 120° = \alpha + 180°$ $\angle i_{G4} = \alpha + 60° + 180° = \alpha + 240°$ $\angle i_{G5} = \alpha + 60° + 240° = \alpha + 300°$ $\angle i_{G6} = \alpha + 60° + 300° = \alpha$	$\frac{\pi}{3}$ = 60°

※ 게이트 전류의 인가 시작 위상이 360°보다 큰 경우 360°를 빼준다.

3상 전파 위상제어정류회로는 3상 전파정류회로에서 게이트 전류가 인가된 시점부터 도통이 된다는 점만 다르다. 3상 전파정류회로는 선간전압 v_{cb}와 v_{ab}이 만나는 지점인 $\pi/3$부터 v_{ab}과 v_{ac}이 만나는 $2\pi/3$까지 도통이 되지만, 3상 위상제어 정류회로는 <그림 3.28>에서 보는 바와 같이 $\pi/3$에서 점호각 α만큼 지난 후에 도통이 된다. 따라서 부하전압의 평균값이 달라지며 이는 점호각에 따라 제어가 된다. 그러나 점호각에 관계없이 부하전압파형의 주기는 $\pi/3$이다.

부하전압의 평균값 V_o, 실효값 $V_{o,rms}$, 부하전류의 평균값 I_o는 다음과 같다.

$$V_o = \frac{1}{\frac{\pi}{3}} \int_{\frac{\pi}{3}+\alpha}^{\frac{2\pi}{3}+\alpha} \sqrt{3}\, V_m \sin \omega t \cdot d(\omega t) = \frac{3\sqrt{3}\, V_m}{\pi} \cos \alpha \tag{3.46}$$

$$V_{o,rms} = \sqrt{\frac{3}{\pi} \int_{\frac{\pi}{3}+\alpha}^{\frac{2\pi}{3}+\alpha} (\sqrt{3}\, V_m \sin \omega t)^2 \cdot d(\omega t)} \tag{3.47}$$

$$= \sqrt{3}\, V_m \sqrt{\frac{3}{\pi}\left[\frac{\pi}{6} - \frac{1}{4}\left\{\sin 2\left(\alpha + \frac{2\pi}{3}\right) - \sin 2\left(\alpha + \frac{\pi}{3}\right)\right\}\right]}$$

$$I_o = \frac{V_o}{R} = \frac{3\sqrt{3}\, V_m}{\pi R} \cos \alpha \tag{3.48}$$

[예제 3.6] <그림 3.28>의 회로에서 a상 전압 $V_{an} = 100$ [V], $f = 60$ [Hz]일 때, 부하전압의 평균값이 $V_o = 165.4$ [V]가 되게 하려면 점호각 α는 얼마가 되어야 하며, 이때의 실효값은 얼마인가?

<풀이>

$$V_o = \frac{3\sqrt{3}\, V_m}{\pi} \cos \alpha = 165.4$$

$$\alpha = \cos^{-1}\left(\frac{165.4 \times \pi}{3\sqrt{3} \times 100\sqrt{2}}\right) \doteqdot 45^\circ$$

부하전압의 실효값

$$V_{o,rms} = \sqrt{3}\, V_m \sqrt{\frac{3}{\pi}\left[\frac{\pi}{6} - \frac{1}{4}\left\{\sin 2\left(\alpha + \frac{2\pi}{3}\right) - \sin 2\left(\alpha + \frac{\pi}{3}\right)\right\}\right]}$$

$$= 100\sqrt{6} \times \sqrt{\frac{3}{\pi}\left[\frac{\pi}{6} - \frac{1}{4}\left\{\sin 2\left(\frac{\pi}{4} + \frac{2\pi}{3}\right) - \sin 2\left(\frac{\pi}{4} + \frac{\pi}{3}\right)\right\}\right]} = 100\sqrt{3}\,[\mathrm{V}]$$

PSIM 3.15 60 [Hz] V = 220 [V] 3상 전원전압을 3상 전파 위상제어정류를 하는 경우, 부하저항 R = 10 [Ω]에 대하여 점호각 α = 30°일 때 다음 물음에 답하여라.

(1) 3상 전원전압과 부하전압을 비교파형으로 나타내어라. Y축이 같은 크기가 되도록 하여라.
(2) 부하전류와 각 SCR에 흐르는 전류의 파형을 나타내어라.
(3) FFT 파형에서 부하전압과 부하전류의 직류분을 구하여라.
(4) 부하전압파형의 주기를 구하여라.
(5) 점호각 α =45°로 했을 경우에 대해서 위를 반복하여라.

TIP

점호각이 30° 이므로 S1 SCR의 게이트 신호는 90°, S2 : 150°, S3 :210°, S4 : 270°, S5 : 330°, S6 : 30° 가 된다. 한편 3 ph Sin 심벌은 선간전압의 실효값을 적어야 하므로 $220\sqrt{3} = 381$ 을 적고, 초기 위상을 -30°이 되도록 적는다.

그림 3.29 3상 전파 위상제어정류 시뮬레이션 – 저항부하

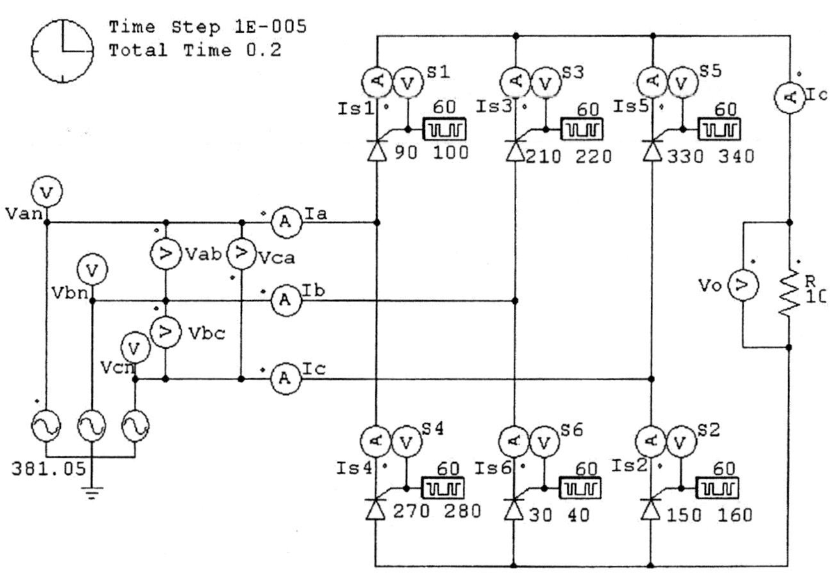

(a) Schematic

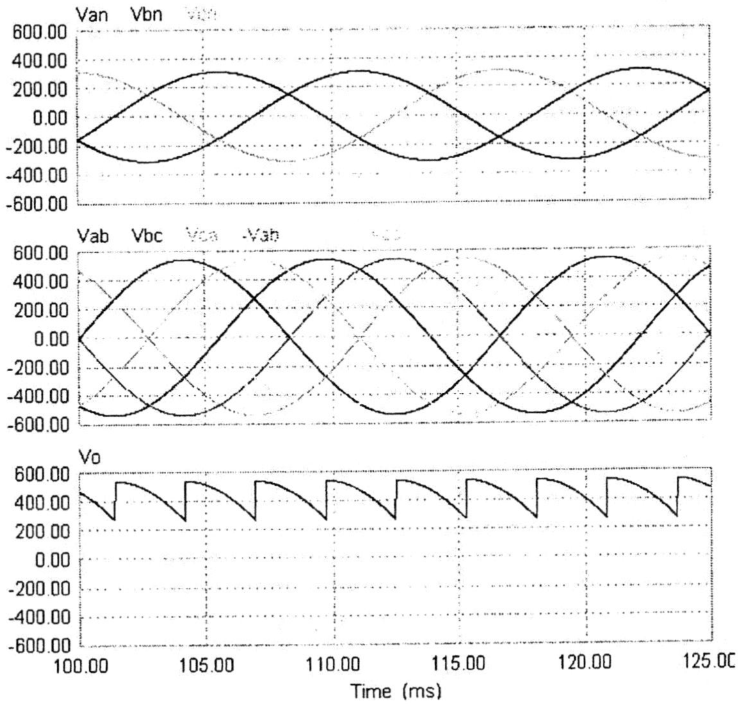

(b) 상전압, 선간전압, 부하전압의 파형 ($\alpha = 30°$)

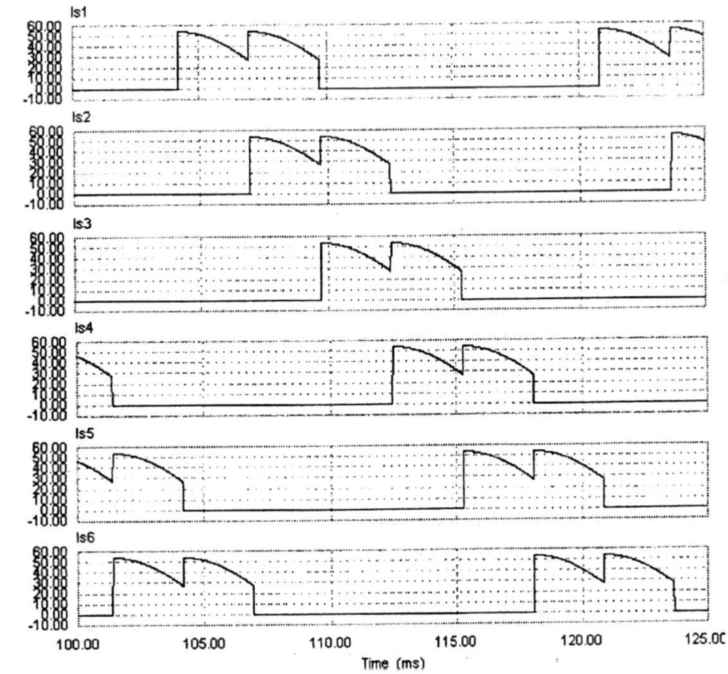

(c) 각 SCR에 흐르는 전류 파형 ($\alpha = 30°$)

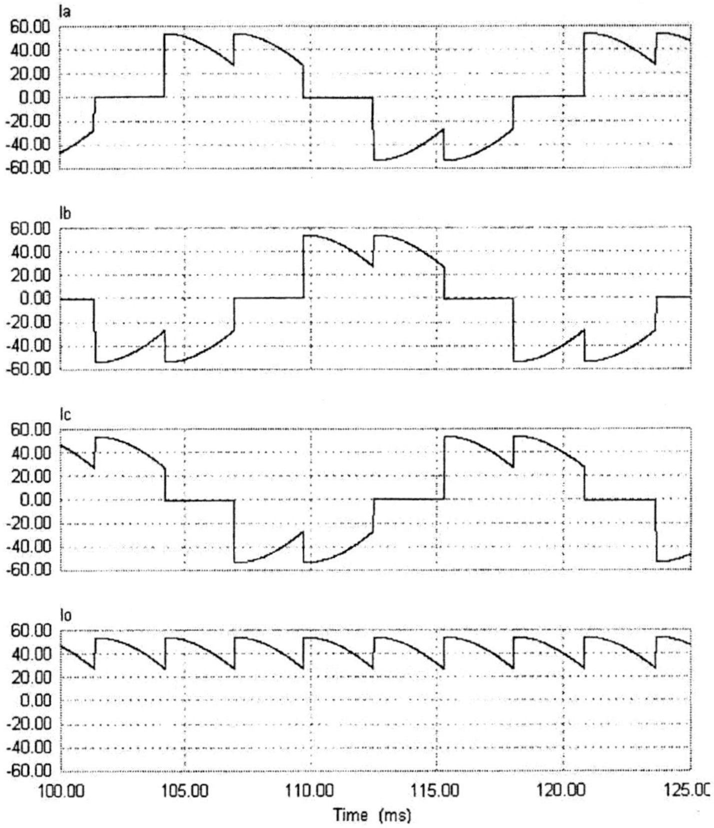

(d) 전원의 각상 전류와 부하전류 ($\alpha = 30°$)

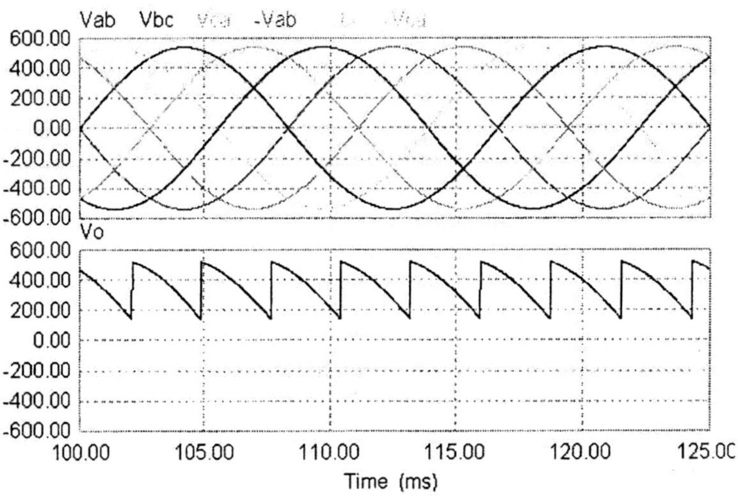

(e) 선간전압, 부하전압의 파형 ($\alpha = 45°$)

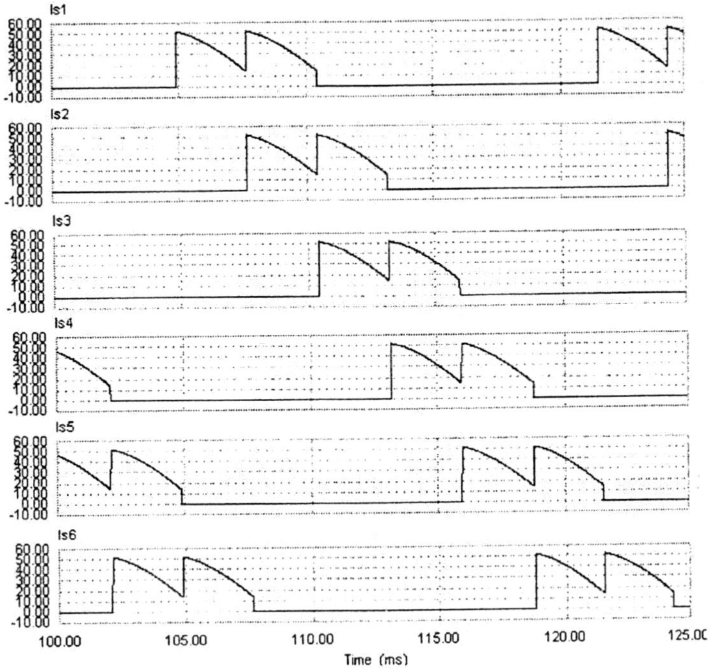

(f) 각 SCR에 흐르는 전류 파형 ($\alpha = 45°$)

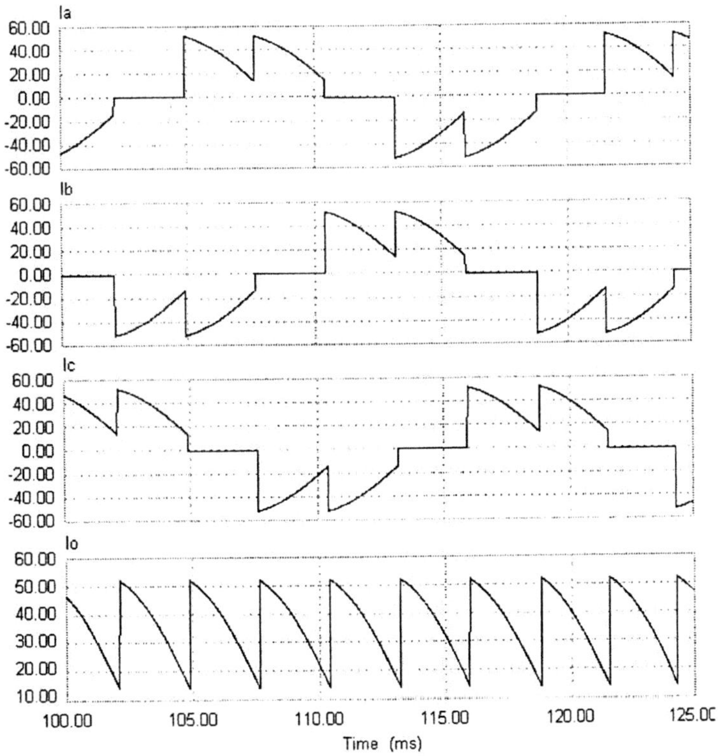

(g) 전원의 각상 전류와 부하전류 ($\alpha = 45°$)

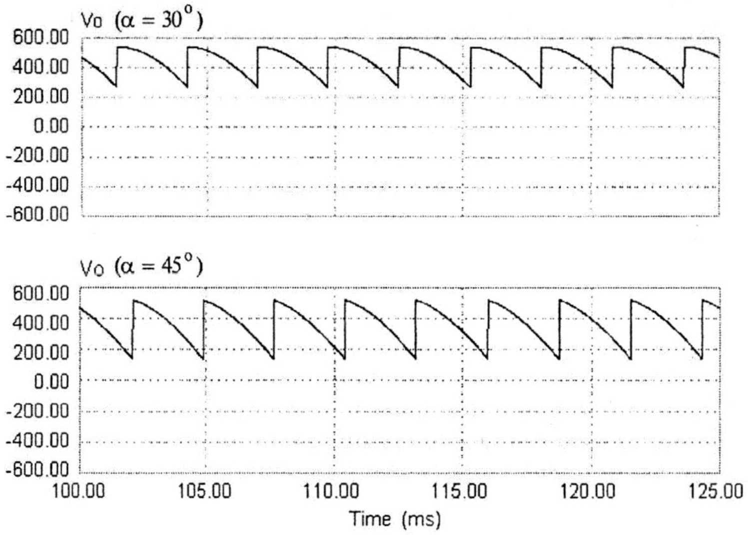

(h) 점호각에 따른 부하전압의 비교

<풀이>

점호각	부하평균전압	부하평균전류	부하전압 주기	부하전압 주파수
$\alpha = 30°$	445.60 [V]	44.56 [A]	2.7817 [ms]	359.49 [Hz]
$\alpha = 45°$	363.81 [V]	36.39 [A]	2.7747 [ms]	360.39 [Hz]

3장 연습문제

Ex 3.1 전원전압 $v(t) = 311\sin 120\pi t$인 단상 반파정류회로에서 $R = 10$ [Ω]인 저항부하인 경우 평균부하전류, 실효부하전류, 전원의 피상전력, 회로의 역률을 구하여라.

Ex 3.2 다음 그림과 같이 변압기의 1차측 실효값 220 [V], 60 [Hz]이고 2차측에 다이오드 반파정류회로가 연결되어 있으며 부하저항 $R = 20$ [Ω]이 접속되어 있다. 부하저항에 흐르는 전류의 평균값이 10 [A]가 되도록 하려면 변압기의 권수비는 얼마가 되어야 하는가?

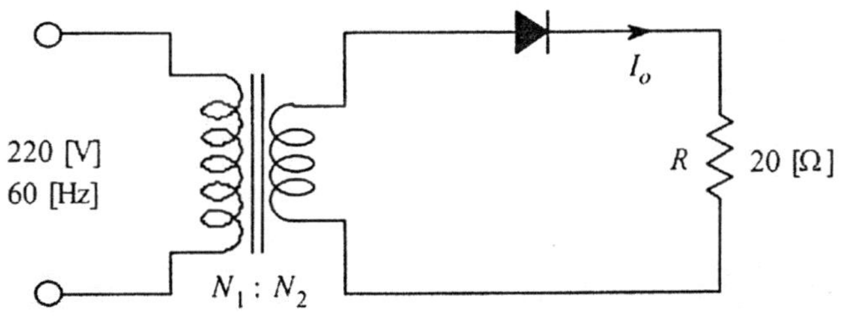

Ex 3.3 전원전압 $v(t) = 311\sin 120\pi t$인 단상 반파정류회로에서 $R = 10$ [Ω], $L = 10$ [mH]인 R-L 부하에서 다음을 구하여라.

(a) 부하전류식

(b) 평균전류

(c) 저항의 소비전력

(d) 다이오드를 이상적인 다이오드라 하였을 때 PSIM을 통하여 각 부 파형 및 앞선 값을 확인하여라.

Ex 3.4 [Ex 3.3]에서 R = 10 [Ω], L = 20 [mH]인 경우 반복하여라.

Ex 3.5 <그림 3.6>의 환류 다이오드를 가진 단상 반파정류회로에서 R = 12 [Ω], L = 20 [mH]를 가진다. 전원의 실효값은 220 [V], 60 [Hz]이다.

(a) 부하에 나타난 반파정류된 정현파의 푸리에 급수로부터 전류의 직류성분을 구하여라.

(b) 푸리에 급수에서 영이 아닌 처음 4개의 성분의 진폭을 구하여라.

Ex 3.6 <그림 3.8>의 커패시터 필터를 가진 반파정류회로에서 V_m = 220 [V], 60 [Hz], 부하저항 R = 100 [Ω], C = 20 [μF]일 때 다음 물음에 답하여라.

(a) 전원전압, 부하전압, 다이오드 전류, 커패시터 전류, 부하전류의 파형을 구하여라.

(b) 부하전압에 대한 FFT파형을 구하고 평균전압이 얼마인지 구하여라.

(c) 초기 과도상태를 제외하고 정상상태에서 부하전압의 최대값과 최소값을 구하여 맥동전압 ΔV_o을 구하여라.

(d) 같은 전원과 같은 부하저항에 대하여 커패시터 C를 2배로 하였을 때 앞서 구한 값과 어떠한 차이가 있는지 나타나는 현상을 모두 설명하여라.

Ex 3.7 <그림 3.10>의 단상 브리지 전파정류회로에서 부하저항 20 [Ω]이고 교류전원전압의 실효값이 220 [V]이다. 부하에 걸리는 전압 및 흐르는 전류의 평균값, 실효값을 구하고 PIV를 구하여라.

Ex 3.8 <그림 3.10>에서 전원전압 $v(t) = 311\sin 120\pi t$인 단상 브리지 전파정류회로에서 $R = 10$ [Ω]인 저항부하인 경우 평균부하전류, 실효부하전류, 전원의 피상전력, 회로의 역률을 구하여라.

Ex 3.9 변압기의 1차측 실효값 220 [V], 60 [Hz]이고 2차측에 다이오드 브리지 전파정류회로가 연결되어 있으며 부하저항 $R = 20$ [Ω]이 접속되어 있다. 부하저항에 흐르는 전류의 평균값이 10 [A]가 되도록 하려면 변압기의 권수비는 얼마가 되어야 하는가?

Ex 3.10 <그림 3.10>에서 전원전압 $v(t) = 311\sin 120\pi t$인 단상 브리지 전파정류회로에서 $R = 10$ [Ω], $L = 10$ [mH]인 R-L 부하에서 다음을 구하여라.

(a) 부하전류식

(b) 평균전류

(c) 저항의 소비전력

(d) 다이오드를 이상적인 다이오드라 하였을 때 PSIM을 통하여 각 부 파형 및 앞선 값을 확인하여라.

Ex 3.11 [Ex 3.10]에서 $R = 10$ [Ω], $L = 20$ [mH]인 경우 반복하여라.

Ex 3.12 <그림 3.13>에서 전원전압의 최대값 V_m = 100 [V], 60 [Hz]이고 커패시터 필터를 가진 단상 브리지 전파정류회로가 직류전압 100 [V] 0.4 [A]의 부하에 전력을 공급한다. 부하전압의 최대값과 최소값의 맥동전압이 1 %이내가 되기 위해 필요한 필터의 커패시터의 크기를 구하여라.

Ex 3.13 <그림 3.13>에서 전원전압 V_m = 220 [V], 60 [Hz], 부하저항 R = 100 [Ω], 커패시터 필터 C = 500 [μF]를 포함한 단상 브리지 전파정류회로에 대하여 다음 물음에 답하여라.

(a) 전원전압, 부하전압, 커패시터 전류, 부하전류의 파형을 구하여라.

(b) 부하전압에 대한 FFT파형을 구하고 평균전압이 얼마인지 구하여라.

(c) 초기 과도상태를 제외하고 정상상태에서 부하전압의 최대값과 최소값을 구하여 맥동전압 ΔV_o을 구하여라.

(d) PSIM을 통하여 각부 파형 및 크기를 확인하여라.

Ex 3.14 <그림 3.14>에서 1상의 상전압 실효값이 220 [V], 60 [Hz]인 Y결선된 전원과 연결된 3상 반파정류회로의 부하저항은 100 [Ω]이다. 부하전압의 평균값 및 부하전류의 평균값, 실효값을 구하여라.

Ex 3.15 <그림 3.14>에서 1상의 상전압 실효값이 220 [V], 60 [Hz]인 Y결선된 전원과 연결된 3상 반파정류회로의 부하는 R = 100 [Ω], L = 150 [mH]의 R-L 직렬부하이다. 부하전압의 평균값 및 부하전류의 평균값, 실효값을 구하여라.

Ex 3.16 [Ex 3.14]와 [Ex 3.15]를 PSIM으로 각 부 파형과 크기를 구하여 앞서 구한 값과 일치하는지 확인하여라.

Ex 3.17 <그림 3.16>에서 3상 선간전압 실효값이 380 [V], 60 [Hz]인 전원에 3상 전파정류회로가 연결되어 있다. 부하저항이 100 [Ω]일 때 부하전압의 평균값 및 부하전류의 평균값, 실효값을 구하여라.

Ex 3.18 <그림 3.16>에서 3상 선간전압 실효값이 380 [V], 60 [Hz]인 전원에 3상 전파정류회로가 연결되어 있다. 부하는 R = 100 [Ω], L = 150 [mH]의 R-L 직렬부하일 때 부하전압의 평균값 및 부하전류의 평균값, 실효값을 구하여라.

Ex 3.19 [Ex 3.17]과 [Ex 3.18]을 PSIM을 통하여 각 부 파형과 크기를 구하여 앞서 구한 값과 일치하는지 확인하여라.

Ex 3.20 <그림 3.18>의 회로에서 전원전압의 실효값이 220 [V], 60 [Hz]이고 R = 100 [Ω]의 저항부하를 가지는 단상 반파 위상제어 정류회로에서 점호각을 30°를 인가하였을 때와 60°를 인가하였을 때 저항의 평균전압, 소비전력, 전원의 역률을 구하여라.

Ex 3.21 <그림 3.18>의 회로에서 전원전압 실효값이 220 [V], 60 [Hz]인 단상 반파 위상제어 정류회로의 부하에 20 [Ω]의 저항이 접속되어 있다. 부하전류가 3 [A]가 되기 위한 점호각을 구하고 이때 부하의 소비전력 및 역률을 구하여라.

Ex 3.22 <그림 3.18>의 단상 반파 위상제어 정류회로가 220 [V], 60 [Hz]의 교류전원을 가진다. 직렬 R-L 부하는 R = 100 [Ω], L = 100 [mH]이다. 점호각이 45° 일 때 부하전류, 평균부하전류, 부하의 소비전력을 구하여라.

Ex 3.23 <그림 3.18>의 단상 반파 위상제어 정류회로에서 전원전압의 실효값은 220 [V], 60 [Hz]이며 R = 16 [Ω], L = 60 [mH]의 R-L 부하를 가진다. PSIM을 사용해서 부하에 평균전류 3.0 [A]를 공급하기 위하여 필요한 점호각을 구하여라.

Ex 3.24 <그림 3.23>의 단상 전파 위상제어 정류회로에 40 [Ω]의 저항부하를 갖고 전원전압의 실효값이 220 [V], 60 [Hz]이다. 지연각이 30° 일 때 부하전류의 평균값, 실효값 및 전원전류의 실효값, 역률을 구하여라.

Ex 3.25 <그림 3.23>의 단상 전파 위상제어 정류회로에서 R = 30 [Ω], L = 60 [mH]의 R-L 직렬부하를 갖고 전원전압의 실효값이 220 [V], 60 [Hz]이다. 지연각 α = 20° 일 때와 α = 70° 일 때 부하전류의 평균값을 구하여라.

Ex 3.26 [Ex 3.25]를 PSIM으로 파형을 구하고 값의 크기를 비교하여라.

Ex 3.27 <그림 3.26>의 회로에서 각 상 실효전압이 220 [V], 60 [Hz]일 때, 부하전압의 평균값이 V_o = 170 [V]가 되게 하려면 점호각 α 는 얼마가 되어야 하는가?

Ex 3.28 220 [V], 60 [Hz] 3상 전원전압을 3상 반파 위상제어 정류회로에서 부하저항이 100 [Ω]이며 점호각 α = 40° 일 때 PSIM을 통하여 각 부 파형 및 FFT 파형 등을 구하여라.

Ex 3.29 <그림 3.28>의 3상 전파 위상제어 정류회로가 4160 [V], 60 [Hz]의 전원에 의해 부하 저항 120 [Ω]에 전력을 공급시킨다. 평균부하전류가 25 [A]가 되기 위하여 필요한 지연각은 얼마인가? 또한 PSIM을 통하여 시스템의 각 부 파형을 구하고 FFT 분석을 통하여 고조파항 계수를 구하여라.

Ex 3.30 <그림 3.28>의 3상 전파 위상제어 정류회로가 선간전압 실효값 480 [V], 60 [Hz]의 3상 전원에 의해 공급된다. 지연각이 35° 이고 R = 50 [Ω], L = 50 [mH]인 R-L 직렬부하에 흐르는 전류의 평균값을 구하고, 전원으로부터 각 선로의 실효값 전류를 구하며, PSIM을 통하여 각부 파형 및 FFT를 구하여라.

CHAP. 4 교류-교류 변환기

4-1. 단상 교류전압 제어

4-2. 3상 교류전압 제어

4-3. 사이클로 변환기

4-1 단상 교류전압 제어

4-1-1. 저항부하

그림 4.1 단상 교류전압 제어 - 저항부하

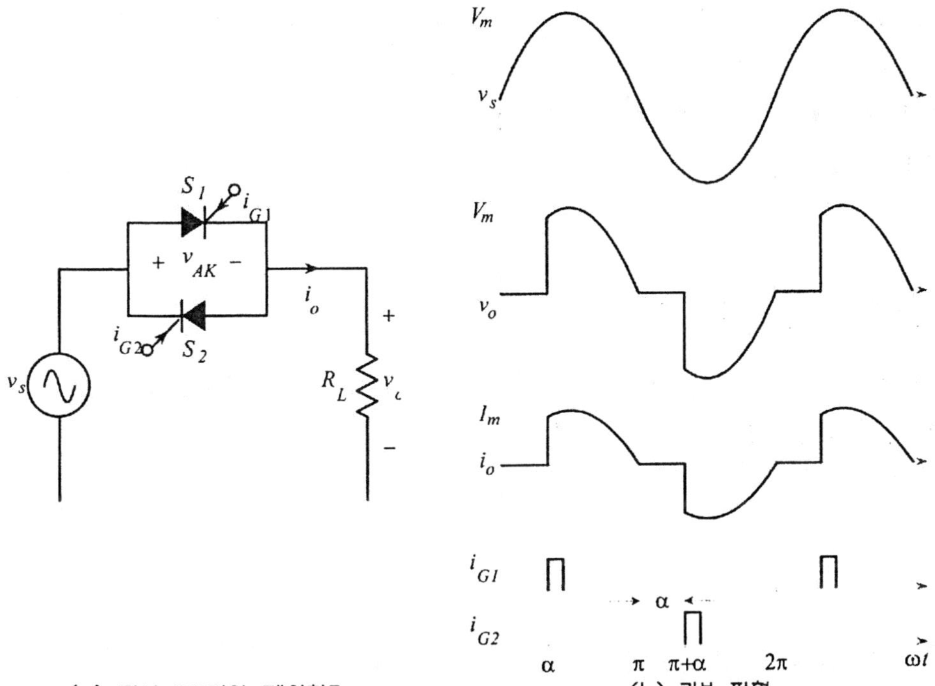

(a) 단상 교류전압 제어회로 (b) 각부 파형

<그림 4.1>은 저항부하를 가진 단상교류 전압 제어기의 기본 회로로써 2개의 SCR S_1, S2를 역병렬로 접속하여 게이트 전류 i_{G1}, i_{G2}를 인가함으로써 부하에 원하는 전력을 공급한다.

앞서 회로를 살펴보면 몇 가지 사항을 알 수 있다.

- 두 개의 SCR은 동시에 턴-온(turn-on) 될 수 없다.
- 두 SCR중 어느 하나라도 턴-온이 되면 부하전압은 입력전원전압과 동일하다.
- 두 개의 SCR이 같은 시간동안 턴-온 상태가 되면 전원과 부하에 흐르는 전류 평균값은 0이다.

입력전원전압을 $v_s = V_m \sin \omega t$ 이라 하면 출력전압은 다음과 같다.

$$v_o = \begin{cases} V_m \sin \omega t & \alpha \le \omega t < \pi,\ \alpha + \pi \le \omega t < 2\pi \\ 0 & \text{나머지 구간} \end{cases} \tag{4.1}$$

<그림 4.1>회로에서 양(+)의 전원전압 주기에서 게이트 전류 i_{G1}가 인가되면 SCR S_1은 턴-온되고 회로에 흐르는 전류가 0이 될 때까지 턴-온 상태를 유지한다. 음(-)의 전원전압 주기에서 단상 위상제어 정류회로는 제어를 할 수 없는데 비해, 단상 교류전압 제어회로(single phase ac voltage control circuit)는 게이트 전류 i_{G2}를 인가하면 SCR S_2가 도통되어 음(-)의 부하전류가 흐를 수 있는 경로가 생기게 된다. 이와 같이 점호각 α의 제어에 따라 양(+)과 음(-) 전력을 모두 연속적으로 제어할 수 있어 조광장치, 온도제어장치 등의 교류전력제어에 사용되고 있다.

[1] 실효값, 평균값, 역률, 전력

출력전압의 양(+)과 음(-)의 전압파형이 서로 대칭이므로 실효값을 구하기 위하여 파형의 반주기만을 사용해 구하면 된다.

$$V_{o,rms} = \sqrt{\frac{1}{2\pi}\int_{\alpha}^{\pi} v_s^2 \cdot d(\omega t)} = \frac{V_m}{\sqrt{2}}\sqrt{1 - \frac{\alpha}{\pi} + \frac{1}{2\pi}\sin 2\alpha} \tag{4.2}$$

부하에 흐르는 전류와 입력전원전류가 같으므로 부하전류의 실효값은

$$I_{s,rms} = I_{o,rms} = \frac{V_{o,rms}}{R} \tag{4.3}$$

이며 부하의 역률 PF는 다음과 같다.

$$\begin{aligned} \mathrm{PF} &= \frac{P}{S} = \frac{P}{V_{s,rms}\, I_{s,rms}} = \frac{V_{o,rms}^2 / R}{V_{s,rms}(V_{o,rms}/R)} = \frac{V_{o,rms}}{V_{s,rms}} \\ &= \frac{\dfrac{V_m}{\sqrt{2}}\sqrt{1 - \dfrac{\alpha}{\pi} + \dfrac{\sin 2\alpha}{2\pi}}}{V_m / \sqrt{2}} = \sqrt{1 - \frac{\alpha}{\pi} + \frac{\sin 2\alpha}{2\pi}} \end{aligned} \tag{4.4}$$

$\alpha=0$이면 위상 제어기가 제어되지 않는 경우로 역률 PF = 1인 저항부하에 대한 역률과 같으며 $\alpha>0$이면 역률이 1보다 작아지게 된다. 전원 전류는 양(+)과 음(-)의 대칭이기 때문에 평균값은 0이다.

각 SCR전류에 대한 평균값 I_{SCR}은 다음과 같다.

$$I_{SCR}=\frac{1}{2\pi}\int_{\alpha}^{\pi}\frac{V_m}{R}\sin\omega t\cdot d(\omega t)=\frac{V_m}{2\pi\times R}(1+\cos\alpha) \qquad (4.5)$$

각 SCR에는 반주기 동안의 전원전류가 흐르므로 각 SCR전류의 실효값은

$$I_{SCR,rms}=\frac{I_{o,rms}}{\sqrt{2}} \qquad (4.6)$$

이고, 부하에 공급되는 전력 P_o는 식(4.2)를 이용해 다음과 같이 구할 수 있다

$$P_o=\frac{V_{o,rms}^2}{R}=\frac{V_m^2}{2R}(1-\frac{\alpha}{\pi}+\frac{1}{2\pi}\sin 2\alpha) \qquad (4.7)$$

[예제 4.1] 그림과 같은 단상 교류전압 제어회로에서 전원전압 V = 220 [V], 60 [Hz], 부하저항 R = 20 [Ω], $\alpha=30°$ 점호각 일 때 물음에 답하여라.

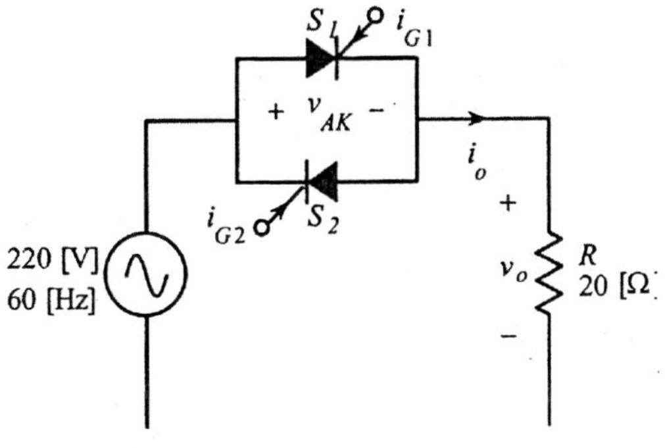

(1) 부하전압의 실효값 (2) 부하전류의 실효값
(3) 부하에 공급되는 전력 (4) 역률
(5) SCR 애노드 전류의 평균값 (6) SCR 애노드 전류의 실효값

<풀이> (1) 부하전압의 실효값

$$V_{o,rms} = \frac{V_m}{\sqrt{2}} \sqrt{1 - \frac{\alpha}{\pi} + \frac{1}{2\pi} \sin 2\alpha}$$

$$= 220\sqrt{1 - \frac{30^\circ}{180^\circ} + \frac{1}{2\pi}\sin 60^\circ} = 216.8 \text{ [V]}$$

(2) 전원 전류의 실효치

$$I_{o.rms} = \frac{V_{o,rms}}{R} = \frac{216.7}{20} = 10.84 \text{ [A]}$$

(3) 부하에 공급되는 전력

$$P_o = I_{o,rms}^2 \cdot R = 2350 \text{ [W]}$$

(4) 역률(PF) $= \frac{P_o}{S} = \frac{P_o}{V \cdot I_{o.rms}} = \frac{2340}{220 \times 10.83} = 0.985$

(5) SCR 애노드 전류의 평균값

$$I_{SCR} = \frac{V_m}{2\pi R}(1 + \cos\alpha) = \frac{220\sqrt{2}}{2\pi \times 20}(1 + \cos 30^\circ) = 4.62 \text{ [A]}$$

(6) SCR 애노드 전류의 실효값

$$I_{SCR.rms} = \frac{I_{o,rms}}{\sqrt{2}} = \frac{10.83}{\sqrt{2}} = 7.67 \text{ [A]}$$

PSIM 4.1 [예제 4.1]의 문제에서 전원전압, SCR에 걸리는 전압, 부하에 걸리는 전압, 부하전류의 파형을 구하여라. 또한 점호각을 $\alpha = 60^\circ$로 변화시켰을 때 반복해서 구하여라.

그림 4.2 단상 교류전압 제어 시뮬레이션 – 저항부하

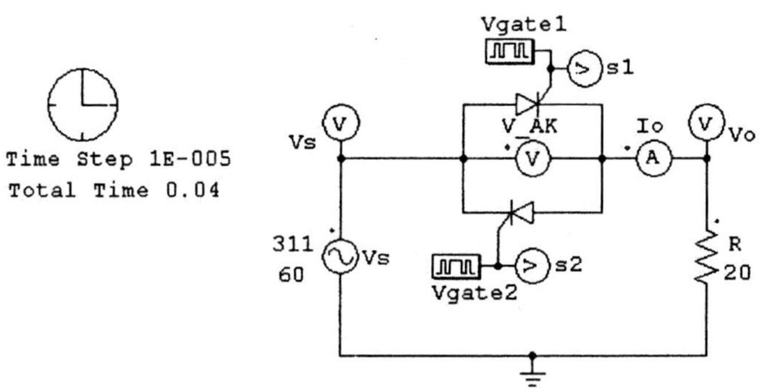

(a) Schematic

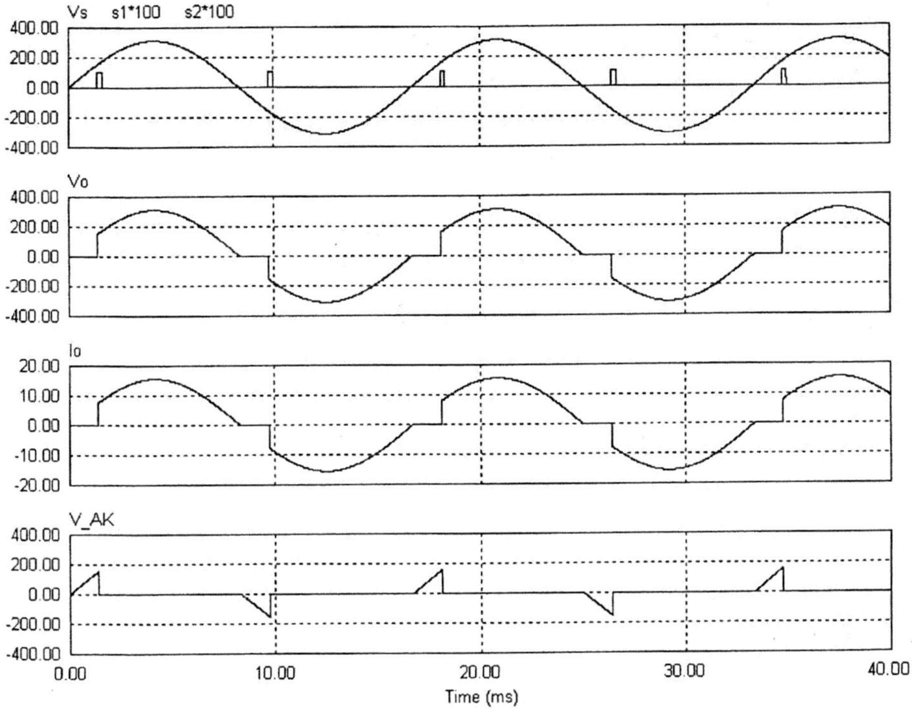

(b) 전원전압, 부하전압, 부하전류, SCR에 걸리는 전압($\alpha = 30°$)

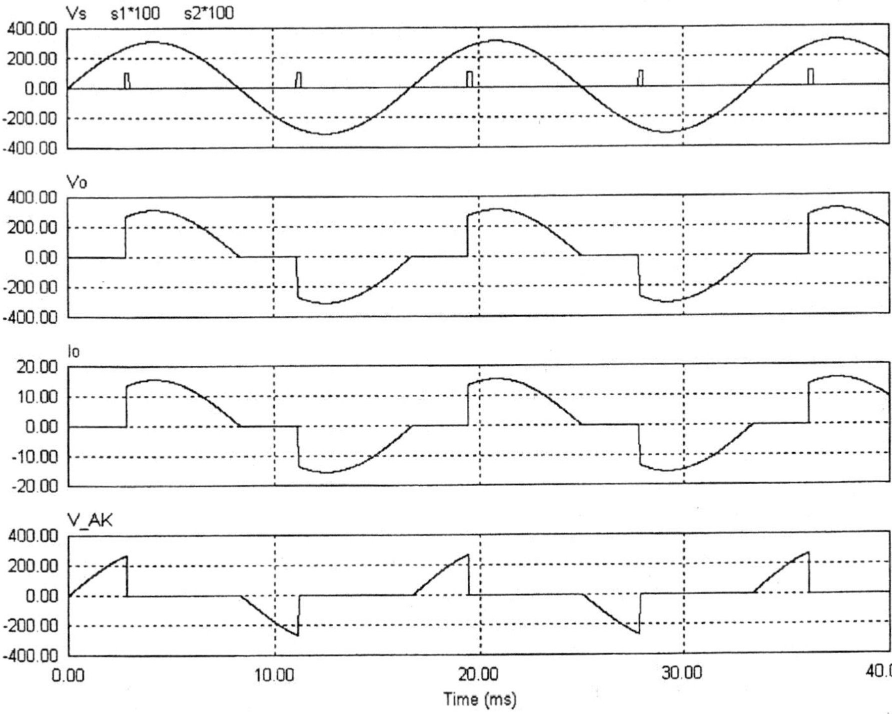

(c) 전원전압, 부하전압, 부하전류, SCR에 걸리는 전압($\alpha = 60°$)

TIP
<그림 4.2> (c)에서 전원전압 Vs와 두 SCR의 게이트 전류 S1과 S2의 파형을 함께 출력시키기 위해서는 S1과 S2를 확대시켜 출력하여야 한다.

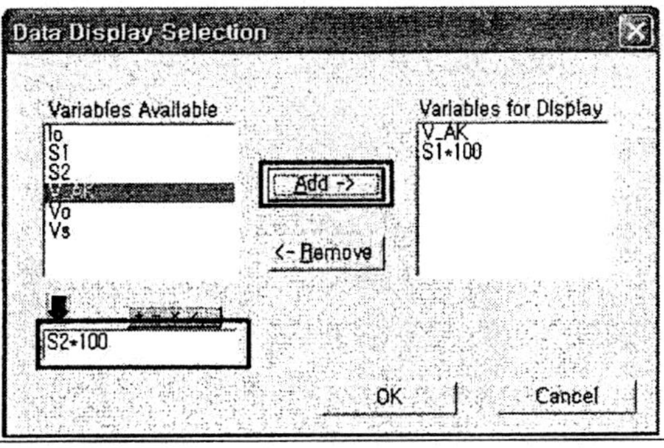

4-1-2. R-L 부하

그림 4.3 단상 교류전압 제어 - R-L 부하

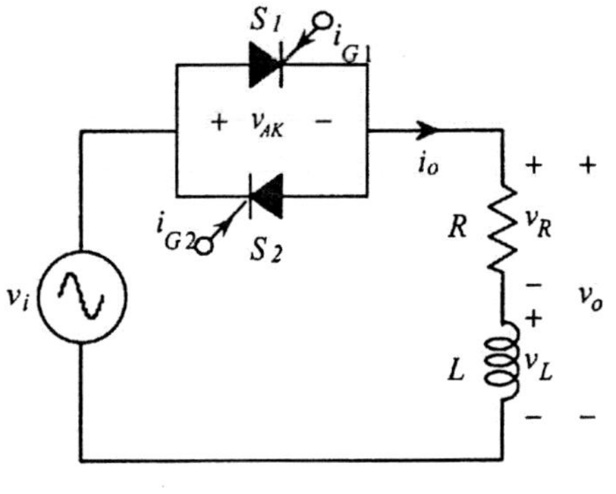

(a) 단상 교류전압 제어회로

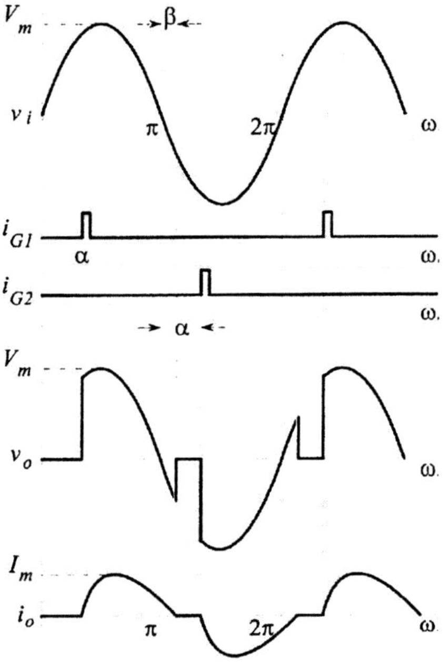

(b) 각부 파형

<그림 4.3>은 R-L부하를 가지는 단상 교류전압 제어회로이다. $\omega t = \alpha$일 때 게이트 전류 i_{G1}을 인가하여 SCR S_1이 턴-온 될 때 키르히호프의 전압법칙(KVL)을 적용하여 방정식을 구하면 다음 식과 같다.

$$V_m \sin(\omega t) = Ri_o(t) + L\frac{di_o(t)}{dt} \tag{4.8}$$

이 식에서 부하전류 i_o를 구하면 다음과 같다.

$$i_o(\omega t) = \begin{cases} \dfrac{V_m}{Z}[\sin(\omega t - \theta) - \sin(\alpha - \theta)e^{(\alpha - \omega t)/\omega\tau} & \alpha \le \omega t \le \beta \\ 0 & \text{나머지 구간일 때} \end{cases} \tag{4.9}$$

여기서 $Z = \sqrt{R^2 + (\omega L)^2}$, $\theta = \tan^{-1}(\omega L/R)$이고 R-L 부하로 인해 발생되는 소호각 β는 전류가 다시 0이 될 때의 위상각이다. $\omega t = \beta$일 때 전류식은 다음과 같이 나타낼 수 있으며, 이 식은 수치해석으로 해를 구하면 β를 구할 수 있다.

$$i_o(\beta) = \left(\frac{V_m}{Z}\right)[\sin(\beta - \theta) - \sin(\alpha - \theta)e^{(\alpha - \beta)/\omega\tau}] = 0 \tag{4.10}$$

$\omega t = \pi + \alpha$일 때 게이트 전류 i_{G2}를 인가하면 SCR S_2는 턴-온 되고 <그림 4.3> (b)와 같이 양(+)의 전류 파형과 대칭인 음(-)의 전류가 부하에 흐르게 된다.

도통각 γ는 회로에 전류가 흐르는 범위로 다음과 같다.

$$\gamma = \beta - \alpha \tag{4.11}$$

<그림 4.3> (b)에서 π와 β사이의 구간은 전원전압이 음(-)의 값이지만 양(+)의 구간에서 L에 축적된 에너지로 인하여 전류가 양(+)의 값이므로 SCR S_2는 게이트 전류를 인가하더라고 턴-온 시킬 수 없다. 따라서 SCR S_2에 인가하는 게이트 전류는 양(+)의 구간에서 흘렀던 전류가 0이 되기 전까지 즉, $\omega t = \beta$까지 인가할 수 없다. 이렇게 전류를 음(-)의 구간에서 인가할 수 없는 점호각의 범위는 다음과 같다.

$$\alpha \ge \beta - \pi \tag{4.12}$$

$\alpha = \theta$이면 식(4.12)에서 $\sin(\beta - \alpha) = 0$이 성립되어야 하고, 해가 $\beta - \alpha = \pi$이다. 그러므로 $\alpha = \theta$일 때 $\gamma = \pi$이다. 게이트 전류가 $\omega t = \theta$의 범위를 넘어서까지 계속 인가된다면 $\alpha < \theta$ 이더라도 $\gamma = \pi$가 된다.

$\gamma = \pi$이면 두 SCR중 하나는 항상 도통 상태이므로 부하의 양단전압이 전원전압과 같다. 부하에 전달되는 전력은 부하에 전원전압이 다 걸릴 때의 전력과 부하전압이 0일 때 전력사이에서 연속적으로 제어된다.

식(4.9)의 전류식 $i_o(\omega t)$으로부터 부하전류에 대한 실효값 정의를 사용하여 나타내면 다음과 같다.

$$I_{o,rms} = \sqrt{\frac{1}{\pi}\int_{\alpha}^{\beta} i_o^2(\omega t) \cdot d(\omega t)} \tag{4.13}$$

부하에 소모되는 전력과 각 SCR 전류의 실효값은 각각 다음과 같다.

$$P = I_{o,rms}^2 R \tag{4.14}$$

$$I_{SCR,rms} = \frac{I_{o,rms}}{\sqrt{2}} \tag{4.15}$$

부하의 평균값은 0이다. 그러나 각 SCR에는 부하전류의 반주기만 흐르므로 SCR 전류의 평균값은 0이 아니고, 다음과 같다.

$$I_{SCR} = \frac{1}{2\pi}\int_{\alpha}^{\beta} i_o(\omega t)\, d(\omega t) \tag{4.16}$$

[예제 4.2] 그림과 같은 단상 교류전압 제어회로에서 전원전압 V = 220 [V], 60 [Hz], R = 10 [Ω], L = 30 [mH] $\alpha = 90°$ 점호각 일 때 물음에 답하여라.

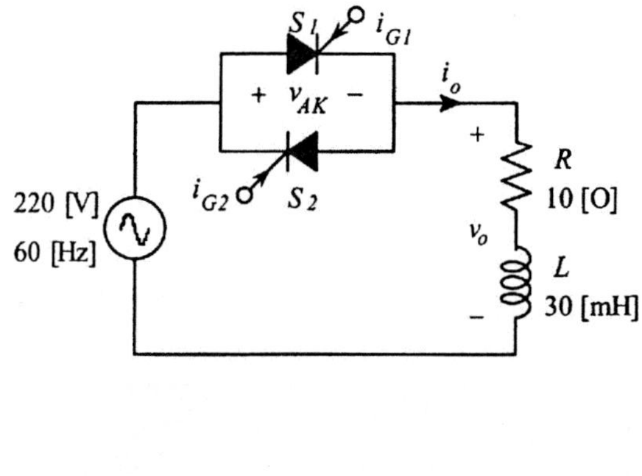

(1) 첫 반주기동안 부하전류를 나타내는 수식

(2) 부하전류의 실효값

(3) 부하에 공급되는 전력

(4) SCR 전류의 실효값

(5) SCR 전류의 평균값

(6) 역률

<풀이> (1) 첫 반주기동안 부하전류를 나타내는 수식

$$Z=\sqrt{R^2+(\omega L)^2}=\sqrt{(10)^2+(377\cdot 0.03)^2} = 14.22\ [\Omega]$$

$$\theta=\tan^{-1}\left(\frac{\omega L}{R}\right)=\tan^{-1}\left(\frac{377\cdot 0.03}{10}\right) = 0.791\ [\text{rad}]$$

$$\omega\tau=\omega\left(\frac{L}{R}\right)=377\cdot\left(\frac{0.03}{10}\right)= 1.01\ [\text{rad}]$$

$$\frac{V_m}{Z}=\frac{220\sqrt{2}}{14.22}= 21.88\ [\text{A}]$$

$$\alpha=90^{\circ} = 1.57\ [\text{rad}]$$

$$\frac{V_m}{Z}\sin(\alpha-\theta)e^{\alpha/\omega\tau} = 111.87\ [\text{A}]$$

$$i_o(\omega t)=21.88\sin(\omega t-0.791)-111.87e^{-\omega t/1.01}\quad (\alpha\le\omega t\le\beta \text{일 때})$$

위 식에서 $i_o(\beta)=0$으로 두고 수치적으로 소호각 β를 구하면 근사적으로 β = 3.895 [rad] = 222.88°이다.

도통각은 $\gamma=\beta-\alpha$ = 3.895 - 1.57 = 2.325 [rad] = 133.21°이며 도통각 최대값인 180° 보다 작다.

(2) 부하전류의 실효값

$$I_{o,rms}=\sqrt{\frac{1}{\pi}\int_{\alpha}^{\beta} i_o^2(\omega t)d(\omega t)}$$

$$=\sqrt{\frac{1}{\pi}\int_{1.57}^{3.89}[21.88\sin(\omega t-0.791)-111.87e^{-\omega t/1.01}]^2 d(\omega t)} = 7.55\ [\text{A}]$$

(3) 부하에 공급되는 전력

$$P=I_{o.rms}^2 R = 570\ [\text{W}]$$

(4) SCR전류의 실효값

$$I_{SCR,rms}=\frac{I_{o.rms}}{\sqrt{2}} = 5.34\ [\text{A}]$$

(5) SCR전류의 평균값

$$I_{SCR} = \frac{1}{2\pi}\int_{\alpha}^{\beta} i_o(\omega t)\, d(\omega t)$$

$$= \frac{1}{2\pi}\int_{1.57}^{3.89} [21.88\sin(\omega t - 0.791) - 111.87e^{-\omega t/1.01}]^2 d(\omega t)$$

$$= 2.54\ [\mathrm{A}]$$

(6) 전원 전류와 부하전류의 실효값이 같으므로

$$\text{역률(PF)} = \frac{P}{S} = \frac{P}{V_{s.rms} \cdot I_{s.rms}} = 0.34$$

PSIM 4.2 [예제 4.1]의 문제에서 전원전압, SCR에 걸리는 전압, 부하에 걸리는 전압, 부하에 흐르는 전류의 파형을 구하여라. 또한 $L = 20[\mathrm{mH}]$로 변화시켰을 때 반복해서 구하여라.

그림 4.4 단상 교류전압 제어 시뮬레이션 - R-L 부하

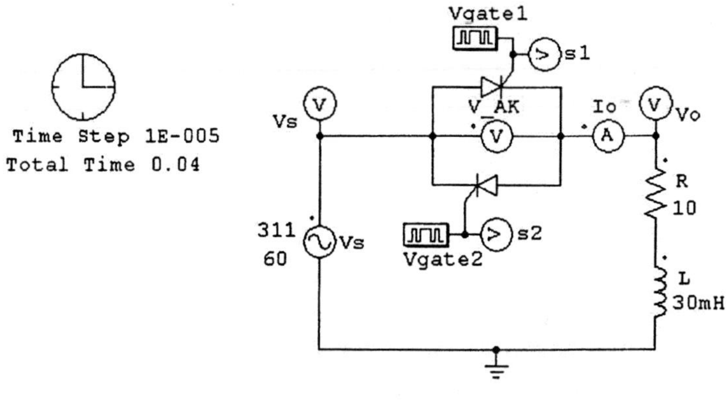

(a) Schematic

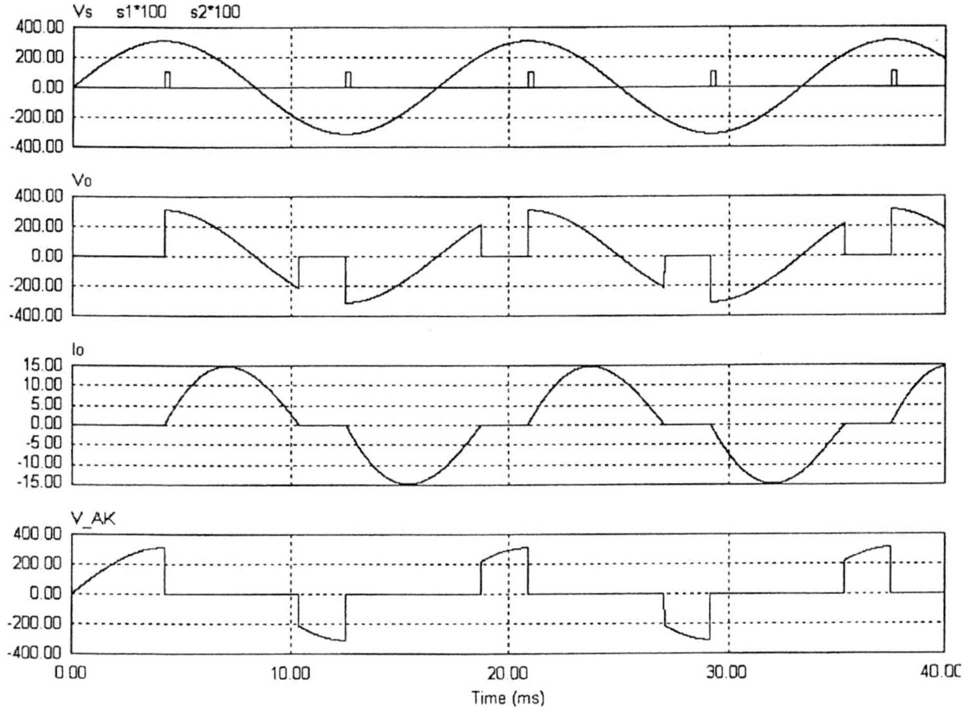

(b) 전원전압, 부하전압, 부하전류, SCR에 걸리는 전압 ($\alpha = 90°$ $L = 30$[mH])

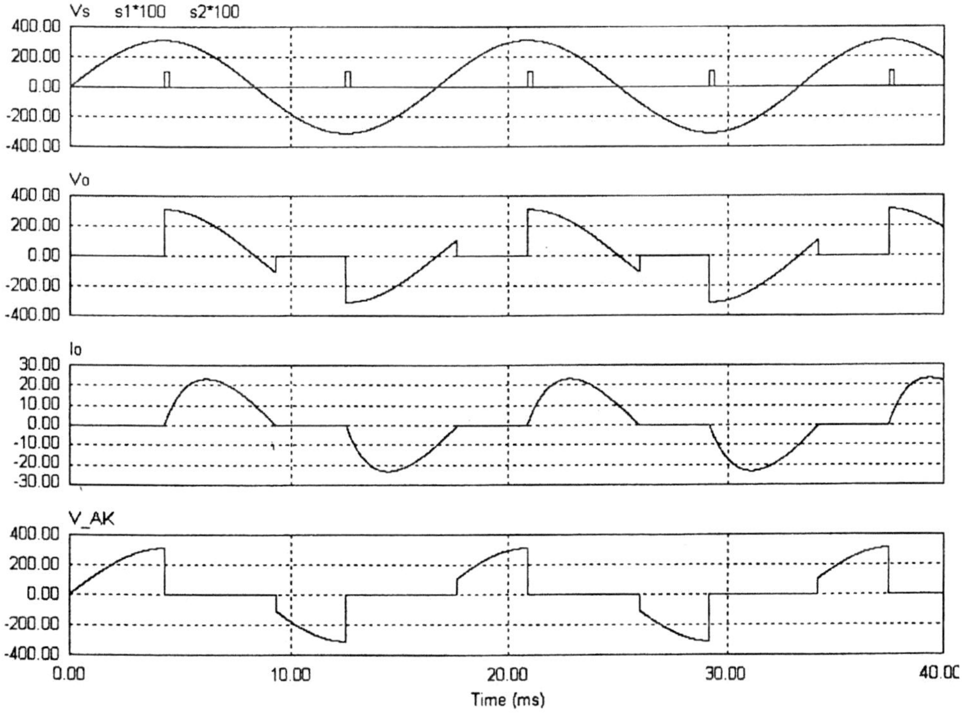

(c) 전원전압, 부하전압, 부하전류, SCR에 걸리는 전압($\alpha = 90°$ $L = 10$[mH])

4-2 3상 교류전압 제어

4-2-1. Y결선

그림 4.5 3상 Y결선 교류전압 제어 – 저항부하

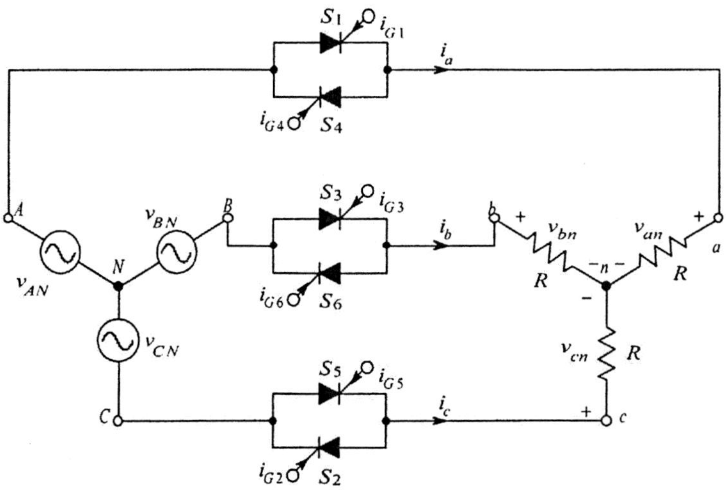

(a) 3상 Y결선 교류전압 제어회로

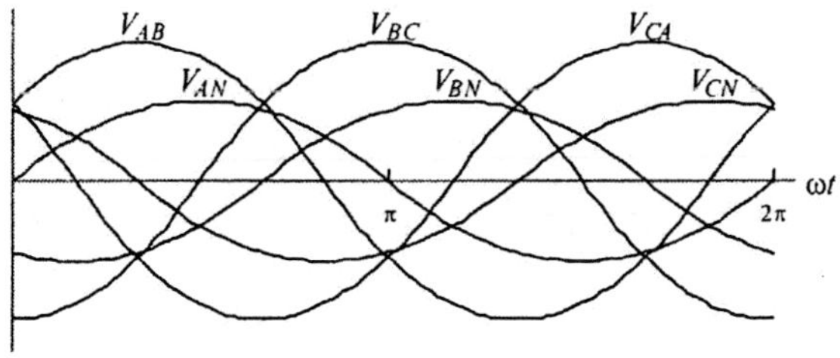

(b) 3상 상전압 및 선간전압

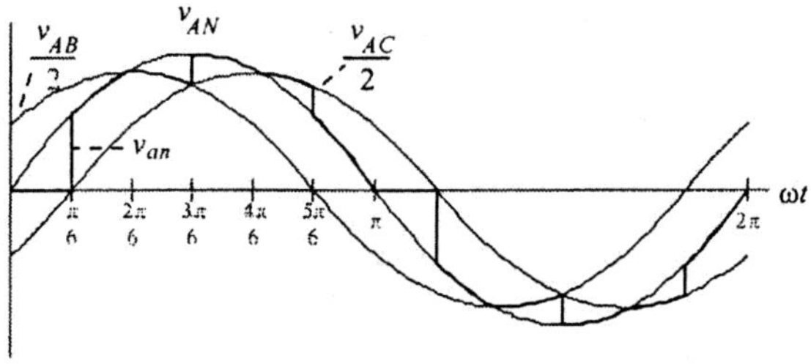

(c) a상 부하전압파형

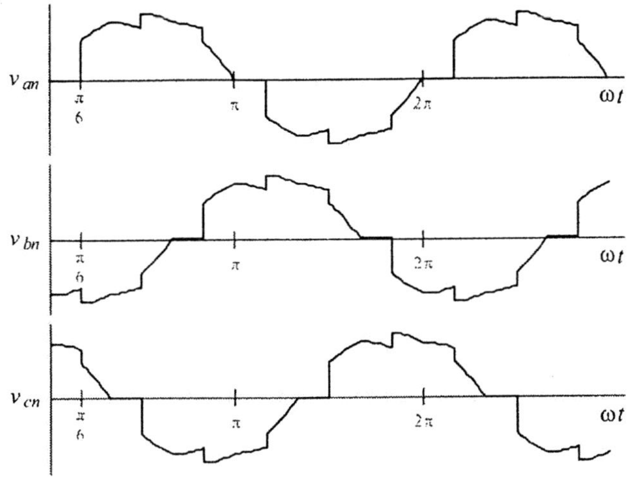

(d) 3상 저항부하의 각 상전압 파형(α = 30°)

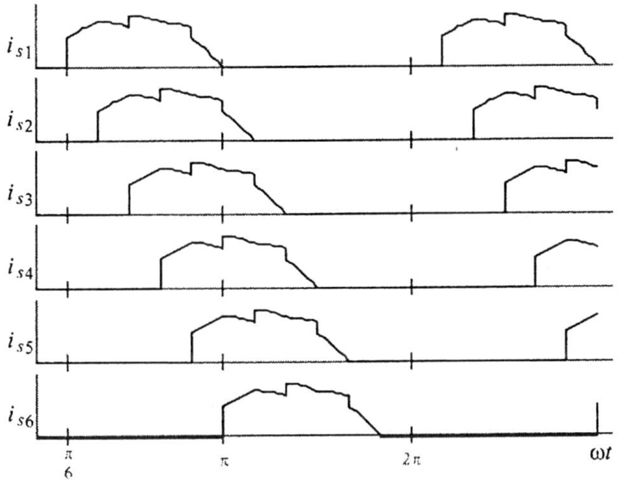

(e) 각 SCR에 흐르는 전류파형

<그림 4.5> (a)는 저항부하가 Y결선된 3상 교류전압 제어회로(three phase ac voltage control circuit)이다. 부하의 각상전압은 어느 SCR이 턴-온 되었느냐에 따라 결정되며, 각상에서 한 개씩 3개의 SCR이 턴-온 상태이면 부하의 상전압이 모두 전원에 접속되어 대칭 3상전원이 평형 3상 부하에 접속되어 이때 부하에 걸리는 전압은 상전압이 된다.

<그림 4.5> (b)에서 3상 전원전압이

$$v_{an} = V_m \sin\theta,\ v_{bn} = V_m \sin\left(\theta - \frac{2}{3}\pi\right),\ v_{cn} = V_m \sin\left(\theta - \frac{4}{3}\pi\right)$$

일 때 선간전압은 다음과 같이 된다.

$$v_{ab} = v_{an} - v_{bn} = \sqrt{3}\, V_m \sin(\theta + \frac{\pi}{6})$$

$$v_{bc} = v_{bn} - v_{cn} = \sqrt{3}\, V_m \sin\left(\theta - \frac{2}{3}\pi + \frac{\pi}{6}\right)$$

$$v_{ca} = v_{cn} - v_{an} = \sqrt{3}\, V_m \sin\left(\theta - \frac{4}{3}\pi + \frac{\pi}{6}\right)$$

부하의 각 상에 걸리는 전압은 어느 SCR이 턴-온 되었느냐에 따라 정해진다. 이 SCR은 모두 턴-오프 되었거나, 2개, 3개의 SCR이 턴-온 될 수 있으며 각 상의 대칭인 SCR은 동시에 턴-온 될 수 없다.

그림 4.6 SCR 턴-온 상태에 따른 등가회로

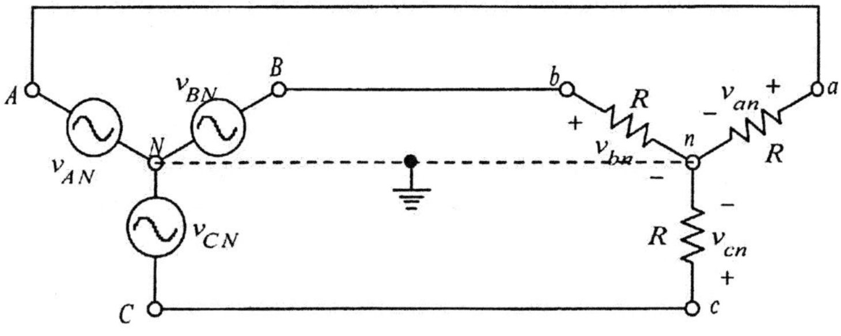

(a) 3개의 SCR이 턴-온 상태

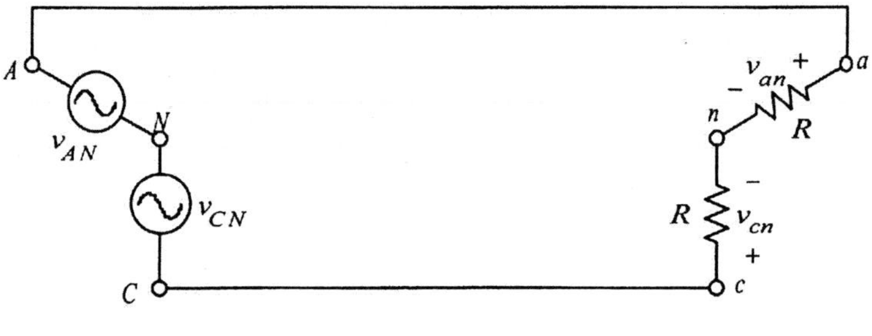

(b) 2개의 SCR이 턴-온 상태

[1] 3개의 SCR 턴-온

각 상에 한 개씩 3개의 SCR이 턴-온되면 <그림 4.6> (a)에서 보는 바와 같이 부하의 각 상전압은 전원전압의 각 상전압이 걸리게 된다. 전원 전압이 대칭 3

상 전원이고 평형 3상 부하이면 <그림 4.6> (a)와 같이 가상의 접지를 둘 수 있다. SCR S_1, S_2, S_3이 턴-온 이면 $v_{an} = v_{AN}$, $v_{bn} = v_{BN}$, $v_{cn} = v_{CN}$이다.

[2] 2개의 SCR 턴-온

3상 중에서 1상은 모두 턴-오프되고 2상의 SCR이 턴-온 상태인 경우에는 접속되어 있는 상 사이의 선간전압이 균등하게 분배되어 해당되는 두 개의 부하저항에 각각 걸리게 된다. 만약 SCR S_1, S_6만 턴-온 일 경우 <그림 4.6> (b)와 같이 $v_{an} = v_{AB}/2$, $v_{bn} = v_{BA}/2$이고 $v_{cn} = 0$이 된다.

매 순간순간마다 턴-온되는 SCR은 모두 다르다. 이렇게 턴-온되는 SCR은 그 순간의 전원전압과 점호각 α에 따라 판별이 된다. 다음은 α의 범위에 따라 SCR이 도통되는 수를 나타낸 것이다.

- $0 < \alpha < 60°$: 턴-온되는 SCR은 두 개 또는 세 개가 존재한다.
- $60 < \alpha < 90°$: 턴-온되는 SCR은 두 개 가 존재한다.
- $90 < \alpha < 150°$: 두 개의 SCR만 턴-온 중인 구간과 세 개의 SCR이 모두 턴-오프 되는 구간이 존재한다.
- $150° < \alpha$: 게이트 신호는 인가되지만 SCR이 순방향 바이어스 상태가 되는 구간이 존재하지 않는다.

<그림 4.5>의 (c)는 $\alpha = 30°$일 때 부하 상전압을 나타낸다. 이 경우 α는 $0 < \alpha < 60°$이다. 도통 SCR은 두 개 또는 세 개가 존재하게 된다. $\omega t = 0$일 때 SCR S_5, S_6이 턴-온 상태이므로 $v_{an} = 0$이며, $\omega t = \pi/6$일 때 SCR S_1이 턴-온되기 시작하며 SCR S_5, S_6은 여전히 턴-온 상태이므로 $v_{an} = v_{AN}$이다. $\omega t = \pi/3$일 때 SCR S_5에 흐르던 전류가 0이 되면서 SCR S_5는 턴-오프 되고, SCR S_1과 S_6은 여전히 턴-온 상태이므로 $v_{an} = v_{AB}/2$이다. $\omega t = \pi/2$일 때는 SCR S_2가 턴-온 되면서 세 개의 SCR S_1, S_2, S_3은 모두 턴-온 상태이므로 $v_{an} = v_{AN}$이고, $\omega t = 2\pi/3$일 때는 SCR S_6이 턴-오프 되면서 S_1과 S_2만 도통 상태이므로 $v_{an} = v_{AC}/2$이다.

<그림 4.7>에는 점호각을 변화시켰을 때 v_{an}의 전압파형을 나타내고 있다. <그림 4.7> (a)는 점호각 α = 75°를 인가했을 경우로 $60 < \alpha < 90°$ 범위에 있다. 따라서 턴-온 되는 SCR은 2개가 되고 따라서 선간전압의 1/2전압만 걸리게 된다.

<그림 4.7> (b)는 점호각 α = 120°를 인가했을 경우로 $90 < \alpha < 150°$ 범위이다. 따라서 두 개의 SCR만 턴-온 중인 구간과 세 개의 SCR이 모두 턴-오프되는 구간이 존재한다.

그림 4.7 점호각에 따른 v_{an} 전압파형

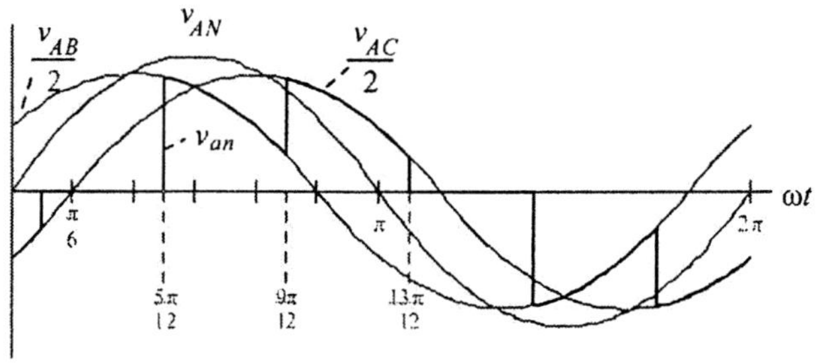

(a) α = 75°

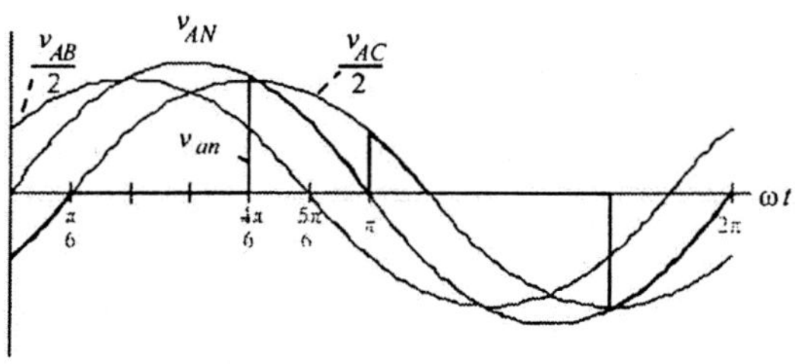

(b) α = 120°

[예제 4.3] <그림 4.5>의 저항부하를 가지는 3상 Y결선 교류전압 제어회로에서 3상 전압의 1상 전압은 220 [V], 50 [Hz]이고 부하는 10 [Ω]의 저항이 Y결선되어 있다. 점호각 $\alpha = 120°$ 일 때 물음에 답하여라.

(1) 각 구간에서의 SCR 턴-온 순서와 부하전압을 나타내어라
(2) 부하전압의 파형을 그려라.

<풀이> (1) 각 구간에서의 SCR 턴-온 순서와 부하전압

$0 \leqq \theta < \frac{1}{6}\pi$	SCR S_4, S_5 턴-온	부하전압 = v_{ca}
$\frac{1}{3}\pi \leqq \theta < \frac{3}{6}\pi$	SCR S_5, S_6 턴-온	부하전압 = v_{cb}
$\frac{2}{3}\pi \leqq \theta < \frac{5}{6}\pi$	SCR S_6, S_1 턴-온	부하전압 = v_{ab}
$\frac{3}{3}\pi \leqq \theta < \frac{7}{6}\pi$	SCR S_1, S_2 턴-온	부하전압 = v_{ac}
$\frac{4}{3}\pi \leqq \theta < \frac{9}{6}\pi$	SCR S_2, S_3 턴-온	부하전압 = v_{bc}
$\frac{5}{3}\pi \leqq \theta < \frac{11}{6}\pi$	SCR S_3, S_4 턴-온	부하전압 = v_{ba}

(2) 부하전압파형

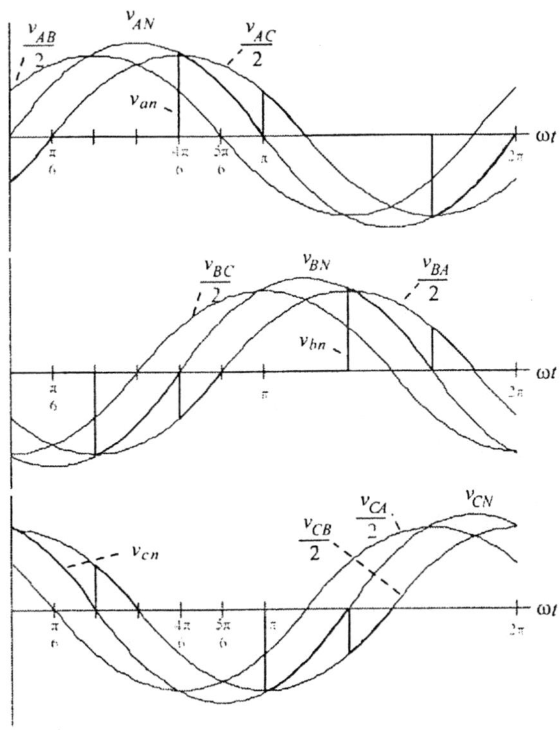

PSIM 4.3 [예제 4.3]의 문제에서 $\alpha = 30°$, $60°$ 및 $120°$일 때 <그림 4.7>과 같은 비교파형과 3상 부하전압파형을 구하여라. 또한 a상 부하전압의 FFT 파형을 구하고 크기를 비교하여라.

그림 4.8 3상 Y결선 교류전압 제어 시뮬레이션 – 저항부하

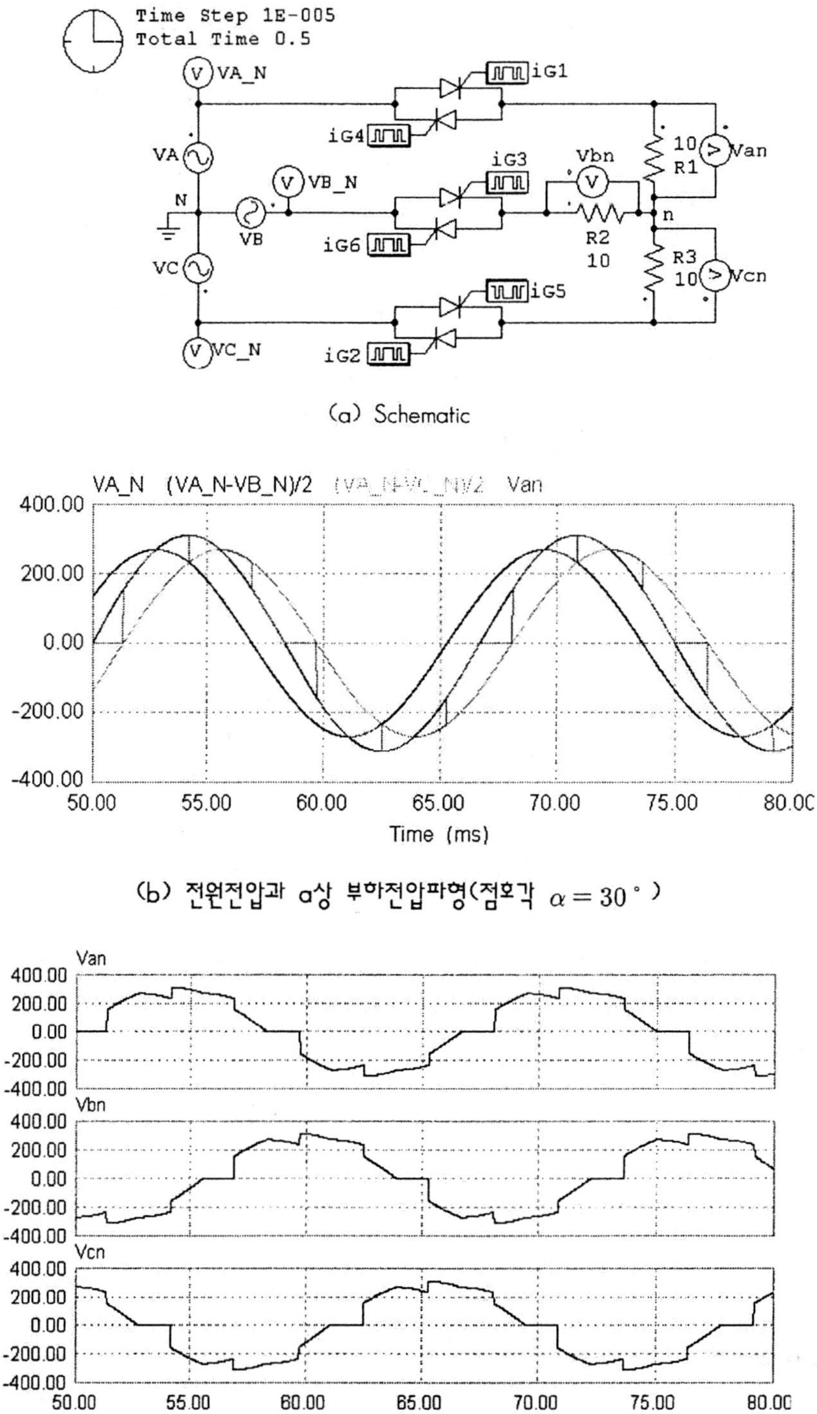

(a) Schematic

(b) 전원전압과 a상 부하전압파형(점호각 $\alpha = 30°$)

(c) 3상 부하전압파형 (점호각 $\alpha = 30°$)

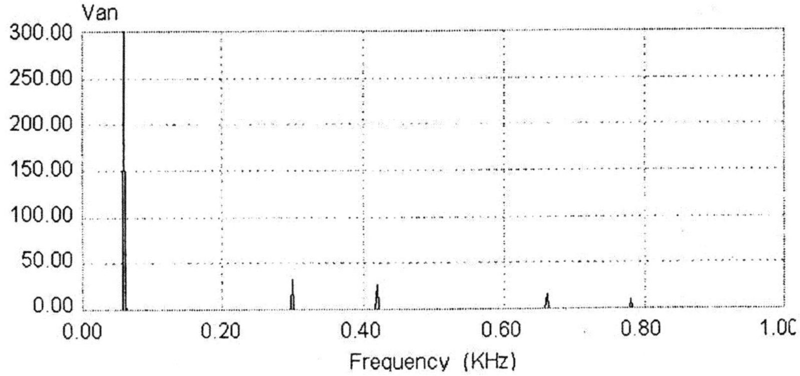

(d) a상 부하전압의 FFT 파형(점호각 $\alpha = 30°$)

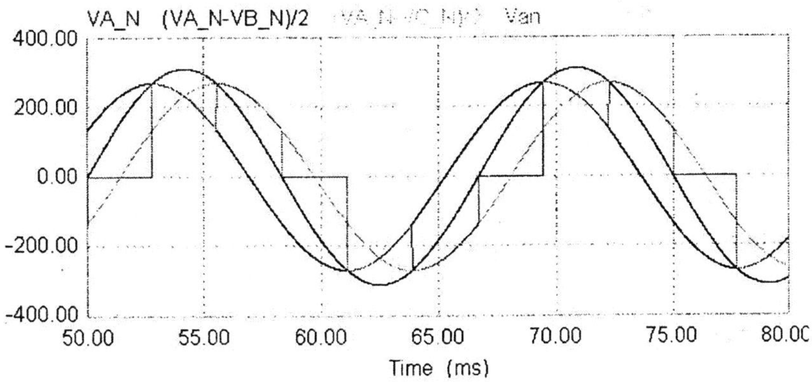

(e) 전원전압과 a상 부하전압파형(점호각 $\alpha = 60°$)

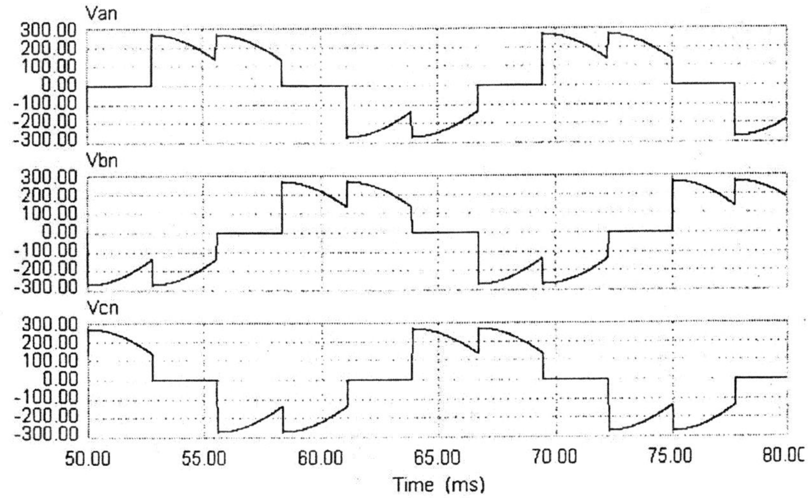

(f) 3상 부하전압파형 (점호각 $\alpha = 60°$)

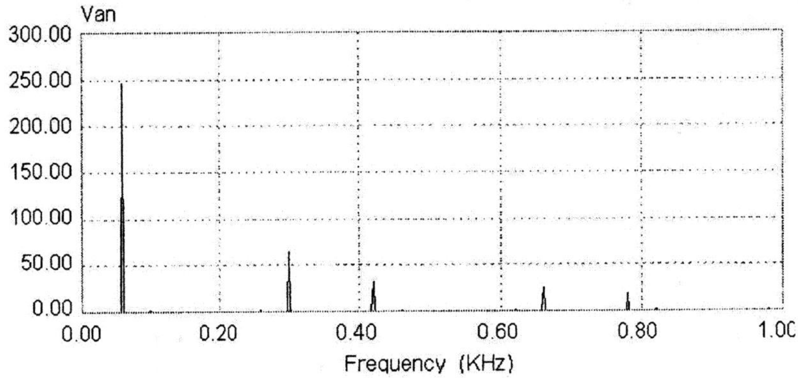

(g) a상 부하전압의 FFT 파형(점호각 $\alpha = 60°$)

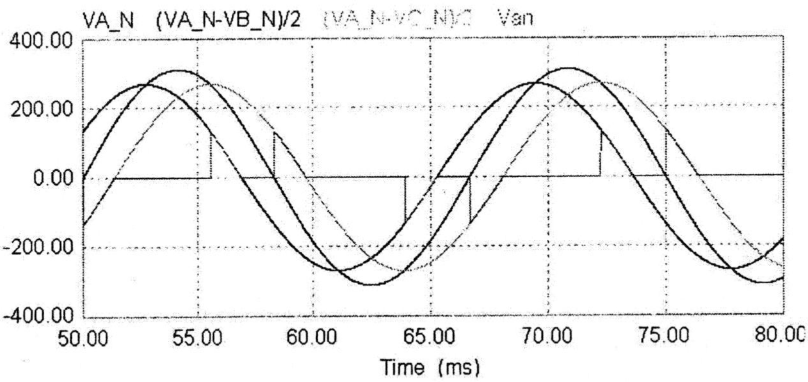

(h) 전원전압과 a상 부하전압파형(점호각 $\alpha = 120°$)

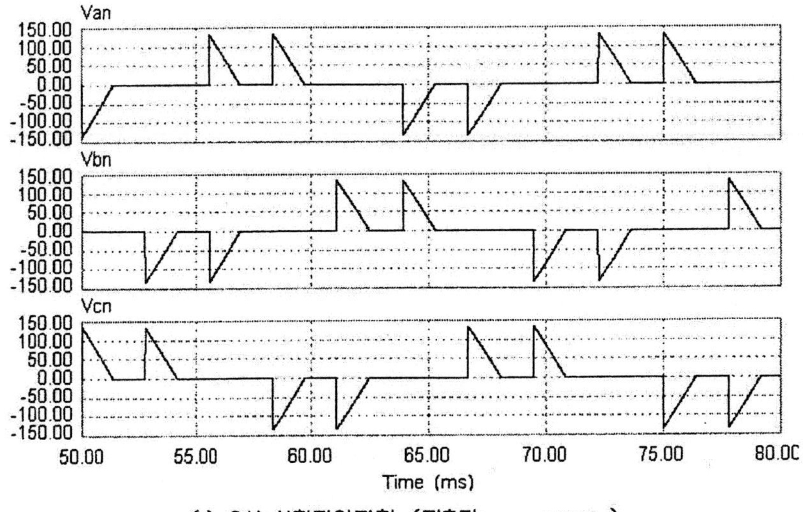

(i) 3상 부하전압파형 (점호각 $\alpha = 120°$)

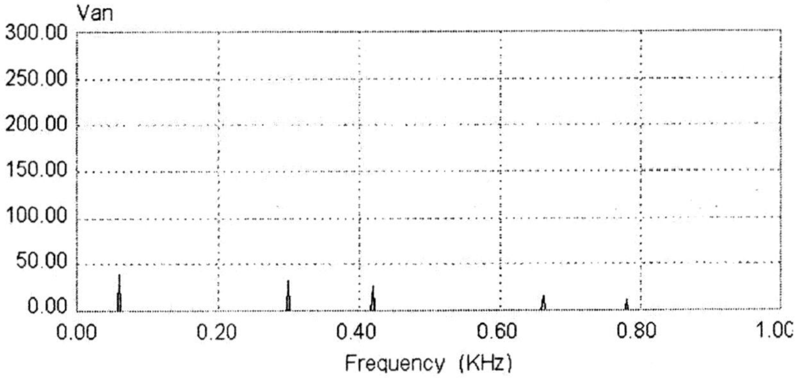

(i) a상 부하전압의 FFT 파형(점호각 $\alpha = 120°$)

<풀이> (1) 위상각 α = 30°

<그림 4.8> (d)에서 각 주파수 별 크기를 도표로 나타내면 다음과 같다.

주파수	60	…	300	…	420	…	660	…	780	…
전압	299.72	0	32.88	0	26.94	0	14.91	0	10.51	…

표에서 기본파 60 [Hz]에서 약 300 [V]의 크기를 가지고 있으며, 5, 7, 11, 13 등의 고조파가 존재한다는 것을 알 수 있다.

(2) 위상각 α = 60°

<그림 4.8> (g)에서 각 주파수 별 크기를 도표로 나타내면 다음과 같다.

주파수	60	…	300	…	420	…	660	…	780	…
전압	246.49	0	64.02	0	32.40	0	25.43	0	18.61	…

표에서 기본파 60 [Hz]에서 약 246.5 [V]의 크기를 가지고 있으며, 5, 7, 11, 13 등의 고조파가 존재한다는 것을 알 수 있다.

(3) 위상각 α = 120°

<그림 4.8> (g)에서 각 주파수 별 크기를 도표로 나타내면 다음과 같다.

주파수	60	…	300	…	420	…	660	…	780	…
전압	39.00	0	32.36	0	26.81	0	14.77	0	10.65	…

표에서 기본파 60 [Hz]에서 약 39 [V]의 크기를 가지고 있으며, 5, 7, 11, 13 등의 고조파가 존재한다는 것을 알 수 있다.

4-2-2. Δ결선

그림 4.9 3상 Δ결선 교류전류 제어 -저항부하

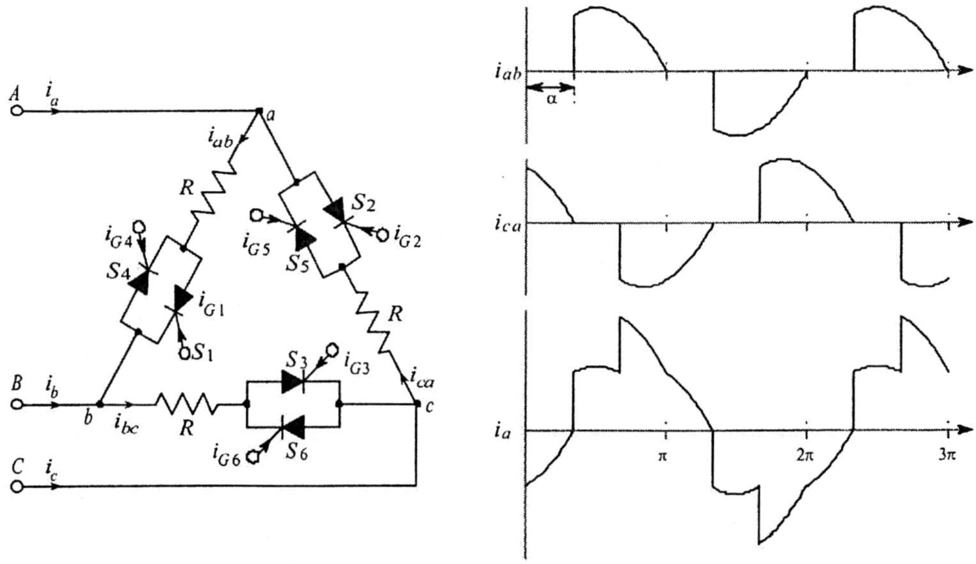

(a) 3상 Δ결선 교류전류 제어회로 (b) 상전류 및 선전류 파형(점호각 $\alpha = 60°$)

<그림 4.9>의 회로는 Δ결선 저항부하를 가진 3상 교류전류 제어회로(three phase ac current control circuit)이다. 부하저항 양단에 거리는 전압은 각상의 SCR이 턴-온 상태이면 선간전압이 걸리게 된다.

선간전압을 다음과 같이 가정하면

$$v_{AB} = V_m \sin\theta$$
$$v_{BC} = V_m \sin\left(\theta - \frac{2}{3}\pi\right)$$
$$v_{CA} = V_m \sin\left(\theta - \frac{4}{3}\pi\right)$$

출력전압 v_{ab}의 실효값 V_{rms}은 다음과 같이 표현 할 수 있다.

$$V_{rms} = \sqrt{\frac{1}{2\pi}\int_{\alpha}^{\pi} v_{ab}^2 \, d\theta} = \frac{V_m}{\sqrt{2}}\sqrt{\frac{1}{\pi}\left(\pi - \alpha + \frac{1}{2}\sin\alpha\right)} \qquad (4.17)$$

위 식에서 $\alpha=0$에서 실효값 V_{rms}은 최대가 되며 α의 범위는 $0 \le \alpha \le \pi$이다. 그리고 전원에서 공급되는 선전류는 Δ부하의 상전류의 합이 된다.

$$
\begin{aligned}
i_a &= i_{ab} - i_{ca} \\
i_b &= i_{bc} - i_{ab} \\
i_c &= i_{ca} - i_{bc}
\end{aligned}
\tag{4.18}
$$

선전류의 실효값과 각 부하에 흐르는 전류의 실효값 사이의 관계는 SCR의 점호각에 따라 달라진다. α에 따라 부하에 흐르는 전류가 <그림 4.9> (b)와 같이 중첩되지 않는 구간에서는 선전류의 실효값은 $I_{L.rms} = \sqrt{2}\, I_{\Delta.rms}$이고, 중첩되는 구간의 선전류의 실효값은 $\sqrt{2}\, I_{\Delta.rms}$보다 크다. α가 0인 경우는 회로를 제어하지 않은 일반적인 3상 회로로 선전류의 실효값은 $I_{L.rms} = \sqrt{3}\, I_{\Delta.rms}$이다.

따라서 실효값은 점호각 α에 따라 달라지며 범위는 다음과 같다.

$$
\sqrt{2}\, I_{\Delta.rms} \le I_{L.rms} \le \sqrt{3}\, I_{\Delta.rms} \tag{4.19}
$$

[예제 4.4] 그림과 같은 저항부하를 가지는 3상 Δ결선 교류전류 위상제어 회로에서 점호각 $\alpha = 120°$ 일 때 물음에 답하여라.

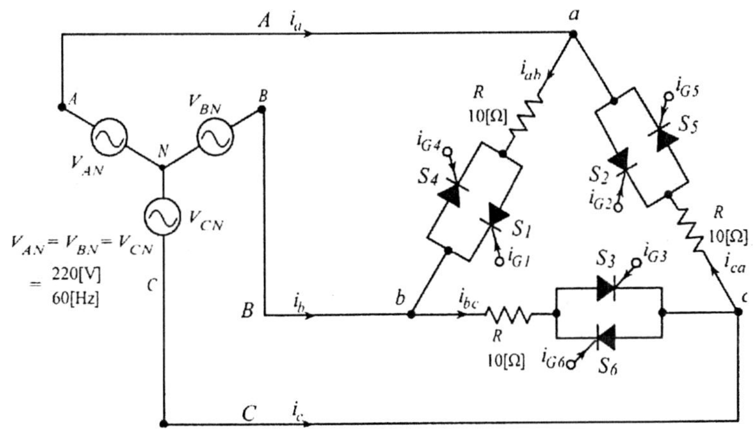

(1) 구간별 SCR 턴-온 순서와 부하전류의 방향 나타내어라

(2) a상 부하전류 i_a의 파형을 작도하여라.

<풀이> (1) 각 구간에서의 SCR 턴-온 순서와 부하전류의 방향

$0 \leqq \theta < \frac{1}{3}\pi$	S5 턴-온	c→a
$\frac{1}{3}\pi \leqq \theta < \frac{2}{3}\pi$	S6 턴-온	c→b
$\frac{2}{3}\pi \leqq \theta < \pi$	S1 턴-온	a→b
$\pi \leqq \theta < \frac{4}{3}\pi$	S2 턴-온	a→c
$\frac{4}{3}\pi \leqq \theta < \frac{5}{3}\pi$	S3 턴-온	b→c
$\frac{5}{3}\pi \leqq \theta < 2\pi$	S4 턴-온	b→a

(2) 부하전류파형

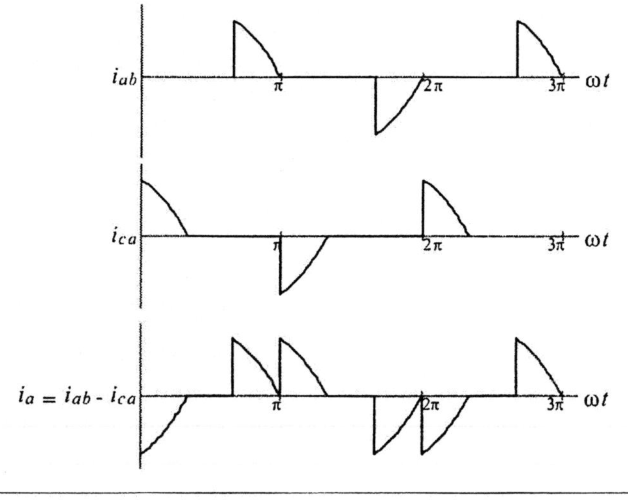

PSIM 4.4 [예제 4.4]의 문제에서 $\alpha = 60^{\circ}$ 일 때와 $\alpha = 120^{\circ}$ 점호각 일 때 부하전류의 파형을 각각 구하여라.

그림 4.10 3상 Δ결선 교류전류 제어 시뮬레이션 – 저항부하

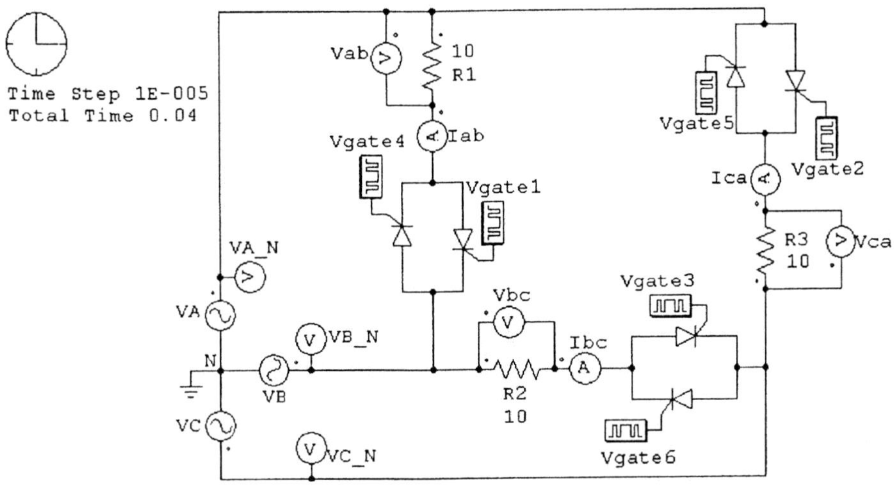

(a) Schematic

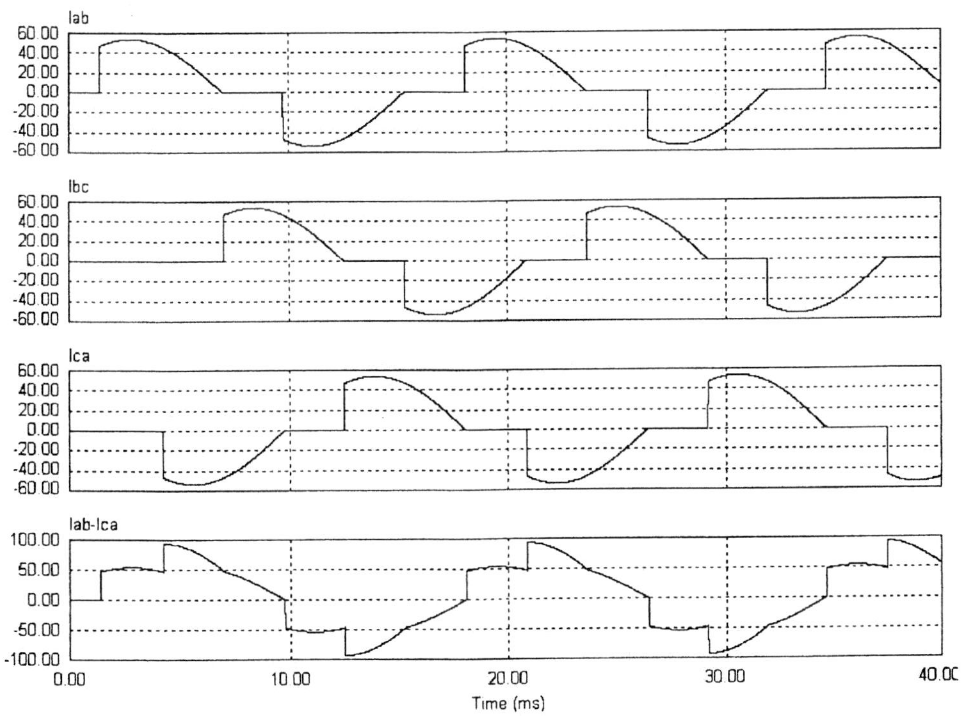

(b) 3상 부하전류파형 및 선전류 파형 (점호각 $\alpha = 60^\circ$)

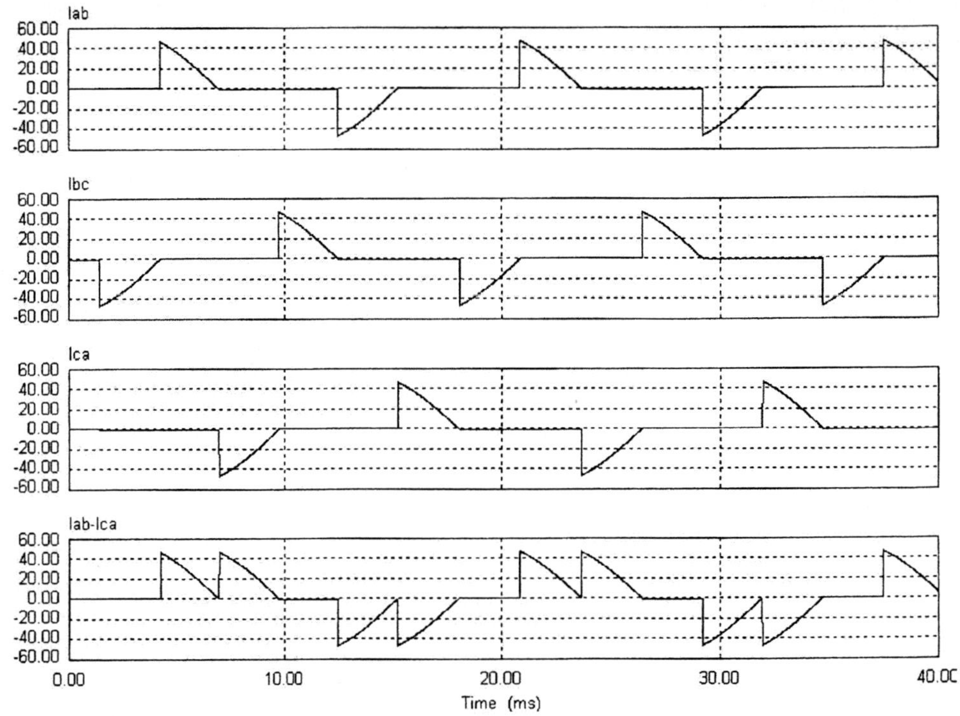

(c) 3상 부하전류파형 및 선전류 파형 (점호각 $\alpha = 120°$)

4-3 사이클로 변환기

4-3-1. 단상-단상 사이클로 변환기

그림 4.11 단상-단상 사이클로 변환기-저항부하

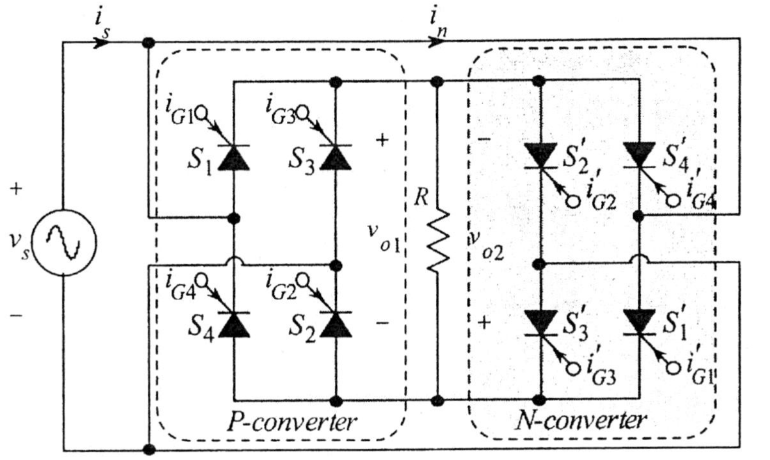

(a) 단상-단상 사이클로 변환기 회로

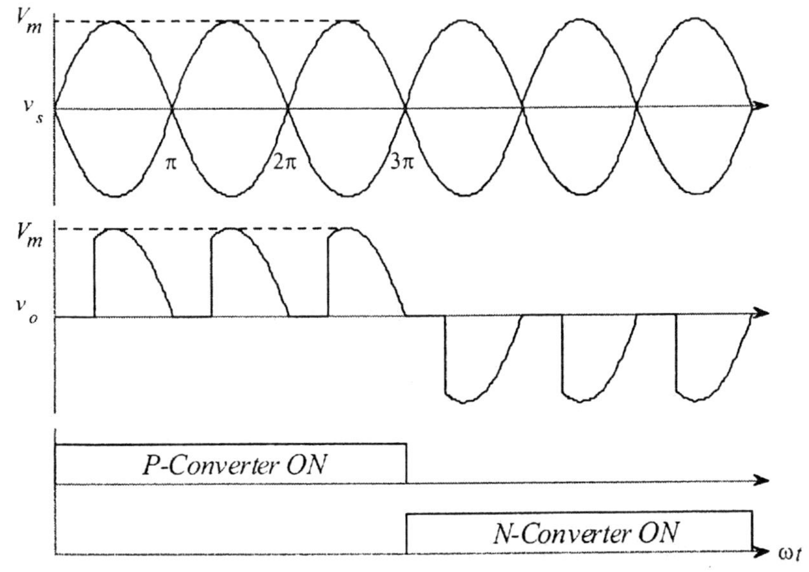

(b) 전원전압 및 부하전압파형

교류전원으로부터 가변주파수를 얻기 위한 사이클로 변환기의 기본적인 동작원리는 다이오드 정류기로 동작한다. P-변환기(P-converter)가 동작하면 평균 부하전압은 양(+)이고 N-변환기(N-converter)가 동작하면 평균 부하전압은 음(-)이다.

<그림 4.11>은 단상-단상 사이클로 변환기(single-single cyclo-converter)동작을 보여주고 있다. P-변환기가 구동되면 교류전원전압을 점호각에 따라 양(+)의 평균전압으로 제어정류를 하게 되고, N-변환기가 구동되면 교류전원전압을 음(-)의 평균전압으로 제어정류를 하게 된다. 이와 같이 전원전압의 주기에 대하여 정수배로 P-변환기와 N-변환기를 제어함으로 부하전압의 평균값의 주기가 결정된다.

예를 들어 <그림 4.11> (b)와 같이 전원전압의 주기가 2π일 때, 3π까지 P-변환기를 구동시키고, 다음 3π까지 N-변환기를 구동시키면 부하전압 v_o는 그림과 같이 6π의 주기를 가지게 되므로 주파수는 1/3로 줄어들게 된다. 이와 같이 P-변환기와 N-변환기의 주기를 제어함으로써 주파수를 변화시키게 되며, 두 변환기의 제어정류를 위한 점호각에 따라 양(+)과 음(-)의 평균전압의 크기를 제어하게 된다. 즉, 사이클로 변환기는 일정한 교류전원에 대하여 주파수와 전압의 크기를 가변시킬 수 있는 교류전원을 출력시킬 수 있는 변환기이다.

<그림 4.11> (b)의 부하전압 v_o는 양(+)과 음(-)의 크기가 같으므로 양(+)의 주기에 대하여 평균값을 구하면 다음과 같다.

$$V_o = \frac{1}{3\pi}\int_{\alpha}^{\pi} V_m \sin\omega t \cdot d(\omega t) = \frac{V_m}{3\pi}(1+\cos\alpha) \tag{4.20}$$

부하전류의 평균값 I_d는 다음과 같다.

$$I_o = \frac{V_o}{R} = \frac{V_m}{3\pi R}(1+\cos\alpha) \tag{4.21}$$

부하전압의 실효값 $V_{o,rms}$와 부하전류의 실효값 $I_{o,rms}$는 다음과 같다.

$$V_{o,rms} = \sqrt{\frac{1}{3\pi}\left[\int_{\alpha}^{\pi}(V_m\sin\omega t)^2 d\omega t + \int_{\pi+\alpha}^{2\pi}(V_m\sin\omega t)^2 d\omega t + \int_{2\pi+\alpha}^{3\pi}(V_m\sin\omega t)^2 d\omega t\right]}$$

$$= \frac{V_m}{\sqrt{2}}\sqrt{\left(\frac{1}{\pi} - \alpha + \frac{1}{2}\sin 2\alpha\right)} \tag{4.22}$$

$$I_{o,rms} = \frac{V_{o,rms}}{R} \tag{4.23}$$

[예제 4.5] <그림 4.11> (a)와 같이 저항부하를 가지는 단상-단상 사이클로 변환기 회로에서 부하전압은 전원전압의 3배의 주기를 가지도록 하고 $\alpha = 60°$ 의 점호각 가진다. 전원전압은 220 [V], 60 [Hz]이고 부하저항 R = 20 [Ω]일 때, 물음에 답하여라.

(1) P-변환기, N-변환기의 게이트 전류를 나타내어라

(2) 부하전압 v_o의 파형을 작도하여라.

<풀이> (1) P-변환기, N-변환기의 게이트 전류

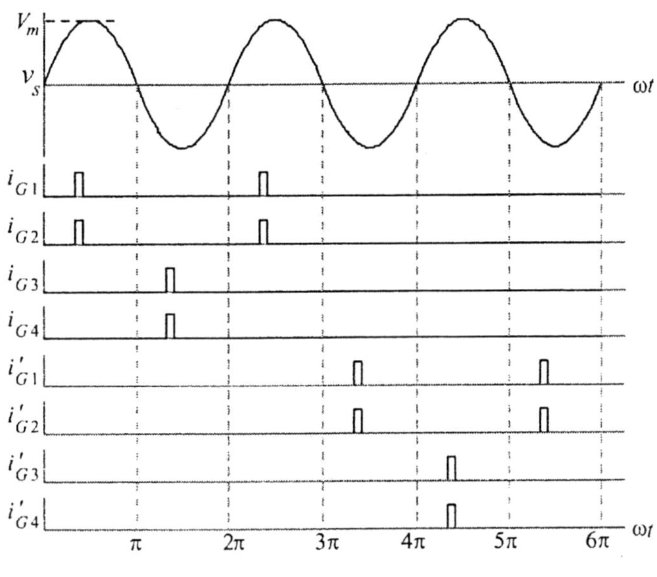

(2) 부하전압 v_o의 파형

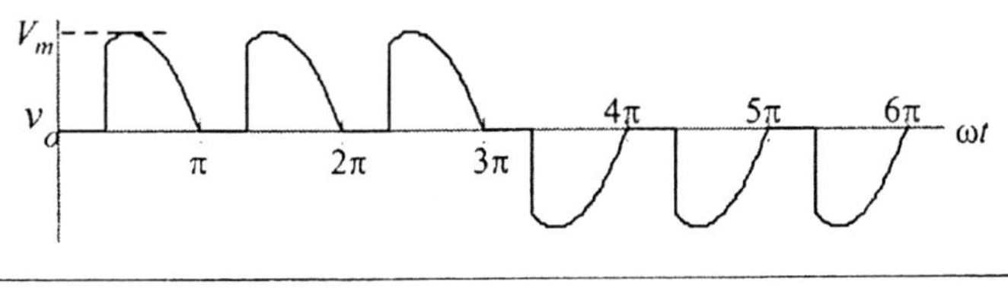

PSIM 4.5 [예제 4.4]의 문제에서 점호각 $\alpha = 60°$ 일 때와 $\alpha = 120°$ 일 때 부하전압 v_o의 파형을 각각 구하여라.

그림 4.12 단상-단상 사이클로 변환기 시뮬레이션 - 저항부하

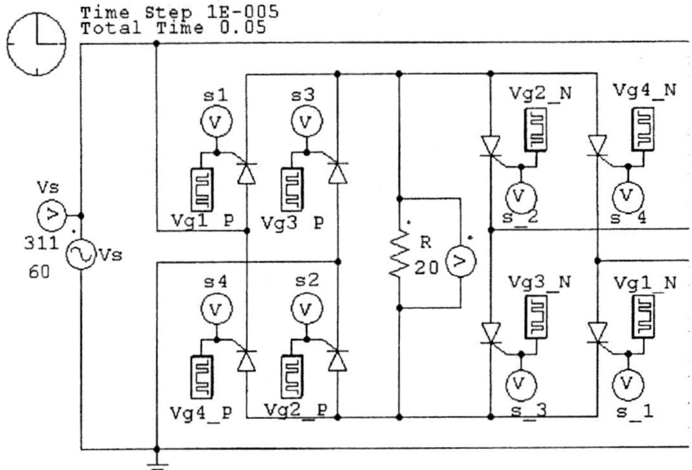

(a) Schematic

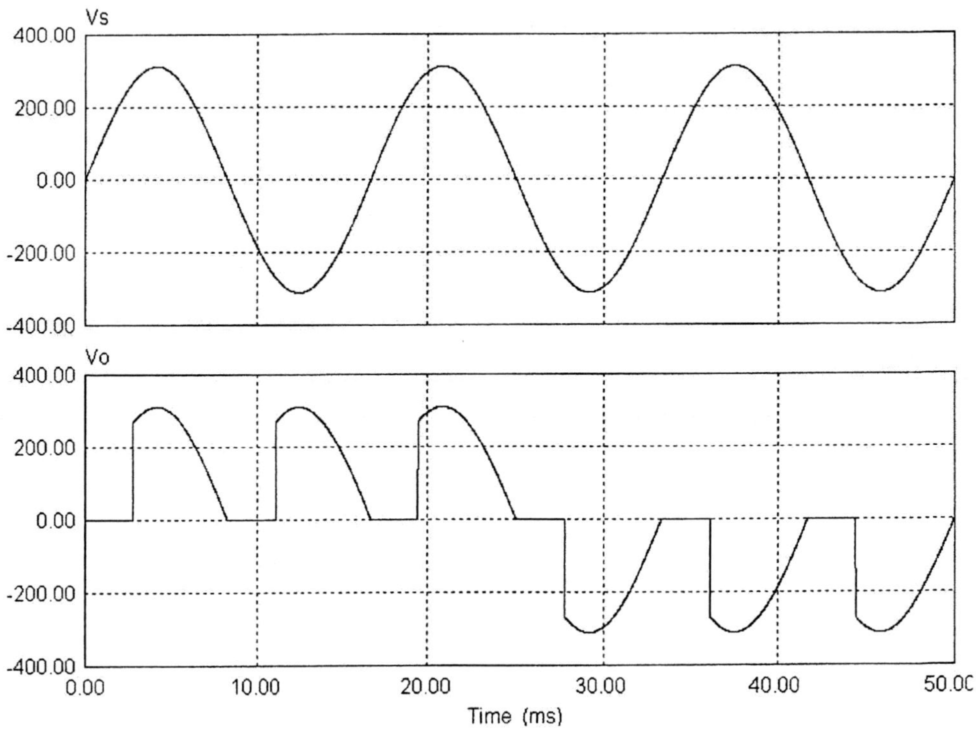

(b) 전원전압 및 부하전압파형(점호각 $\alpha = 60°$)

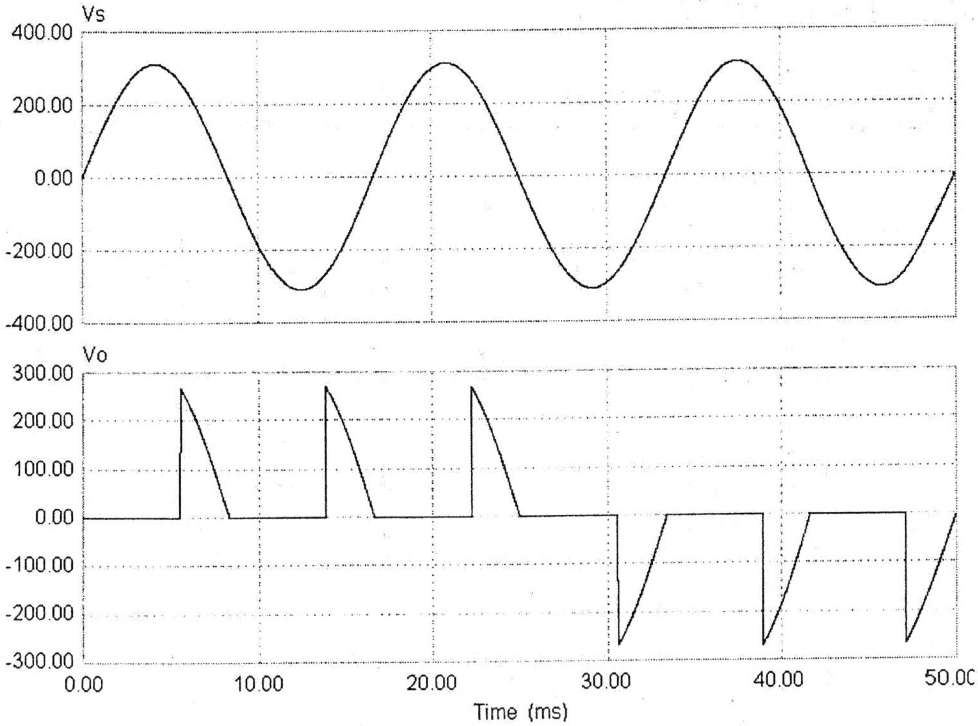

(c) 전원전압 및 부하전압파형(점호각 $\alpha = 60°$)

TIP

[예제 4.5]의 그래프에서 보는 바와 같이 게이트 전압의 파형이 전원전압의 주기에 대해서 동기가 맞지 않으므로 다음과 같이 동기를 시켜주어야 한다.

- 60 [Hz]의 전원전압에 대하여 게이트 전압의 주파수는 20 [Hz]가 되어야 한다.
- 전원전압의 주파수에 대하여 점호각 α=60° 는 게이트 전압 20 [Hz]에 대해서는 20° 가 된다.
- 즉, 모든 게이트 전압의 위상은 실제 인가해야 할 위상에 1/3이 되도록 한다.

4-3-2. 3상-단상 사이클로 변환기

그림 4.13 3상-단상 사이클로 변환기 – 저항부하

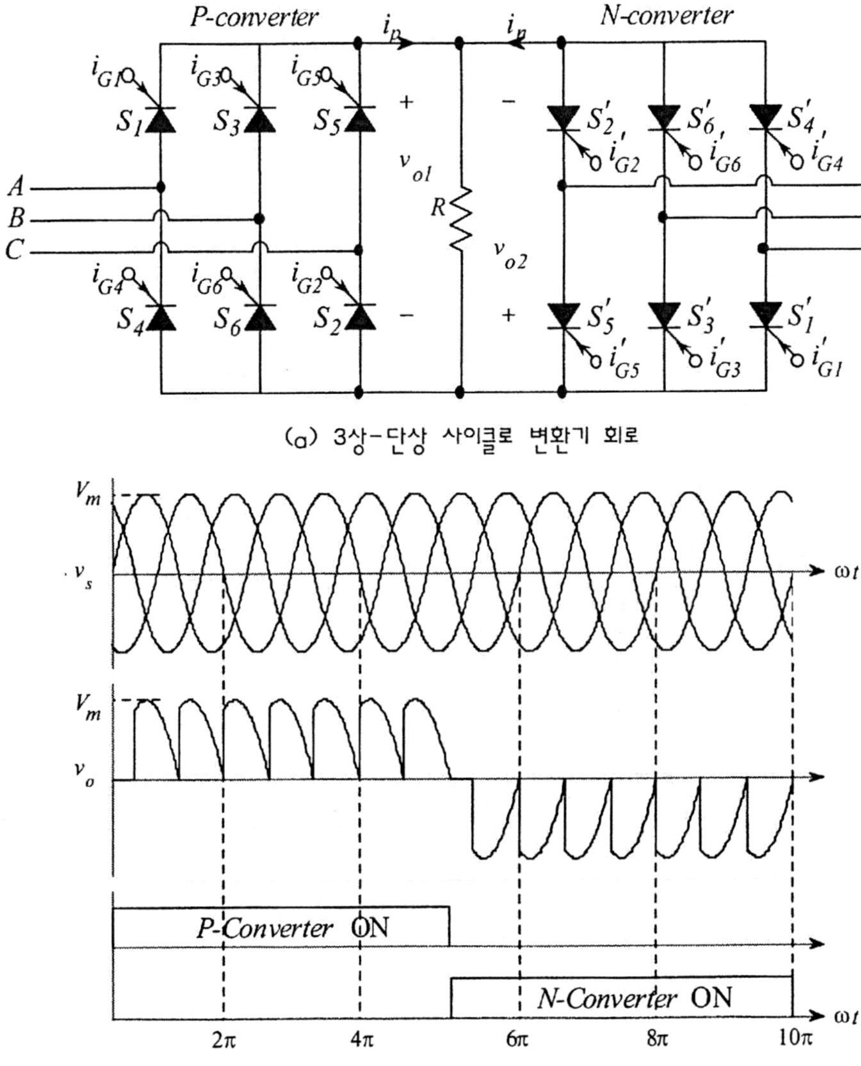

(b) 전원전압 및 부하전압파형

<그림 4.13> 3상-단상 사이클로 변환기의 회로도로 단상-단상 사이클로 변환기와 유사하다. 3상 전원을 주파수가 가변된 단상 출력전압을 얻을 수 있다. 이것을 확장해 3개의 3상-단상 사이클로 변환기를 이용하면 3상 전원을 이용해 주파수가 가변된 3상 출력전압을 얻을 수 있지만 총 36개의 SCR이 필요하게 되어 비용이 많이 들어 실제로 사용하기에는 어려움이 따른다.

[예제 4.6] <그림 4.13> (a)와 같은 3상-단상 사이클로 변환기 회로에서 부하전압은 전원전압의 5배의 주기를 가지도록 하고 $\alpha = 60^\circ$ 의 점호각 가진다. 전원전압은 220 [V], 60 [Hz]이고 부하저항 R = 20 [Ω]일 때, 물음에 답하여라.

(1) P-변환기, N-변환기의 게이트 전류를 나타내어라

(2) 부하전압 v_o을 파형을 그려라.

<풀이> (1) P-변환기, N-변환기의 게이트 전류 파형

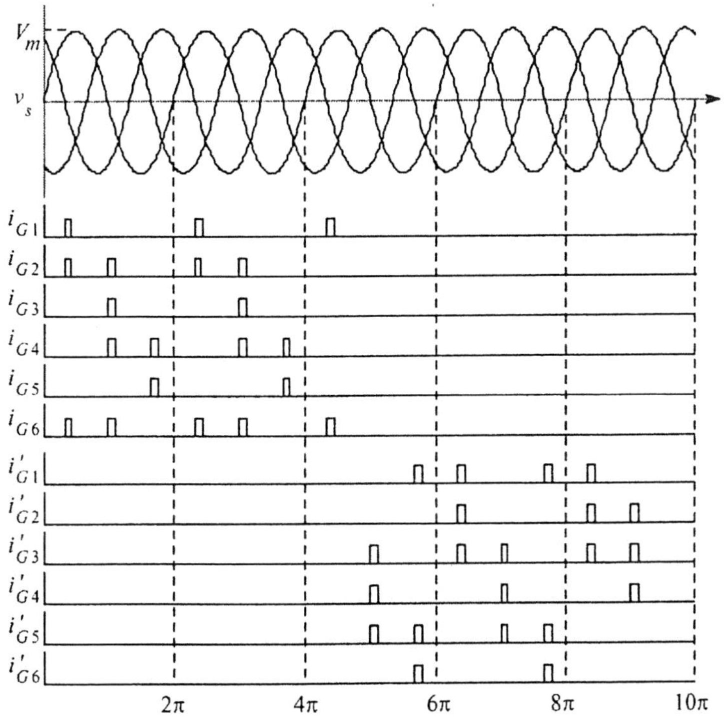

(2) 부하전압

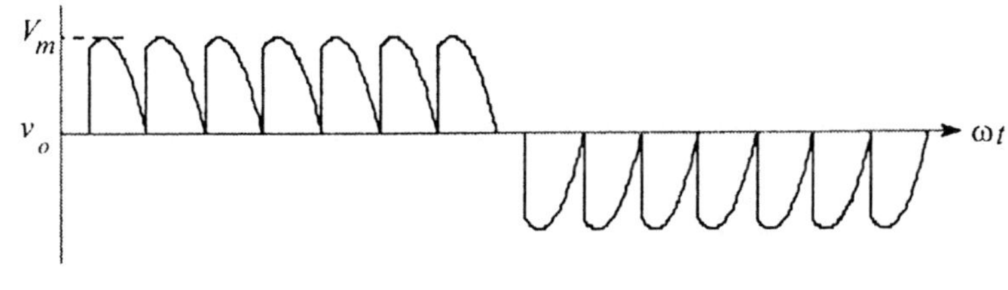

PSIM 4.6 [예제 4.6]의 문제에서 $\alpha=60°$ 일 때 P-변환기, N-변환기의 게이트 신호와 전원전압, 부하전압의 파형을 각각 구하여라.

그림 4.14 3상-단상 사이클로 변환기 시뮬레이션 - 저항부하

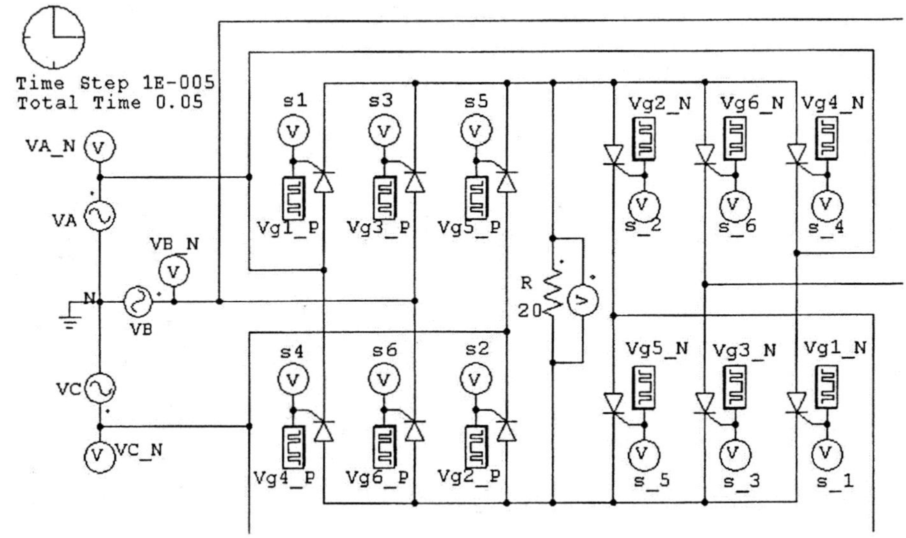

(a) Schematic

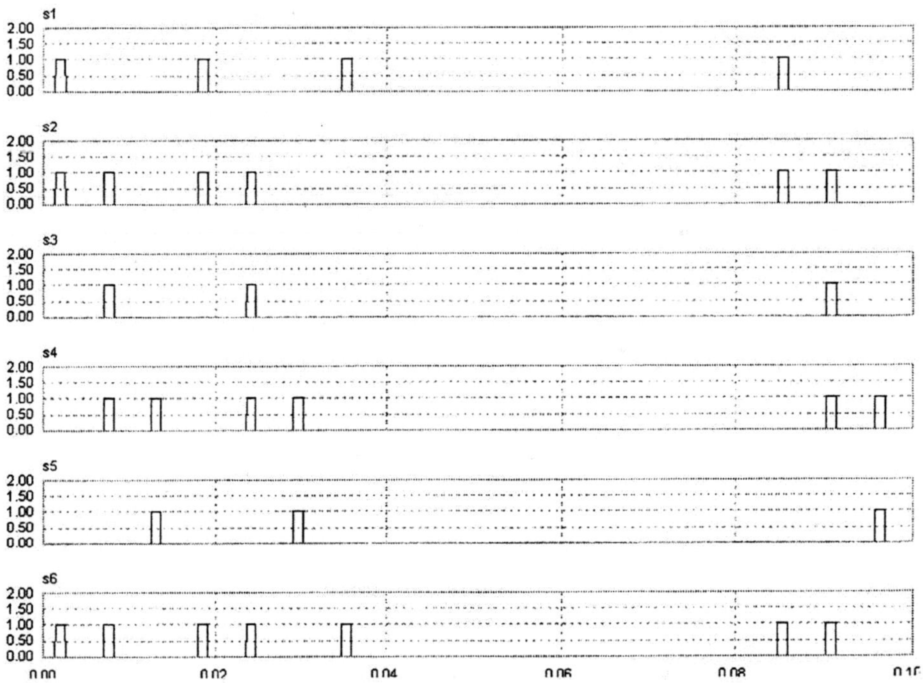

(b) P-변환기 게이트신호 ($\alpha=60°$)

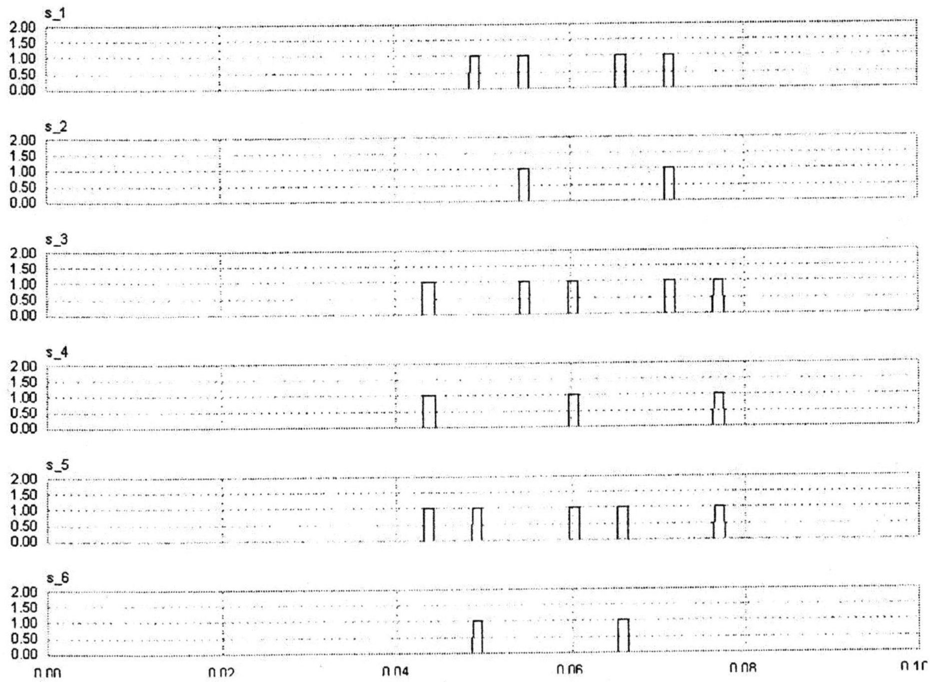

(c) N-변환기 게이트신호 ($\alpha=60°$)

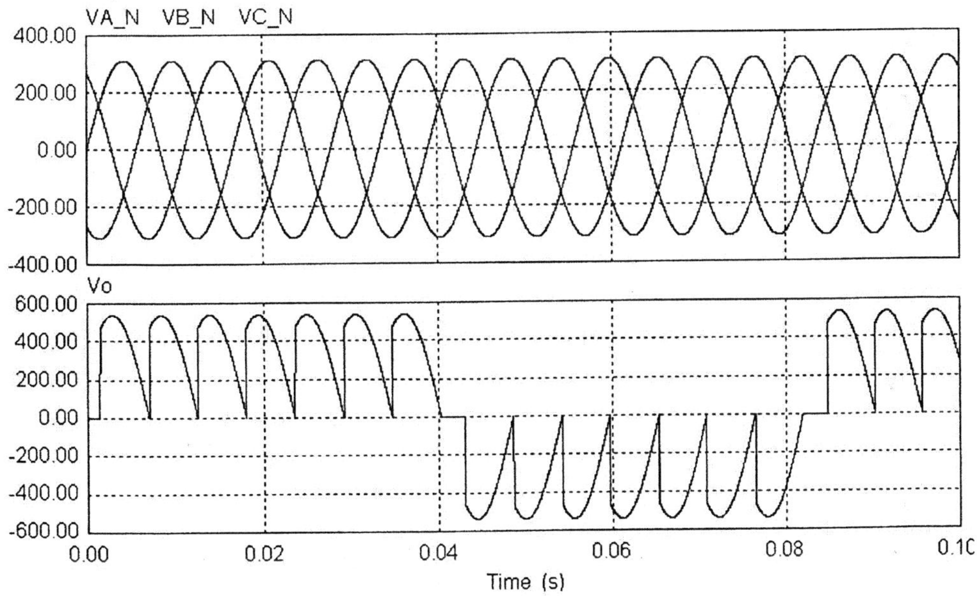

(d) 전원전압 및 부하전압 파형(점호각 $\alpha=60°$)

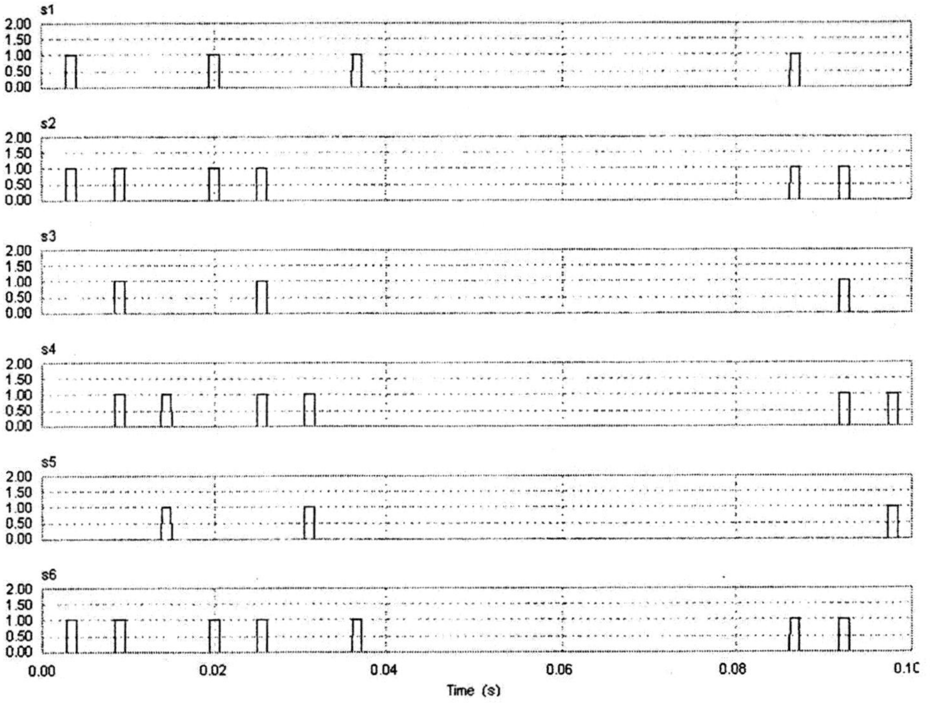

(e) P-변환기 게이트신호 ($\alpha = 90°$)

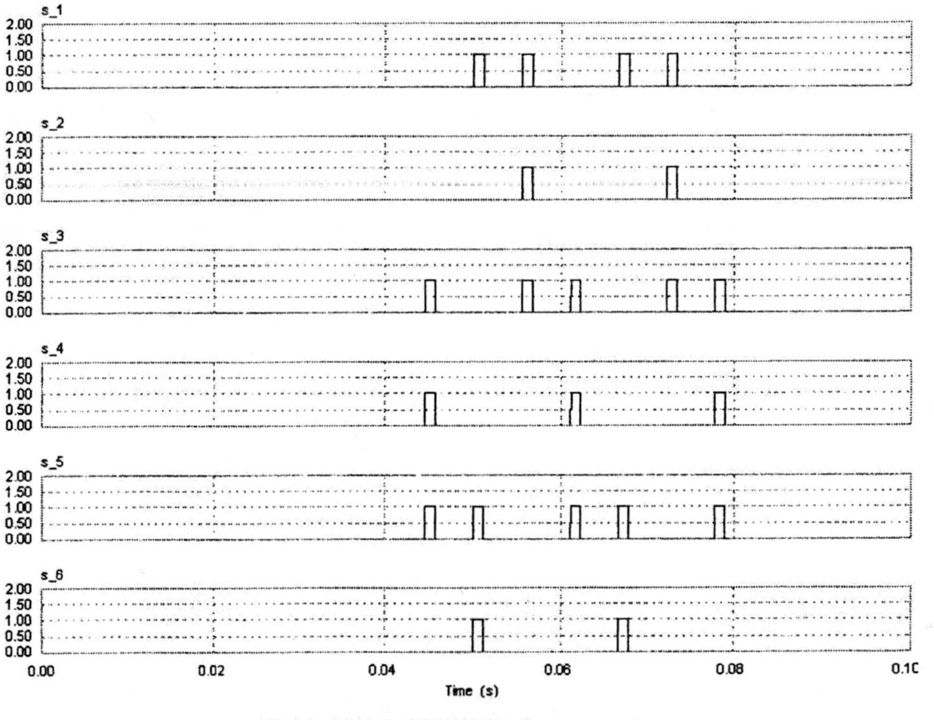

(f) N-변환기 게이트신호 ($\alpha = 90°$)

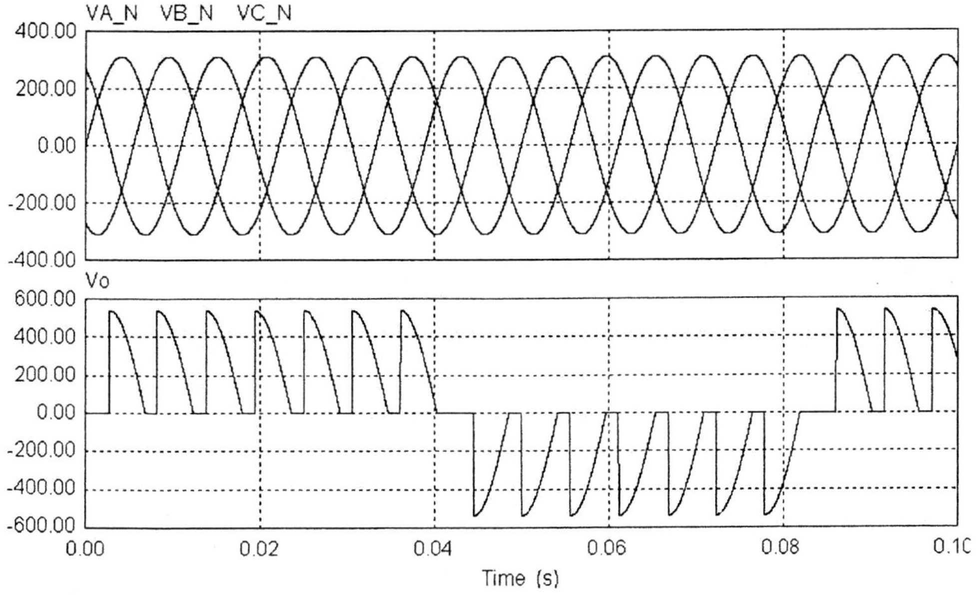

(g) 전원전압 및 부하전압 파형(점호각 $\alpha = 90°$)

4장 연습문제

Ex 4.1 <그림 4.1>과 같은 단상 교류전압 제어회로에서 전원전압의 실효값이 220 [V], 60 [Hz], 부하저항 R = 10 [Ω], 점호각 α = 45° 일 때 부하전압 및 전류의 실효값, 부하에 공급되는 전력, 역률, SCR 애노드 전류의 평균값 및 실효값을 구하여라.

Ex 4.2 [Ex 4.1]을 PSIM으로 파형을 구하고 값의 크기를 비교하여라.

Ex 4.3 <그림 4.1>의 단상 교류전압 제어회로에서 전원전압의 실효값 220 [V]이고 부하저항이 50 [Ω]이다. 부하에 800 [W]를 전달하는데 필요한 점호각을 구하여라.

Ex 4.4 <그림 4.1>의 단상 교류전압 제어회로에서 전원이 220 [V], 60 [Hz]이고 부하저항 R = 100 [Ω]이다. 출력을 200 [W]에서 400 [W]까지 범위로 제어를 하기 위해서 점호각 α의 범위는 얼마인가?

Ex 4.5 <그림 4.3>과 같은 단상 교류전압 제어회로에서 전원전압의 실효값이 220 [V], 60 [Hz], R = 10 [Ω], L = 10 [mH]의 R-L 직렬부하에, 점호각 α = 45° 일 때 부하전압 및 전류의 실효값, 부하에 공급되는 전력, 역률, SCR 애노드 전류의 평균값 및 실효값을 구하여라.

Ex 4.6 [Ex 4.5]를 PSIM으로 파형을 구하고 값의 크기를 비교하여라.

Ex 4.7 <그림 4.5>의 저항부하를 가지는 3상 Y결선 교류전압 제어회로에서 3상 전압의 1상 전압은 480 [V], 60 [Hz]이고 부하는 100 [Ω]의 저항이 Y결선되어 있다. $\alpha = 120°$ 점호각 일 때 물음에 답하여라.

Ex 4.8 선간전압이 실효값 220 [V], 60 [Hz]인 3상 Y결선 교류전압 제어회로가 있다. Y 부하의 각 상은 R = 10 [Ω], L = 20 [mH]의 R-L 직렬부하이다. PSIM에서 점호각 α = 90° 으로 시뮬레이션을 하였을 때 부하에서 소모하는 전력을 구하여라. 단, 정상상태일 때의 전류로 해석하여라.

Ex 4.9 <그림 4.9>의 회로에서 부하저항 R = 100 [Ω]이고 점호각 $\alpha = 90°$ 일 때 구간별 SCR의 턴-온 순서와 출력전류의 방향을 나타내고, a상 출력전류의 파형을 작도하여라.

Ex 4.10 <그림 4.11>와 같이 저항부하를 가지는 단상-단상 사이클로 변환기 회로에서 출력전압은 전원전압의 5배의 주기를 가지도록 하고 $\alpha = 30^\circ$ 의 점호각 가진다. 전원전압은 220 [V], 60 [Hz]이고 부하저항 R = 20 [Ω]일 때, 물음에 답하여라.

(a) P-변환기, N-변환기의 게이트 전류를 나타내어라.

(b) 출력전압 v_o의 파형을 작도하여라.

Ex 4.11 <그림 4.13>과 같은 3상-단상 사이클로 변환기 회로에서 출력전압은 전원전압의 3배의 주기를 가지도록 하고 $\alpha = 45^\circ$ 의 점호각 가진다. 전원전압은 220 [V], 60 [Hz]이고 부하저항 R = 20 [Ω] 일 때, 물음에 답하여라.

(a) P-변환기, N-변환기의 게이트 전류를 나타내어라.

(b) 출력전압 v_o의 파형을 작도하여라.

CHAP. 5

직류-직류변환기

5-1. PWM

5-2. 강압 변환기

5-3. 승압 변환기

5-4. 강압-승압 변환기

5-5. 축 변환기

5-6. 절연형 변환기

5-7. 인버터 정류형 변환기

교류전원에서 직류전압을 얻는 것을 정류회로라 한다. 양질의 직류전원을 얻기 위하여 필터(filter)등을 사용한다. 이렇게 얻어진 직류전원은 그 자체로 사용이 되는 경우가 있으나 대부분은 직류전압을 가변시켜 직류전원을 사용하는 대상을 제어하는 용도로 많이 쓴다. 예를 들어 직류직권전동기의 속도를 제어하기 위하여 가장 많이 사용하는 방법이 전압제어법으로 직류전압을 가변을 시키기 위하여 전압을 변성시켜줄 수 있는 장치가 필요하다. 이렇게 공급된 직류전원(fixed DC source)으로부터 제어 가능한 직류전원(variable DC source)으로 변환을 시켜주는 장치를 초퍼(chopper)라 한다.

초퍼의 종류는 전압을 강압시키는 강압 변환기(Buck converter)와 전압을 승압시키는 승압 변환기(Boost converter), 강압과 승압을 모두 시킬 수 있는 강압-승압 변환기(Buck-Boost converter), 축 변환기(Cuk converter) 등이 있다.

5-1 PWM

PWM은 펄스폭 변조방식(Pulse Width Modulation)의 약자로 펄스의 폭은 일정하게 두고 펄스의 듀티비(Duty Ratio)를 제어하는 것을 말한다. DC-DC 변환기는 거의 대부분 PWM 제어를 기본으로 한다.

5-1-1. PWM 제어

<그림 5.1>에서 스위치가 이상적이라고 하면 스위치가 닫혀 있을 때 출력전압은 입력전압과 같고, 스위치가 열려 있을 때 출력전압은 0이 된다. 스위치를 주기적으로 열고 닫으면 출력전압이 <그림 5.1> (c)와 같은 펄스 형태로 나타난다.

그림 5.1 PWM 제어

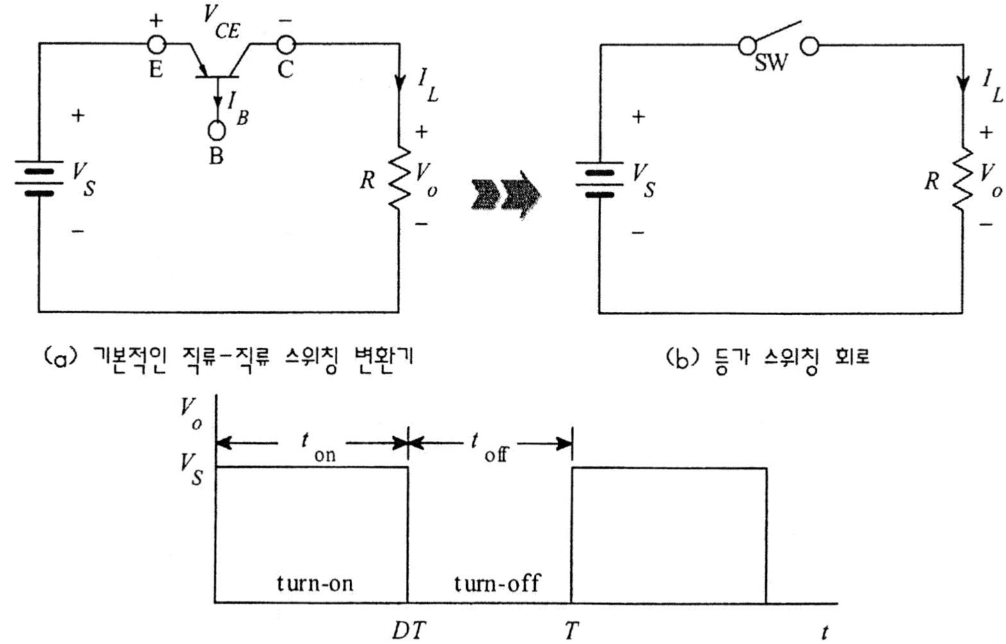

(a) 기본적인 직류-직류 스위칭 변환기 (b) 등가 스위칭 회로

(b) 부하전압파형

출력전압의 평균값 또는 직류 성분은

$$V_o = \frac{1}{T}\int_0^T v_o(t)dt = \frac{1}{T}\int_0^{DT} V_s\,dt = V_S \times D \qquad (5.1)$$

이며, 출력의 직류성분은 듀티비 D에 의해 제어된다. 듀티비는 다음과 같이 주기에 대하여 스위치가 닫혀있는 구간의 비율로 정의된다.

$$D = \frac{t_{on}}{t_{on} + t_{off}} = \frac{t_{on}}{T} = t_{on} f \qquad (5.2)$$

여기서 f는 스위칭 주파수이다. 이 회로에서 출력의 직류성분은 입력보다 작거나 같게 된다. 이상적인 스위치에서는 전력이 소모되지 않는다. 스위치가 열려있을 때 소자에는 전류가 흐르지 않으며, 스위치가 닫혀있을 때 소자 양단간에는 전압이 걸리지 않는다. 그러므로 모든 전력은 부하에서 소모되며, 에너지 효율은 100 [%]가 된다. 실제의 스위치에서는 손실이 발생하는데, 그 이유는 스위치가 닫혀있을 때 소자 양단간의 전압이 0이 아니며 스위치가 턴-온 상태에서 턴-오프 상태로 바뀔 때 또는 턴-오프 상태에서 턴-온 상태로 바뀔 때 손실이 발생되는 선형영역을 통과하기 때문이다.

5-1-2. PSIM 스위칭 소자 구현

<그림 5.1>에서 스위치로 사용을 할 수 있는 것은 대단히 많다. 실제 회로에서는 구동전원의 여부와 공급전압 및 회로 특성에 따라 스위칭 소자를 결정하지만 PSIM 시뮬레이션에서는 자주 사용하는 스위칭 소자 하나만 정해두고 사용해도 무방하다.

PSIM의 부품 툴 바에는 MOSFET을 가리키는 아이콘 와 IGBT(Insulated Gate Bipolar Transistor)를 가리키는 아이콘 이 있다. 모두 스위칭을 위해서 사용되며 사용법은 동일하다. 이 두 스위칭 소자를 공통적으로 게이트(gate)에 신호를 인가했을 때 턴-온 상태가 되고, 신호를 제거했을 때 턴-오프 상태가 된다.

앞서 2장에서 설명하였듯이 1주기에 1개 혹은 그 이상의 펄스를 원하는 각도와 주파수 등을 지정할 수 있는 것이 'Gating block for switch(es)'이다.

- PSIM의 주메뉴에서 [Elements] - [Power] - [Switches] - [Gating Block]을 선택하거나 부품 툴 바에서 아이콘을 클릭한다.
- 게이팅 펄스 신호를 생성시키기 위한 심벌이 나타나면 원하는 위치에 마우스를 클릭한다.
- 파라메타를 입력하기 위하여 Gating Block을 더블 클릭한다.
- <그림 5.2> (a)와 같은 대화상자가 나타난다. 여기에서 사용되는 파라메타에 대하여 설명하면

  Name : 해당 심벌의 사용자 지정 이름

  Frequency : 게이팅 펄스의 스위칭 주파수(switching frequency)를 설정

  No. of Points : 스위칭 할 지점의 수를 입력

  Switching Points : 스위칭 할 지점의 위상을 Degree로 기입

- <그림 5.2> (a)와 같이 설정하였을 때 Gating Block의 출력파형은 <그림 5.2> (b)와 같이 된다. 0 °에서 논리 '1' 로 스위칭하고 90 °에서 논리 '0' 으로 스위칭 한다.
- 이 경우 전체 360 °에 대해 90 °가 턴-온 되었으므로 25 [%]의 듀티비를 가지게 된다.

그림 5.2 PWM 파형 생성

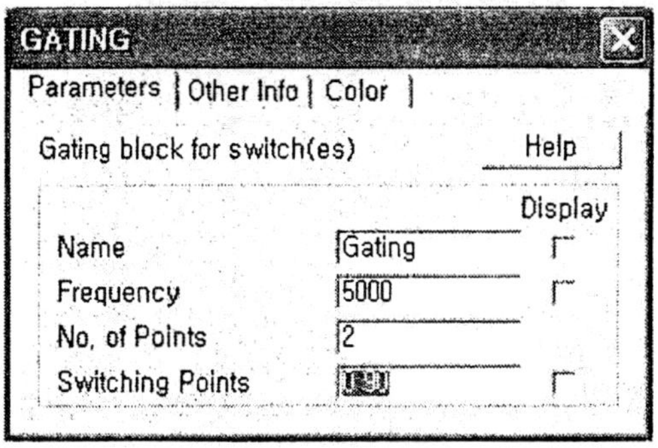

(a) Gating 설정상자

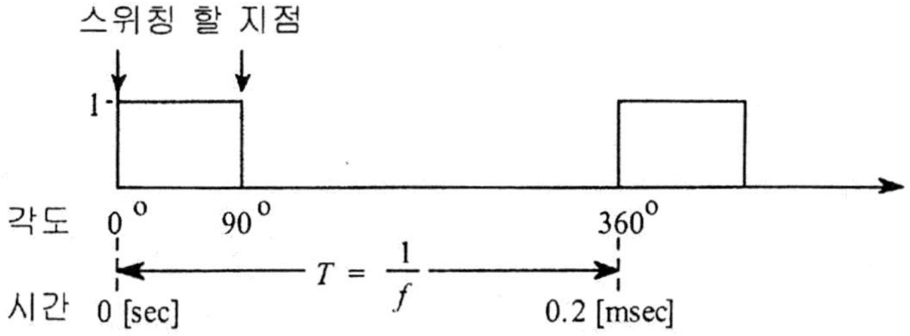

(b) 25[%]의 듀티비 파형

PSIM 5.1 다음과 같은 회로를 구성하고 스위칭 주파수를 5 [kHz], 듀티비를 25 [%]로 했을 때 게이팅 펄스 파형, 전원전압, 스위칭소자에 걸리는 전압, 부하저항에 걸리는 전압과 그에 대한 FFT 파형을 구하여라. 한편 스위칭 주파수 1 [kHz], 5 [kHz]와 듀티비 25 [%], 50 [%]에 대한 각각의 부하저항 전압 파형과 그에 대한 FFT파형을 구하고 그 특성에 대하여 비교 설명하여라.

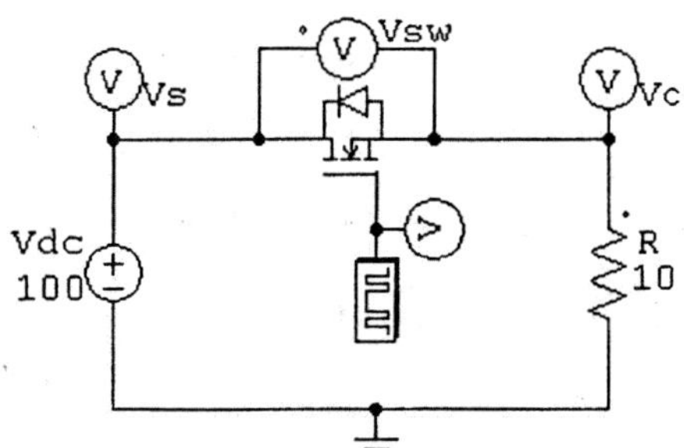

그림 5.3 스위칭 주파수 5 [kHz], 듀티비 50 [%]에 대한 각부 파형

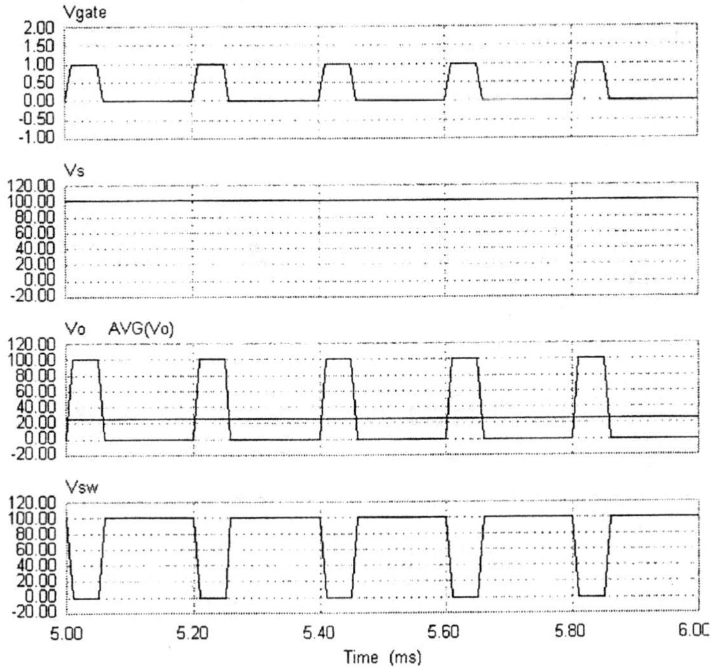

(a) 스위칭 주파수 5 [kHz], 듀티비 50 [%]에 대한 각부 파형

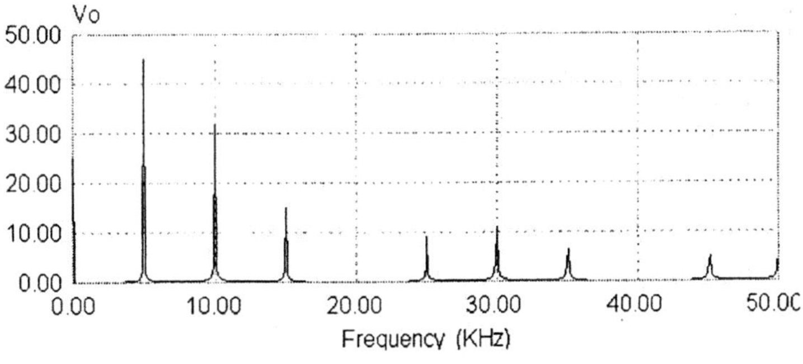

(b) 출력전압의 FFT 파형 (직류분 = 25.02 [V])

<풀이>

- 게이팅 전압파형 형태와 부하저항에 걸리는 전압파형 형태가 같다. 다만, 부하저항 전압의 최대값은 전원전압인 100 [V]가 걸리고 있다.
- 부하저항의 전압파형(출력전압)의 평균값과 FFT 파형의 직류분이 25 [V]로 거의 같다.
- FFT 파형에서 고조파가 기본파 5 [kHz]의 정수배이다.

그림 5.4 스위칭 주파수와 듀티비 변화에 대한 부하저항의 전압파형과 FFT파형

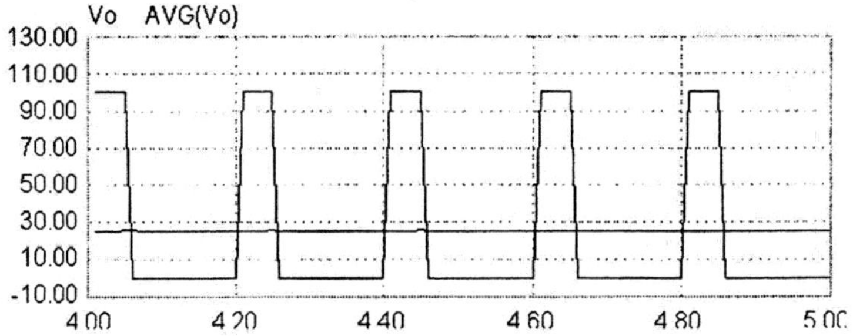

(a) 스위칭 주파수 5 [kHz], 듀티비 25 [%]에 대한 출력전압 및 평균전압의 파형(단위 [ms])

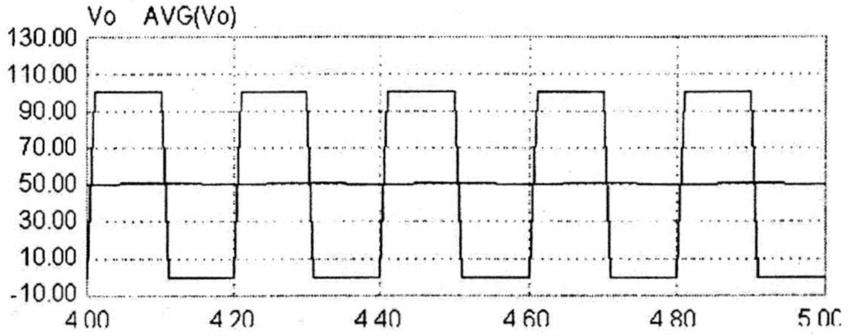

(b) 스위칭 주파수 5 [kHz], 듀티비 50 [%]에 대한 출력전압 및 평균전압의 파형(단위 [ms])

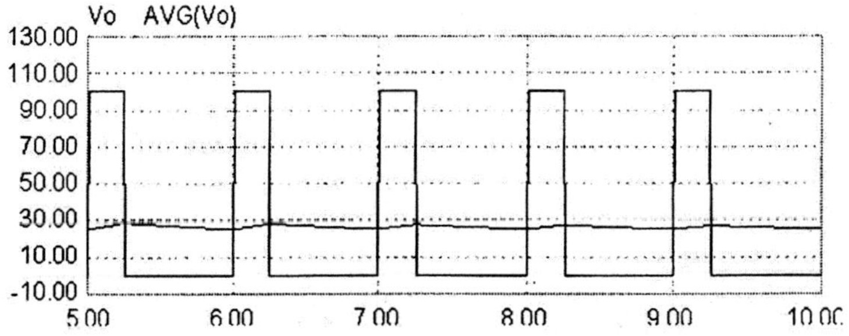

(c) 스위칭 주파수 1 [kHz], 듀티비 25 [%]에 대한 출력전압 및 평균전압의 파형(단위 [ms])

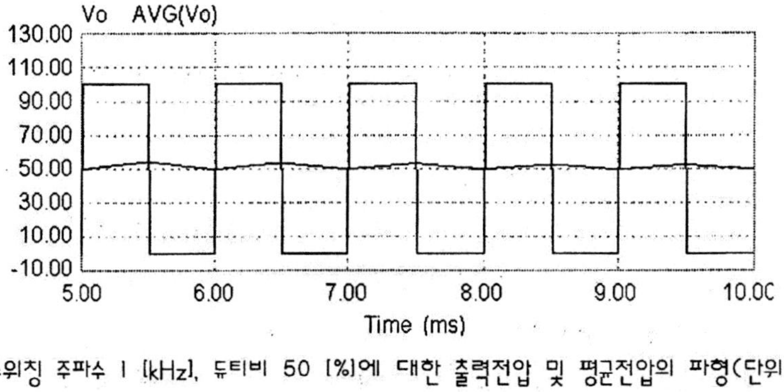

(d) 스위칭 주파수 1 [kHz], 듀티비 50 [%]에 대한 출력전압 및 평균전압의 파형(단위 [ms])

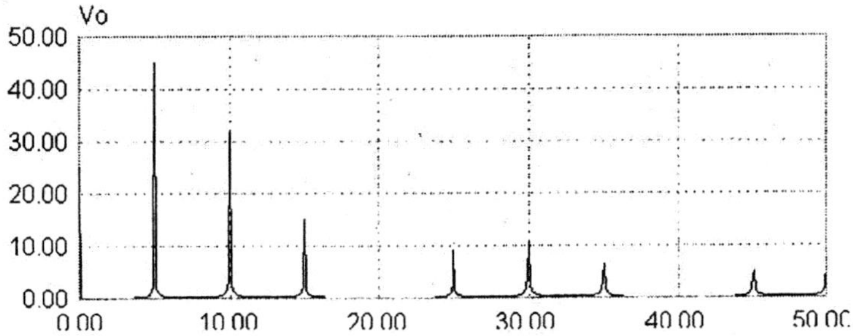

(e) 스위칭 주파수 5 [kHz], 듀티비 25 [%]에 대한 출력전압의 FFT파형(단위 [kHz])

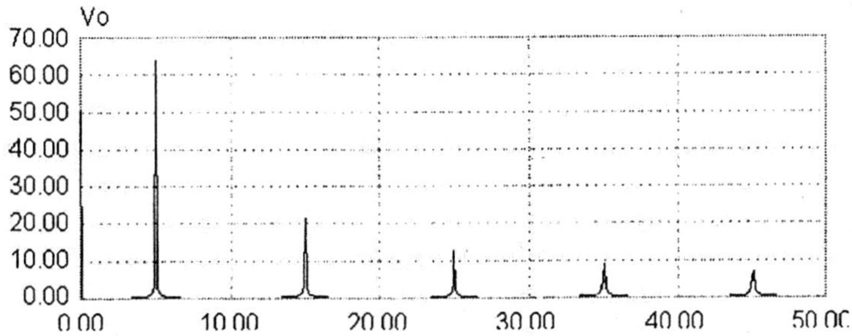

(f) 스위칭 주파수 5 [kHz], 듀티비 50 [%]에 대한 출력전압의 FFT파형(단위 [kHz])

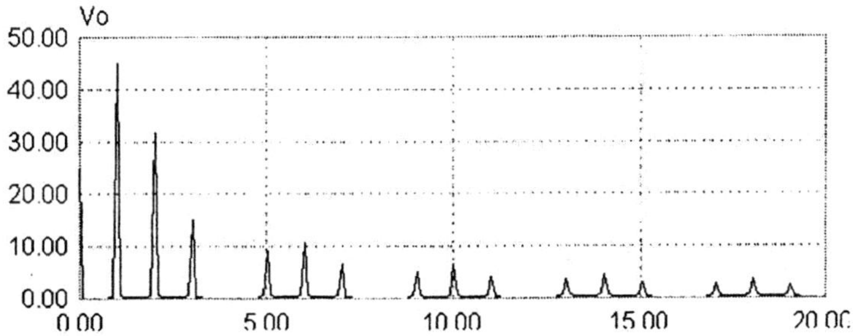

(g) 스위칭 주파수 1 [kHz], 듀티비 25 [%]에 대한 출력전압의 FFT파형(단위 [kHz])

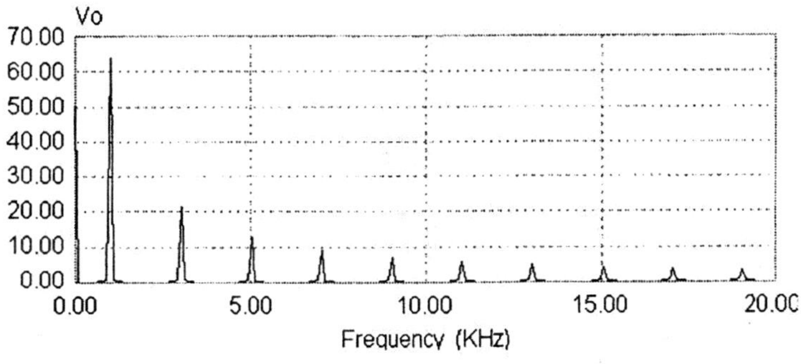

(h) 스위칭 주파수 1 [kHz], 듀티비 50 [%]에 대한 출력전압의 FFT파형(단위 [kHz])

<풀이>

주파수	듀티비	직류분	기본파	2고조파	3고조파	4고조파	…
1 kHz	25 %	25.02	45.05	30.58	14.09	0	…
	50 %	50.05	59.00	0	20.17	0	…
5 kHz	25 %	25.02	45.05	31.83	14.97	0	…
	50 %	50.05	63.66	0	21.22	0	…

- 출력전압의 직류분(평균값)은 스위칭 주파수와는 무관하고 듀티비와 관련이 있다.
- 스위칭 주파수가 높을수록 높은 주파수의 고조파가 포함이 된다.

5-1-3. 구형파와 푸리에 급수

푸리에 급수(fourier series)는 임의의 주기함수를, 삼각함수로 구성되는 급수에 의해 표현하는 것으로 구간 $-\pi \sim \pi$까지 주어진 함수 $f(\omega t)$는 어떤 조건 아래에서는 다음과 같은 삼각급수로 전개된다.

$$f(\omega t) = a_0 + \sum_{n=1}^{\infty} a_n \cos n\omega t + \sum_{n=1}^{\infty} b_n \sin n\omega t \tag{5.3}$$

여기서 Cosine 항과 Sine항의 계수는 다음 식과 같이 구할 수 있다.

$$a_n = \int_{-\pi}^{\pi} \frac{1}{\pi} f(\omega t) \cos n\omega t \cdot d(\omega t) \tag{5.4}$$

$$b_n = \int_{-\pi}^{\pi} \frac{1}{\pi} f(\omega t) \sin n\omega t \cdot d(\omega t) \tag{5.5}$$

식(5.3)에서 a_0는 주어진 함수 $f(\omega t)$의 직류성분이고 나머지 항은 교류성분이다. 한편 $\sum_{n=1}^{\infty} a_n \cos n\omega t$항과 $\sum_{n=1}^{\infty} b_n \sin n\omega t$항은 교류성분의 항으로 많은 고조파의 합으로 이루어졌다.

$$\sum_{n=1}^{\infty} b_n \sin n\omega t = b_1 \sin\omega t + b_2 \sin 2\omega t + \cdots + b_n \sin n\omega t + \cdots \tag{5.6}$$

식(5.6)에서 b_1은 기본파의 계수이고, b_2는 2고조파의 계수, b_3는 3고조파의 계수, b_n은 n차 고조파의 계수이다. 한편 각 항의 주파수는 기본파 주파수를 ω라 할 때, 2고조파항의 주파수는 2ω, 3고조파 항의 주파수는 3ω이다.

그림 5.5 구형파와 푸리에 급수

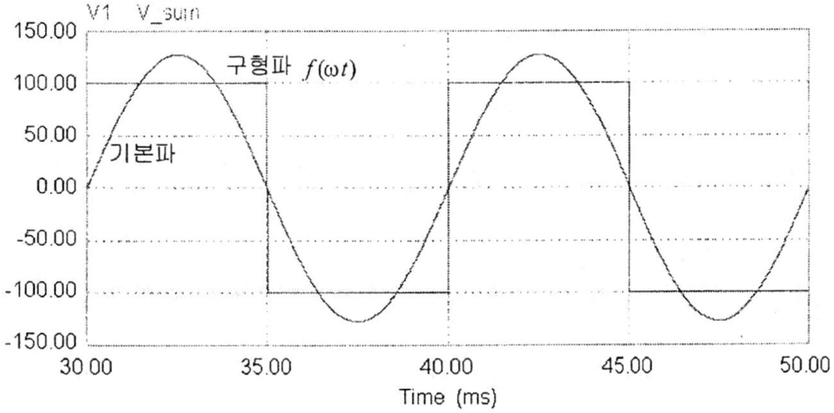

(a) 구형파와 구형파의 기본파

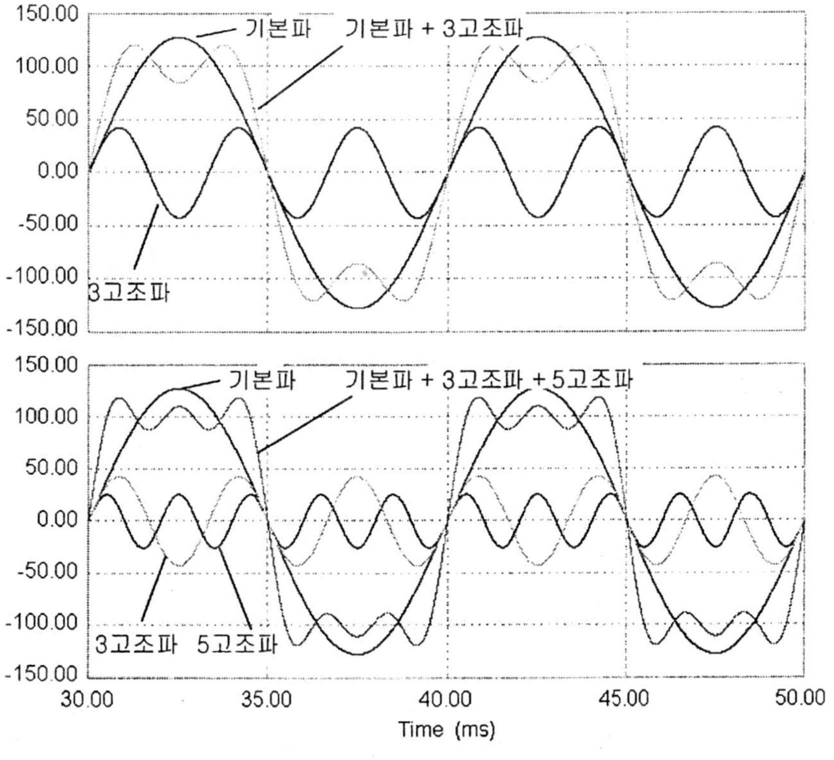

(b) 기본파, 3고조파, 5고조파

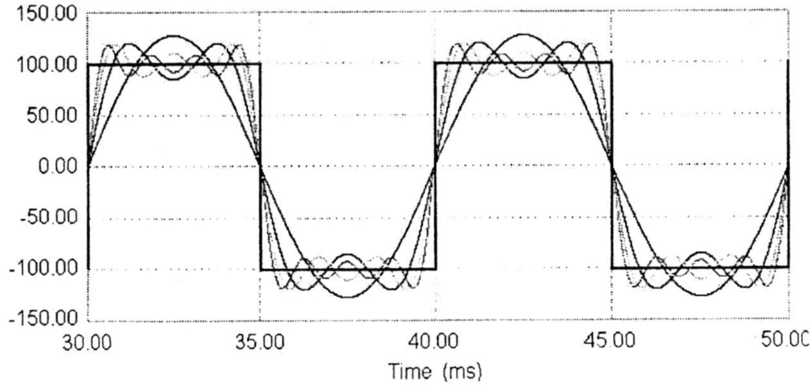

(c) 구형파 및 각 고조파의 합의 파형

전력전자공학에서 다루게 되는 파형 중에서 구형파가 많이 나타난다. 이 구형파는 정현파가 아니기 때문에 푸리에 급수로 표현하면 많은 고조파가 있다. <그림 5.5> (a)와 같은 파형에 대하여 푸리에 급수로 나타내면 식(5.7)과 같다.

$$f(\omega t) = \sum_{n=1,\mathrm{odd}}^{\infty} \frac{4V_m}{n \times \pi} \sin n\omega_0 t \tag{5.7}$$

여기서 $\omega_0 = 2\pi f = \frac{2\pi}{T} = \frac{2\pi}{10 \times 10^{-3}} = 200\pi$로 기본파의 각 주파수이다. 또한 파형에서 짝수 고조파 항은 0이고 홀수 고조파 항만 존재한다. <그림 5.5> (b)에는 기본파와 3고조파의 합의 파형 및 5고조파까지의 합의 파형을 나타내고 있으며, 그림 (c)에는 고조파 차수를 늘렸을 때의 합의 파형을 보여주고 있다.

PSIM 5.2 다음과 같이 회로를 구성하고 각부 파형을 나타내고 FFT 파형을 구하여 설명하여라. 단 교류전원의 위 숫자는 전압의 최대값이고 아래 숫자는 전압의 주파수이다.

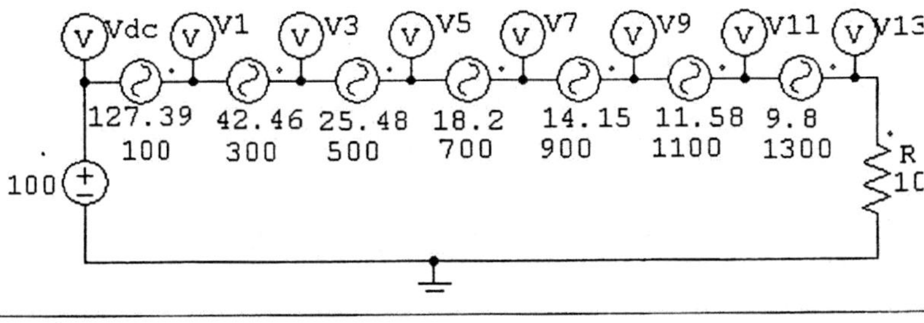

그림 5.6 직류분을 포함하는 구형파의 푸리에 급수

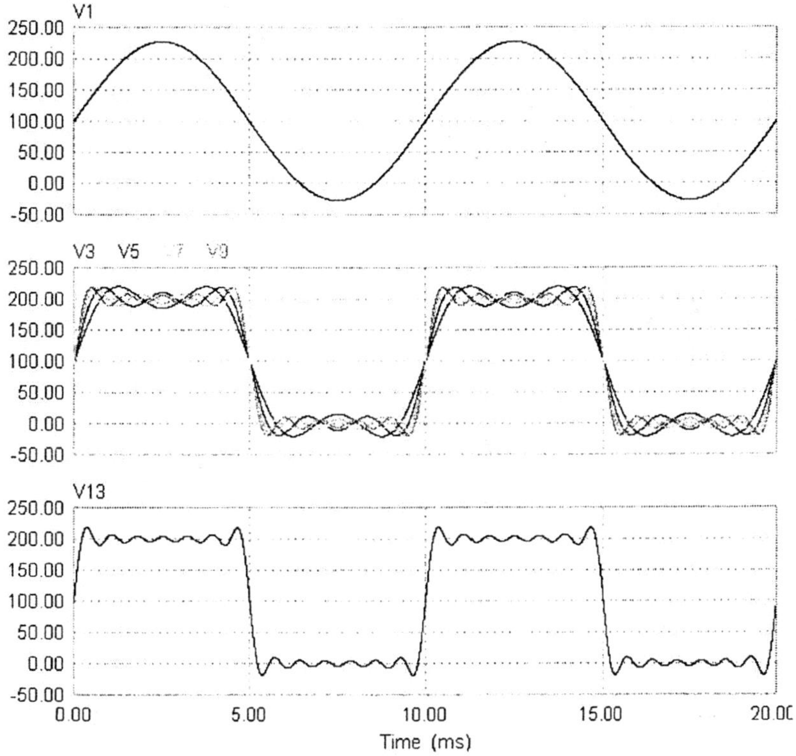

(a) 각 부의 전압

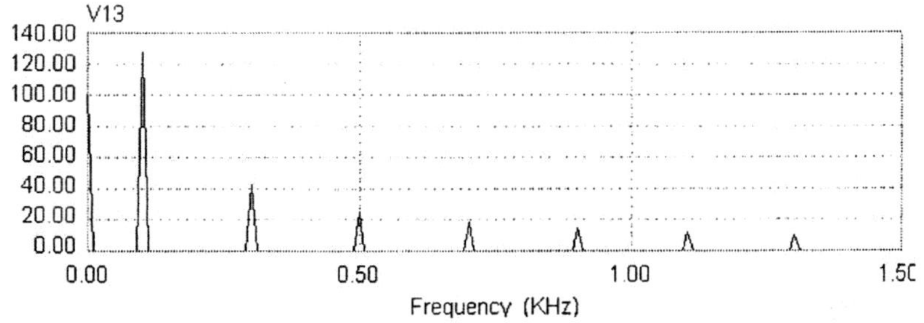

(b) 13고조파까지 합에 대한 FFT 파형

<풀이>

주파수	0 [Hz]	100.02 [Hz]	300.06 [Hz]	500.10 [Hz]
크기	99.99 [V]	127.39 [V]	42.4619 [V]	25.4835 [V]
비고	직류분	기본파	3고조파	5고조파
주파수	700.14 [Hz]	900.18 [Hz]	1100.22 [Hz]	1300.26 [Hz]
크기	18.2054 [V]	14.1577 [V]	11.5910 [V]	9.8176 [V]
비고	7고조파	9고조파	11고조파	13고조파

5-2 강압 변환기

<그림 5.1>에서 듀티비를 제어하면 출력전압의 평균값을 제어할 수 있으나 스위칭에 의해 교류 고조파 성분도 포함이 됨을 알 수 있었다. 대부분의 경우에는 완전하게 직류인 출력을 얻는 것이 목적이다. 따라서 출력전압의 파형에 포함된 교류성분인 고조파를 제거시키기 위해서 L-C 필터를 부착시킨다.

그림 5.7 강압 변환기(Buck converter)

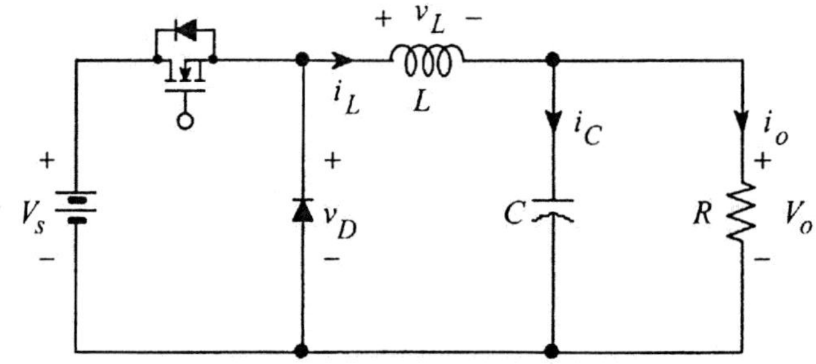

<그림 5.7>은 앞서 살펴보았던 [PSIM 5.1]의 회로에 L-C 필터를 부착시키고 직류성분을 증가시키기 위하여 환류다이오드를 부착시켰다. 이러한 직류-직류 변환기를 강압 변환기, 강압초퍼 혹은 벅 컨버터(Buck converter)라 하며 입력전압보다 낮은 범위의 전압을 제어하기 위하여 사용한다.

강압 변환기는 정상상태에서 동작할 때 다음의 사항의 특징을 가진다.

- 인덕터 전류는 연속적이며 주기적이다.
- 인덕터 전압의 평균값을 0이다.
- 커패시터 전류의 평균값은 0이다.

[1] 트랜지스터 턴-온(스위치 닫힘)

트랜지스터는 $0 \leq t < DT$ 구간동안 닫혀있게 된다. <그림 5.8> (a)의 회로에서 스위치가 닫혀 있을 때, 환류다이오드는 역방향 바이어스 되어 턴-오프 된다.

그림 5.8 트랜지스터 상태에 따른 등가회로

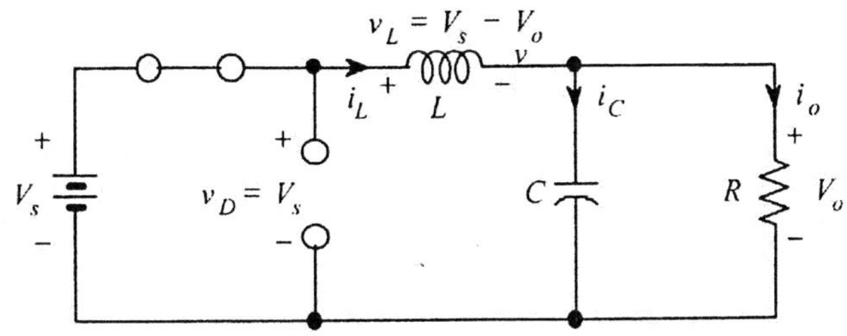

(a) 트랜지스터가 턴-온 되었을 때 등가회로 $(0 \leq t < DT)$

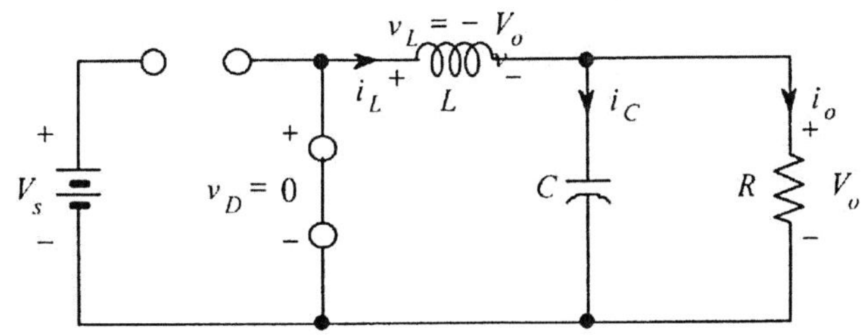

(b) 트랜지스터가 턴-오프 되었을 때 등가회로 $(DT \leq t < T)$

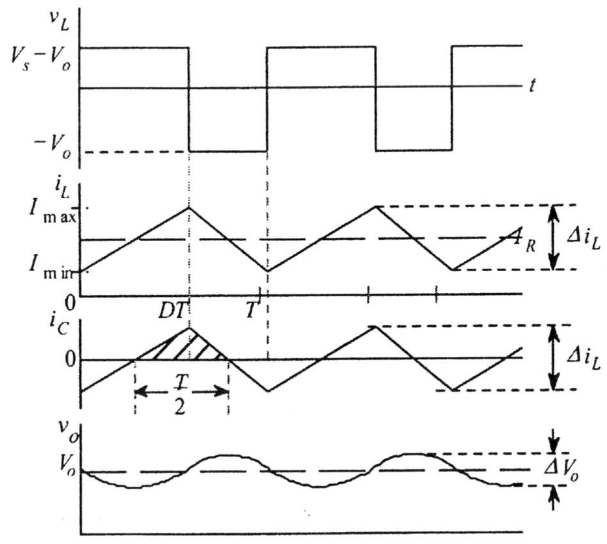

(c) 인덕터 전압, 전류 및 커패시터 전류

인덕터의 양단전압은 식(5.8)과 같이 나타낼 수 있다.

$$v_L = L\frac{di_L}{dt} = V_s - V_o \tag{5.8}$$

전류에 대한 미분식이 양의 상수이므로 전류는 선형적으로 증가하고, 식을 미분항에 대하여 나타내면

$$\frac{di_L}{dt} = \frac{V_s - V_o}{L} = \frac{\Delta i_L}{\Delta t} \tag{5.9}$$

이므로 전류의 변화량에 대한 식으로 나타내면 식(5.10)과 같다.

$$\Delta i_L \big|_{SW\_close} = \left(\frac{V_s - V_o}{L}\right) \times D\,T \tag{5.10}$$

[2] 트랜지스터 턴-오프(스위치 열림)

트랜지스터가 턴-오프 되는 구간($DT \le t < T$)에서 다이오드는 인덕터 전류를 흘리기 위해 순방향 바이어스 되며 <그림 5.8> (b)와 같이 해석할 수 있다. 인덕터 양단간의 전압은 식(5.11)과 같이 나타낼 수 있으며, 전류의 미분항으로 식을 정리하면 식(5.12)와 같이 나타낼 수 있다.

$$v_L = L\frac{di_L}{dt} = - V_o \tag{5.11}$$

$$\frac{di_L}{dt} = \frac{- V_o}{L} = \frac{\Delta i_L}{\Delta t} = \frac{\Delta i_L}{(1-D)T} \tag{5.12}$$

따라서 이 구간에서 인덕터 전류의 변화량은 식(5.13)과 같이 나타낼 수 있다.

$$\Delta i_L \big|_{SW\_open} = -\left(\frac{V_o}{L}\right) \times (1-D)\,T \tag{5.13}$$

인덕터의 전류는 연속적이고 주기적이며, 정상상태에서는 스위칭 주기가 끝나는 지점에서 인덕터 전류값이 그 주기의 시작점에서의 값과 같아야 하므로 한 주기 동안 인덕터 전류의 변화량은 0이다.

$$\Delta i_L \big|_{SW\_close} + \Delta i_L \big|_{SW\_open} = 0 \tag{5.14}$$

식(5.10)과 식(5.13)으로부터 다음과 같은 결론을 얻을 수 있다.

$$\left(\frac{V_s - V_o}{L}\right) \times DT - \left(\frac{V_o}{L}\right)(1-D)T = 0$$

$$V_o = D \cdot V_s \tag{5.15}$$

[3] 인덕터

강압 변환기의 출력은 입력보다 낮거나 같다. 출력전압은 입력전압과 듀티비에만 관계되고 다른 것에는 영향이 없다. 만약 입력전압이 변동되면 듀티비를 적절히 조정하여 출력전압을 제어할 수 있다. 정상상태 동작에서 커패시터 전류의 평균값이 0이므로 인덕터의 평균전류와 저항의 평균전류는 같다.

$$I_L = I_o = \frac{V_o}{R} \tag{5.16}$$

<그림 5.8> (c)에서 보는 바와 같이 인덕터에 흐르는 전류는 부하저항에 공급하는 전류와 커패시터에 충·방전시키는 전류의 합이다. 즉, 인덕터의 평균전류는 부하저항에 공급되는 전류이고, 인덕터 전류의 변화량이 커패시터에 공급이 된다. 따라서 인덕터 전류의 최대값과 최소값은 다음과 같이 나타낼 수 있다.

$$I_{\max} = I_L + \frac{\Delta i_L}{2} = \frac{V_o}{R} + \frac{1}{2}\left[\frac{V_o}{L}(1-D)T\right] = V_o\left[\frac{1}{R} + \frac{(1-D)}{2Lf}\right] \tag{5.17}$$

$$I_{\min} = I_L - \frac{\Delta i_L}{2} = \frac{V_o}{R} - \frac{1}{2}\left[\frac{V_o}{L}(1-D)T\right] = V_o\left[\frac{1}{R} - \frac{(1-D)}{2Lf}\right] \tag{5.18}$$

여기서 $f = 1/T$ 는 스위칭 주파수이다.

식(5.18)에서 $I_{\min} < 0$이면 연속전류모드가 되지 않으므로 연속전류모드가 되기 위해서는 최소 조건이 $I_{\min} = 0$이며 이는 L과 f의 값으로 결정된다.

$$I_{\min} = 0 = V_o\left[\frac{1}{R} - \frac{(1-D)}{2Lf}\right]$$

$$(L \times f)_{\min} = \frac{(1-D)R}{2} \tag{5.19}$$

따라서, 회로 설계시 스위칭 주파수가 먼저 정해지면 인덕터의 최소값은

$$L_{\min} = \frac{(1-D)R}{2f} \tag{5.20}$$

이 되고, 실제 회로 설계에서는 $L_{\min}$보다 여유를 둔 값을 설정하면 연속 전류모드가 된다.

[4] 출력전압의 맥동

지금까지의 해석 및 설계는 커패시터의 용량이 아주 커서 출력전압이 일정하고, 이에 부하전류가 일정하다는 전제하에서 해석을 하였다. 그러나 실제 커패시터는 값이 유한하므로 출력전압을 일정하게 유지시킬 수 없으므로 전압의 변동을 일으키게 된다. 커패시터에 흐르는 전류는 $i_c = i_L - i_o$ 이고, 커패시터의 정의 $Q = CV_o$로부터 맥동전압 $\Delta V_o = \Delta Q/C$이 된다. <그림 5.8> (c)에서 i_c전류의 파형 중 빗금 친 삼각형의 면적은 전하의 변화량 ΔQ가 되므로

$$\Delta Q = \frac{1}{2}\left(\frac{T}{2}\right)\left(\frac{\Delta i_L}{2}\right) = \frac{T\Delta i_L}{8} \tag{5.21}$$

이다. 따라서 출력전압의 변화량인 맥동전압 ΔV_o은 다음과 같다.

$$\Delta V_o = \frac{T\Delta i_L}{8C} = \frac{T}{8C}\frac{V_o}{L}(1-D)T = \frac{V_o(1-D)}{8LCf^2} \tag{5.22}$$

출력전압의 맥동비는

$$\frac{\Delta V_o}{V_o} = \frac{1-D}{8LCf^2} \tag{5.23}$$

이므로 설계시 스위칭 주파수와 맥동전압의 비를 안다면 커패시터의 용량은 다음과 같이 구할 수 있다.

$$C = \frac{(1-D)}{8Lf^2} \times \frac{V_o}{\Delta V_o} \tag{5.24}$$

[예제 5.1] 저항 R = 20 [Ω]인 부하에 출력전압이 V_o = 200 [V]가 되도록 강압 변환기를 설계하려고 한다. 직류 공급전압 V_s = 300 [V], 스위칭 주파수 f_c = 20 [kHz]이고, 맥동전압이 ±2.0 [V]가 되도록 인덕터 L과 커패시터 C를 설계하여라.

<풀이>

$V_o = DV_s$ 이므로 듀티비 $D = \frac{200}{300} = \frac{2}{3}$이 되어야 한다.

인덕터의 최소값은

$$L_{\min} = \frac{(1-D)R}{2f} = \frac{(1-2/3)\times 20}{2\times 20\times 10^3} = 0.1666 \text{ [mH]}$$

이므로 여유를 두어 1.25배 곱하면

L = 0.208 [mH]

커패시터의 용량은

$$C = \frac{(1-D)}{8Lf^2}\times\frac{V_o}{\Delta V_o} = \frac{(1-2/3)}{8\times 0.208\times 10^{-3}\times(20\times 10^3)^2}\times\frac{200}{4}$$

$= 25.04$ [μF]

이므로 1.1배의 여유를 두어 C = 27.54 [μF]

PSIM 5.3 [예제 5.1]의 설계된 값을 가지고 PSIM으로 시뮬레이션을 하여 설계 조건을 만족하였는지 확인하고 각부 파형을 나타내어라.

그림 5.9 강압 변환기 시뮬레이션 -(1)

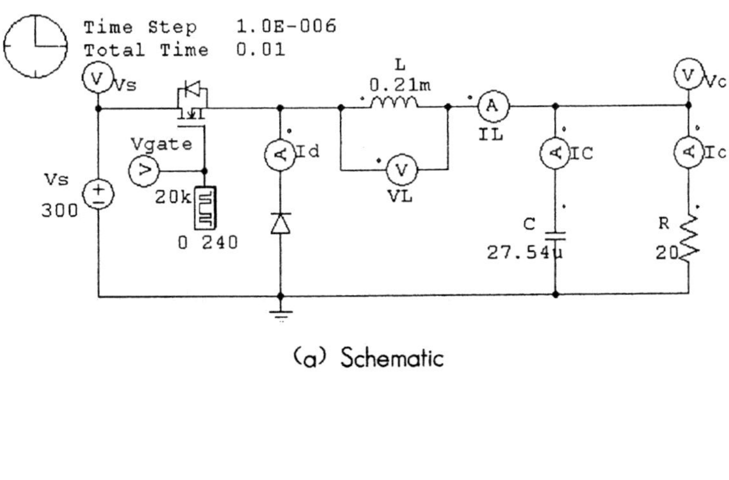

(a) Schematic

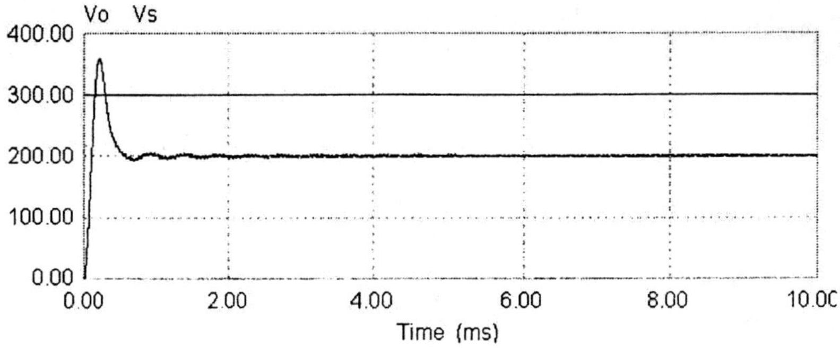

(b) 전원공급전압과 부하양단 출력전압 파형

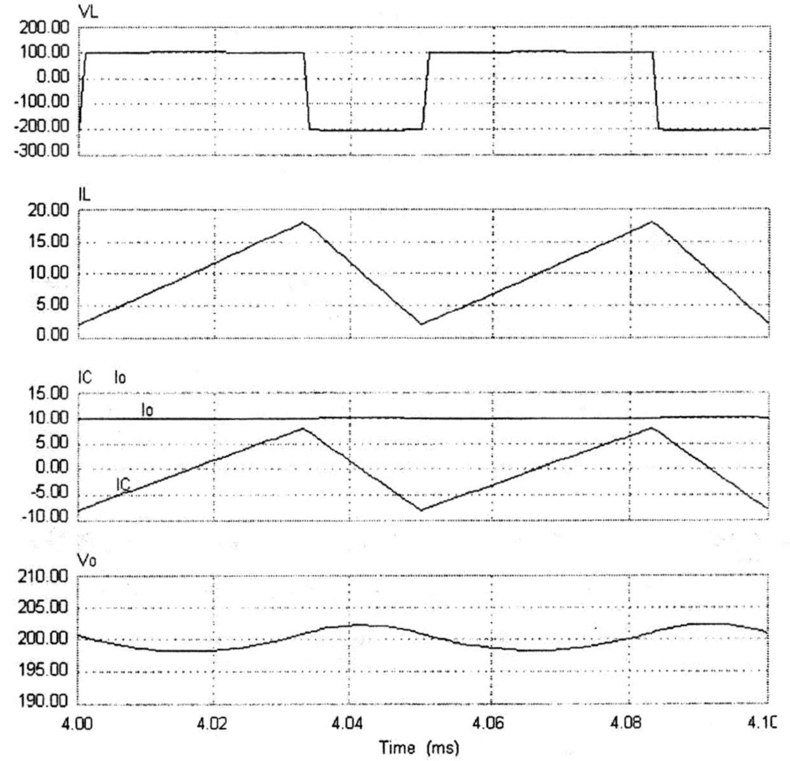

(c) 정상상태 시스템 각부 파형

<풀이> <그림 5.9> (c)에서 보는 바와 같이 인덕터의 전류는 연속이 되고 최소값이 0보다 크다는 것을 알 수 있다.

출력전압에 대한 맥동전압은 정상상태에서 최대 201.99 [V] 최소 198.39 [V]를 가리켜 ± 2 [V] 범위를 만족함을 알 수 있다.

[예제 5.2] 직류 공급전압 V_s = 400 [V], 부하저항 R = 40 [Ω], 듀티비 0.4, 인덕터 L = 0.5 [mH], 커패시터 C = 10 [μF]인 강압 변환기가 정상상태에서 인덕터가 연속동작 전류모드가 되기 위하여 스위칭 주파수는 얼마가 되어야 하는가? 또한 맥동전압의 크기는 얼마인가?

<풀이> $V_o = DV_s = 0.4 \times 400$ = 160 [V]

인덕터의 최소값은

$$f_{min} = \frac{(1-D)R}{2L} = \frac{(1-0.4)\times 40}{2\times 0.5\times 10^{-3}} = 24 \text{ [kHz]}$$

이므로 여유를 두어 1.25배 곱하면

$$f = 30 \text{ [kHz]}$$

맥동전압의 비는

$$\Delta V_o = \frac{V_o(1-D)}{8LCf^2} = \frac{140\times(1-0.4)}{8\times 0.5\times 10^{-3}\times 10\times 10^{-6}\times(30\times 10^3)^2}$$

$$= 2.33 \text{ [V]}$$

PSIM 5.4 [예제 5.2]의 설계된 값을 가지고 PSIM으로 시뮬레이션을 하여 설계 조건을 만족하였는지 확인하고 각부 파형을 나타내어라.

그림 5.10 강압 변환기 시뮬레이션 -(2)

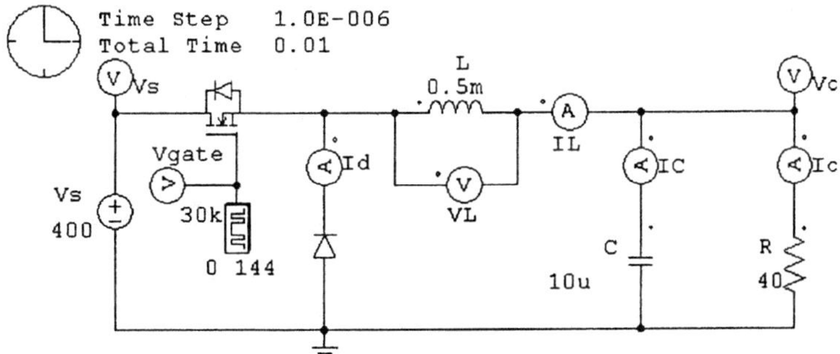

(a) Schematic

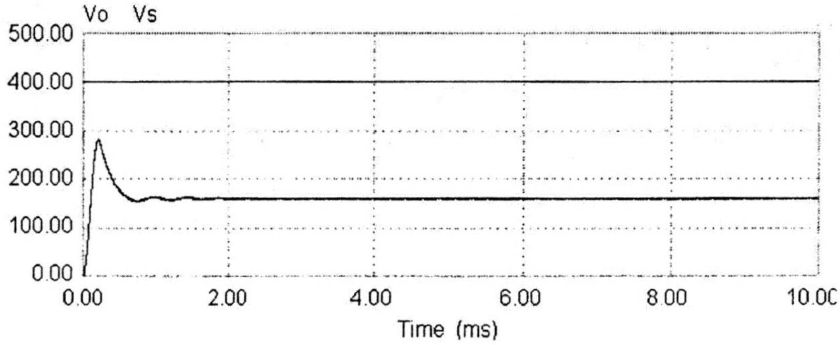

(b) 전원공급전압과 부하양단 출력전압 파형

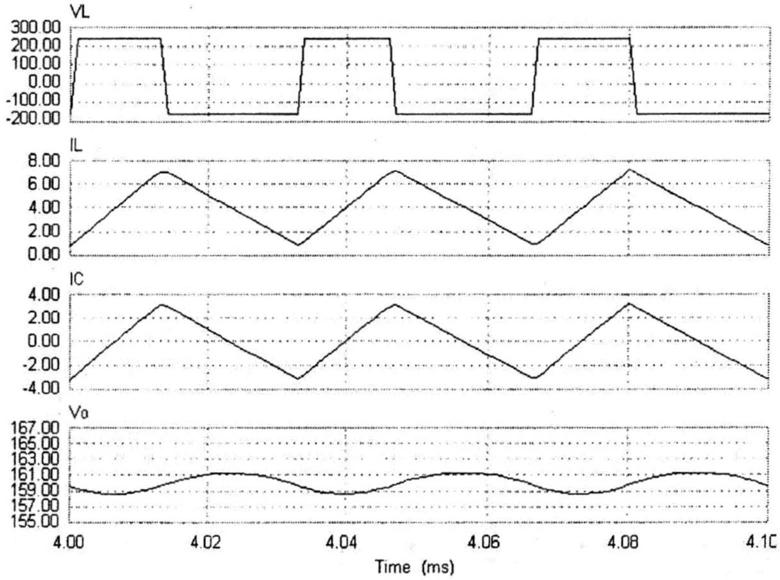

(c) 정상상태 시스템 각부 파형

<풀이> <그림 5.10> (c)에서 보는 바와 같이 인덕터의 전류는 연속이 되고 최소값이 0보다 크다는 것을 알 수 있다.

출력전압에 대한 맥동전압은 정상상태에서 최대 161.276 [V] 최소 158.63 [V]를 가리켜 ΔV_o = 2.646 [V] 범위를 만족함을 알 수 있다.

5-3 승압 변환기

전원전압보다 낮은 출력전압을 얻고자 할 경우에 강압 변환기가 사용되고, 전원전압보다 높은 출력진압을 얻고자 할 경우 경우에는 승압 변환기가 사용된다. 승압 변환기는 승압초퍼 혹은 부스트 컨버터(Boost converter)라 한다.

그림 5.11 승압 변환기(Boost converter)

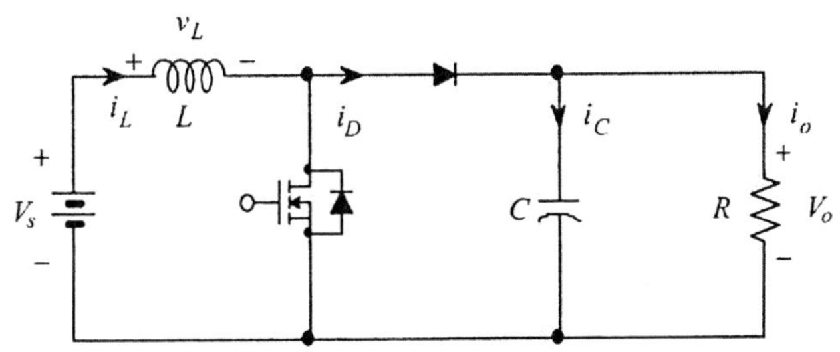

(a) 승압 변환기 회로

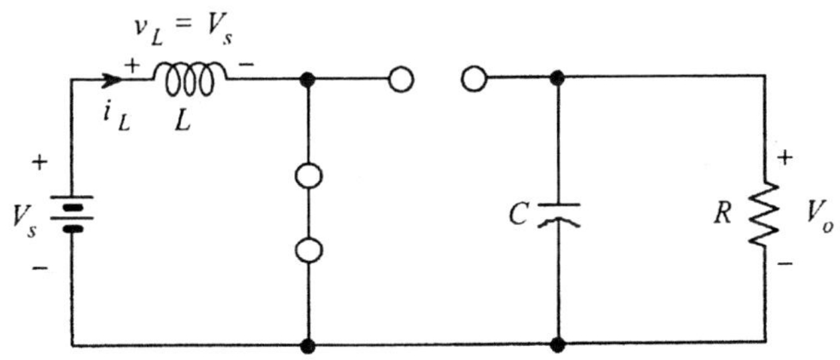

(b) 트랜지스터가 턴-온 되었을 때 등가회로 ($0 \leq t < DT$)

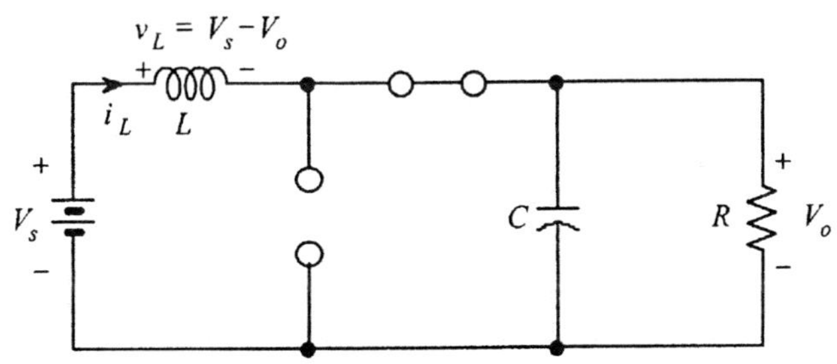

(c) 트랜지스터가 턴-오프 되었을 때 등가회로 ($DT \leq t < T$)

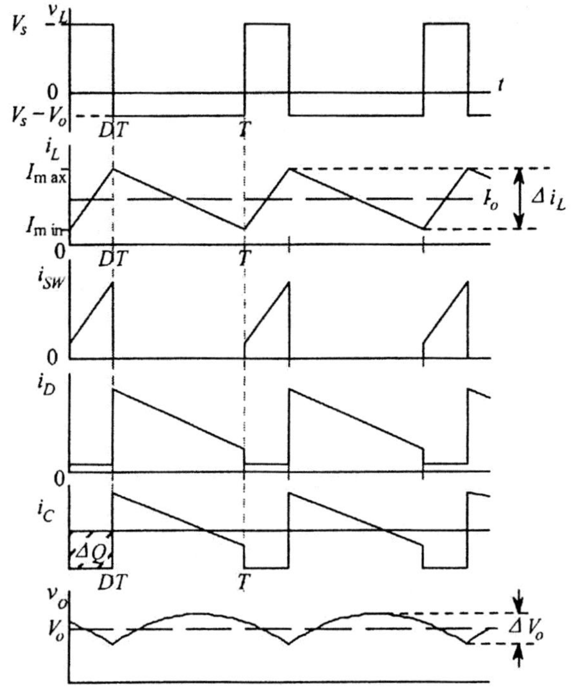

(d) 승압 변환기 각부 파형

[1] 트랜지스터 턴-온(스위치 닫힘)

트랜지스터가 턴-온 되면 다이오드는 역방향 바이어스 상태이다. 전원, 인덕터, 트랜지스터로 구성되는 경로를 따라 키르히호프 전압법칙을 적용하면

$$v_L = V_s = L\frac{di_L}{dt} \quad \frac{di_L}{dt} = \frac{V_s}{L} \tag{5.25}$$

이다. 전류의 변화율이 일정하므로 트랜지스터가 턴-온 되었을 때의 전류는 <그림 5.11> (d)와 같이 선형적으로 증가한다. 인덕터 전류의 변화율이 식(5.26)과 같고 스위치가 닫혀있을 때의 V_o을 구하면 식(5.27)과 같다.

$$\frac{\Delta i_L}{\Delta t} = \frac{\Delta i_L}{DT} = \frac{V_s}{L} \tag{5.26}$$

$$\Delta i_L|_{\text{SW\_close}} = \frac{V_s DT}{L} \tag{5.27}$$

[2] 트랜지스터 턴-오프(스위치 열림)

트랜지스터 턴-오프 되어도 인덕터의 전류는 순간적으로 변하지 않고, 다이오드가 순방향 바이어스가 되어 인덕터 전류가 연속적으로 흐르도록 하는 경로가 된다. 출력전압 V_o가 일정하다고 가정하면 인덕터 양단전압은 다음과 같다.

$$v_L = V_s - V_o = L\frac{di_L}{dt} \tag{5.28}$$

$$\frac{di_L}{dt} = \frac{V_s - V_o}{L} \tag{5.29}$$

인덕터 전류의 변화율이 일정하므로 스위치가 열려있을 때의 전류도 선형적으로 변해야 한다. 스위치가 열려있을 때 인덕터 전류의 변화율이

$$\frac{\Delta i_L}{\Delta t} = \frac{\Delta i_L}{(1-D)T} = \frac{V_s - V_o}{L} \tag{5.30}$$

이므로 Δi_L을 구하면 다음과 같다.

$$\Delta i_L\big|_{\text{SW\_open}} = \frac{(V_s - V_o)(1-D)T}{L} \tag{5.31}$$

정상상태로 동작중이면 인덕터 전류의 순수 변화량이 0이어야 한다. 식(5.27)과 식(5.31)을 사용하면

$$(\Delta i_L)_{\text{open}} + (\Delta i_L)_{\text{closed}} = 0$$

$$\frac{V_s DT}{L} + \frac{(V_s - V_o)(1-D)T}{L} = 0$$

이 되므로 출력전압의 평균값 V_o는 다음식과 같이 나타낼 수 있다.

$$V_s(D + 1 - D) - V_o(1-D) = 0$$

$$V_o = \frac{1}{1-D} \cdot V_s \tag{5.32}$$

식(5.32)에서 알 수 있듯이 트랜지스터가 턴-오프 되어 있어도 출력전압이 입력전압과 같다. 듀티비 $D \neq 0$이면 식(5.32)의 분모는 1보다 작아 출력전압이 입력전압보다 크며, 듀티비가 증가할수록 출력전압은 더욱 커지게 된다. 따라서 승압 변환기의 출력전압은 입력전압보다 높거나 같다. 식(5.32)에서 스위치의 듀티비가 1에 가까워지면 출력전압은 무한대가 되므로 출력전압이 입력전압에 비해 3배 이하가 되도록 듀티비의 범위를 제어해야 한다.

전원에서 공급한 전력이 부하저항에 전달된 전력과 같아야 한다는 사실로부터 인덕터 전류의 평균값을 구할 수 있다. 출력전력 $P_o = V_o^2/R$이고 입력전력이 $V_s I_s = V_s I_L$이므로 입력전력과 출력전력을 같게 놓은 후에 식(5.32)에 대입하면 식(5.33)과 같고 인덕터의 평균전류는 식(5.34)와 같다.

$$V_s I_L = \frac{V_o^2}{R} = \frac{\left(\frac{V_s}{1-D}\right)^2}{R} = \frac{V_s^2}{(1-D)^2 R} \tag{5.33}$$

$$I_L = \frac{V_s}{(1-D)^2 R} \tag{5.34}$$

인덕터 전류의 최대값과 최소값은 전류의 평균값과 식(5.27)의 변화량을 이용하여 구한다.

$$I_{max} = I_L + \frac{\Delta i_L}{2} = \frac{V_s}{(1-D)^2 R} + \frac{V_s DT}{2L} \tag{5.35}$$

$$I_{min} = I_L - \frac{\Delta i_L}{2} = \frac{V_s}{(1-D)^2 R} - \frac{V_s DT}{2L} \tag{5.36}$$

식(5.36)에서 인덕터 전류가 연속이 되기 위한 조건은 $I_{min} \geq 0$이므로

$$I_{min} = 0 = \frac{V_s}{(1-D)^2 R} - \frac{V_s DT}{2L} \tag{5.37}$$

이다. 따라서 승압 변환기에서 설계시 스위칭 주파수가 결정되면 인덕터의 최소값 L_{min}은 다음과 같이 구할 수 있다.

$$L_{min} = \frac{D(1-D)^2 R}{2f} \tag{5.38}$$

[3] 출력전압의 맥동

앞서 살펴본 식들은 커패시턴스 값이 무한대이어서 출력전압이 일정하다는 가정에서 유도되었으나, 실제에 있어서는 커패시턴스 값이 유한하므로 출력전압이 변동하게 되어 맥동 전압이 발생한다.

<그림 5.11> (d)에 나타낸 커패시터의 전류파형으로부터 구할 수 있다. 커패시터 전하의 변화량이

$$|\Delta Q| = \left(\frac{V_o}{R}\right) DT = C \Delta V_o \tag{5.39}$$

이므로 맥동전압은 다음과 같이 구해진다.

$$\Delta V_o = \frac{V_o DT}{RC} = \frac{V_o D}{RCf}$$

따라서 평균출력전압에 대한 맥동전압의 비율은

$$\frac{\Delta V_o}{V_o} = \frac{D}{RCf} \tag{5.40}$$

이고 설계시 이 비율이 주어진다면 커패시터의 용량은 다음과 같이 설정할 수 있다.

$$C = \frac{D}{Rf} \times \frac{V_o}{\Delta V_o} \tag{5.41}$$

[예제 5.3] 저항 R = 20 [Ω]인 부하에 출력전압이 V_o = 400 [V]가 되도록 승압 변환기를 설계하려고 한다. 직류 공급전압 V_s = 300 [V], 스위칭 주파수 f_c = 20 [kHz]이고, 맥동전압이 ±2.0 [V]가 되도록 인덕터 L과 커패시터 C를 설계하여라.

<풀이> $V_o = \frac{V_s}{1-D}$ 이므로 듀티비 $D = 1 - \frac{300}{400} = 0.25$이 되어야 한다.

인덕터의 최소값은

$$L_{min} = \frac{D(1-D)^2 R}{2f} = \frac{0.25(1-0.25)^2 \times 20}{2 \times 20 \times 10^3} = 0.0703 \text{ [mH]}$$

이므로 여유를 두어 1.25배 곱하면

$$L = 0.0879 \text{ [mH]}$$

커패시터의 용량은

$$C = \frac{D}{Rf} \times \frac{V_o}{\Delta V_o} = \frac{0.25}{20 \times 20 \times 10^3} \times \frac{400}{4}$$

$$= 62.5 \text{ [}\mu F\text{]}$$

이므로 1.1배의 여유를 두어 C = 68.75 [μF]

PSIM 5.5 [예제 5.3]의 설계된 값을 가지고 PSIM으로 시뮬레이션을 하여 설계 조건을 만족하였는지 확인하고 각부 파형을 나타내어라.

그림 5.12 승압 변환기 시뮬레이션 - (1)

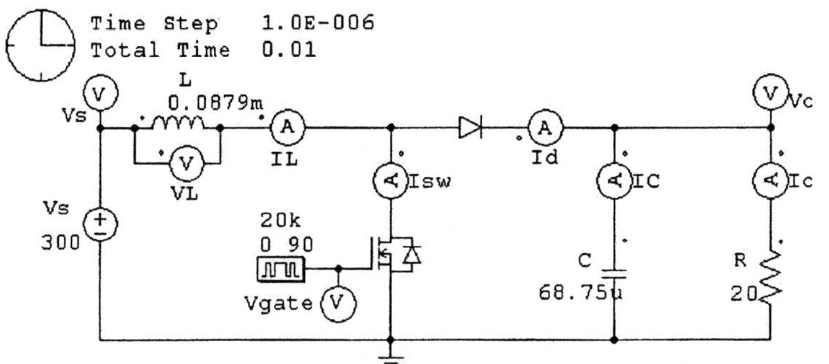

(a) Schematic

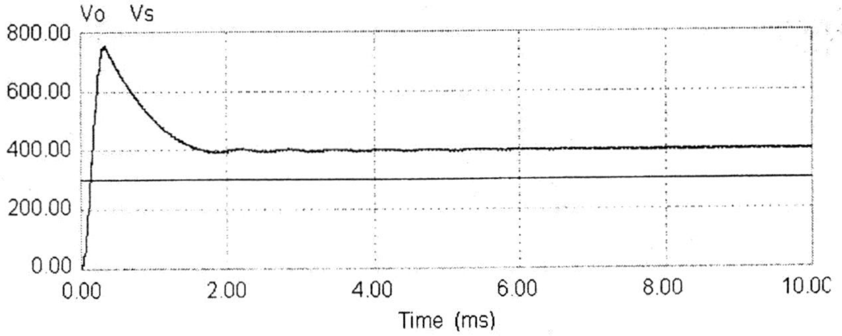

(b) 전원공급전압과 부하양단 출력전압 파형

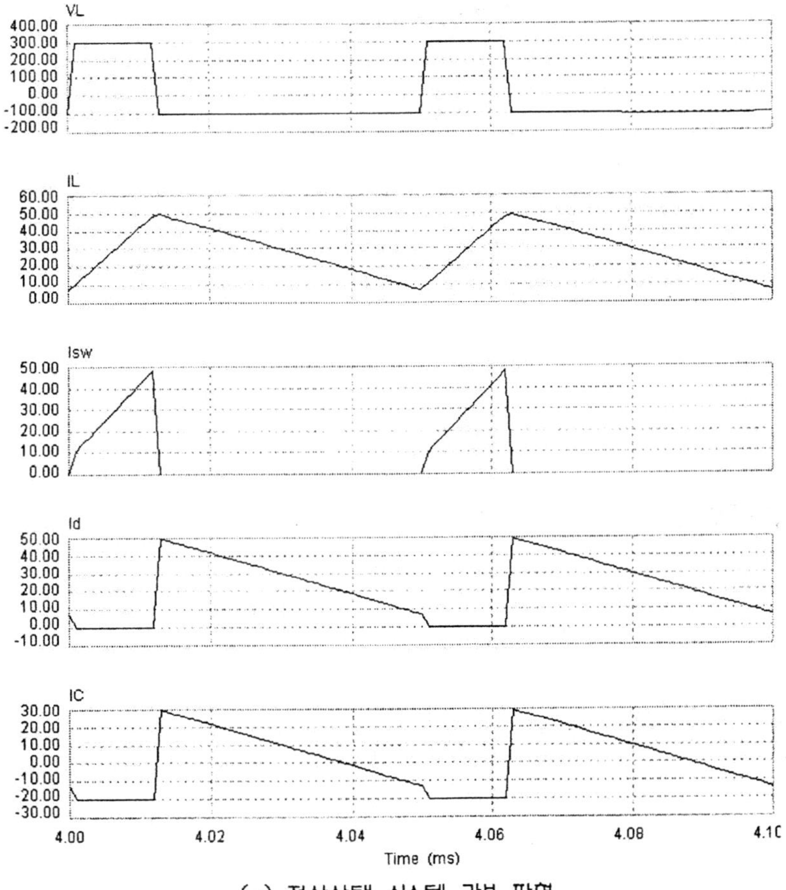

(c) 정상상태 시스템 각부 파형

<풀이> <그림 5.12> (c)에서 보는 바와 같이 인덕터의 전류는 연속이 되고 최소값이 0보다 크다는 것을 알 수 있다.

출력전압에 대한 맥동전압은 정상상태에서 최대 401.51 [V] 최소 396.41[V]를 가리켜 최소값이 약간 벗어남을 알 수 있다.

[예제 5.4] 직류 공급전압 V_s = 400 [V], 부하저항 R = 40 [Ω], 듀티비 0.4, 인덕터 L = 0.1 [mH], 커패시터 C = 47 [μF]인 승압 변환기가 정상상태에서 인덕터가 연속동작 전류모드가 되기 위하여 스위칭 주파수는 얼마가 되어야 하는가? 또한 맥동전압의 크기는 얼마인가?

<풀이>

$$V_o = \frac{V_s}{1-D} = \frac{400}{1-0.4} = 666.67 \text{ [V]}$$

스위칭 주파수의 최소값은

$$f_{\min} = \frac{D(1-D)^2 R}{2L} = \frac{0.4 \times (1-0.4)^2 \times 40}{2 \times 0.1 \times 10^{-3}} = 28.8 \text{ [kHz]}$$

이므로 여유를 두어 1.25배 곱하면

$$f = 36 \text{ [kHz]}$$

맥동전압의 비는

$$\Delta V_o = \frac{DV_o}{RCf} = \frac{0.4 \times 666.67}{40 \times 47 \times 10^{-6} \times 36 \times 10^3} = 3.94 \text{ [V]}$$

PSIM 5.6 [예제 5.4]의 설계된 값을 가지고 PSIM으로 시뮬레이션을 하여 설계 조건을 만족하였는지 확인하고 각부 파형을 나타내어라.

그림 5.13 승압 변환기 시뮬레이션 – (2)

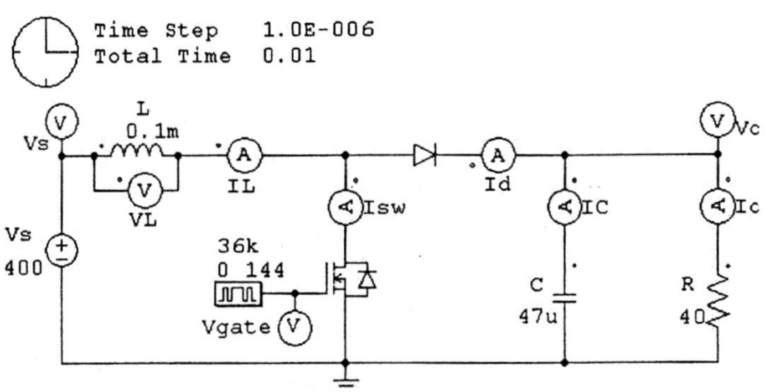

(a) Schematic

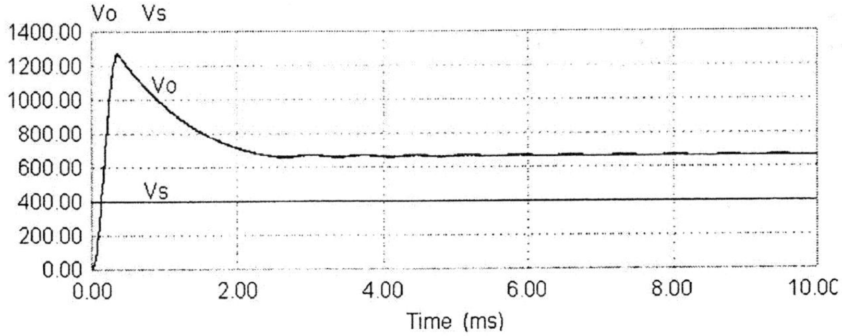

(b) 전원공급전압과 부하양단 출력전압 파형

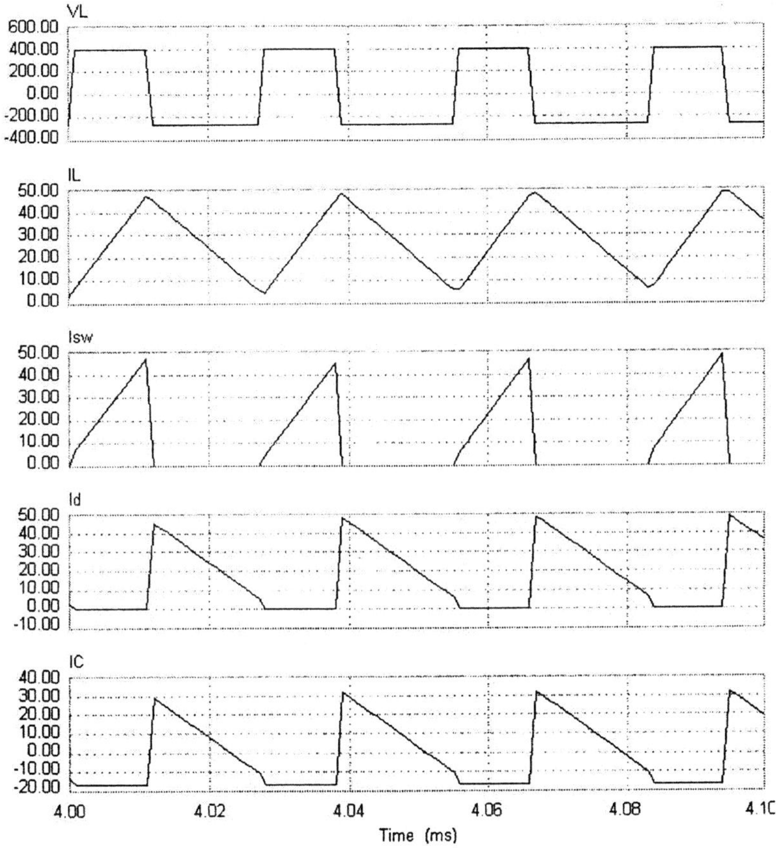

(c) 정상상태 시스템 각부 파형

<풀이> <그림 5.13> (c)에서 보는 바와 같이 인덕터의 전류는 연속이 되고 최소값이 0보다 크다는 것을 알 수 있다.

출력전압에 대한 맥동전압은 정상상태에서 최대 667.79 [V] 최소 663.42[V]이므로 맥동전압 ΔV_o = 4.37 [V]이다.

5-4 강압-승압 변환기

전원전압보다 낮은 출력전압을 얻는 강압 변환기와 높은 출력전압을 얻는 승압 변환기의 특성을 모두 가지는 변환기가 강압-승압 변환기 혹은 벅-부스트 컨버터(Buck-Boost converter)로 출력전압의 강압과 승압이 모두 가능한 변환기이다.

그림 5.14 강압-승압 변환기(Buck-Boost converter)

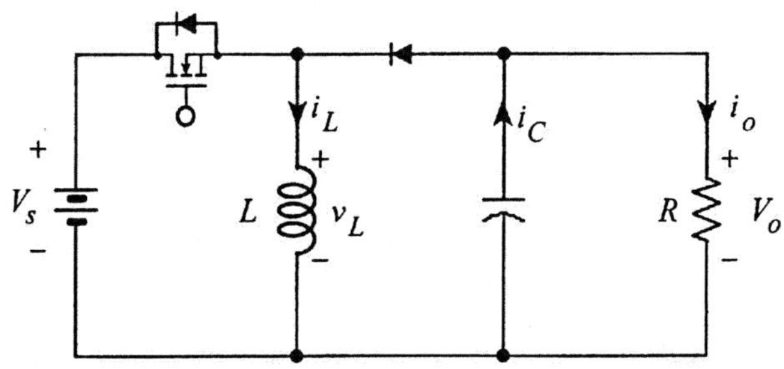

(a) 강압-승압 변환기 회로

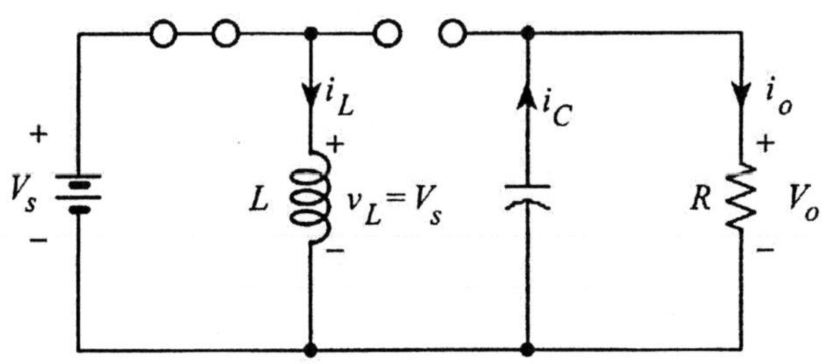

(b) 트랜지스터가 턴-온 되었을 때 등가회로 ($0 \le t < DT$)

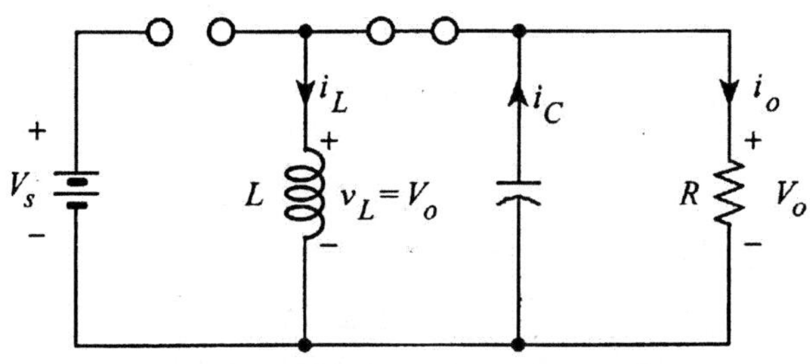

(c) 트랜지스터가 턴-오프 되었을 때 등가회로 ($DT \le t < T$)

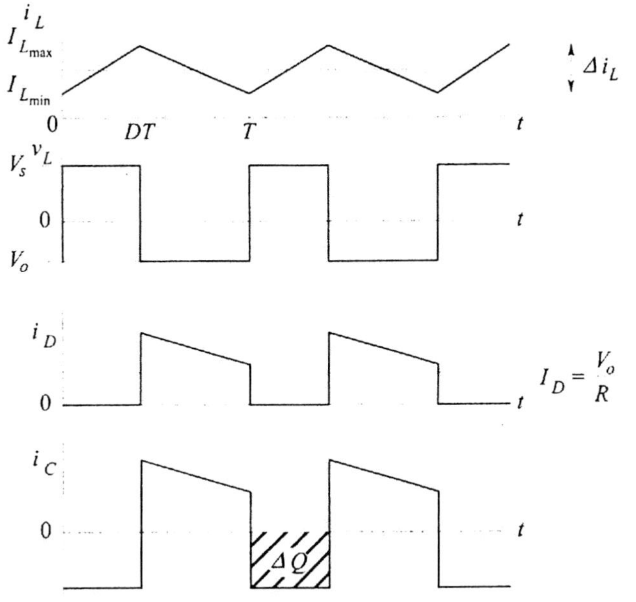

(d) 강압-승압 변환기 각부 파형

[1] 트랜지스터 턴-온(스위치 닫힘)

트랜지스터가 턴-온 되면 다이오드는 역방향 바이어스 상태이다. 전원, 인덕터, 트랜지스터로 구성되는 경로를 따라 키르히호프 전압법칙을 적용하면

$$v_L = V_s = L\frac{di_L}{dt} \quad \frac{di_L}{dt} = \frac{V_s}{L} \tag{5.42}$$

이다. 전류의 변화율이 일정하므로 트랜지스터가 턴-온 되었을 때의 전류는 <그림 5.14> (d)와 같이 선형적으로 증가한다. 인덕터 전류의 변화율이 식(5.43)과 같고 스위치가 닫혀있을 때의 V_o을 구하면 식(5.44)와 같다.

$$\frac{\Delta i_L}{\Delta t} = \frac{\Delta i_L}{DT} = \frac{V_s}{L} \tag{5.43}$$

$$\Delta i_L|_{SW\_close} = \frac{V_s DT}{L} \tag{5.44}$$

[2] 트랜지스터 턴-오프(스위치 열림)

트랜지스터 턴-오프 되어도 인덕터의 전류는 순간적으로 변하지 않고, 다이오드가 순방향 바이어스가 되어 인덕터 전류가 연속적으로 흐르도록 하는 경로가 된다. 출력전압 V_o가 일정하다고 가정하면 인덕터 양단전압은 다음과 같다.

$$v_L = V_o = L\frac{di_L}{dt} \tag{5.45}$$

$$\frac{di_L}{dt} = \frac{V_o}{L} \tag{5.46}$$

인덕터 전류의 변화율이 일정하므로 스위치가 열려있을 때의 전류도 선형적으로 변해야 한다. 스위치가 열려있을 때 인덕터 전류의 변화율이

$$\frac{\Delta i_L}{\Delta t} = \frac{\Delta i_L}{(1-D)T} = \frac{V_o}{L} \tag{5.47}$$

이므로 Δi_L을 구하면 다음과 같다.

$$\Delta i_L|_{SW\_open} = \frac{V_o(1-D)T}{L} \tag{5.48}$$

정상상태로 동작중이면 인덕터 전류의 순수 변화량이 0이어야 한다. 식(5.44)와 식(5.48)을 사용하면

$$(\Delta i_L)_{open} + (\Delta i_L)_{closed} = 0$$

$$\frac{V_s DT}{L} + \frac{V_o(1-D)T}{L} = 0$$

이므로 다음과 같이 V_o을 구할 수 있다.

$$V_s D + V_o(1-D) = 0$$

$$V_o = -\frac{D}{1-D}V_s \tag{5.49}$$

식(5.49)에서 듀티비가 0.5이하에서는 $V_o \le V_s$이고 듀티비가 0.5이상에서는 $V_o \ge V_s$가 된다. 즉, 듀티비에 따라 출력전압의 크기를 전원전압 V_s보다 크거나 작게 조절할 수 있으므로 강압 변환기와 승압 변환기의 특성을 모두 가지게 된다. 그리고 승압 변환기와 같이 스위치의 듀티비가 1에 가까워지면 출력전압은 식(5.49)에 따라 무한대가 되므로 듀티비의 제한이 필요하다.

강압-승압 변환기의 또 다른 특징은 전원전압이 직접적으로 부하에 전달시키지 않는다. 트랜지스터가 턴-온 되었을 때 인덕터에 에너지를 저장시키고, 트랜지스터가 턴-오프 되면 저장된 에너지를 부하에 공급을 하게 된다. 따라서 부하에서 소비한 전력은 전원이 공급한 전력과 같아야 하므로 $P_o = P_s$이다. 또한 전원전압에 의해 흐르는 트랜지스터의 평균전류 $I_{SW} = DI_L$이므로

$$P_o = \frac{V_o^2}{R} \tag{5.50}$$

$$P_s = V_s\, I_{SW} = V_s D I_L \tag{5.51}$$

이다. 이상에 따라 I_L 전류에 대하여 식을 정리하면

$$I_L = \frac{V_o^2}{V_s R D} = \frac{V_s D}{(1-D)^2 R} \tag{5.52}$$

이며, 식(5.44)와 식(5.52)에 의해 인덕터 전류의 최대값과 최소값을 구할 수 있다.

$$I_{\max} = I_L + \frac{\Delta i_L}{2} = \frac{V_s D}{(1-D)^2 R} + \frac{V_s D T}{2L} \tag{5.53}$$

$$I_{\min} = I_L - \frac{\Delta i_L}{2} = \frac{V_s D}{(1-D)^2 R} - \frac{V_s D T}{2L} \tag{5.54}$$

인덕터의 전류가 연속이 되기 위한 $I_{\min} = 0$이므로, 강압-승압 변환기에서 설계시 스위칭 주파수가 결정되면 인덕터의 최소값은 다음과 같이 구할 수 있다.

$$L_{\min} = \frac{(1-D)^2 R}{2f} \tag{5.55}$$

[3] 출력전압의 맥동

이상의 식들은 커패시턴스 값이 무한대이어서 출력전압이 일정하다는 가정하에서 유도되었으나, 실제에 있어서는 커패시턴스 값이 유한하므로 출력전압이 변동하게 되어 맥동이 발생한다.

<그림 5.14> (d)에 나타낸 커패시터의 전류파형으로부터 구할 수 있다. 커패시터 전하의 변화량이

$$|\Delta Q| = \left(\frac{V_o}{R}\right) DT = C \Delta V_o \tag{5.56}$$

이므로 맥동전압은 다음과 같이 구해진다.

$$\Delta V_o = \frac{V_o DT}{RC} = \frac{V_o D}{RCf}$$

따라서 평균출력전압에 대한 맥동전압의 비율은

$$\frac{\Delta V_o}{V_o} = \frac{D}{RCf} \tag{5.57}$$

이고 설계시 이 비율이 주어진다면 커패시터의 용량은 다음과 같이 설정할 수 있다.

$$C = \frac{D}{Rf} \times \frac{V_o}{\Delta V_o} \tag{5.58}$$

[예제 5.5] 저항 R = 10 [Ω]인 부하에 출력전압이 V_o = -200 [V]가 되도록 강압-승압 변환기를 설계하려고 한다. 직류 공급전압 V_s = 300 [V], 스위칭 주파수 f_c = 20 [kHz]이고, 맥동전압이 ±2.0 [V]가 되도록 인덕터 L과 커패시터 C를 설계하여라.

<풀이>

$V_o = -\frac{D}{1-D}V_s$이므로 듀티비 $D = \frac{V_o}{V_o - V_s} = 0.4$가 되어야 한다.

인덕터의 최소값은

$$L_{\min} = \frac{(1-D)^2 R}{2f} = \frac{(1-0.4)^2 \times 10}{2 \times 20 \times 10^3} = 0.09 \text{ [mH]}$$

이므로 여유를 두어 1.25배 곱하면

L = 0.1125 [mH]

커패시터의 용량은

$$C = \frac{D}{Rf} \times \frac{V_o}{\Delta V_o} = \frac{0.4}{10 \times 20 \times 10^3} \times \frac{200}{4}$$

$= 100$ [μF]

이므로 1.1배의 여유를 두어 C = 110 [μF]

PSIM 5.7 [예제 5.5]의 설계된 값을 가지고 PSIM으로 시뮬레이션을 하여 설계 조건을 만족하였는지 확인하고 각부 파형을 나타내어라.

그림 5.15 강압-승압 변환기 시뮬레이션 - (I)

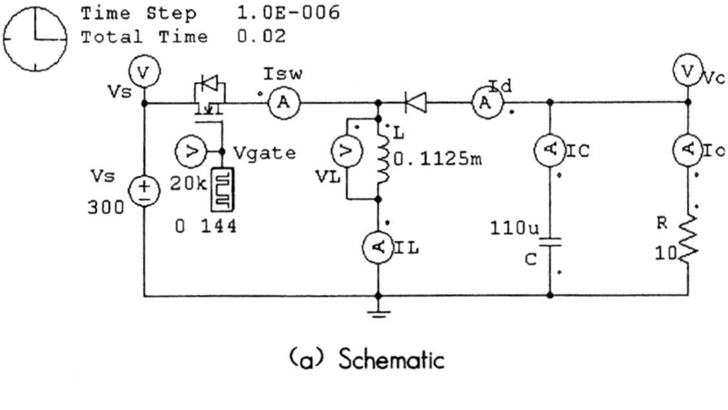

(a) Schematic

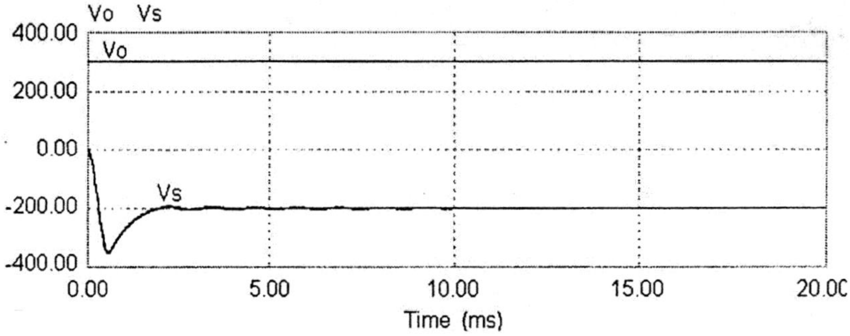

(b) 전원공급전압과 부하양단 출력전압 파형

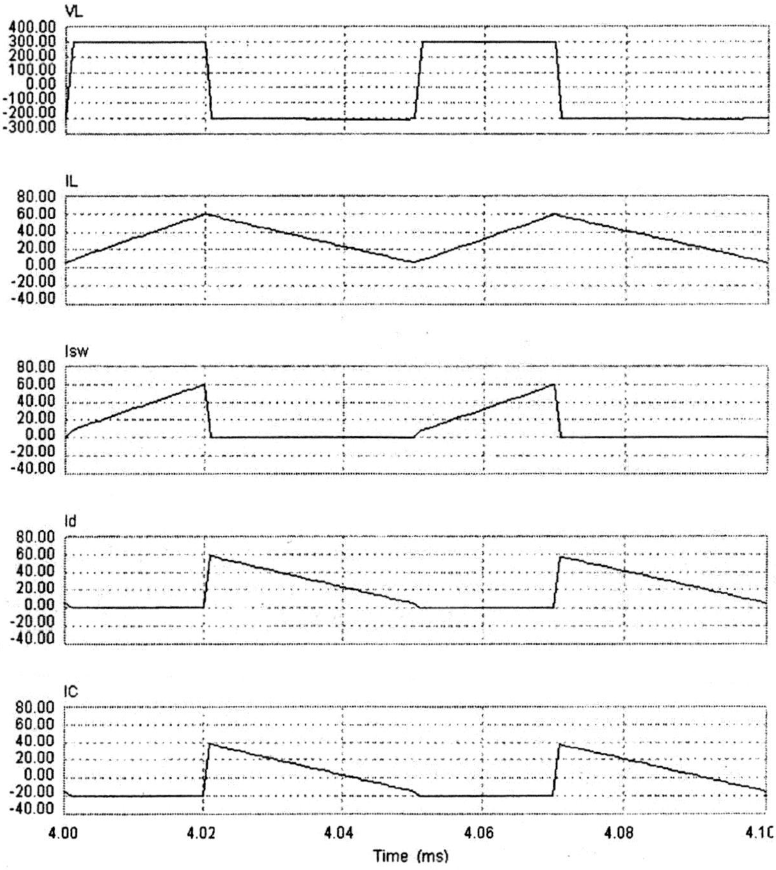

(c) 정상상태 시스템 각부 파형

<풀이> <그림 5.15> (c)에서 보는 바와 같이 인덕터의 전류는 연속이 되고 최소값이 0보다 크다는 것을 알 수 있다.

출력전압에 대한 맥동전압은 정상상태에서 최대 -201.08 [V] 최소 -197.0 [V]를 가리켜 ΔV_o = 4.08 [V]이다.

[예제 5.6] 직류 공급전압 V_s = 300 [V], 부하저항 R = 40 [Ω], 듀티비 0.25, 인덕터 L = 0.4 [mH], 커패시터 C = 10 [μF]인 강압-승압 변환기가 정상상태에서 인덕터가 연속동작 전류모드가 되기 위하여 스위칭 주파수는 얼마가 되어야 하는가? 또한 맥동전압의 크기는 얼마인가?

<풀이>

$$V_o = -\frac{D}{1-D}V_s = -\frac{0.25}{1-0.25}\times 300 = -100 \text{ [V]}$$

스위칭 주파수의 최소값은

$$f_{\min} = \frac{(1-D)^2R}{2L} = \frac{(1-0.25)^2\times 40}{2\times 0.4\times 10^{-3}} = 28.125 \text{ [kHz]}$$

이므로 여유를 두어 1.25배 곱하여 근사값으로

$$f = 35 \text{ [kHz]}$$

맥동전압의 비는

$$\Delta V_o = \frac{DV_o}{RCf} = \frac{0.25\times 100}{40\times 10\times 10^{-6}\times 35\times 10^3} = 1.7857 \text{ [V]}$$

PSIM 5.8 [예제 5.6]의 설계된 값을 가지고 PSIM으로 시뮬레이션을 하여 설계 조건을 만족하였는지 확인하고 각부 파형을 나타내어라.

그림 5.16 강압-승압 변환기 시뮬레이션 - (2)

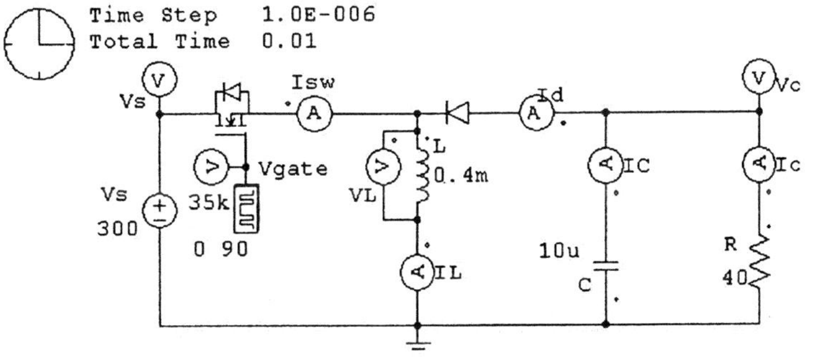

(a) Schematic

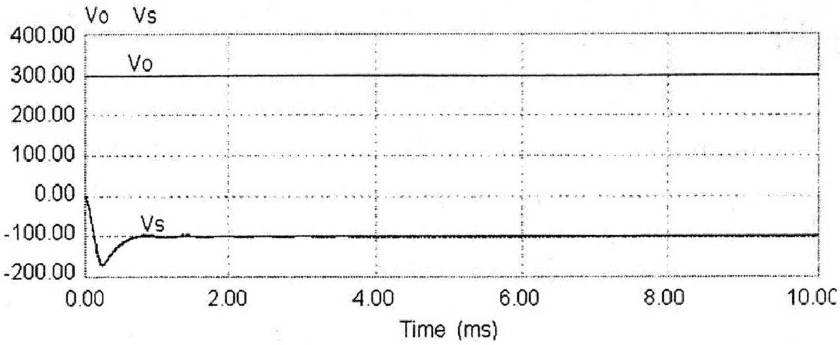

(b) 전원공급전압과 부하양단 출력전압 파형

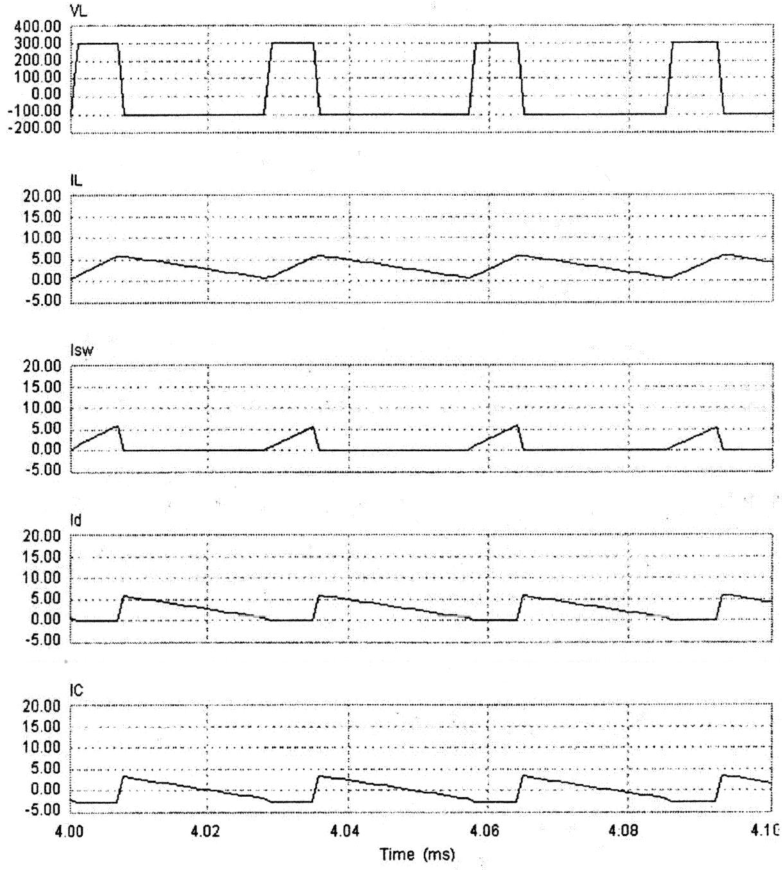

(c) 정상상태 시스템 각부 파형

<풀이> <그림 5.16> (c)에서 보는 바와 같이 인덕터의 전류는 연속이 되고 최소값이 0보다 크다는 것을 알 수 있다.

출력전압에 대한 맥동전압은 정상상태에서 최대 -100.61 [V] 최소 -98.15 [V]이므로 맥동전압 ΔV_o = 2.46 [V]이다.

5-5 축 변환기

축 변환기(Ćuk converter)는 강압-승압 변환기와 같이 강압과 승압이 모두 가능한 변환기이며, 출력의 극성이 입력의 극성과 반대이다. 이 변환기의 구조는 <그림 5.17> (a)와 같다.

그림 5.17 축 변환기(Ćuk converter)

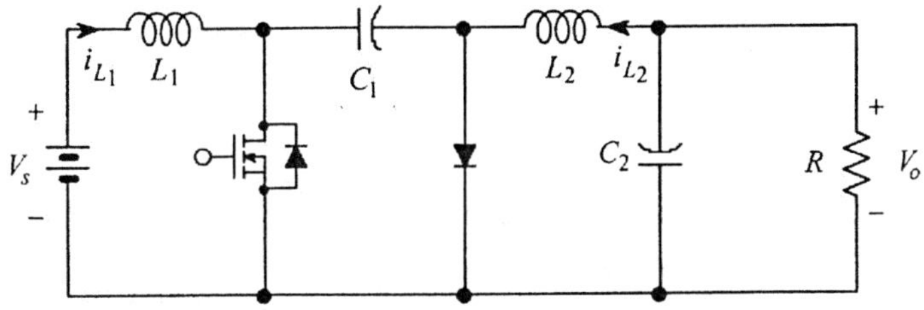

(a) 축 변환기 회로

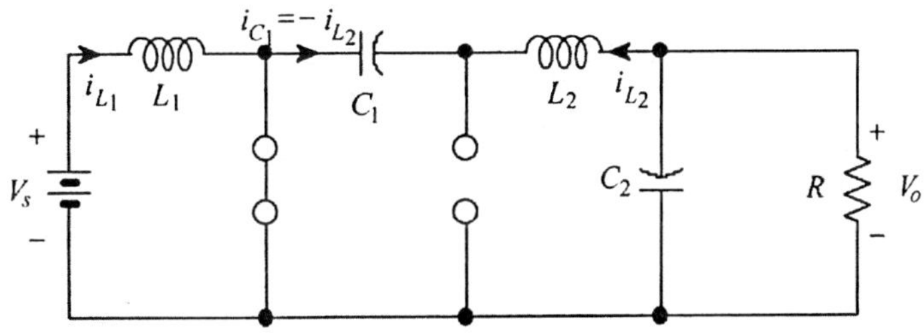

(b) 트랜지스터가 턴-온 되었을 때 등가회로 ($0 \le t < DT$)

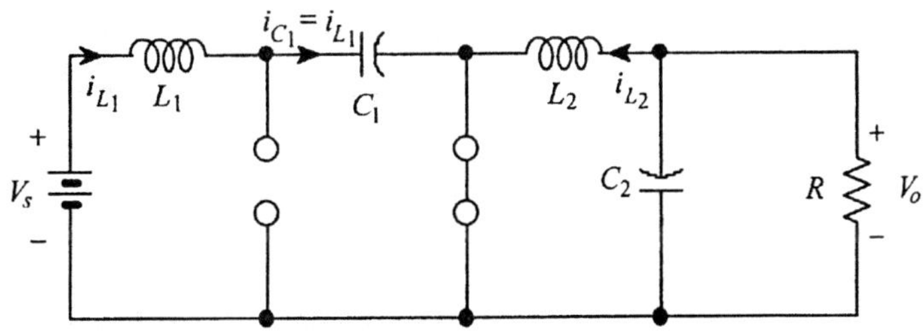

(c) 트랜지스터가 턴-오프 되었을 때 등가회로 ($DT \le t < T$)

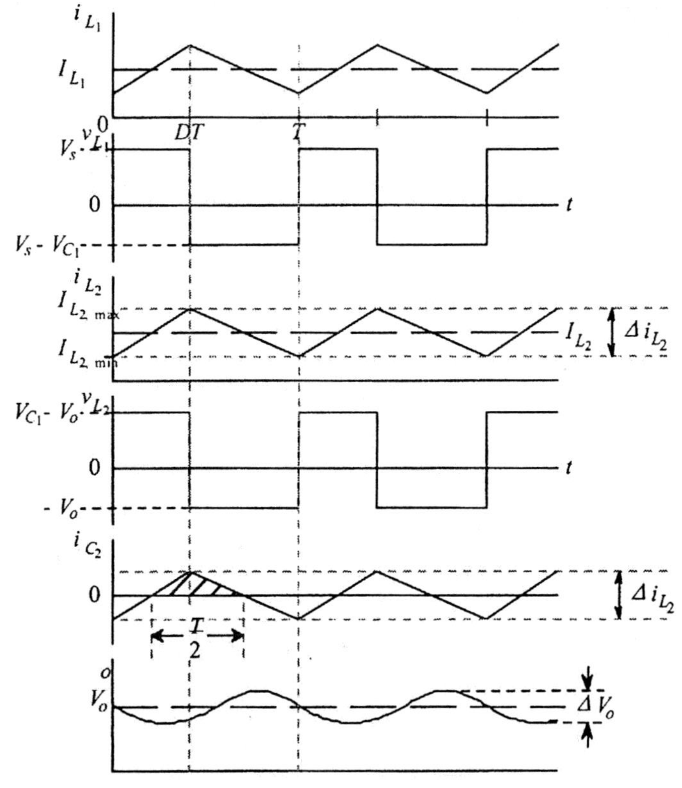

(d) 축 변환기 각부 파형

인덕터 L_1은 직류전원에 부착되어 주로 필터로 작용하여 고조파 성분을 감소시키는 역할을 한다. 앞서 살펴본 강압, 승압, 강압-승압 변환기에서는 인덕터에 에너지를 저장하였다가 출력측으로 전달시키는 역할을 하였지만, 축 변환기는 커패시터 C_1이 에너지를 전달하는 역할을 한다. 축 변환기가 정상적인 동작을 하기 위해 다음과 같은 전제 조건을 충족하여야 한다.

인덕터 L_1, L_2 모두 큰 값을 가짐으로써 인덕터에 흐르는 전류가 일정해야 하고, 커패시터 C_1, C_2 모두 큰 값을 가짐으로써 커패시터에 걸리는 전압이 일정해야 한다. 회로의 해석을 위해 정상상태 동작에 대해서 고려를 한다.

가정에 따라 커패시터 C_1의 용량이 매우 크기 때문에 C_1 양단전압 v_{C_1}은 리플이 거의 존재하지 않는 일정한 값이 된다. 회로에서 외곽 경로인 V_s-L_1-C_1-L_2-R을 따라 키르히호프의 전압법칙을 적용하여 커패시터 C_1의 평균값 V_{C_1}을 구하게 되면, 정상상태 동작에서는 인덕터 양단전압의 평균값이 0이기 때문에

$$V_{C_1} = V_s - V_o \tag{5.59}$$

으로 나타낼 수 있다. 트랜지스터가 턴-온 되면, 다이오드는 턴-오프 상태가 되므로 커패시터 C_1에 흐르는 전류는

$$i_{C_1}\big|_{\text{closed}} = -I_{L_2} \tag{5.60}$$

트랜지스터가 턴-오프 되면 인덕터 L_1과 L_2의 전류가 다이오드를 다시 턴-온 시키므로 커패시터 C_1의 전류는

$$i_{C_1}\big|_{\text{open}} = I_{L_1} \tag{5.61}$$

이 된다. 부하에서 소모되는 전력 $P_o = -V_o I_{L_2}$은 전원이 공급한 전력 $P_s = V_s I_{L_1}$과 같으므로

$$\frac{I_{L_1}}{I_{L_2}} = -\frac{V_s}{V_o} \tag{5.62}$$

이 된다. 한편, 주기적 동작에서 트랜지스터가 DT 동안 턴-온, $(1-D)T$ 동안 턴-오프 되면, 커패시터 C_1의 증감된 전류량에 시간을 곱하면 평균값이 되고 이 평균값을 0이 되므로 다음 식과 같이 나타낼 수 있다.

$$i_{C_1}\big|_{\text{closed}} \times DT + i_{C_1}\big|_{\text{open}} \times (1-D)T = 0 \tag{5.63}$$

식(5.60), (5.61)을 대입하면 $-I_{L_2}DT + I_{L_1} \times (1-D)T = 0$이 되므로 정리하면

$$\frac{I_{L_1}}{I_{L_2}} = \frac{D}{1-D} \tag{5.64}$$

따라서 식(5.62), (5.64)에 의해 입력전압과 출력전압 사이의 관계를 듀티비로 나타내면 다음과 같이 나타낼 수 있다.

$$\frac{V_o}{V_s} = -\frac{D}{1-D} \tag{5.65}$$

여기서 음(-)의 부호가 붙는 이유는 입력전압을 기준으로 출력전압의 극성이 반대가 됨을 의미한다.

출력측의 소자인 L_2, C_2 및 부하 R의 구조는 강압 변환기인 벅 컨버터와 동일한 구조를 가지기 때문에 인덕터 L_2에 흐르는 전류 i_{L_2}는 앞서 살펴본 강압 변환기의 파형과 동일하고, 출력전압의 맥동도 동일하므로 맥동비는 다음과 같이 나타낼 수 있다.

$$\frac{\Delta V_o}{V_o} = \frac{1-D}{8\,L_2\,C_2\,f^2} \tag{5.66}$$

가정에서는 커패시터 C_1이 높은 값을 가진다고 하였지만, 실제 커패시터 C_1은 맥동을 하게 되므로 커패시터의 맥동 전압값 Δv_{C_1}을 구하려면, 트랜지스터가 턴-오프 되었을 때 i_{L_1}과 i_{C_1}이 같다는 조건에서 L_1에 흐르는 전류 I_{L_1}이 거의 일정하게 흐르기 때문에 맥동 전압값 Δv_{C_1}을 나타내면 다음과 같다.

$$\Delta v_{C_1} \cong \frac{1}{C_1}\int_{DT}^{T} I_{L_1} \cdot dt = \frac{I_{L_1}}{C_1} \cdot (1-D)T \tag{5.67}$$

이며 입출력 전압의 크기 관계를 고려하면 다음과 같다.

$$\Delta v_{C_1} \cong \frac{V_s}{R C_1 f}\left(\frac{D^2}{1-D}\right) = \frac{V_o D}{R C_1 f} \tag{5.68}$$

트랜지스터가 턴-온 되어있는 때 L_1 양단간의 전압은 전원전압과 같고, L_2 양단간의 전압은 출력전압과 커패시터 C_1의 전압의 합이므로 각각 다음 식과 같이 나타낼 수 있다.

$$v_{L_1} = L_1\frac{di_{L_1}}{dt} = V_s \tag{5.69}$$

$$v_{L_2} = L_2 \frac{di_{L_2}}{dt} = V_o + (V_s - V_o) = V_s \tag{5.70}$$

인덕터 L_1과 L_2의 전류 변화량은 트랜지스터가 턴-온 되어있는 시간 DT 동안의 인덕터 전압의 관계로부터

$$\frac{di_{L_1}}{dt} = \frac{V_s}{L_1} = \frac{\Delta i_{L_1}}{DT} \tag{5.71}$$

$$\frac{di_{L_2}}{dt} = \frac{V_s}{L_2} = \frac{\Delta i_{L_2}}{DT} \tag{5.72}$$

을 구할 수 있고 인덕터 전류의 변화율을 구하면 다음과 같이 나타낼 수 있다.

$$\Delta i_{L_1} = \frac{V_s}{L_1} \cdot DT = \frac{V_s D}{L_1 f} \tag{5.73}$$

$$\Delta i_{L_2} = \frac{V_s}{L_2} \cdot DT = \frac{V_s D}{L_2 f} \tag{5.74}$$

인덕터에 흐르는 전류가 연속이려면 인덕터 전류의 평균값이 $\Delta i_{L_2}/2$보다 커야 한다. 따라서 인덕터의 평균전류 I_{L_1}, I_{L_2}를 구한 다음에 식(5.73)과 식(5.74)를 이용하면 연속전류이기 위한 각 인덕터의 최소값을 구할 수 있다.

$$L_{1,\min} = \frac{(1-D)^2 R}{2Df} \tag{5.75}$$

$$L_{2,\min} = \frac{(1-D)^2 R}{2Df} \tag{5.76}$$

[예제 5.7] 직류 공급전압 V_s = 120 [V], 출력 전압 V_o = 180 [V], 출력전력 400 [W]를 내는 축(Ćuk) 변환기에 대해 다음의 조건을 만족하도록 듀티비, 인덕터와 커패시터의 용량 범위를 결정하여라.

조건) 스위칭 주파수는 30 [kHz]로 하고, 인덕터 전류 변화량이 10 [%]이내, 출력전압의 맥동비가 1 [%]이하, 커패시터 C_1 양단전압의 맥동이 5 [%]이내

<풀이> 듀티비를 구하면

$$\frac{V_o}{V_s} = -\frac{D}{1-D} = -\frac{180}{120} = -1.5,\quad D = -1.5\times(1-D)$$

$$D = 0.6$$

각 인덕터의 평균전류를 구하면,

$$I_{L_1} = \frac{P_s}{V_s} = \frac{400\,[\mathrm{W}]}{120\,[\mathrm{V}]} = 3.33\ [\mathrm{A}]$$

$$I_{L_2} = \frac{P_s}{V_o} = \frac{400\,[\mathrm{W}]}{180\,[\mathrm{V}]} = 2.22\ [\mathrm{A}]$$

각 전류의 변화량을 구하는 식이 $\Delta i_L = \frac{V_s D}{Lf}$이므로 각 인덕터의 전류 변화량이 10% 이내가 되기 위한 범위는

$$L_{1.\min} \ge \frac{V_s D}{f\Delta i_{L_1}} = \frac{120\times0.6}{(30\times10^3)\times(3.33\times0.1)} = 7.21\ [\mathrm{mH}]$$

$$L_{2.\min} \ge \frac{V_s D}{f\Delta i_{L_2}} = \frac{120\times0.6}{(30\times10^3)\times(2.22\times0.1)} = 10.81\ [\mathrm{mH}]$$

출력전압의 맥동비는 $\frac{\Delta V_o}{V_o} = \frac{1-D}{8L_2C_2f^2} \le 0.01$ 범위 이므로

$$C_2 \ge \frac{1-D}{(\Delta V_o/V_o)8L_2f^2} = \frac{1-0.6}{0.01\times8\times10.81\times10^{-3}\times(30\times10^3)^2} = 0.51\ [\mu\mathrm{F}]$$

커패시터 C_1양단간의 평균전압 차이는 120 - (-180) = 300 [V]이므로 v_{C_1}의 최대 변화량은 1/2인 150 [V]이므로 부하저항은

$$R = \frac{V_o^2}{P} = \frac{180^2}{400} = 81\ [\Omega]$$

Δv_{C_1}은 입력전압에 대하여 5 [%] 범위에 해당하는 6 [V]이므로

$$C_1 \ge \frac{V_o D}{Rf\Delta v_{C_1}} = \frac{180\times0.6}{81\times30\times10^3\times6} = 7.41\ [\mu\mathrm{F}]$$

PSIM 5.9 [예제 5.7]의 설계된 값을 가지고 PSIM으로 시뮬레이션을 하여 설계 조건을 만족하였는지 확인하고 각부 파형을 나타내어라.

그림 5.18 축(Cuk) 변환기 시뮬레이션

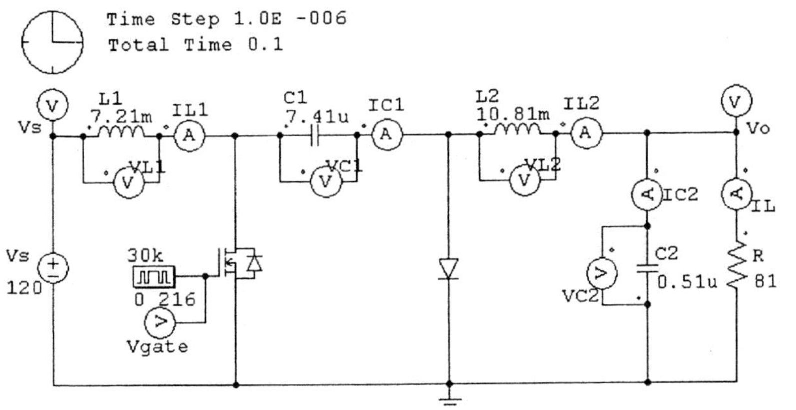

(a) Schematic

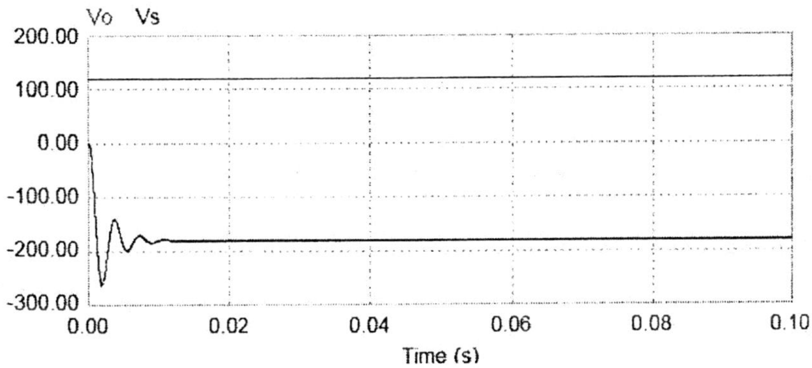

(b) 전원공급전압과 부하양단 출력전압 파형

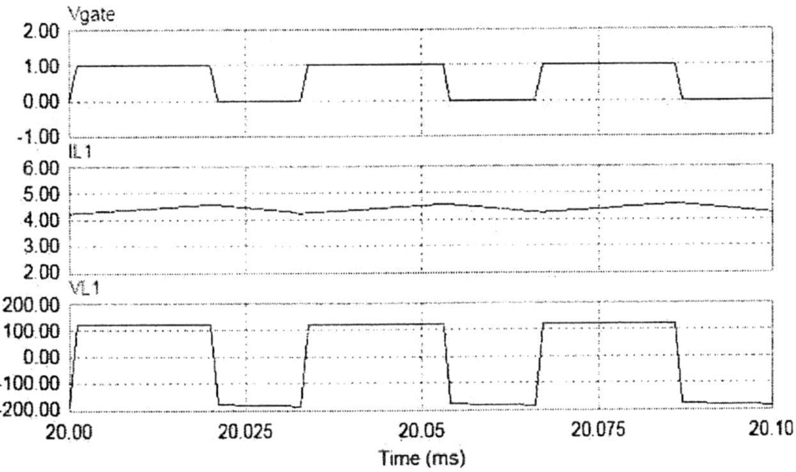

(c) 게이팅 파형과 인덕터 1의 전류, 전압파형

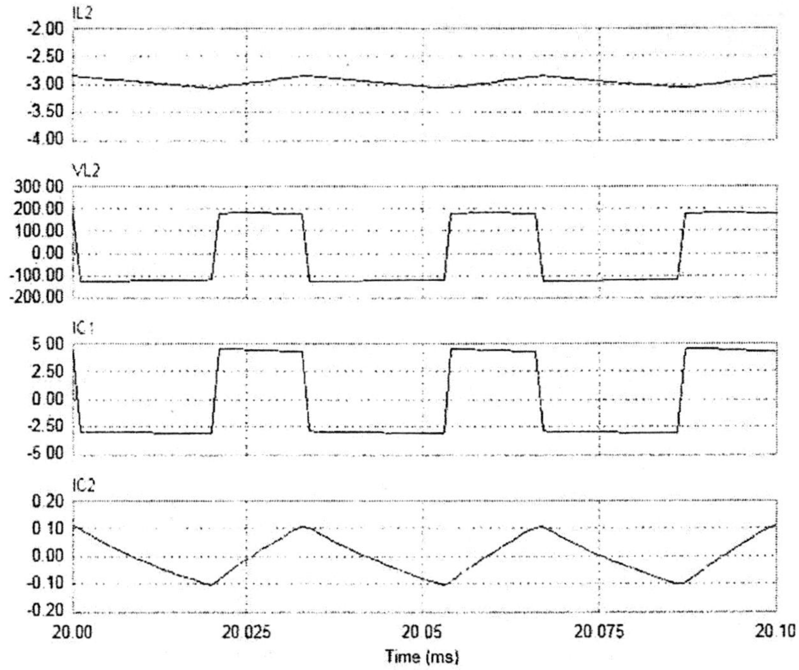

(d) 인덕터 2의 전류, 전압 파형 및 커패시터1, 2의 전류파형

<풀이> 인덕터 L_1의 I_{L_1}=3.33, $i_{L_1}|_{max}$=3.49, $i_{L_1}|_{min}$=3.16, Δi_{L_1}=0.33, $\Delta i_{L_1}/I_{L_1}$=10 [%]

인덕터 L_2의 I_{L_1}=2.23, $i_{L_2}|_{max}$=2.34, $i_{L_2}|_{min}$=2.11, Δi_{L_2}=0.23, $\Delta i_{L_2}/I_{L_2}$=10 [%]

커패시터 C_1의 V_{C_1}=300.6, $v_{C_1}|_{max}$=303.5, $v_{C_1}|_{min}$=297.5, Δv_{C_1}=6.0 [V]

커패시터 C_2의 V_{C_2}=180.3, $v_{C_2}|_{max}$=181.3, $v_{C_2}|_{min}$=179.5, Δv_{C_1}=2.2 [V]

$\Delta v_{C_1}/V_s$ = 6/120 = 5 [%], $\Delta v_{C_1}/V_o$ = 2.2/180 = 1.2 [%]

출력전압의 맥동비 오차가 있으나 이는 인덕터 및 커패시터의 설계 최소값에 맞추기 때문에 발생한 오차로 실제 여유값을 두고 선정하면 범위에 놓이게 되며, 나머지는 설계범위에 위치함을 알 수 있다.

5-6 절연형 변환기

직류-직류 변환기의 실제 응용에 있어서 입력단과 출력단을 절연하면, 입력단 혹은 출력단 중 어느 한쪽 회로의 문제로 인하여 나머지 한쪽은 영향을 받지 않고 보호할 수 있다는 장점을 가진다. 이와 같은 절연형 직류-직류 변환기는 앞의 기본형 직류-직류 변환기에 고주파용 변압기(high frequency transformer)를 추가시키면 입력단과 출력단이 전기적으로 절연이 되며, 고주파 변압기에 의한 전압비에 대한 고려를 제외하면 나머지 특성은 기본형 직류-직류 변환기와 특성이 동일하다.

5-6-1. 포워드 변환기

그림 5.19 포워드 변환기(Forward converter)

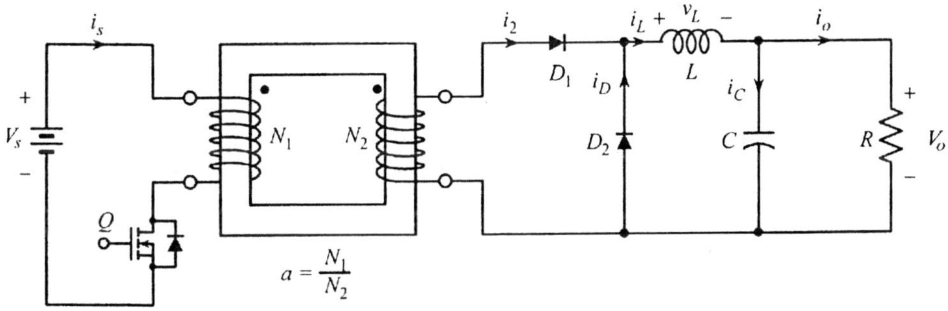

(a) 포워드 변환기 회로

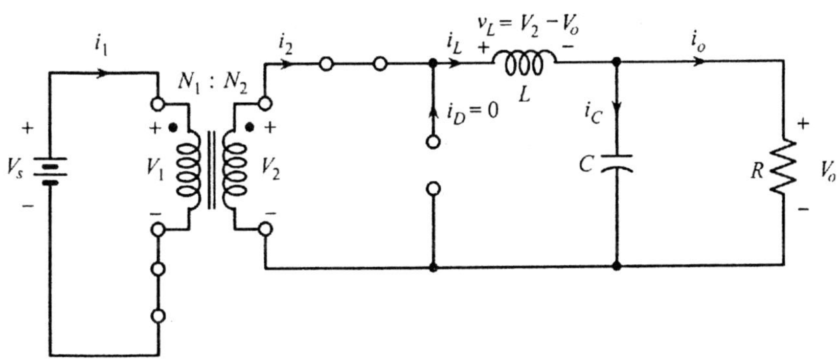

(b) 트랜지스터가 턴-온 되었을 때 등가회로($0 \le t < DT$)

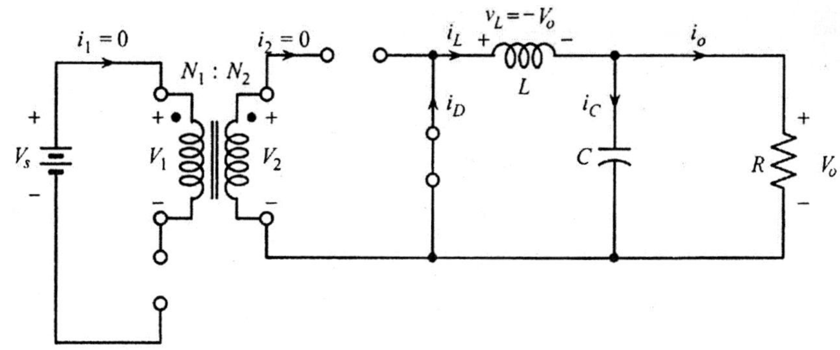

(c) 트랜지스터가 턴-오프 되었을 때 등가회로($DT \le t < T$)

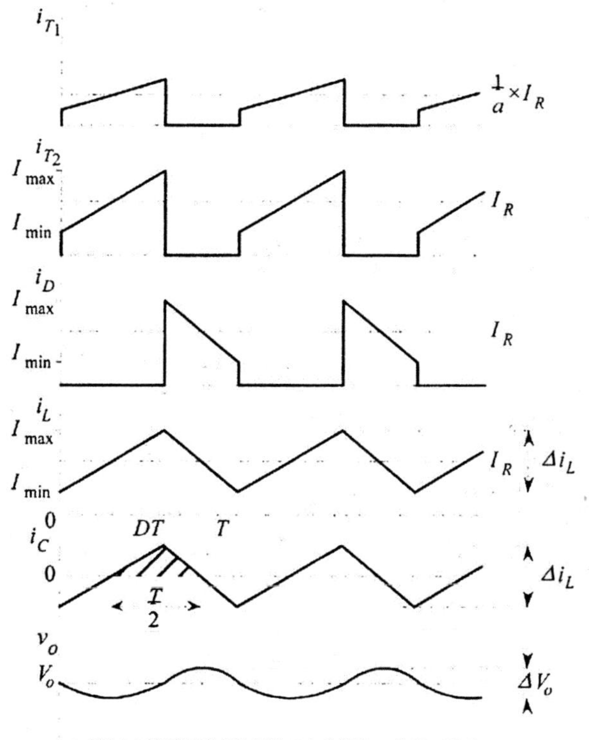

(d) 변압기, 인덕터, 커패시터 전류 및 커패시터 전압, 전류 파형

<그림 5.19> (a)는 포워드 변환기(Forward converter)의 기본회로를 나타내고 있다. 이 변환기는 강압 변환기와 동작이 비슷하여 해석하는 방법이 유사하다.

트랜지스터는 $0 \le t < DT$ 구간동안 닫히게 되고 <그림 5.19> (b)의 등가회로와 같이 해석할 수 있다. 이 구간에서는 입력전류 i_1가 흐르고 변압기의 1차측에 극성방향으로 입력전압이, 2차측에도 극성방향으로 권선비에 비례한 입력전압이

나타나게 되며, 다이오드 D_1은 턴-온, D_2는 역방향 바이어스 되어 턴-오프 된다. 따라서 입력측으로부터의 전류는 변압기를 통하여 출력측으로 전달됨과 동시에 출력필터의 인덕터 L에는 에너지가 축적된다.

트랜지스터는 $DT \le t < T$ 구간동안 열리게 되고 <그림 5.19> (c)의 등가회로와 같이 해석할 수 있다. 변압기 1차측의 회로가 열리게 되면 변압기의 2차측에 극성 반대방향으로 전압이 나타나게 되어 다이오드 D_1은 턴-오프, D_2는 순방향 바이어스 되어 턴-온 되면서 인덕터 L에 축적된 에너지가 방출된다.

입력전압은 변압기를 통하여 변압기 2차 전압 $V_2 = \frac{N_2}{N_1} \cdot V_1$로 전달되는 것을 제외하고는 나머지는 강압 변환기의 해석과 동일하다. 따라서 입력전압과 출력전압의 관계식을 구하면 다음 식과 같이 나타낼 수 있다.

$$\left(\frac{N_2}{N_1} \cdot V_1 - V_o\right) DT = V_o(1-D) \cdot T \tag{5.77}$$

가 되고, 이로부터 입출력 전압의 관계식을 구하면 다음과 같이 구해진다.

$$V_o = \frac{N_2}{N_1} \cdot D \cdot V_s = \frac{1}{a} \cdot D \cdot V_s \tag{5.78}$$

또한 인덕터의 최소값과 커패시터의 용량은 강압 변환기와 동일하다.

$$L_{\min} = \frac{(1-D)R}{2f_s} \tag{5.79}$$

$$C = \frac{(1-D)}{8Lf^2} \times \frac{V_o}{\Delta V_o} \tag{5.80}$$

포워드 변환기의 변압기는 고주파 스위칭 주파수에 동작할 수 있는 고주파용이어야 하고, 이 변압기의 역할은 입출력 간의 절연과 그 권선비에 의한 출력전압을 조정하는 것이다.

[예제 5.8] 직류 공급전압 V_s = 400 [V], 부하저항 R = 40 [Ω], 듀티비 0.4, 인덕터 L = 0.5 [mH], 커패시터 C = 10 [μF], 변압기 전압비 4:2인 포워드 변환기가 정상상태에서 인덕터가 연속동작 전류모드가 되기 위하여 스위칭 주파수는 얼마가 되어야 하는가? 또한 맥동전압의 크기는 얼마인가?

<풀이>

$$V_o = \frac{N_2}{N_1} DV_s = \frac{200}{400} \times 0.4 \times 400 = 80 \text{ [V]}$$

인덕터의 최소값은

$$f_{\min} = \frac{(1-D)R}{2L} = \frac{(1-0.4) \times 40}{2 \times 0.5 \times 10^{-3}} = 24 \text{ [kHz]}$$

이므로 여유를 두어 1.25배 곱하면

$$f = 30 \text{ [kHz]}$$

맥동전압의 크기는

$$\Delta V_o = \frac{V_o(1-D)}{8LCf^2} = \frac{70 \times (1-0.4)}{8 \times 0.5 \times 10^{-3} \times 10 \times 10^{-6} \times (30 \times 10^3)^2}$$
$$= 1.165 \text{ [V]}$$

PSIM 5.10 [예제 5.8]의 설계된 값에 대하여 PSIM으로 시뮬레이션하여 설계 조건을 만족하였는지 확인하고 각부 파형을 나타내어라.

그림 5.20 포워드 변환기 시뮬레이션(1)

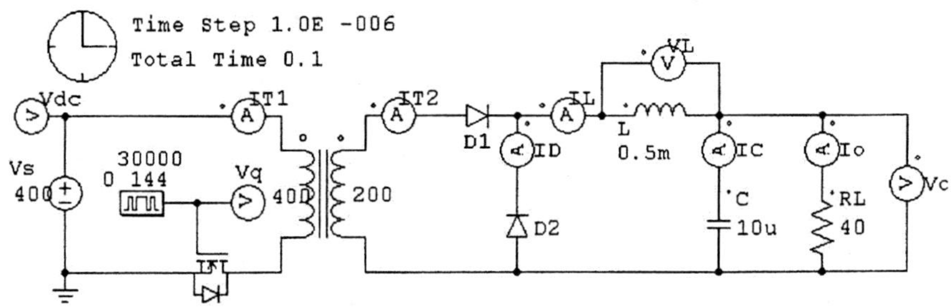

(a) Schematic

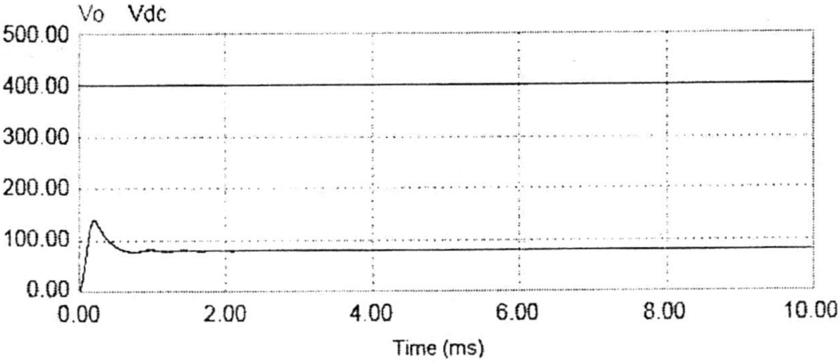

(b) 전원공급전압과 부하양단 출력전압 파형

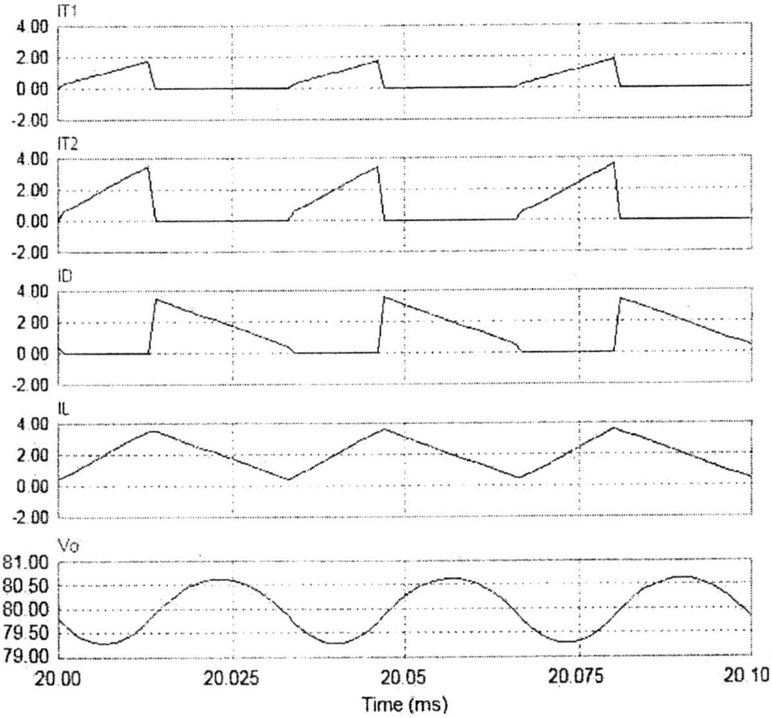

(c) 변압기 1차, 2차, 다이오드, 인덕터 전류 및 커패시터 전압 파형

<풀이> <그림 5.20> (c)에서 보는 바와 같이 인덕터의 전류는 연속이 되고 최소값이 0보다 크다는 것을 알 수 있다.

출력전압에 대한 맥동전압은 정상상태에서 최대 80.625 [V] 최소 79.289 [V]를 가리켜 ΔV_o = 1.336 [V]와 거의 비슷함을 알 수 있다.

그림 5.21 변압기의 자화 인덕턴스 성분

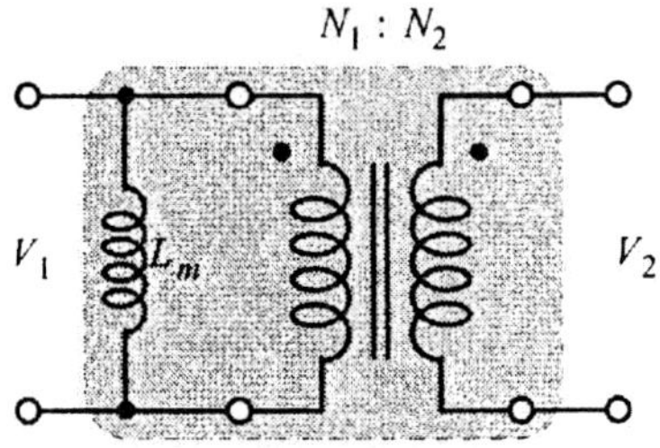

그런데 이 변압기에는 자화인덕턴스(magnetizing inductance)가 존재한다. <그림 5.21>은 자화인덕턴스 L_m을 고려한 실제 변압기의 등가 모델을 나타낸다. 이 등가 모델을 <그림 5.20>의 포워드 변환기의 변압기에 적용하여 고려할 때, 트랜지스터가 턴-온 되면 입력 전류가 흐름과 동시에 자화 인덕턴스 L_m에는 자화 전류 i_m이 흘러 에너지가 축적된다. 다음 트랜지스터가 차단되면 L_m에 축적된 에너지는 방출될 경로가 없어지므로 그대로 축적된 상태로 남게 된다. 따라서 이러한 상태로 스위칭을 반복하게 되면 에너지가 계속 축적되어 몇 주기 계속되지 않는 시점에서 변압기는 결국 포화(saturation)가 된다. 이러한 변압기의 포화를 방지하기 위해서는 트랜지스터가 차단될 때 축적된 에너지를 방출시킬 경로가 필요하게 되는데 이 방출 경로를 구성하는 방법에 따라 권선 리셋형과 RCD 리셋형으로 크게 두 가지로 구분된다.

[1] 권선 리셋형 포워드 변환기

그림 5.22 권선 리셋형 포워드 변환기

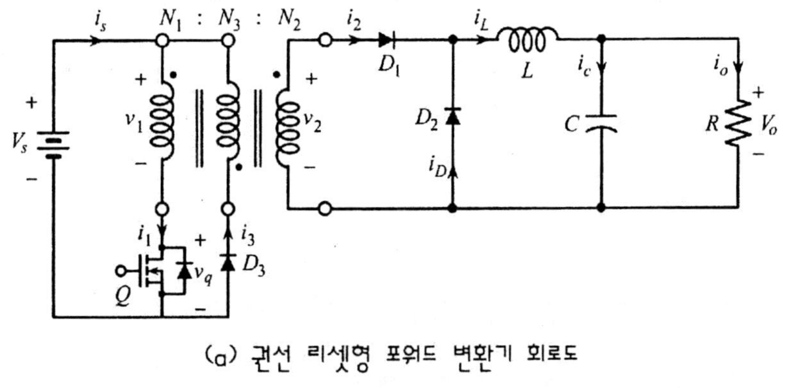

(a) 권선 리셋형 포워드 변환기 회로도

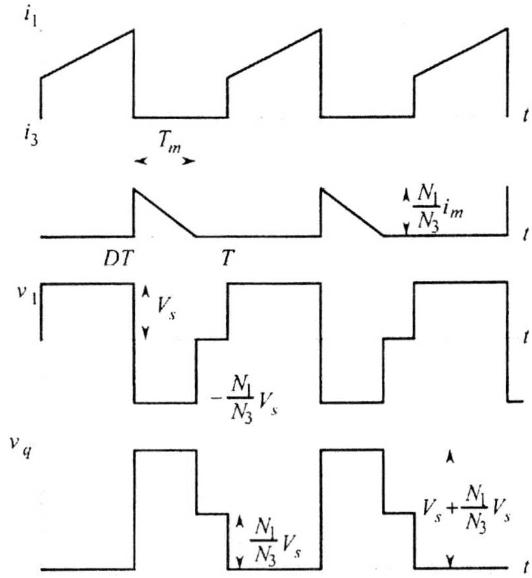

(b) 각부 파형

권선 리셋형 포워드 변환기(winding reset type forward converter)는 <그림 5.22> (a)에서 보여주는 바와 같이 보조권선 N_3과 환류 다이오드 D_3가 추가되어 에너지의 방출 경로의 회로를 구성한다. 앞서 기술한 바와 같이 트랜지스터가 차단되면 변압기의 자화 인덕턴스 L_m에 축적된 에너지는 N_3와 D_3를 방출경로로 하여 i_3에 의하여 입력측에 회생되는데 이로써 L_m의 축적된 에너지는 초기값 0으로 돌아오게 된다. 이러한 의미에서 제3권선 N_3를 리셋권선이라고 부르기도 한다.

변압기의 감자(減磁, demagnetizing)시간을 T_m라 하였을 때, 1차권선의 전압×시간의 평형조건을 적용하면 다음 식과 같이 나타낼 수 있다.

$$V_s DT = \frac{N_1}{N_3} V_s T_m \tag{5.81}$$

따라서 변압기의 감자시간 T_m은 다음과 같다.

$$T_m = \frac{N_3}{N_1} DT \tag{5.82}$$

<그림 5.22> (b)에서 보는바와 같이 변압기의 감자시간은 트랜지스터의 턴-오프 시간 $(1-D)T$보다 작아야 하므로

$$T_m \le (1-D)T \tag{5.83}$$

의 조건을 만족해야 한다. 식(5.83)을 식(5.82)에 대입하면 듀티비 D와 권선비의 관계식은 식(5.84)와 같으며 권선 리셋형 포워드 변환기의 듀티비 최대값은 식(5.85)와 같이 나타낼 수 있다.

$$D \le \frac{1}{\left(1+\frac{N_3}{N_1}\right)} \tag{5.84}$$

$$D_{\max} = \frac{1}{\left(1+\frac{N_3}{N_1}\right)} \tag{5.85}$$

[2] RCD 리셋형 포워드 변환기

RCD 리셋형 포워드 변환기(RCD reset type forward converter)는 <그림 5.23> (a)와 같이 변압기 1차 권선에 RC병렬과 다이오드를 직렬로 연결시켜 저장된 에너지를 소비하도록 되어있다. 트랜지스터가 차단되는 기간 내에 다이오드 D_3가 도통되면서 i_3가 흐르고, 이 전류에 의해 자화 인덕턴스에 축적된 에너지를 C_1, R_1 회로로 보내어 R_1을 통해 소비시킴으로써 자화에너지를 리셋시키고 있다.

그림 5.23 RCD 리셋형 포워드 변환기

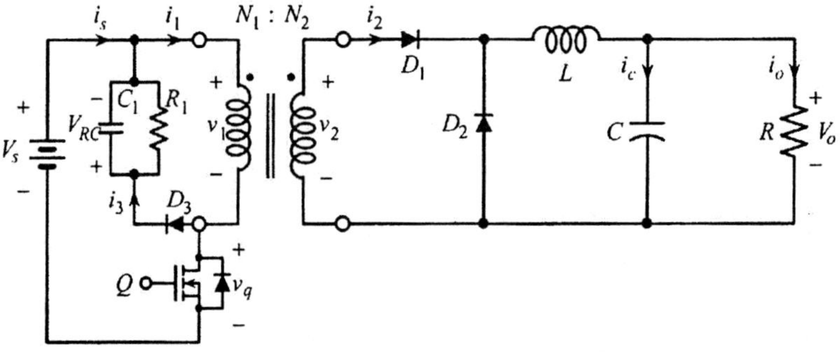

(a) RCD 리셋형 포워드 변환기 회로도

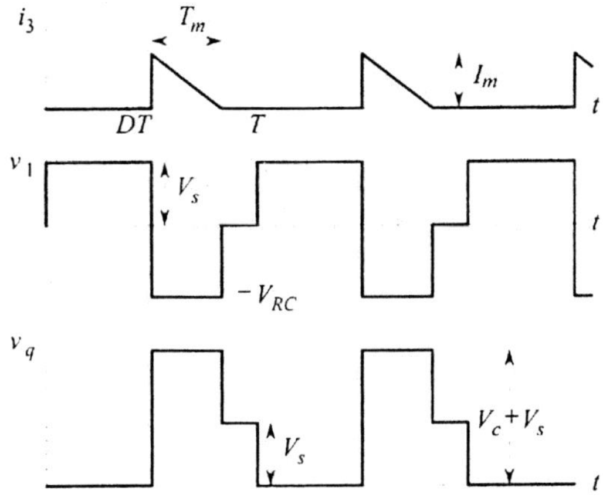

(b) 각부 파형

<그림 5.23> (b)는 RCD 리셋형 변환기의 리셋회로 파형을 나타내고 있다. 트랜지스터가 턴-오프 되는 시간 이내에 다이오드 D_3가 턴-온 되면서 i_3가 흐르고, 이 전류에 의해 자화 인덕턴스에 축적된 에너지를 C_1과 R_1 병렬회로에 가해져 저항 R_1을 통하여 에너지를 소비시킴으로 자화 에너지를 리셋 시키게 된다.

리셋 커패시터 C_1은 용량이 큰 것으로 가정하면 이 커패시터에 걸리는 전압 V_{RC}는 거의 일정한 값으로 근사화시켜

$$V_{RC} = \frac{V_s DT}{T_m} \tag{5.86}$$

와 같이 나타낼 수 있고, 변압기 1차측에서 전압×시간의 평형조건을 적용하여 V_{RC}를 구하면 다음과 같이 나타낼 수 있다.

$$\frac{V_s DT}{T_m} > \frac{DV_s}{1-D} \tag{5.87}$$

자화 인덕턴스에 저장된 에너지와 리셋 저항 R_1에서 소모할 에너지는 동일해야 하기 때문에

$$\frac{V_s^2 DT}{2L_m} = \frac{V_{RC}^2 T}{R_1} \tag{5.88}$$

이 된다. 따라서 식(5.86), (5.87), (5.88)로부터 리셋 커패시터의 전압 V_{RC}는

$$V_{RC} = \sqrt{\frac{R_1 T}{2L_m}}\, D V_s \tag{5.89}$$

이다. 한편 트랜지스터 양단전압 $v_q = v_q = V_s + V_{RC} = V_q$가 되므로 식(5.89)를 적용하면 다음과 같이 나타낼 수 있다.

$$V_q = V_s\left(1 + D\sqrt{\frac{R_1 T}{2L_m}}\right) \tag{5.90}$$

위 식에서 리셋저항 R_1을 구하면

$$R_1 = \left(\frac{V_q}{V_s} - 1\right)^2 \cdot \frac{2L_m}{D^2 T} \tag{5.91}$$

이 되고, 트랜지스터가 턴-온되는 동안 리셋 회로는 RC 방전회로가 되므로 다음의 식이 성립하게 된다.

$$C_1 = \frac{\Delta V_{RC}}{DT} = \frac{V_{RC}}{R_1} \tag{5.92}$$

따라서 리셋 커패시터 C_1을 구하면 다음과 같이 나타낼 수 있다.

$$C_1 = \frac{DT}{R_1} \cdot \frac{V_{RC}}{\Delta V_{RC}} \tag{5.93}$$

리셋 회로에 걸리는 전압의 맥동비를 결정하면 식(5.93)으로부터 리셋 커패시터 C_1과 리셋 저항R_1의 크기를 결정할 수 있다.

5-6-2. 플라이백 변환기

플라이백 변환기(Flyback converter)는 앞서 살펴본 강압-승압 변환기(Buck-Boost converter)와 기본 동작이 동일하다. <그림 5.24>는 플라이백 변환기의 회로도, 동작에 대한 등가회로 및 각 부 주요파형을 나타내고 있다.

이 변환기의 동작을 살펴보면, 우선 트랜지스터가 도통하면 변압기의 1차측 권선으로 전류가 흐르게 되고 이 권선에는 입력전압이 유기된다. 한편 2차측 권선에는 극점의 방향에 의해 1차측과 반대 극성의 전압이 유기되므로 다이오드 D는 역바이어스되어 턴-오프 된다. 따라서 1차 권선의 자화 인덕턴스에만 에너지가 축적된다.

트랜지스터가 턴-오프 되면 2차측 권선에는 전 상태와 반대 극성의 전압이 유기되어 다이오드 D를 도통시킴으로써 변압기의 자화 인덕턴스에 축적된 에너지를 출력측으로 방출시키게 된다.

그림 5.24 플라이백 변환기(Flyback converter)

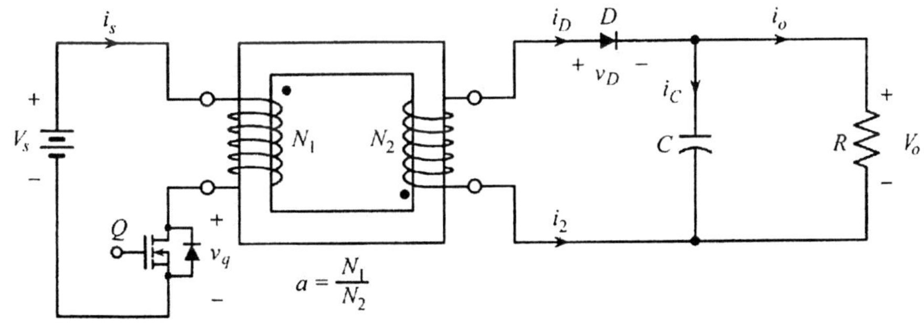

(a) 플라이백 변환기 회로도

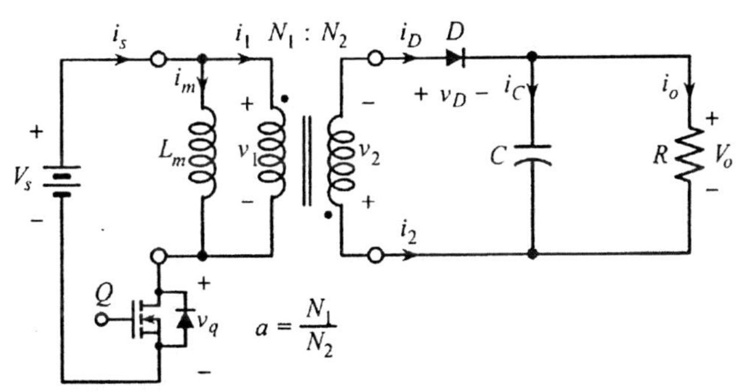

(b) 자화 인덕턴스를 포함한 등가회로

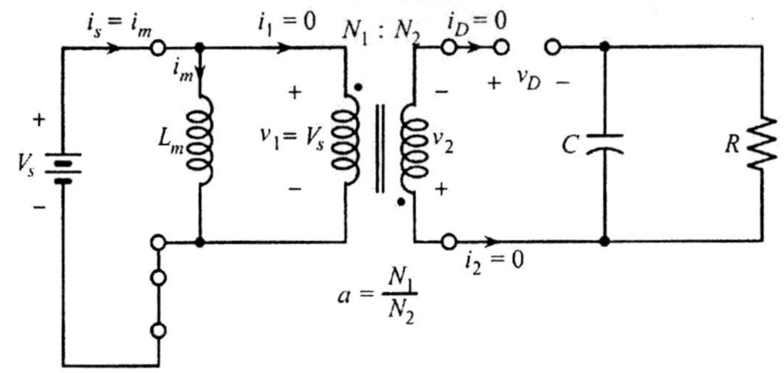

(c) 트랜지스터가 턴-온 되었을 때 등가회로($0 \leq t < DT$)

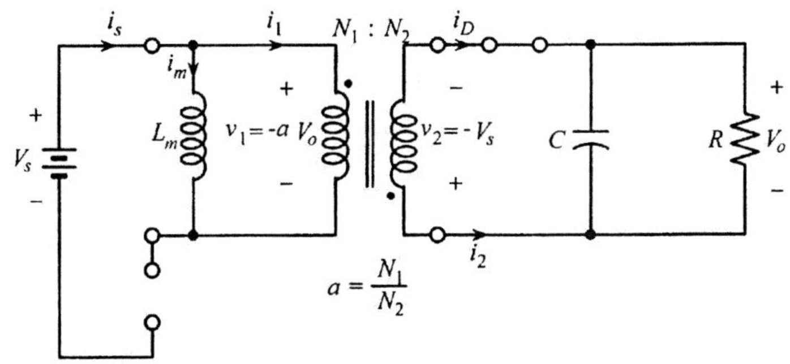

(d) 트랜지스터가 턴-오프 되었을 때 등가회로($DT \leq t < T$)

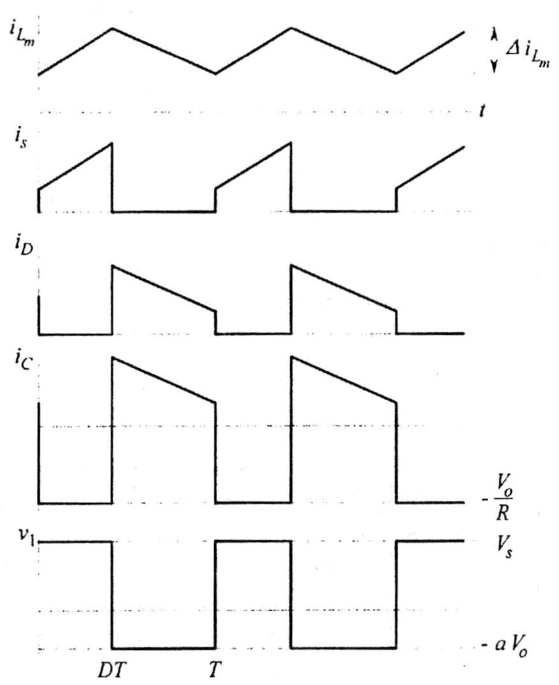

(e) 변압기 전류 파형

먼저 트랜지스터가 턴-온 되었을 때를 고려하면, <그림 5.24> (c)에서 변압기의 1차측에서

$$v_1 = V_s = L_m \frac{di_{L_m}}{dt} \tag{5.94}$$

$$\frac{di_{L_m}}{dt} = \frac{\Delta i_{L_m}}{\Delta t} = \frac{\Delta i_{L_m}}{DT} = \frac{V_s}{L_m} \tag{5.95}$$

이므로 변압기 자화 인덕턴스에서의 전류 변화량을 구하면 다음과 같다.

$$\Delta i_{L_m}\Big|_{\mathrm{sw\_close}} = \frac{V_s DT}{L_m} \tag{5.96}$$

변압기의 2차측과 부하에서는

$$v_2 = v_1\left(\frac{N_2}{N_1}\right) = \frac{1}{a} \cdot V_s \tag{5.97}$$

$$v_D = -V_o - \frac{1}{a} \cdot V_s < 0 \tag{5.98}$$

$$i_1 = i_2 = 0$$

가 성립한다. 다이오드가 턴-오프 상태이므로 $i_2 = 0$이고 따라서 $i_1 = 0$이다. 그러므로 스위치가 닫혀있는 동안, 자화 인덕턴스 L_m에 흐르는 전류는 선형적으로 증가하며 모델에서 이상적인 변압기의 권선에는 전류가 흐르지 않는다. 이것은 실제 변압기에서 1차 권선에 흐르는 전류는 선형적으로 증가하지만 2차 권선에는 전류가 흐르지 않음을 의미한다.

트랜지스터가 턴-오프 되었을 때를 고려하면, <그림 5.24> (d)에서 변압기 1차측에서 회로가 개방되더라도 자화 인덕턴스 L_m에 흐르는 전류는 순간적으로 변할 수 없으므로 이상적인 변압기의 1차 권선을 통해 흐르게 된다. 전류 i_m이 변압기 1차 권선에서 극성 반대방향으로 전류가 흐르기 때문에 2차측 권선에서는 극성 반대방향 쪽으로 전류가 흘러 나가게 되고, 다이오드는 순방향 바이어스 된다. 출력 커패시터 C의 용량이 크다고 가정하면, 출력전압 V_o는 거의 일정하

고, 변압기 2차측 전압 $v_2 = -V_o$가 된다. 2차 권선에 의해 1차 권선에 전압이 유기되어 자화 인덕턴스 L_m 양단에는

$$v_1 = L_m \frac{di_{L_m}}{dt} = av_2 = -aV_o \tag{5.99}$$

의 전압이 나타나게 된다. 식(5.99)에서

$$\frac{di_{L_m}}{dt} = \frac{\Delta i_{L_m}}{\Delta t} = \frac{\Delta i_{L_m}}{(1-D)T} = -\frac{V_o}{L_m} \times a \tag{5.100}$$

가 성립하므로 트랜지스터가 턴-오프 되었을 때 자화 인덕턴스에 흐르는 전류의 변화량을 구하면

$$\Delta i_{L_m}\Big|_{\mathrm{sw\_open}} = -\frac{V_o(1-D)T}{L_m} \times a \tag{5.101}$$

정상상태 동작에서 인덕터가 연속 동작을 하기 위해서 전류의 순수 변화량은 0이어야 하므로 식(5.96)과 식(5.101)으로부터

$$\Delta i_{L_m}\Big|_{\mathrm{sw\_close}} + \Delta i_{L_m}\Big|_{\mathrm{sw\_open}} = 0$$

$$\frac{V_s DT}{L_m} - \frac{V_o(1-D)T}{L_m} \times a = 0 \tag{5.102}$$

의 관계가 성립되므로 출력전압 V_o를 구하면 다음과 같다.

$$V_o = \frac{1}{a} \cdot \left(\frac{D}{1-D}\right) \cdot V_s \tag{5.103}$$

따라서 플라이백 변환기에서의 입출력 관계는 강압-승압 변환기(Buck-Boost converter)와 유사하게 변압기의 역권수비(inverse turn ratio)가 추가되어 있다.

트랜지스터가 턴-오프 되어 있을 때 다이오드, 트랜지스터에 걸리는 전압과 부하, 커패시터에 흐르는 전류를 구하면 다음과 같이 나타낼 수 있다.

$$i_D = -i_1\left(\frac{N_1}{N_2}\right) = a \cdot i_{L_m} \tag{5.104}$$

$$v_q = V_s - v_1 = V_s + V_o\left(\frac{N_1}{N_2}\right) = V_s + aV_o \tag{5.105}$$

$$i_o = \frac{V_o}{R}$$

$$i_C = i_D - i_R = a \cdot i_{L_m} - \frac{V_o}{R} \tag{5.106}$$

식(5.105)에서 트랜지스터가 턴-오프 되었을 때 걸리는 전압은 전원전압 V_s보다 높게 된다. 특히 변압기의 권수비가 1보다 클 경우 트랜지스터의 개방전압이 훨씬 높게 걸리게 되므로 소자를 선정할 때 유의해야 한다.

자화 인덕턴스 전류의 최대값과 최소값을 구하면 다음과 같이 나타낼 수 있다.

$$I_{L_m \max} = I_{L_m} + \frac{\Delta i_{L_m}}{2} = \frac{V_s D}{(1-D)^2 R}\left(\frac{1}{a}\right)^2 + \frac{V_s DT}{2L_m} \tag{5.107}$$

$$I_{L_m \min} = I_{L_m} - \frac{\Delta i_{L_m}}{2} = \frac{V_s D}{(1-D)^2 R}\left(\frac{1}{a}\right)^2 - \frac{V_s DT}{2L_m} \tag{5.108}$$

$I_{L_m \min} \geq 0$의 조건을 만족해야 자화 인덕턴스 전류가 연속적으로 흐르기 때문에 $I_{L_m \min} = 0$을 만족하는 $L_{m.\min}$을 구하면

$$L_{m.\min} = \frac{(1-D)^2 R}{2f} \cdot a^2 \tag{5.109}$$

이다. 플라이백 변환기의 출력측이 강압-승압 변환기와 동일한 구조이므로 출력전압의 맥동비도 동일하다.

$$\frac{\Delta V_o}{V_o} = \frac{D}{RCf} \tag{5.110}$$

[예제 5.9] 다음의 조건을 가진 플라이백 변환기가 있다.

입력전압 V_s = 24 [V], 출력전압 V_o = 36 [V]

변압기 권선비 $a=\frac{N_1}{N_2}=\frac{1}{2}$ 자화 인덕턴스 L_m = 800 [μH]

커패시터 C = 50 [μF] 부하저항 R_L = 18 [Ω]

스위칭 주파수 f = 50 [㎑]

(1) 듀티비 D

(2) 자화 인덕턴스에 흐르는 전류의 평균값, 최대값, 최소값

(3) 출력전압의 맥동 ΔV_o

<풀이> (1) $V_o=\left(\frac{D}{1-D}\right)\left(\frac{N_2}{N_1}\right)V_s=\left(\frac{D}{1-D}\right)\times 2\times 24=36$ [V]

필요한 듀티비 $D=\frac{36}{84}=0.4286$

(2) 자화 인덕턴스에 흐르는 평균전류

$$I_{L_m}=\frac{V_o^2}{V_sDR}=\frac{36^2}{24\times 0.4286\times 18}=7.0 \text{ [A]}$$

자화 인덕턴스에 흐르는 전류의 변화량

$$\Delta i_{L_m}=\left(\frac{V_sD}{L_mf}\right)=\left(\frac{24\times 0.4286}{(500\times 10^{-6})\times(50\times 10^3)}\right)=0.2573 \text{ [A]}$$

자화 인덕턴스에 흐르는 전류의 최대값, 최소값

$$I_{L_m\max}=I_{L_m}+\frac{\Delta i_{L_m}}{2}=7.0+0.1286=7.1286 \text{ [A]}$$

$$I_{L_m\min}=I_{L_m}-\frac{\Delta i_{L_m}}{2}=7.0-0.1286=6.8714 \text{ [A]}$$

(3) 맥동전압의 크기

$$\Delta V_o=\frac{D}{RCf}V_o=\frac{0.4286}{18\times(50\times 10^{-6})\times(50\times 10^3)}\times 36=0.3429 \text{ [V]}$$

PSIM 5.11 [예제 5.9]의 설계된 값에 대하여 PSIM으로 시뮬레이션 하여 설계 조건을 만족하였는지 확인하고 각부 파형을 나타내어라.

그림 5.25 플라이백 변환기 시뮬레이션

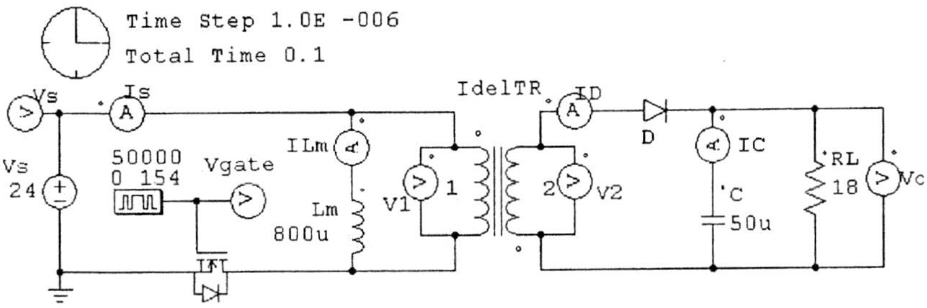

(a) Schematic

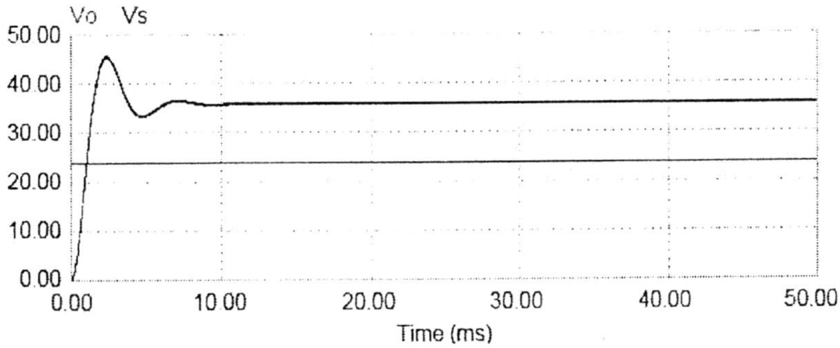

(b) 전원공급전압과 부하양단 출력전압파형

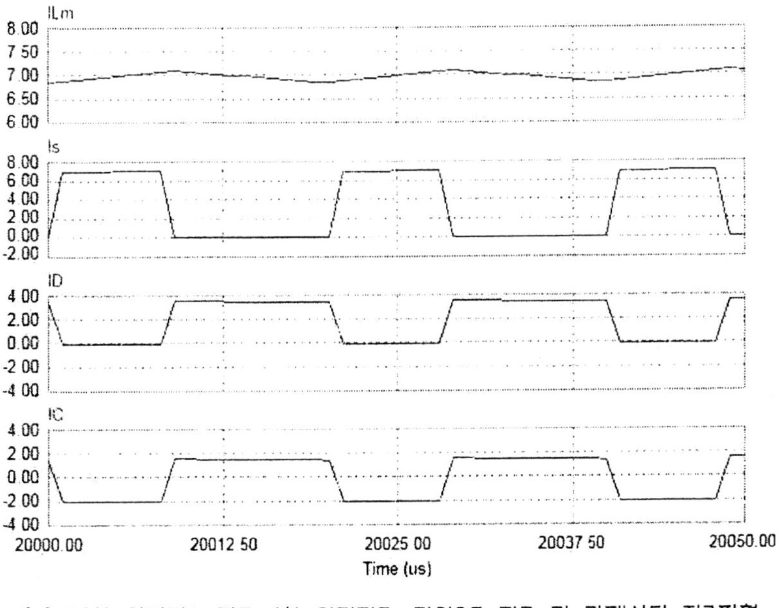

(c) 자화 인덕턴스 전류, 1차 입력전류, 다이오드 전류 및 커패시터 전류파형

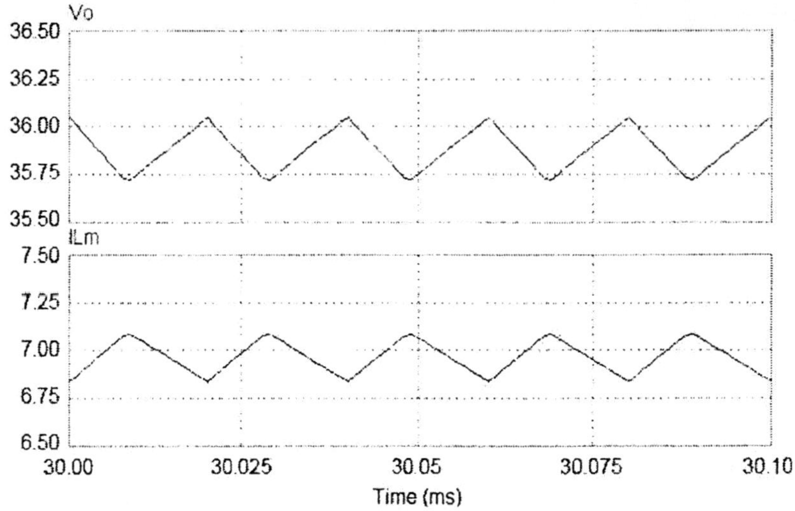

(d) 정상상태에서 출력전압 및 자화 인덕턴스 전류파형

<풀이> (1) 정상상태에서 출력의 평균전압은 35.8815 [V], 최대전압 : 36.0504 [V], 최소전압 : 35.7226 [V]를 가리켜 ΔV_o = 0.3278 [V]가 되어 이론값과 거의 비슷하게 나타남을 확인하였다.

(2) 정상상태에서 자화 인덕턴스의 평균전류 : 6.9671 [A], 최대전류 : 7.086 [A], 최소전류 : 6.8392 [A]를 가리켜 Δi_{L_m} = 0.2468 [A]가 되어 이론값과 거의 비슷하게 나타남을 확인하였다.

5-7 인버터 정류형 변환기

인버터 정류형 변환기인 브리지형 변환기는 절연형 변환기의 한 종류로 출력 용량이 500 [W]급 이상의 전력용에서 많이 응용된다. 이 변환기 역시 포워드 변환기와 같이 고주파 절연 변압기를 사용하는 것을 제외하면 강압 변환기인 벅 컨버터와 기본 동작이 동일하다. 또 다른 특징으로 트랜지스터의 턴-오프 시 극복해야 할 절연전압의 내력이 전원전압의 크기와 같으므로 다른 절연형 직류-직류 변화기에 비해 트랜지스터 내압이 가장 낮다는 점이다.

인버터 정류형 직류-직류 변환기의 종류로는 트랜지스터의 개수와 위치 형태에 따라 반브리지 변환기(**Half-bridge converter**), 전브리지 변환기(**Full-bridge converter**), 푸시-풀 변환기(**Push-Pull converter**)로 구분할 수 있다.

5-7-1. 반브리지 변환기

<그림 5.26> (a)는 반브리지 변환기(**Half-bridge converter**)의 회로도를 나타내고 있다. 이 변환기는 2개의 입력 커패시터, 2개의 트랜지스터, 변압기, 다이오드, 출력필터 등으로 구성이 되어 있다.

그림 5.26 반브리지 변환기

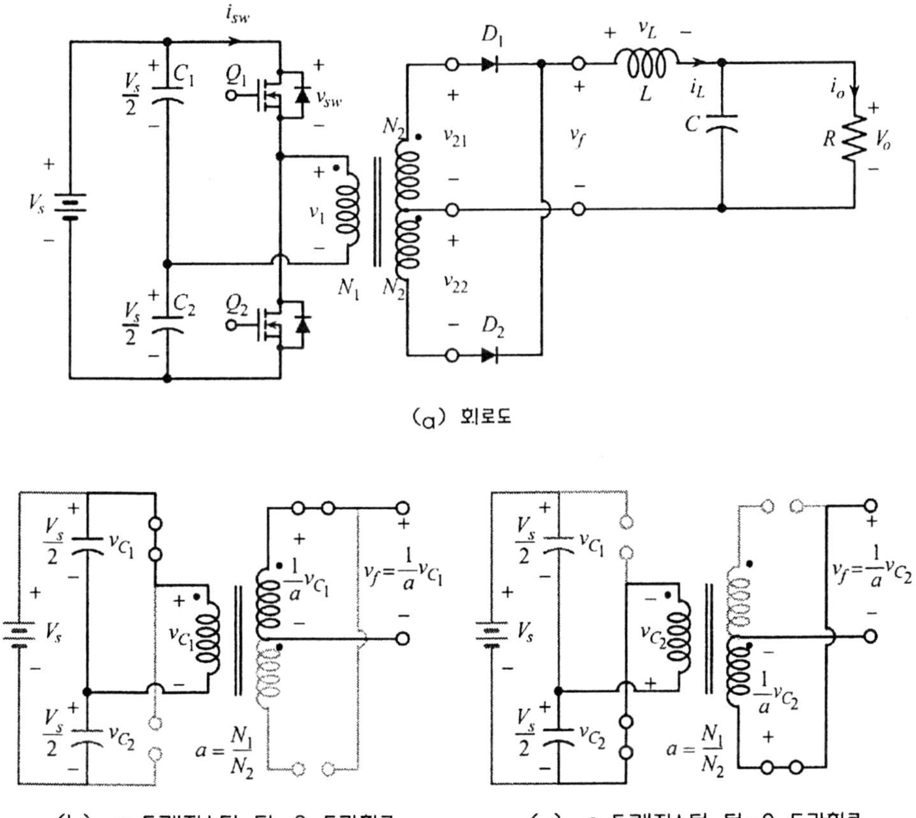

(a) 회로도

(b) Q_1 트랜지스터 턴-온 등가회로

(c) Q_2 트랜지스터 턴-온 등가회로

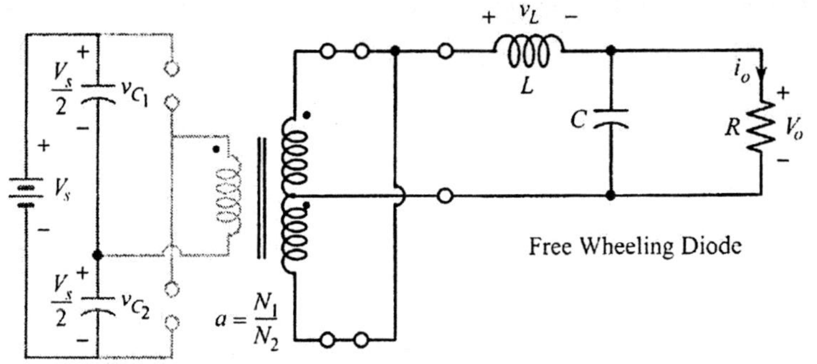

(d) Q_1, Q_2 트랜지스터 턴-오프 등가회로

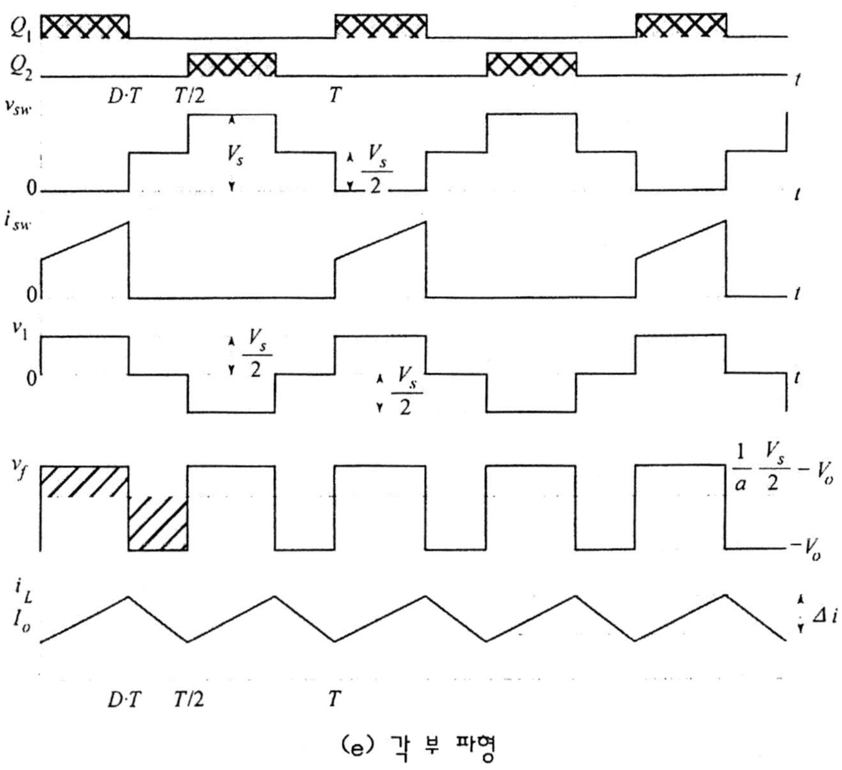

(e) 각 부 파형

입력전압 V_s는 2개의 커패시터를 통해 각각 ½씩 분압된다. 트랜지스터 Q_1과 Q_2가 각각 턴-온 되었을 때 변압기 1차측에는 $+V_s/2$와 $-V_s/2$의 전압이 걸리게 된다. 변압기 2차측에서 각 단자와 중간탭 사이 경로에 출력필터 방향으로 다이오드를 배치하면 전파정류회로가 된다. 따라서 출력필터에서는 정류된 전압이 걸리게 되어, 출력필터를 통해 부하에는 높은 직류성분이 걸리게 된다.

이 변환기의 동작을 자세히 설명하면, 먼저 트랜지스터 Q_1이 턴-온 되면 <그림 5.26> (b)의 등가회로와 같이 동작하게 된다. 변압기 1차 권선을 통하여 극성방향으로 입력전류가 흐르게 되고, 동시에 2차 권선으로 전달되어 다이오드 D_1이 순방향 바이어스, D_2는 역방향 바이어스 된다. 변압기 1차 권선과 2차 권선 및 필터에 걸리는 전압은 각각 다음과 같다.

$$
\begin{aligned}
v_1 &= v_{C_1} = \frac{V_s}{2} \\
v_{21} &= \frac{1}{a}v_1 = \frac{1}{a}\cdot\frac{V_s}{2} \\
v_f &= v_{21} = \frac{1}{a}\cdot\frac{V_s}{2}
\end{aligned}
\tag{5.111}
$$

트랜지스터 Q_2가 턴-온되면 <그림 5.26> (c)의 등가회로와 같이 변압기 1차 권선에는 극성 반대방향으로 입력전류가 흐르게 되고, 동시에 2차 권선에도 극성 반대방향으로 전압이 유도되어 다이오드 D_2는 순방향 바이어스, D_1은 역방향 바이어스가 된다. 변압기 1차, 2차 권선 및 필터에 걸리는 전압은 다음과 같다.

$$
\begin{aligned}
v_1 &= -v_{C_2} = -\frac{V_s}{2} \\
v_{22} &= \frac{1}{a}v_1 = -\frac{1}{a}\cdot\frac{V_s}{2} \\
v_f &= -v_{22} = -\left(-\frac{1}{a}\cdot\frac{V_s}{2}\right) = \frac{1}{a}\cdot\frac{V_s}{2}
\end{aligned}
\tag{5.112}
$$

트랜지스터 Q_1과 Q_2가 모두 턴-오프 되면 <그림 5.26> (d)의 등가회로와 같이 변압기 1차 권선에는 걸리는 전압은 0이지만, 출력필터의 인덕턴스 L과 커패시터 C에 저장된 에너지는 다이오드 D_1 혹은 D_2가 환류다이오드로 동작하여 에너지를 방출하게 된다.

출력필터의 인덕터에 걸리는 전압에 대하여 전압×시간의 평형조건을 적용하면

$$
\left(\frac{N_2}{N_1}\cdot\frac{V_s}{2} - V_o\right)\cdot DT = V_o\left(\frac{1}{2} - D\right)\cdot T \tag{5.113}
$$

이 되므로 출력전압에 대하여 식을 정리하면

$$V_o = \frac{N_2}{N_1} \cdot D \cdot V_s = \frac{1}{a} \cdot D \cdot V_s \tag{5.114}$$

가 된다. 따라서 반브리지 변환기의 기본동작은 강압변환기인 벅-컨버터와 동일한 컨버터이며, 권수비에 역비례한 상수가 곱해진다는 것이 특징이다.

반브리지 변환기의 다른 특성은 <그림 5.26> (e)의 스위칭 주파수에서 보는 바와 같이 스위칭 주파수를 대칭으로 반주기 동안은 트랜지스터 Q_1이 나머지 반주기 동안은 트랜지스터 Q_2을 턴-온 시킨다. 스위칭 반주기 동안 해당 트랜지스터를 모두 턴-온 시키는 것이 아니라, 반주기를 기준으로 듀티비 제어를 하면 출력필터에 저장된 에너지를 방전하는 시간을 제어할 수 있으므로 출력전압을 제어할 수 있게 된다. 따라서 이 변환기의 특징을 나타내면 다음과 같다.

- 출력필터에 걸리는 스위칭 주파수는 실제 스위칭 주파수의 2배이다.
- 같은 스위칭 주파수에 대해 인덕터 및 커패시터의 용량을 줄일 수 있다.
- 각 트랜지스터의 스위칭 주파수에 대하여 듀티비가 ½이상 될 수 없다.
- 강압변환기와 비슷한 특성을 가진다.

5-7-2. 전브리지 변환기

그림 5.27 전브리지 변환기

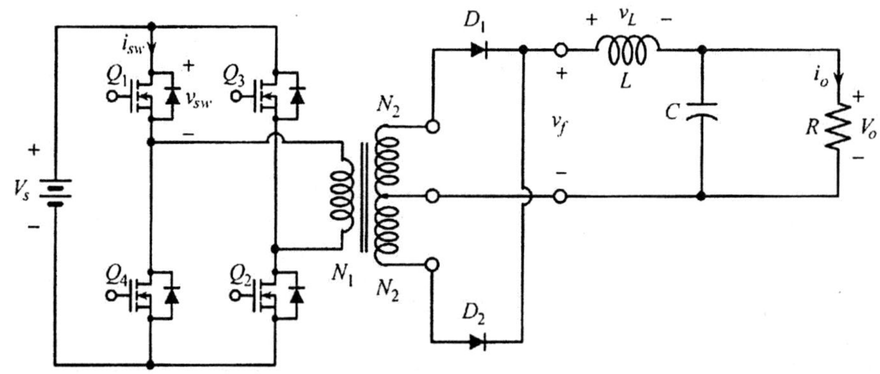

(a) 회로도

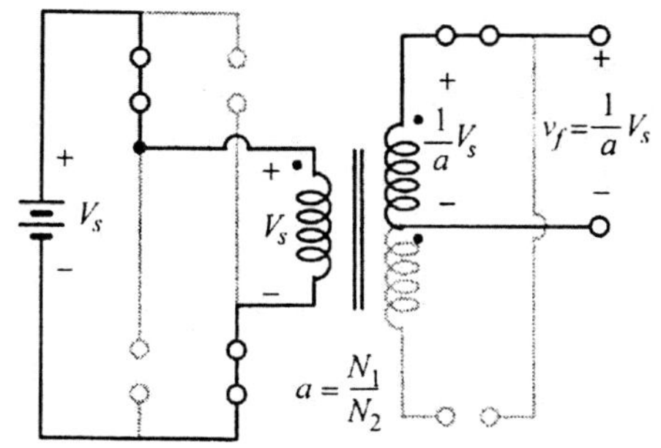

(b) Q_1, Q_2트랜지스터 턴-온 등가회로

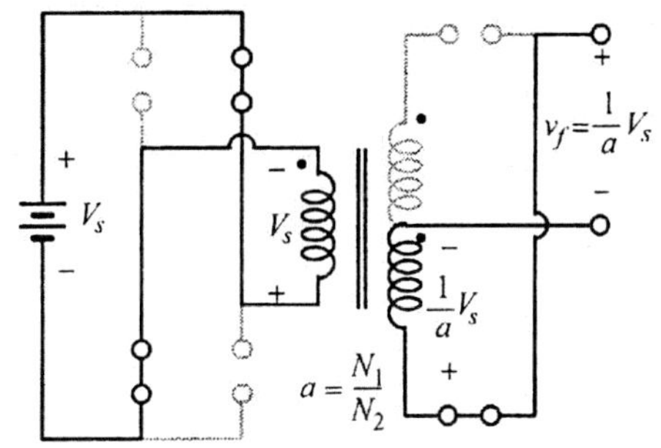

(c) Q_3, Q_4트랜지스터 턴-온 등가회로

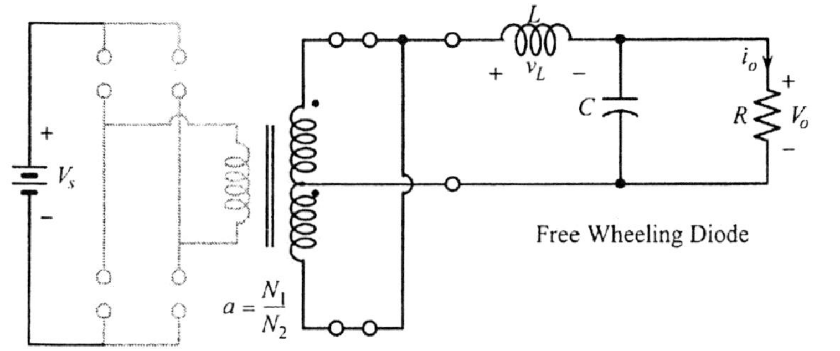

(d) 모든 트랜지스터 턴-오프 등가회로

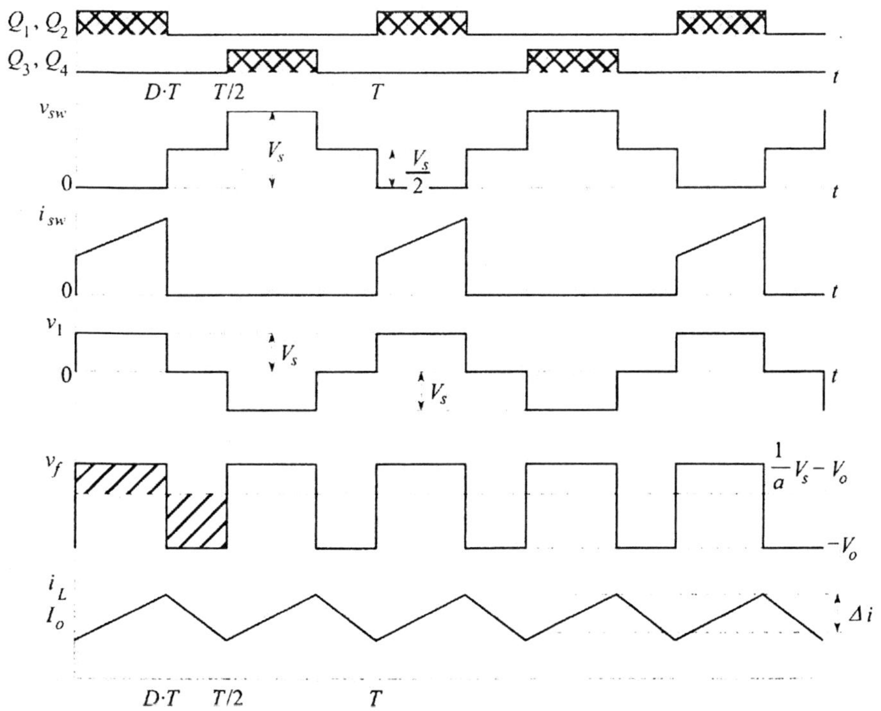

(e) 각 부 파형

전브리지 변환기(**Full-bridge converter**)의 기본 동작은 4개의 트랜지스터를 한 쌍씩(Q_1-Q_2, Q_3-Q_4) 동시에 턴-온, 턴-오프 시키는 동작을 반복하면서 동작하는 것을 제외하고는 반브리지 변환기와 비교하여 동일하다. 따라서 본 절에서는 자세한 동작에 대한 설명을 생략하고 차이점과 특징에 대해서 언급하도록 한다.

반브리지 변환기의 경우 변압기 1차에 걸리는 전압이 전원 전압의 ½이었지만, 전브리지 변환기의 경우 변압기 1차에 걸리는 전압이 전원전압과 같다. 따라서 같은 권수비로 구성이 되어 있을 경우 변압기 2차에 나타나는 전압도 반브리지 변환기에 비해 2배가 되고, 필터전압 및 출력전압 등이 모두 2배가 된다.

출력필터의 인덕터에 걸리는 전압 v_L의 전압×시간 평형조건을 적용하면

$$\left(\frac{N_2}{N_1}\cdot V_s - V_o\right)\cdot DT = V_o\left(\frac{1}{2} - D\right)\cdot T \tag{5.115}$$

이 되므로 출력전압에 대하여 식을 정리하면

$$V_o = 2\times\frac{N_2}{N_1}\cdot D\cdot V_s = \frac{2}{a}\cdot D\cdot V_s \tag{5.116}$$

가 된다. 따라서 전브리지 변환기도 기본동작은 강압변환기인 벅-컨버터와 동일한 컨버터이며, 권수비에 역비례한 상수가 곱해진다는 것이 특징이다.

전브리지 변환기의 특징을 간단히 정리하면 다음과 같다.

- 출력필터에 걸리는 스위칭 주파수는 실제 스위칭 주파수의 2배이다.
- 같은 스위칭 주파수에 대해 인덕터 및 커패시터의 용량을 줄일 수 있다.
- 각 트랜지스터의 스위칭 주파수에 대하여 듀티비가 ½이상 될 수 없다.
- 강압변환기와 비슷한 특성을 가진다.
- 동일한 조건의 입력전압, 변압기 권수비, 스위칭 주파수, 필터 용량 등에 대해 전브리지 변환기가 반브리지 변환기에 비해 2배의 출력전압 및 출력용량을 가지게 된다.
- 동일한 출력특성을 가지기 위해 전브리지 변환기가 반브리지 변환기에 비해 ½의 입력용량만 요구된다.
- 강압변환기와 비슷한 특성을 가진다.

5-7-3. 푸시-풀 변환기

변압기를 사용하여 절연하는 또 다른 직류-직류 변환기로는 푸시-풀 변환기 **(Push-Pull converter)**가 있다. 이 변환기에서 변압기의 자화 인덕턴스는 설계 요소가 아니기 때문에 이상적인 변압기로 가정해도 된다.

그림 5.28 푸시-풀 변환기

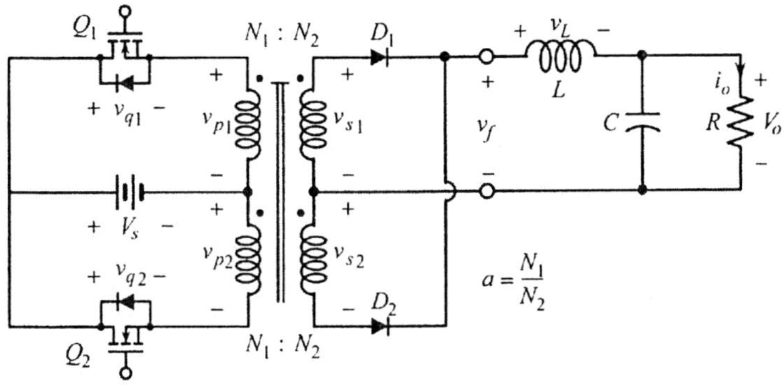

(a) 회로도

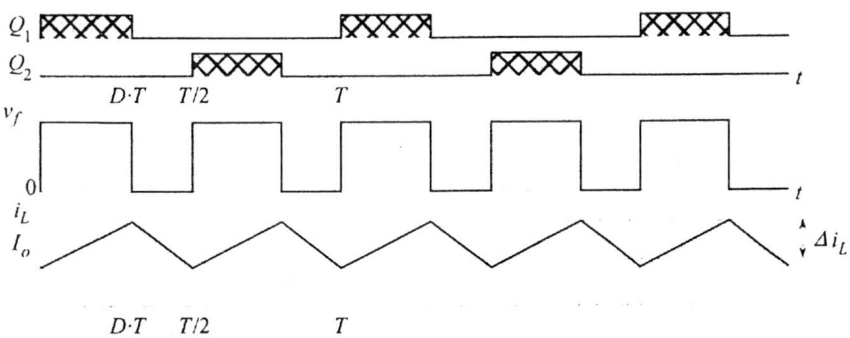

(b) 스위칭 패턴과 출력필터 입력전압 및 리액터 전류 파형

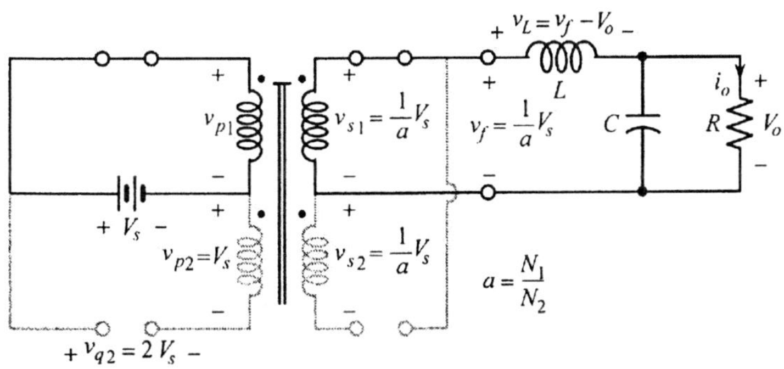

(c) 트랜지스터 Q_1 턴-온, Q_2 턴-오프 등가회로

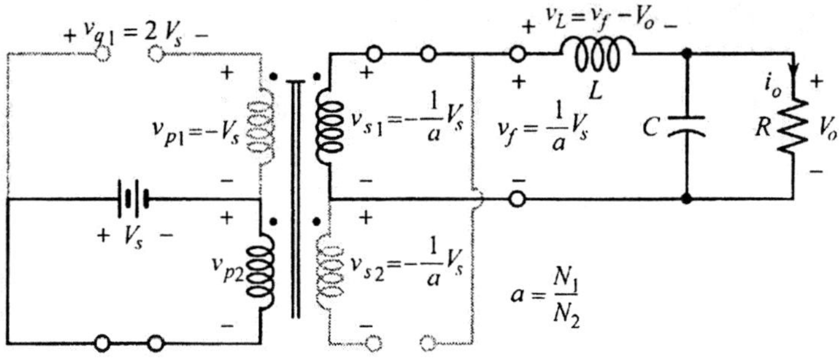

(d) 트랜지스터 Q_1 턴-오프, Q_2 턴-온 등가회로

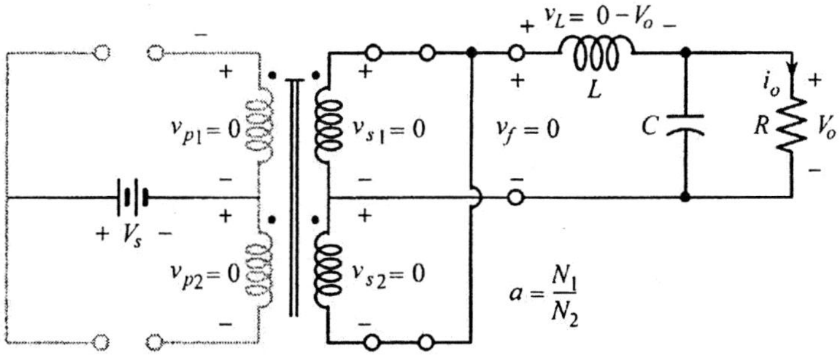

(e) 트랜지스터 Q_1 턴-오프, Q_2 턴-오프 등가회로

[1] 트랜지스터 Q_1 턴-온, Q_2 턴-오프

이 구간동안 1차 권선 P_1에 양(+)의 전원전압 V_s이 걸리게 되고, 나머지 3권선에는 1차 권선에서 발생된 자속에 의해 각 권선의 권선비에 비례한 전압이 나타므로 각 권선에 걸리는 전압과 턴-오프 된 트랜지스터 Q_2 양단에 걸리는 전압 v_{q2}는 다음과 같다.

$$v_{p1} = v_{p2} = V_s$$

$$v_{s1} = v_{s2} = \left(\frac{N_2}{N_1}\right) V_s \tag{5.117}$$

$$v_{q2} = 2V_s$$

변압기 2차측 회로에서 전압의 극성을 고려하면 다이오드 D_1은 순방향 바이어스, 다이오드 D_2는 역방향 바이어스 상태가 되므로 출력필터의 입력전압 v_f과

인덕터에 걸리는 전압 v_L은

$$v_f = v_{s1} = \left(\frac{N_2}{N_1}\right) V_s = \frac{1}{a} V_s$$

$$v_L = v_f - V_o = \frac{1}{a} V_s - V_o \tag{5.118}$$

와 같이 된다. 커패시터의 용량이 무한대라고 가정할 경우 출력전압은 일정하게 되므로 인덕터 전압도 일정하게 되고, 인덕터에 흐르는 전류는 선형적으로 증가하게 된다. 트랜지스터 Q_1이 턴-온 되었을 때 인덕터에 흐르는 전류의 변화량을 구하면 다음 식과 같이 나타낼 수 있다.

$$\frac{di_L}{dt} = \frac{\Delta i_L}{DT} = \frac{\frac{1}{a} V_s - V_o}{L}$$

$$\Delta i_L \Big|_{Q1\_close} = \frac{\left(\frac{1}{a} V_s - V_o\right) \cdot DT}{L} \tag{5.119}$$

[2] 트랜지스터 Q_1 턴-오프, Q_2 턴-온

이 구간동안 1차 권선 P_2에 음(-)의 전원전압 V_s이 걸리게 되고, 나머지 3권선에는 1차 권선에서 발생된 자속에 의해 각 권선의 권선비에 비례한 전압이 걸리게 되므로 각 권선에 걸리는 전압과 턴-오프 된 트랜지스터 Q_1에 걸리는 전압 v_{q1}은 다음과 같다.

$$v_{p1} = v_{p2} = -V_s$$

$$v_{s1} = v_{s2} = -\left(\frac{N_2}{N_1}\right) V_s = -\frac{1}{a} V_s \tag{5.120}$$

$$v_{q1} = 2V_s$$

변압기 2차측 회로에서 전압의 극성을 고려하면 다이오드 D_2은 순방향 바이어스, 다이오드 D_1은 역방향 바이어스 상태가 되므로 출력필터의 입력전압 v_f과 인덕터에 걸리는 전압 v_L은

$$v_f = -v_{s_2} = \left(\frac{N_2}{N_1}\right)V_s = \frac{1}{a}V_s$$

$$v_L = v_f - V_o = \frac{1}{a}V_s - V_o \tag{5.121}$$

와 같이 된다. 따라서 트랜지스터 Q_1이 턴-온 되었을 때와 동일한 동작을 하게 되고, 전류의 변화량도 동일하게 증가하게 된다.

$$\Delta i_L|_{Q2\_close} = \frac{\left(\frac{1}{a}V_s - V_o\right)\cdot DT}{L} \tag{5.122}$$

[3] 트랜지스터 Q_1, Q_2가 모두 턴-오프

두 트랜지스터가 모두 턴-오프되면 변압기 1차 권선 P_1과 P_2에는 전류가 흐르지 않게 되어 이로 인한 2차 권선의 유기기전력은 발생하지 않는다. 출력필터에 저장된 에너지를 부하로 방전하기 위하여 다이오드 D_1과 D_2는 환류다이오드로 동작하여 순방향 바이어스 된다. 변압기 2차 권선에 걸리는 전압이 0이므로 인덕터에 걸리는 전압 $v_L = -V_o$이 되어 일정한 전압이 걸리게 되므로 전류는 선형적으로 감소하게 된다. 따라서 전류의 변화량은 다음과 같이 나타낼 수 있다.

$$\frac{di_L}{dt} = \frac{\Delta i_L}{\frac{T}{2} - DT} = -\frac{V_o}{L}$$

$$\Delta i_L|_{Q\_open} = -\frac{V_o}{L}\left(\frac{1}{2} - D\right)T \tag{5.123}$$

한 주기 동안 전류의 변화량은 0이므로

$$\Delta i_L|_{Q\_close} + \Delta i_L|_{Q\_open} = 0$$

$$\frac{\left(\frac{1}{a}V_s - V_o\right)\cdot DT}{L} - \frac{V_o}{L}\left(\frac{1}{2} - D\right)T = 0 \tag{5.124}$$

이 된다. 식으로부터 입출력전압의 관계식을 구하면 다음과 같다.

$$V_o = \frac{1}{a} \cdot 2V_s \cdot D \tag{5.125}$$

따라서 푸시-풀 변환기는 강압변환기와 비슷한 동작을 하게 된다. 한편 출력 전압의 맥동비를 구하면 다음과 같다.

$$\frac{\Delta V_o}{V_o} = \frac{1-2D}{32 \times L \cdot C \cdot f^2} \tag{5.126}$$

변압기의 자화 인덕턴스 L_m이 등가회로에 포함시켜 해석을 할 경우 다음과 같다. 자화 전류 i_{L_m}은 트랜지스터 Q_1이 턴-온 되었을 때 선형적으로 증가하고, Q_1과 Q_2가 모두 턴-오프 되었을 때에는 순환하게 되며 Q_2가 턴-온 되었을 때 선형적으로 감소하게 된다. 또한 Q_1과 Q_2가 대칭적으로 같은 시간동안 턴-온 되기 때문에 자화전류 i_{L_m}의 순수 변화량은 0이 되므로, 변압기 코어에서 자속이 포화되지 않고 매 주기마다 초기화 되므로 이상적인 변압기로 고려할 수 있다.

[예제 5.10] 푸시-풀 변환기의 파라미터가 다음과 같다.

입력전압 V_s = 24 [V]	변압기 권선비 $a = \frac{N_1}{N_2} = \frac{1}{2}$
듀티비 D = 0.25	출력필터 인덕터 L = 0.5 [mH]
커패시터 C = 50 [μF]	부하저항 R_L = 6 [Ω]
스위칭 주파수 f = 25 [kHz]	

(1) 출력전압 V_o

(2) 인덕터 전류의 평균값, 최대값, 최소값

(3) 출력전압의 맥동 ΔV_o

<풀이> (1) $V_o = 2 \cdot V_s \cdot \left(\frac{N_2}{N_1}\right) D = 2 \times 24 \times \frac{1}{2} \times 0.25 = 6$ [V]

(2) 인덕터에 흐르는 평균전류는 부하에 흐르는 평균전류와 같으므로

$$I_L = \frac{V_o}{R_L} = \frac{6}{6} = 1.0 \ [A]$$

자화 인덕턴스에 흐르는 전류의 변화량

$$\Delta i_L = \frac{V_o\left(\frac{1}{2} - D\right)}{L \cdot f} = \frac{6 \times (0.5 - 0.25)}{(0.25 \times 10^{-3}) \times (25 \times 10^3)} = 0.24 \ [A]$$

자화 인덕턴스에 흐르는 전류의 최대값, 최소값

$$I_{L\max} = I_L + \frac{\Delta i_L}{2} = 1.0 + 0.12 = 1.12 \ [A]$$

$$I_{L\min} = I_L - \frac{\Delta i_L}{2} = 1.0 - 0.12 = 0.88 \ [A]$$

(3) 맥동전압의 크기

$$\Delta V_o = \frac{1-2D}{32 f^2 L C} \cdot V_o = \frac{(1 - 2 \times 0.25)}{32 \times (25 \times 10^3)^2 \times (0.25 \times 10^{-3}) \times (50 \times 10^{-6})} \times 6$$

[V]

PSIM 5.12 [예제 5.10]의 설계된 값에 대하여 PSIM으로 시뮬레이션 하여 설계 조건을 만족하였는지 확인하고 각부 파형을 나타내어라.

그림 5.25 플라이백 변환기 시뮬레이션

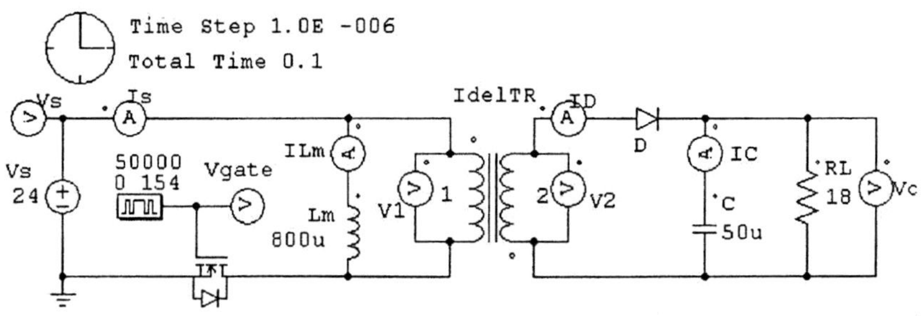

(a) Schematic

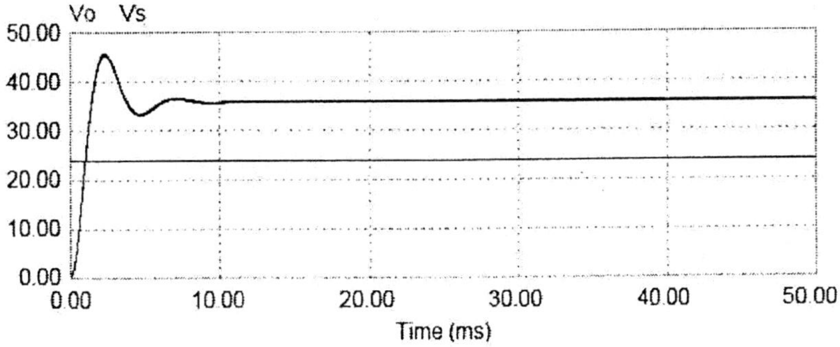

(b) 전원공급전압과 부하양단 출력전압파형

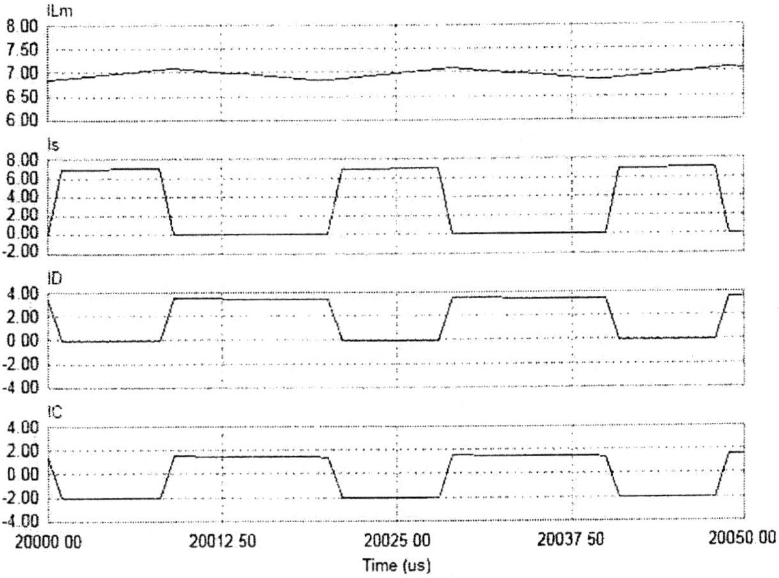

(c) 자화 인덕턴스 전류, 1차 입력전류, 다이오드 전류 및 커패시터 전류파형

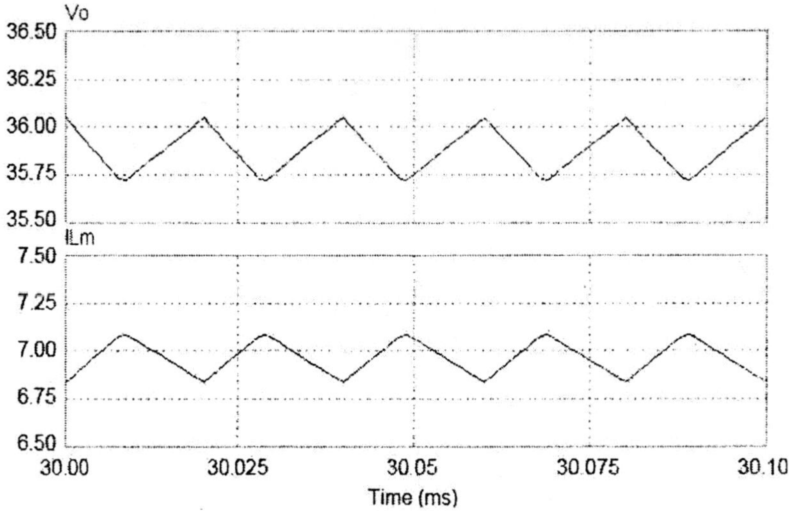

(d) 정상상태에서 출력전압 및 자화 인덕턴스 전류파형

<풀이> (1) 정상상태에서 출력의 평균전압은 35.8815 [V], 최대전압 : 36.0504 [V], 최소전압 : 35.7226 [V]를 가리켜 ΔV_o = 0.3278 [V]가 되어 이론값과 거의 비슷하게 나타남을 확인하였다.

(2) 정상상태에서 자화 인덕턴스의 평균전류 : 6.9671 [A], 최대전류 : 7.086 [A], 최소전류 : 6.8392 [A]를 가리켜 Δi_{L_m} = 0.2468 [A]가 되어 이론값과 거의 비슷하게 나타남을 확인하였다.

5장 연습문제

Ex 5.1 <그림 5.6>의 강압 변환기에서 전원전압 V_s = 24 [V], 부하저항 R = 10 [Ω], L = 500 [μH], C = 100 [μF]이고, 듀티비 D = 0.6, 스위칭 주파수 f_c = 20 [kHz]일 때 출력전압, 인덕터 전류의 최대값과 최소값, 출력전압의 최대값과 최소값, 맥동전압을 구하고 PSIM 시뮬레이션을 통하여 확인하여라.

Ex 5.2 <그림 5.6>의 강압 변환기에서 전원전압 V_s = 20 [V], 부하저항 R = 10 [Ω], L = 50 [μH], C = 100 [μF], D = 0.5, 스위칭 주파수 f_c = 25 [kHz]일 때 출력전압, 인덕터 전류의 최대값과 최소값, 출력전압의 최대값과 최소값, 맥동전압을 구하고 PSIM 시뮬레이션을 통하여 확인하여라.

Ex 5.3 <그림 5.6>의 강압 변환기에서 입력전압이 40 [V]이고 출력전압이 20 [V]이다. 스위칭 주파수가 20 [kHz]이고 출력전력이 100 [W]일 때 다음을 구하여라.

(a) 듀티비

(b) 인덕터 전류의 최대값을 6 [A]로 제한하는 인덕터의 값

(c) 출력전압의 맥동비가 1 [%]로 제한하는 커패시터의 값

Ex 5.4 입력전압이 60 [V]이고 출력전압이 25 [V]인 <그림 5.6>의 강압 변환기에 대하여 부하저항이 10 [Ω], 스위칭 주파수가 20 [㎑], L = 1 [mH], C = 200 [μF]일 때 듀티비, 인덕터 전류의 최대값과 최소값, 전원전류의 평균값, 다이오드 전류의 첨두값과 평균값, 맥동전압을 구하여라.

Ex 5.5 <그림 5.6>의 강압 변환기에서 입력전압 V_s = 60 [V], 출력전압 V_o = 40 [V]이며 스위칭 주파수가 20 [㎑]이고 출력전력이 50 [W]이라면, 인덕터 전류의 최소값이 인덕터 평균전류의 20 [%]가 되도록 인덕터의 크기를 선정하고 PSIM 시뮬레이션으로 그 크기를 확인하여라.

Ex 5.6 태양전지의 셀의 전압이 20 ~ 30 [V] 범위에 변하고 부하가 50 ~ 100 [W] 범위에서 변동한다. 출력전압은 12 [V]이고 스위칭 주파수는 20 [㎑] 이다. 태양전지의 출력전압이 범위 내에서 변화하더라도 항상 연속적으로 전류가 흐를 수 있도록 하는 인덕터의 최소값을 구하여라.

Ex 5.7 부하 저항이 10 [Ω], 입력전압이 40 [V]일 때 출력전압이 24 [V]인 강압 변환기를 설계하여라. 단, 인덕터에 전류는 연속적으로 흘러야 하고 출력전압 맥동이 0.5 [%]이하이어야 한다. 스위칭 주파수와 각 소자들의 값을 결정하고 PSIM으로 시뮬레이션을 행하여 결과값을 확인하여라.

Ex 5.8 18 [V]의 입력으로 12 [V]의 출력을 얻을 수 있는 강압 변환기를 설계하여라. 출력은 10 [W], 연속동작 전류모드, 출력전압의 맥동전압 0.1 [V]이내가 되도록 듀티비, 스위칭 주파수, 인덕터, 커패시터 등의 크기를 결정하여라.

Ex 5.9 <그림 5.10>의 승압 변환기에서 전원전압 V_s = 24 [V], 부하저항 R = 10 [Ω], L = 100 [μH], C = 200 [μF]이고, 듀티비 D = 0.6, 스위칭 주파수 f_c = 40 [㎑]일 때 출력전압, 인덕터 전류의 최대값과 최소값, 출력전압의 최대값과 최소값, 맥동전압을 구하고 PSIM 시뮬레이션을 통하여 확인하여라.

Ex 5.10 <그림 5.10>의 승압 변환기에서 입력전압이 20 [V]이고 출력전압이 40 [V]이다. 스위칭 주파수가 20 [㎑]이고 출력전력이 100 [W]일 때 다음을 구하여라.

(a) 듀티비

(b) 인덕터 전류가 연속이 되기 위한 인덕터 최소값

(c) 출력전압의 맥동비가 1 [%]로 제한하는 커패시터의 값

Ex 5.11 입력전압이 5 [V]이고 출력전압이 12 [V]인 <그림 5.10>의 승압 변환기에 대하여 부하저항이 10 [Ω], 스위칭 주파수가 20 [㎑], L = 1 [mH], C = 200 [μF]일 때 듀티비, 인덕터 전류의 최대값과 최소값, 전원전류의 평균값, 다이오드 전류의 첨두값과 평균값, 맥동전압을 구하여라.

Ex 5.12 부하저항이 50 [W]이고 24 [V]의 전원으로부터 36 [V]의 출력을 내는 승압 변환기를 설계하여라. 단, 출력전압의 맥동은 1 [%] 미만이어야 하며, 전류는 연속전류동작모드가 되도록 하여야 한다.

Ex 5.13 <그림 5.13>의 강압-승압 변환기에서 입력전압 V_s = 12 [V], 듀티비 D = 0.6, 부하저항 R = 10 [Ω], 인덕터 L = 100 [μH], 커패시터 C = 250 [μF], 스위칭 주파수 f_c = 20 [kHz]일 때, 출력전압, 인덕터 전류의 최대값과 최소값, 출력전압의 최대값과 최소값 및 맥동전압을 구하고 PSIM 시뮬레이션을 통하여 그 결과를 확인하여라.

Ex 5.14 입력전압이 40 [V]이고 출력전압이 50 [V]일 때 부하에 100 [W]를 공급하는 강압-승압 변환기를 설계하여라. 단, 출력전압의 맥동은 1 [%] 미만이어야 한다.

Ex 5.15 <그림 5.17> (a)의 축 변환기에서 입력전압이 12 [V]이고 듀티비 D = 0.6, 인덕터 L_1 = 2 [mH], L_2 = 1 [mH], 커패시터 C_1 = C_2 = 25 [μF], 부하저항 R = 12 [Ω]이다. 스위칭 주파수가 25 [kHz]일 때, 인덕터 L_1, L_2에 흐르는 전류의 평균값, 최대값, 최소값 및 출력전압의 평균값, 맥동전압을 구하고 PSIM 시뮬레이션을 통하여 그 결과를 확인하여라.

Ex 5.16 <그림 5.17> (a)의 축 변환기에서 입력전압이 24 [V]이고 출력전압이 -12 [V]일 때 1 [A]의 전류를 공급한다. 스위칭 주파수가 30 [kHz]일 때 인덕터 전류의 최대값과 최소값의 차이가 평균값에 10% 이하가 되도록 인덕터 L_1과 L_2를 설계하고 PSIM 시뮬레이션을 통하여 그 결과를 확인하여라.

Ex 5.17 <그림 5.19> (a)의 포워드 변환기에서 입력전압 150 [V], 부하저항 R = 20 [Ω], 듀티비 0.6, 인덕터 L = 0.1 [mH], 커패시터 C = 10 [μF], 변압기 전압비 $N_1:N_2$ = 2:1일 때 정상상태에서 인덕터가 연속동작 전류모드가 되기 위한 스위칭 주파수는 얼마가 되어야 하는가? 또한 이 경우 맥동전압의 크기는 얼마인가? PSIM 시뮬레이션을 통하여 결과를 확인하여라.

Ex 5.18 <그림 5.24> (a)의 플라이백 변환기에서 입력전압이 36 [V]이고 듀티비 D = 0.4, $N_1:N_2$ = 1:1, 자화 인덕턴스 L_m = 240 [μH], 커패시터 C = 100 [μF], 부하저항 R = 20 [Ω]이다. 출력전압, 인덕터 전류의 평균값, 최대값, 최소값, 출력전압의 평균값, 맥동전압을 구하고 PSIM 시뮬레이션을 통하여 그 결과를 확인하여라.

Ex 5.19 <그림 5.28> (a)의 푸시-풀 변환기에서 입력전압이 48 [V]이고 듀티비 D = 0.35, $N_1:N_2$ = 2:1, 출력필터 인덕터 L = 0.3 [mH], 커패시터 C = 200 [μF], 스위칭 주파수 f = 30 [kHz], 부하저항 R = 8 [Ω]이다. 출력전압, 인덕터 전류의 평균값, 최대값, 최소값, 출력전압의 평균값, 맥동전압을 구하고 PSIM 시뮬레이션을 통하여 그 결과를 확인하여라.

CHAP. 6 직류-교류 변환기

6-1. 단상 인버터

6-2. PWM 인버터

6-3. 3상 인버터

교류는 전압의 크기와 주파수, 위상이 존재한다. 인버터(Inverter)는 직류전원을 교류전원으로 변환시키는데 이때 전압의 크기, 주파수, 위상 등을 제어할 수 있다.

6-1 단상 인버터

6-1-1. 단상 전브리지 인버터의 기본동작

<그림 6.1>은 단상 전브리지 인버터의 구조와 동작 상태를 나타내고 있으며, <표 6.1>은 스위칭 소자의 턴-온에 대한 출력전압을 나타내고 있다.

그림 6.1 단상 전브리지 인버터

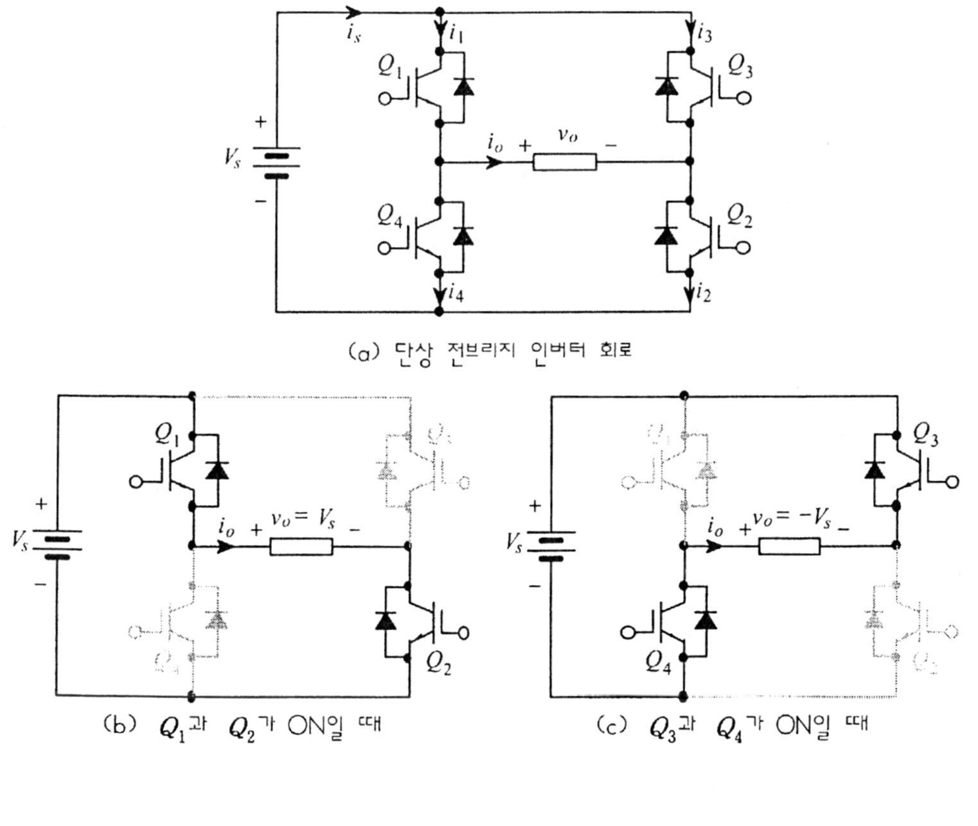

(b) Q_1과 Q_2가 ON일 때 (c) Q_3과 Q_4가 ON일 때

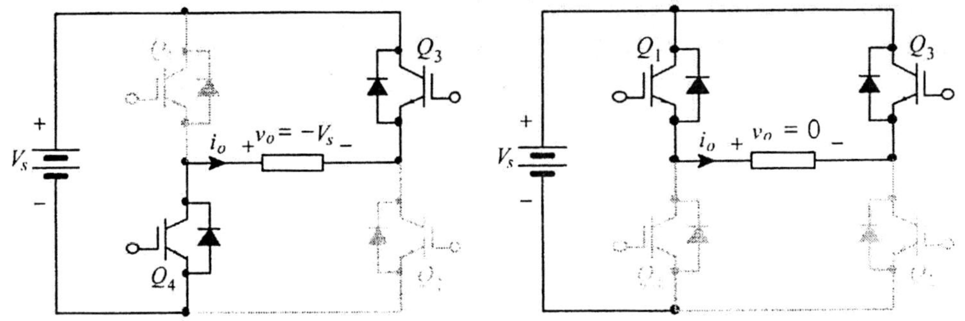

(d) Q_2와 Q_4가 ON일 때 (e) Q_1과 Q_3이 ON일 때

표 6.1 스위칭 소자의 턴-온에 대한 부하전압

스위칭 소자 턴-온	스위칭 소자 턴-오프	출력전압
Q_1, Q_2	Q_3, Q_1	$+V_{dc}$
Q_3, Q_4	Q_1, Q_2	$-V_{dc}$
Q_1, Q_3	Q_2, Q_4	0
Q_2, Q_4	Q_1, Q_3	0

전브리지 인버터에서 가장 간단한 스위칭 기법은 구형파 출력 전압을 만드는 것이다. <그림 6.1> (a)와 같이 트랜지스터 Q_1, Q_2가 턴-온, Q_3, Q_4가 턴-오프 되면 부하에는 $+V_{dc}$의 전압이 걸리고, <그림 6.1> (b)와 같이 Q_3, Q_4가 턴-온, Q_1과 Q_2가 턴-오프 되면 부하에는 $-V_{dc}$의 전압이 걸리게 된다. 이와 같이, 부하에는 $+V_{dc}$와 $-V_{dc}$의 전압이 반복적으로 걸리는 구형파 교류전압이며 주파수는 이는 트랜지스터의 턴-온/턴-오프의 주기의 역수와 같다.

부하에 흐르는 전류는 부하의 형태와 관련이 있다. 저항부하일 경우 전류의 파형은 전압과 동상인 구형파가 된다.

그림 6.2 유도성 부하에 대한 단상 전브리지 인버터의 각부 파형

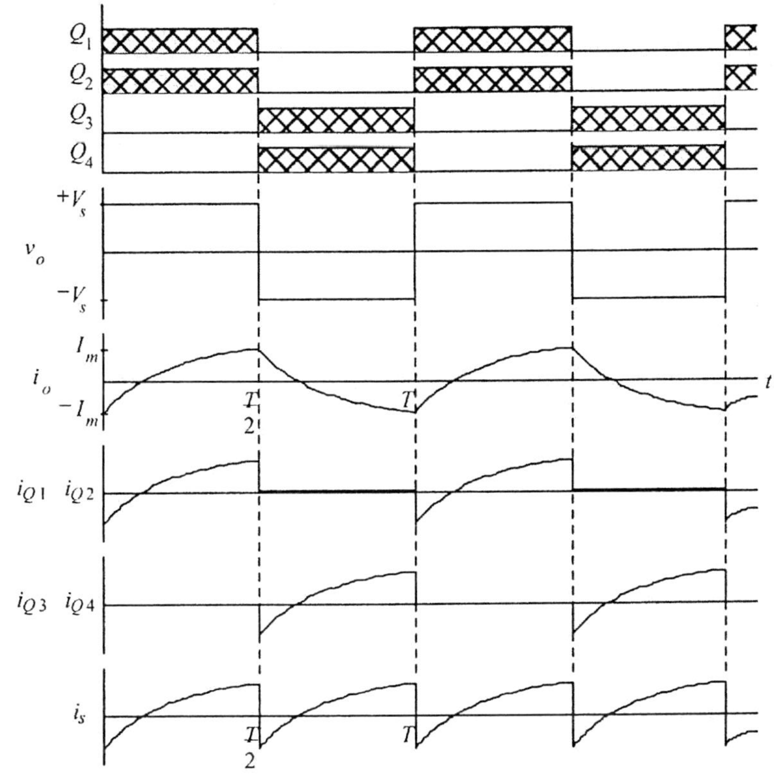

부하가 R-L 직렬부하이고 출력전압이 구형파일 때 $t = 0$일 때 Q_1, Q_2가 턴-온 되었다고 하자. 부하 양단 전압은 $+V_s$이고 전류는 부하와 Q_1, Q_2를 통하여 흐르면서 양(+)의 방향으로 증가하기 시작한다. $t = T/2$일 때 Q_3, Q_4가 턴-온 되면, 부하 양단 전압은 $-V_s$이고 전류는 부하와 Q_3, Q_4를 통하여 흐르면서 음(-)의 방향으로 증가하기 시작한다.

정상상태에서의 전류는 다음 식과 같이 나타낼 수 있다.

$$i_o(t) = \begin{cases} \dfrac{V_s}{R} + \left(-I_m - \dfrac{V_s}{R}\right)e^{-t/\tau} & 0 \le t \le T/2 \\ -\dfrac{V_s}{R} + \left(I_m + \dfrac{V_s}{R}\right)e^{-(t-T/2)/\tau} & T/2 \le t \le T \end{cases} \tag{6.1}$$

여기서 $\tau = L/R$이고, $I_m = \frac{V_s}{R}\left[\frac{1-e^{-T/2\tau}}{1+e^{-T/2\tau}}\right]$이다.

인버터를 사용하는 부하는 순수한 저항부하는 거의 없고 대부분 교류부하로 R-L 부하인 전동기 부하이다. 따라서 이 부하에 공급된 전력을 실효값으로 구하기에는 적분식이 너무 복잡하게 이루어져 있다. 따라서 푸리에 급수를 이용하면 부하에 공급된 전력을 쉽게 계산할 수 있게 한다. R-L 직렬부하에서 에너지를 소비하는 곳은 R이고 여기에 흐르는 전류의 실효값 $I_{o,rms}$라 하였을 때 부하가 소비하는 에너지는 $P_o = I_{o.rms}^2 R$이 된다. 여기서 전류의 실효값은 다음 식과 같이 나타낼 수 있다.

$$I_{o,rms} = \sqrt{I_{o1,rms}^2 + I_{o2,rms}^2 + I_{o3,rms}^2 + \cdots} \tag{6.2}$$

구형파 인버터의 출력전압에 대한 푸리에 급수는 식(6.3)과 같다.

$$v_o(t) = \sum_{n=1,\mathrm{odd}}^{\infty} \frac{4V_s}{n\pi} \sin n\omega t \tag{6.3}$$

전고조파 왜형률 THD(Total Harmonics Distortion)는 파형의 비정현적인 특성을 정의하는 용어로서 기본 주파수 항의 실효값에 대하여 나머지 고조파 항의 실효값의 합에 대한 비율로 나타낸 것으로 식(6.4)와 같이 나타낸다.

$$\mathrm{THD} = \frac{\sqrt{\sum_{n=2}^{\infty} V_{on,rms}}}{V_{o1,rms}} = \frac{\sqrt{V_{o,rms}^2 - V_{o1,rms}^2}}{V_{o1,rms}} \tag{6.4}$$

[예제 6.1] 직류 공급전압 V_s = 400 [V], 부하저항 R = 20 [Ω], 인덕터 L = 50 [mH]인 단상 전브리지 인버터에서 스위칭 주파수 f = 50 [Hz]로 스위칭을 했을 때 다음 물음에 답하여라.

(1) 부하전류식, 실효값, 부하에서 소비하는 전력
(2) 출력전압 푸리에 급수 표현식 및 전고조파 왜형율(THD)

<풀이>

(1) 시정수 $\tau = L/R = 50\ \text{m}/20 = 2.5\ [\text{msec}]$

$$I_m = \frac{V_s}{R}\left[\frac{1-e^{-T/2\tau}}{1+e^{-T/2\tau}}\right] = \frac{400}{20}\left[\frac{1-e^{-0.02/(2\times2.5\text{m})}}{1+e^{-0.02/(2\times2.5\text{m})}}\right] = 19.28\ [\text{A}]$$

$0 \le t < T/2$에서

$$i_o(t) = \frac{400}{20} + (-19.28 - \frac{400}{20})e^{-t/\tau} = 20 - 39.28e^{-t/\tau}$$

$T/2 \le t < T$에서

$$i_o(t) = -\frac{400}{20} + (19.28 + \frac{400}{20})e^{-t/\tau} = -20 + 39.28e^{-(t-0.2/2)/\tau}$$

출력전류는 반주기에 대해 파형이 대칭이므로 1/T 주기의 실효값 $I_{o.rms}$을 구하면 된다.

$$I_{o.rms} = \sqrt{\frac{1}{T}\int_0^T i_o^2 \cdot dt} = \sqrt{\frac{1}{100\text{m}}\int_0^{100\text{m}} (20-39.28e^{-t/\tau})^2 \cdot dt}$$

(2) 부하에서 소비하는 전력 $P_o = I_{o.rms}^2 R =$

(3) 출력전압의 푸리에 급수

$$v_o(t) = \sum_{n=1,3,5,\cdots}^{\infty} \frac{4\times400}{n\pi}\sin n\omega t$$

$$= 509.30\sin 100\pi t + 169.77\sin 300\pi t + 101.86\sin 500\pi t + 72.76\sin 700\pi t + \cdots$$

n	1	3	5	7	9	11	…
최대값	509.30	169.77	101.86	72.76	56.59	46.30	…
실효값	360.13	120.04	72.03	51.45	40.01	32.74	…

(4) 출력전압의 실효값

$$V_{o.s} = \sqrt{V_{o1.s}^2 + V_{o3.s}^2 + V_{o5.s}^2 + \cdots} = 399.91\ [\text{V}]$$

$$\text{THD} = \frac{\sqrt{V_{o.rms}^2 - V_{o1.rms}^2}}{V_{o1.rms}} = \frac{\sqrt{399.91^2 - 360.13^2}}{360.13} = 0.4829$$

PSIM 6.1 [예제 6.1]의 설계된 값을 가지고 PSIM으로 시뮬레이션을 하여 각 부의 파형을 나타내고 출력전류의 파형에서 최대값과 최소값, FFT에 의한 푸리에 급수, 출력전력 등 예제의 결과와 비교하여라.

그림 6.3 단상 전브리지 인버터 시뮬레이션

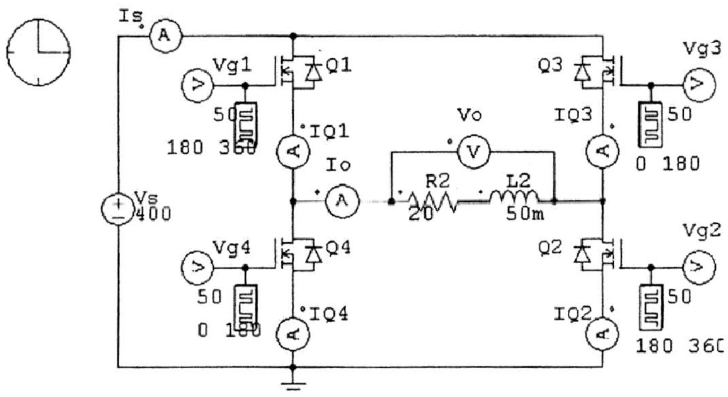

(a) Schematic

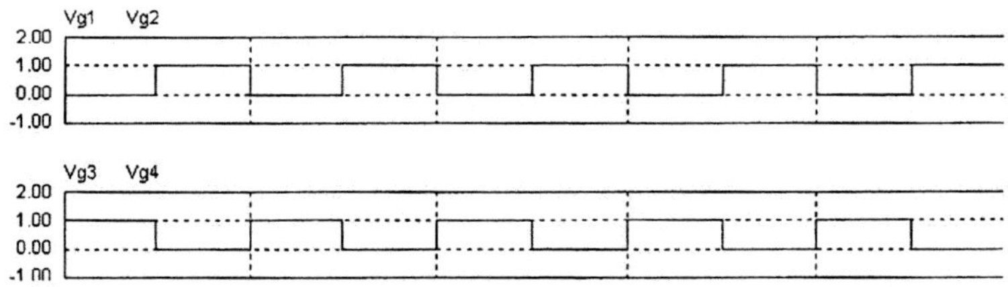

(b) 스위칭을 위한 게이팅 파형과 부하전압, 부하전류 파형

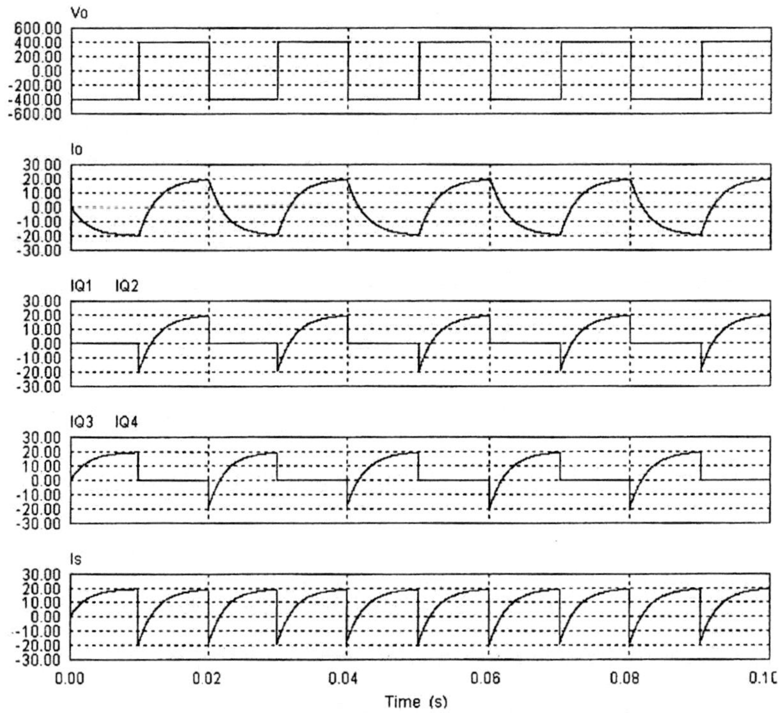

(c) 출력전압, 출력전류 및 시스템 각 부 파형

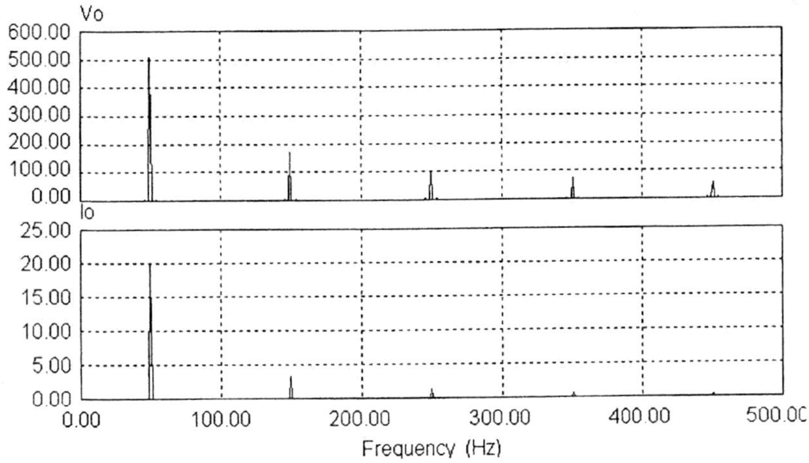

(d) 출력전압, 출력전류의 FFT 파형

<풀이> <그림 6.3> (c)에서 전류파형의 최대값은 19.27 [A]이고 최소값은 -19.28 [A]이다. 따라서 예제에서 구한 식의 값과 거의 일치함을 알 수 있다.

<그림 6.4> (d)에서 전압, 전류 파형에 3, 5, 7, … 등의 홀수 고조파가 존재하고 각 주파수 별 크기를 도표로 나타내면 다음과 같다.

주파수	50	150	250	350	450	550	650	…
전압	509.23	169.67	101.70	72.53	56.29	45.94	38.75	…
전류	20.03	3.32	1.26	0.65	0.39	0.27	0.19	…

이 결과는 앞서 예제에서 구한 것과 거의 일치함을 알 수 있다.
또한 각 고조파 전류는 각 고조파 전압과 고조파 임피던스와의 관계로부터 다음과 같이 고조파 전류를 구할 수 있으며, 앞서와 같은 결과이다.

주파수	50	150	250	350	450	550	650	…
X_{nL}	15.71	47.12	78.54	109.96	141.37	172.79	204.20	…
Z_n	25.43	51.19	81.05	111.76	142.78	173.94	205.18	
$\dfrac{V_n}{Z_n}=I_n$	20.03	3.31	1.26	0.65	0.39	0.26	0.19	…

푸리에 급수로부터 전류의 실효값을 구하면

$$I_{o.rms}=\sqrt{I_{o1.rms}^2+I_{o3.rms}^2+I_{o5.rms}^2+\cdots} = 14.39 \text{ [A]}$$

이고 부하가 소비하는 전력은 다음과 같다.

$$P_o=I_{o.rms}^2 R=14.39^2\times 20 = 4{,}143.89 \text{ [W]}$$

6-1-2. 출력전압제어와 고조파 제거

<그림 6.3> (d)에서 살펴본 바와 같이 출력전압 및 출력전류에는 많은 홀수 고조파가 포함이 되어 있음을 알 수 있다. 또한 <그림 6.2>의 파형과 같이 구형파를 제어할 경우 출력전압의 크기는 직류 입력전압에 의해 결정이 되므로 크기를 제어할 수 없다.

그림 6.4 고조파 제거 및 크기 제어

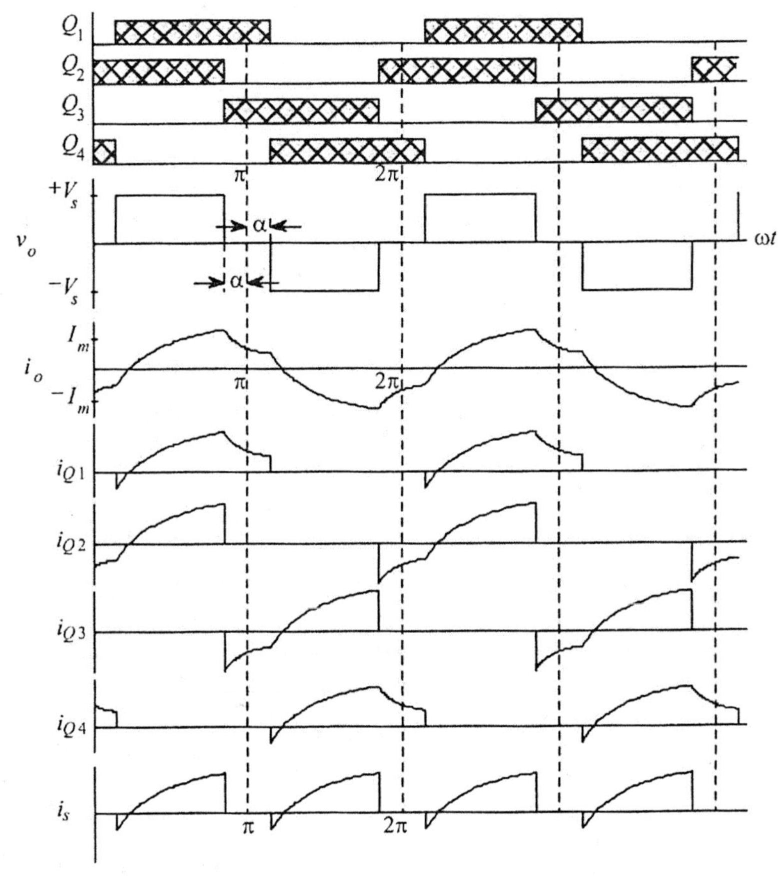

<그림 6.2>와 같이 상위브리지와 하위브리지 중에서 각각 하나씩 턴-온 시키는 것이 아니라 <그림 6.4>와 같은 패턴으로 트랜지스터를 구동하면 출력전압은 <그림 6.2>와는 다르게 된다. 즉, 출력전압을 $+V_s$와 $-V_s$ 두 전압이 걸리도록 하는 것이 아니라 양쪽에 출력이 0인 구간을 위상각 α만큼 제어하여 인가한다.

출력전압 파형에 대하여 푸리에 급수를 취하면 식(6.5)와 같이 나타낼 수 있다.

$$v_o(t) = \sum_{n=1,3,5,\cdots}^{\infty} \frac{4V_s}{n\pi}(\cos n\alpha) \cdot (\sin n\omega t) \tag{6.5}$$

식(6.5)에서 각 고조파의 크기는 위상각 α에 대한 함수이다. 기본파를 포함한 각 고조파의 크기를 나타내면 다음 식과 같이 나타낼 수 있다.

$$V_{o1} = \left(\frac{4V_s}{\pi}\right)\cos\alpha \tag{6.6}$$

$$V_{o3} = \left(\frac{4V_s}{3\pi}\right)\cos 3\alpha \tag{6.7}$$

$$V_{o5} = \left(\frac{4V_s}{5\pi}\right)\cos 5\alpha \tag{6.8}$$

$$\vdots$$

기본파의 크기는 식(6.6)과 같이 위상각 α를 제어함으로써 제어할 수 있다. 한편 식(6.7)에서 $\alpha = 30°$에서 3고조파의 크기 $V_{o3} = 0$이 되고, 식(6.8)에서 $\alpha = 18°$에서 5고조파의 크기 $V_{o5} = 0$이 된다. 이와 같은 관계가 <그림 6.5> (a), (b)에 나타내어져 있다. 한편 <그림 6.4> (c)와 같은 출력전압이 되도록 스위칭을 하면 3고조파와 5고조파가 동시에 제거가 됨을 알 수 있다.

그림 6.5 위상각과 고조파

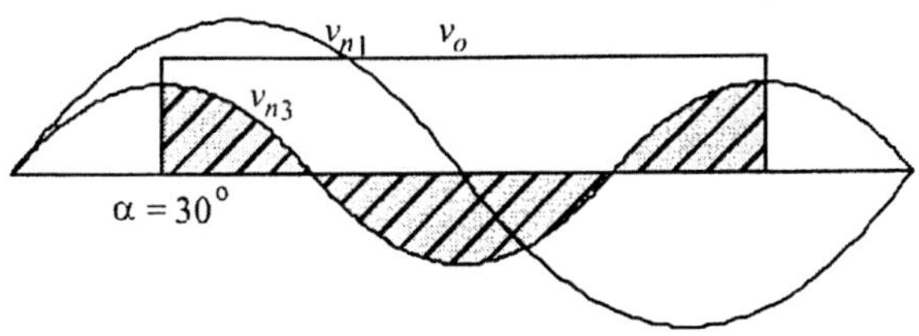

(a) 위상각 α = 30°일 때 기본파, 3고조파, 출력전압

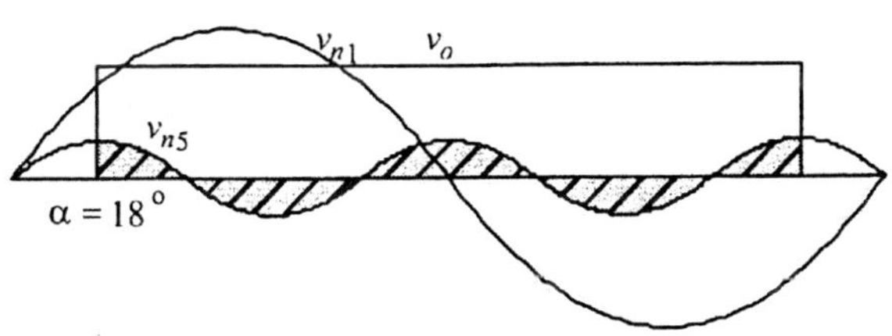

(b) 위상각 α = 18°일 때 기본파, 5고조파, 출력전압

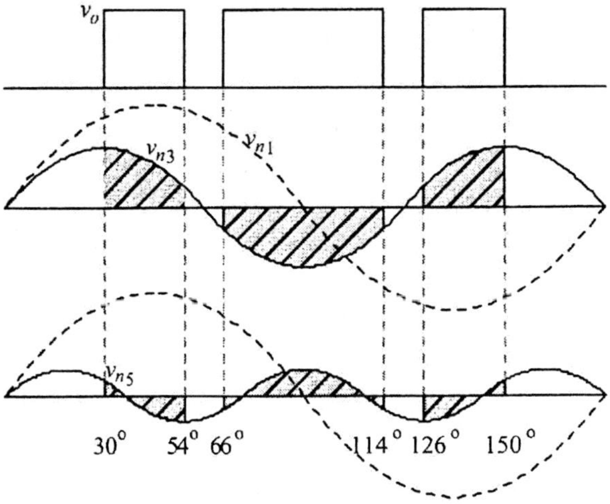

(c) 3고조파와 5고조파 동시 제거

[예제 6.2] [예제 6.1]의 전브리지 구형파 인버터에 대하여 위상각 $\alpha = 30°$가 되도록 제어하였을 때, 다음 물음에 답하여라.

(1) 출력전압의 푸리에 급수식
(2) 출력전압의 실효값
(3) 각 고조파 임피던스
(4) 고조파별 전류성분(최대값, 실효값) 및 전류의 실효값
(5) 전류 성분을 구하여 부하에서 소비하는 전력

<풀이> 출력전압의 푸리에 급수 표현

$$v_o(t) = \sum_{n=1,3,5,\cdots}^{\infty} \frac{4 \times 400}{n\pi} \cos n\alpha \cdot \sin n\omega t$$

$$= 254.65 \sin 100\pi t + 50.93 \sin 500\pi t$$

$$+ 36.38 \sin 700\pi t + 23.15 \sin 900\pi t + \cdots$$

출력전압의 실효값

$$V_{o,rms} = \sqrt{\sum_{n=1,3,5,\cdots}^{\infty} V_{on,rms}} = 188.27 \text{ [V]}$$

주파수	50	150	250	350	450	550	650	…
V_{on}	254.65	0	50.93	36.38	0	23.15	19.59	…
$V_{on,rms}$	180.06	0	36.01	25.72	0	16.37	16.85	…
X_{nL}	15.71	47.12	78.54	109.96	141.37	172.79	204.20	…
Z_n	25.43	51.19	81.05	111.76	142.78	173.94	205.18	…
V_{on}/Z_n	10.01	0	0.63	0.33	0	0.13	0.1	…
$I_{on,rms}$	7.08	0	0.44	0.23	0	0.09	0.05	…

부하전류의 실효값

$$I_{o,rms} = \sqrt{\sum_{n=1,3,5,\cdots}^{\infty} I_{on,rms}} = 7.10 \text{ [A]}$$

부하에서 소비하는 전력

$$P_o = I_{o,rms}^2 R = 7.1^2 \times 20 = 1{,}008.01 \text{ [W]}$$

PSIM 6.2 [예제 6.1]의 전브리지 구형파 인버터에 대하여 위상각 $\alpha = 30°$가 되도록 스위칭을 하여 시스템의 각 부 파형을 구하고, FFT 분석을 하여라. 또한 위상각 $\alpha = 18°$가 되도록 스위칭을 하였을 때의 특성도 비교하여라.

그림 6.6 단상 전브리지 인버터 Simulation

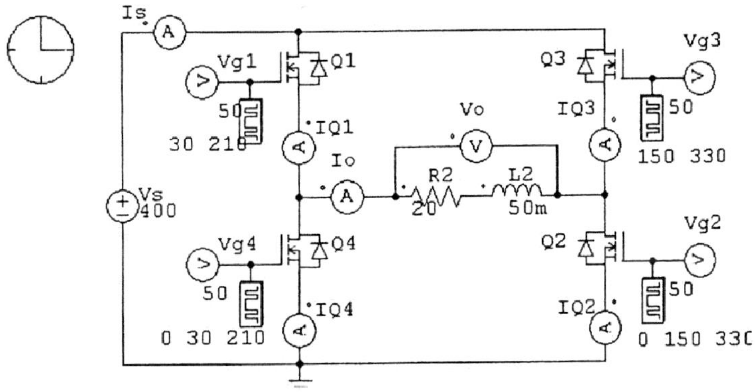

(a) Schematic

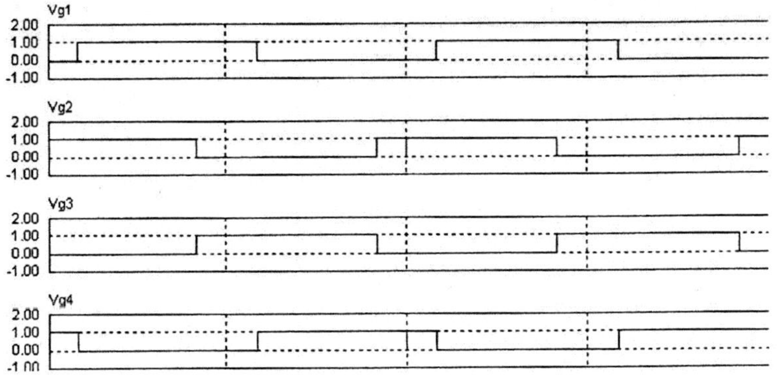

(b) 스위칭을 위한 게이팅 파형과 부하전압, 부하전류 파형(α = 30°)

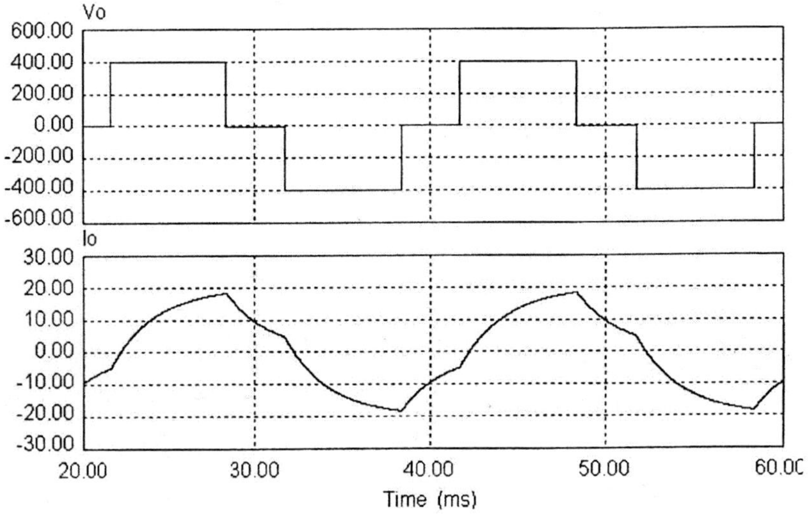

(c) 출력전압, 출력전류(α = 30°)

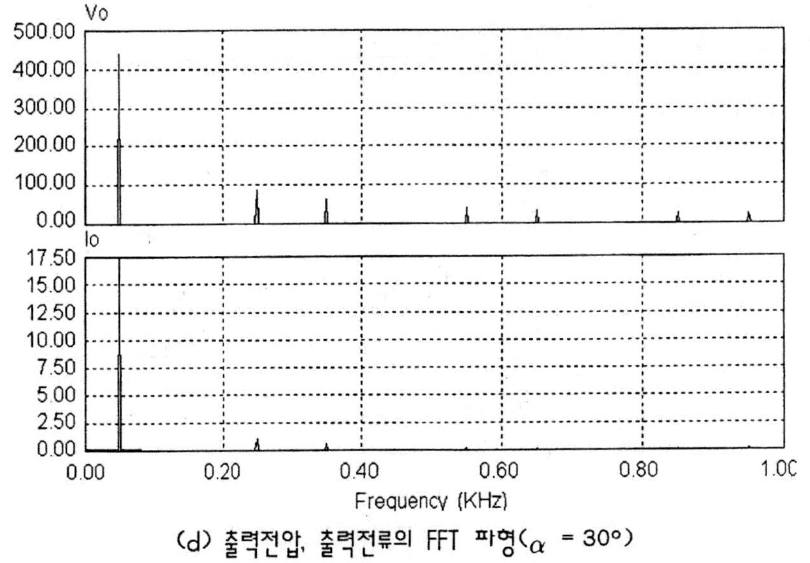

(d) 출력전압, 출력전류의 FFT 파형(α = 30°)

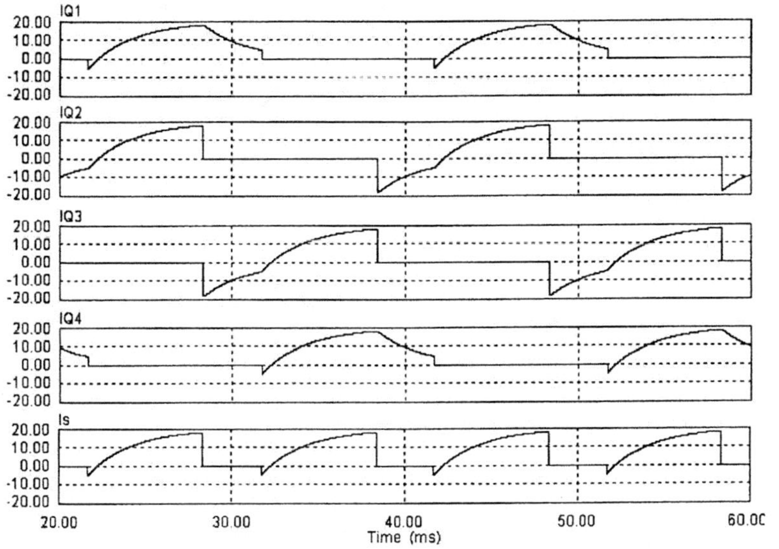

(e) 각 트랜지스터 전류 및 공급전류(α = 30°)

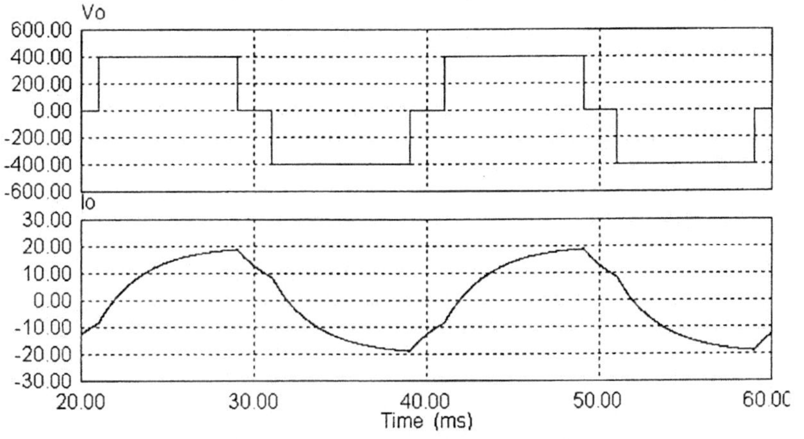

(f) 출력전압, 출력전류(α = 18°)

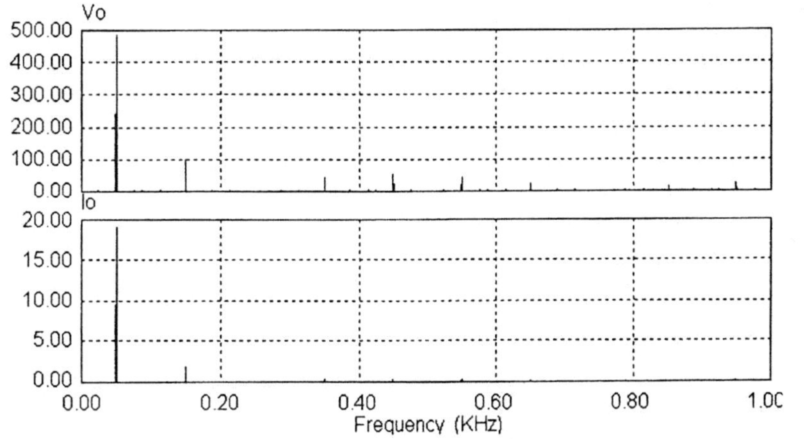

(g) 출력전압, 출력전류의 FFT 파형(α = 18°)

<풀이> (1) 위상각 $\alpha = 30°$

<그림 6.6> (c)에서 전류파형의 최대값은 18.2755 [A]이고 최소값은 -18.2753 [A]이다. <그림 6.6> (d)에서 전압, 전류 파형에 3의 배수 고조파가 제거되었음을 알 수 있다. 각 주파수 별 크기를 도표로 나타내면 다음과 같다.

주파수	50	150	250	350	450	550	650	…
전압	440.42	0	88.85	62.36	0	40.72	33.27	…
전류	17.34	0	1.09	0.57	0	0.23	0.16	…

(2) 위상각 $\alpha = 18°$

<그림 6.6> (f)에서 전류파형의 최대값은 18.8178 [A]이고 최소값은 -18.8346 [A]이다. <그림 6.6> (d)에서 전압, 전류 파형에 5의 배수 고조파가 제거되었음을 알 수 있다. 각 주파수 별 크기를 도표로 나타내면 다음과 같다.

주파수	50	150	250	350	450	550	650	…
전압	484.37	99.80	0	42.75	53.81	44.04	23.04	…
전류	19.05	1.95	0	0.38	0.38	0.25	0.11	…

6-2 PWM 인버터

앞 절에서 살펴본 바와 같이 구형파 인버터의 경우 교류성분을 가지게 되지만 많은 고조파가 생기는 단점이 있다. 고조파 제거를 위하여 위상각 제어를 하면 특정 고조파만 제거가 된다. 따라서 2개 이상의 고조파를 제거시키기 위해서는 2개 이상의 위상각을 제어해야하며 이를 구현하기 위하여 펄스폭 변조(Pulse Width Modulation) 방식을 사용한다.

PWM의 두 가지 큰 장점은 고조파를 줄일 수 있을 뿐만 아니라 필터의 용량을 줄일 수 있다는 점과 출력전압의 크기를 제어할 수 있다는 점이다. 반면 단점은 구형파의 경우보다 스위칭 주파수가 높아진다는 것과 스위칭 제어회로가 더 복잡하다는 점이다.

근본적으로 스위칭에 의해 구형파 전압이 얻어지지만 파형에 포함된 평균값이 정현파 모양이 되기 위해서는 다음과 같은 2개의 신호가 필요하다.

- 제어기준신호(V_{sine}) : 기준정현파로 출력전압의 평균값이 이와 비슷한 형태가 된다.
- 반송신호(V_{tri}) : 일정한 크기와 주파수를 가진 삼각파로 스위칭 주파수를 결정하는 신호

6-2-1. 양방향 스위칭

양방향 스위칭은 전브리지 인버터의 스위칭과 비슷한 방법으로 제어기준신호가 운송신호보다 클 경우 출력전압 $v_o=+V_s$이고, 제어기준신호가 반송신호보다 작을 경우 출력전압 $v_o=-V_s$가 된다.

그림 6.7 양방향 스위칭

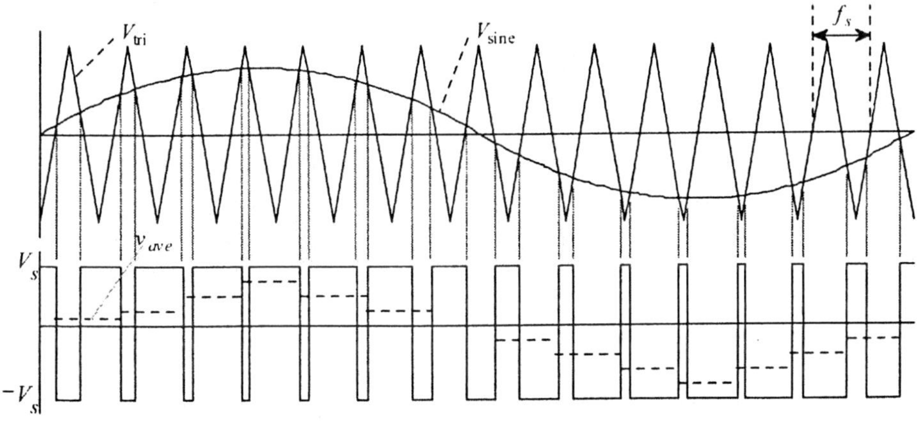

이러한 PWM은 출력에 양(+)의 전압과 음(-)의 전원전압이 교대로 나타나므로 양방향이다. 전브리지 인버터를 사용하여 양방향 스위칭을 구현하려면 제어기준신호 v_{sine}와 반송신호 v_{tri}의 순시값을 비교하여 <표 6.2>와 같이 스위칭 한다.

<그림 6.7>에서 다음과 같은 특성을 확인할 수 있다.

- 출력평균전압 v_{ave}의 크기는 삼각파(반송신호)의 크기와 정현파(제어기준신호) 크기의 비율과 관련이 있다.
- 출력평균전압의 주파수는 삼각파의 주파수와 같다.
- 스위칭 주파수는 삼각파 주파수 f_s와 같다.

표 6.2 양방향 스위칭을 위한 조합

제어기준신호 및 반송신호	스위칭 소자 턴-온	출력전압
$v_{sine} > v_{tri}$	Q_1· Q_2	$+V_s$
$v_{sine} < v_{tri}$	Q_3· Q_1	$-V_s$

그림 6.8 삼각파 비교방식에 의한 제어신호 생성

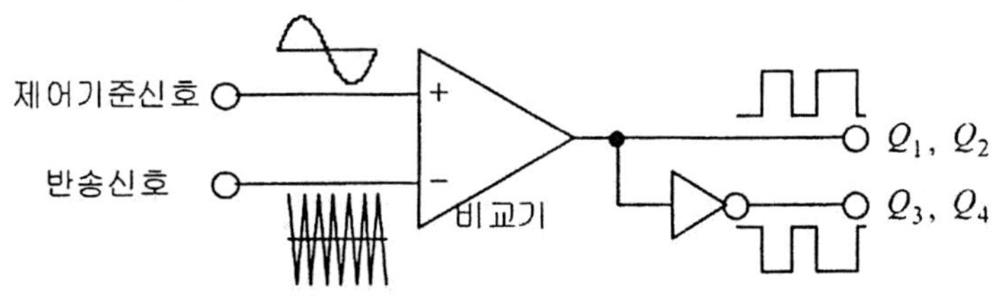

<그림 6.8>에는 스위칭 신호를 발생하기 위한 구동회로가 소개되어 있다. 제어기준신호와 반송신호를 비교기에서 비교하여 제어용 구형파 신호가 생성된다. 이 제어용 구형파는 각종 드라이브회로를 거쳐 트랜지스터에 인가된다.

6-2-2. 단방향 스위칭

단방향 스위칭 기법은 양방향 스위칭 기법과는 달리 구간을 나누어서 스위칭을 하는 기법이다. 양방향 스위칭 기법은 제어기준신호 v_{sine}와 반송신호 v_{tri}의 크기를 비교하여 2가지의 스위칭 조합의 패턴을 얻는 방법이며, 단방향 스위칭 기법은 제어기준신호 v_{sine}와 반송신호 v_{tri}을 비교하여 Q_1과 Q_4의 트랜지스터를 턴-온/턴-오프 시키고 음의 제어기준신호인 $-v_{sine}$와 반송신호 v_{tri}을 비교하여 Q_2과 Q_3의 트랜지스터를 턴-온/턴-오프 시키는 방법이다.

<표 6.3>과 <그림 6.9>에 단방향 스위칭 신호 결정을 위한 기준과 그에 대한 파형을 나타내고 있다.

표 6.3 단방향 스위칭을 위한 조합

제어기준신호 및 반송신호	스위칭 소자 턴-온
$v_{sine} > v_{tri}$	Q_1
$-v_{sine} > v_{tri}$	Q_2
$-v_{sine} < v_{tri}$	Q_3
$v_{sine} < v_{tri}$	Q_4

그림 6.9 단방향 스위칭

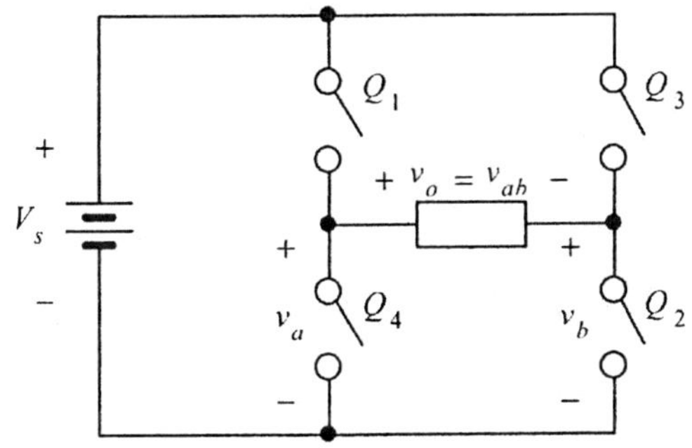

(a) 브리지 회로

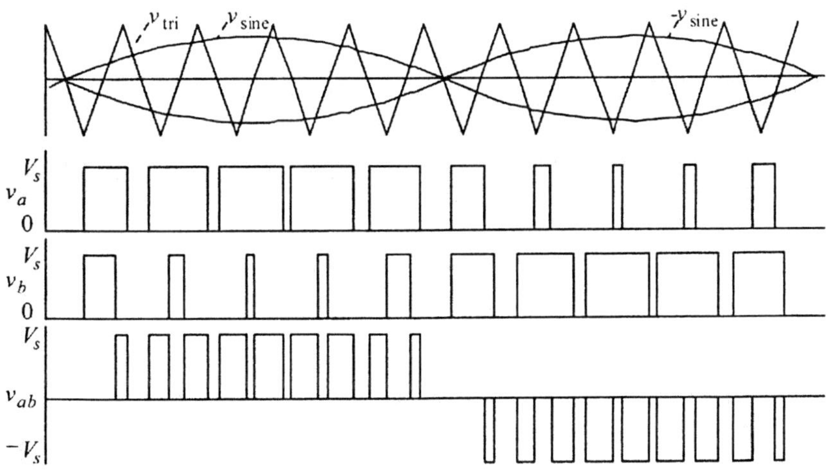

(b) 시스템 각 부 파형

PSIM 6.3 R = 20 [Ω], L = 50 [mH]의 직렬부하를 가지는 전브리지 인버터에 대하여 다음 물음에 답하여라.

(1) 제어기준전압 $v_{sine} = 10\sin 100\pi t$이고 반송신호 v_{tri}는 최대값 20 [V], 주파수 f_s = 5 [kHz]으로 양방향 스위칭 하였을 때 제어기준전압, 반송신호와 부하출력전압, 출력전류 및 FFT파형을 구하고 기본파 및 고조파의 크기를 구하여라.

(2) 제어기준전압을 $v_{sine} = 5\sin 100\pi t$로 했을 때 (1)항의 내용을 반복하여라.

(3) (2)항에서 스위칭 주파수 f_{tri} = 1 [kHz]로 했을 때 같은 방법으로 구하여라.

(4) (1)항에 대하여 단방향 스위칭을 하고 각 파형을 구하여라.

TIP

제어기준전압은 [Elements]-[Sources]-[Voltage]-[Sine](단축 아이콘)을 선택하여 Peak Amplitude에 '10', Frequency에 '50' 을 입력하고, 반송신호로 사용할 삼각파는 [Elements]- [Sources]-[Voltage]-[Triangular] (단축 아이콘)를 선택하고 〈그림 6.10〉 (b)와 같이 파라메타를 입력한다. 여기서 V_peak_to_peak에는 '40', Frequency에 '5000', DC Offset에 '-20' 을 입력한다.

그림 6.10 양방향 및 단방향 Simulation

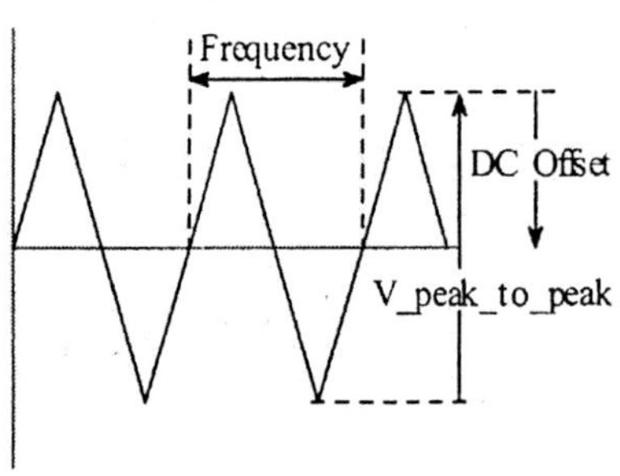

(a) 삼각파

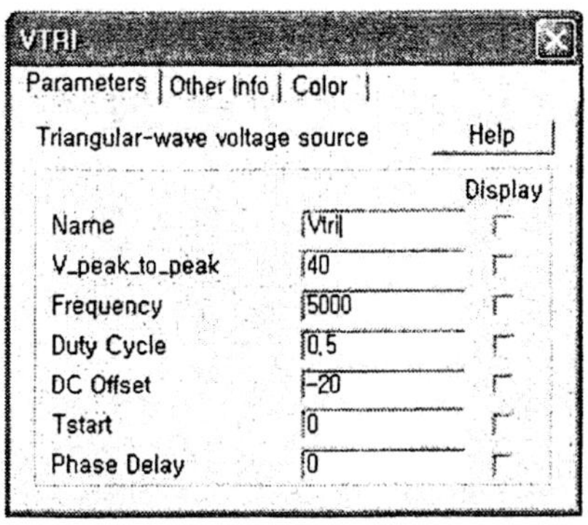

(b) 삼각파 파라메타 설정

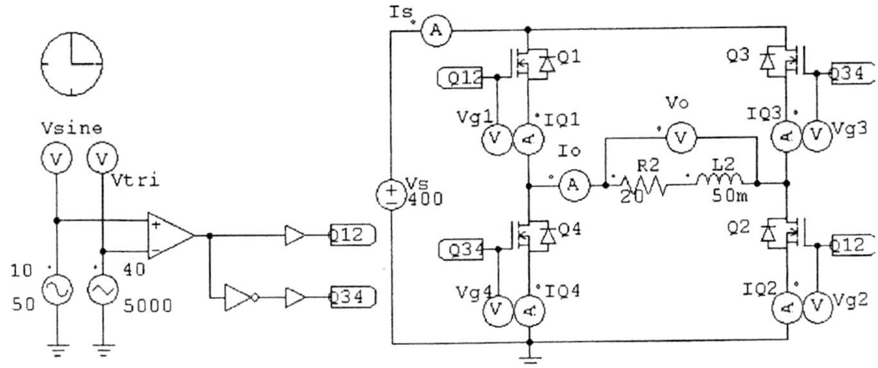

(b) 양방향 스위칭 Schematic

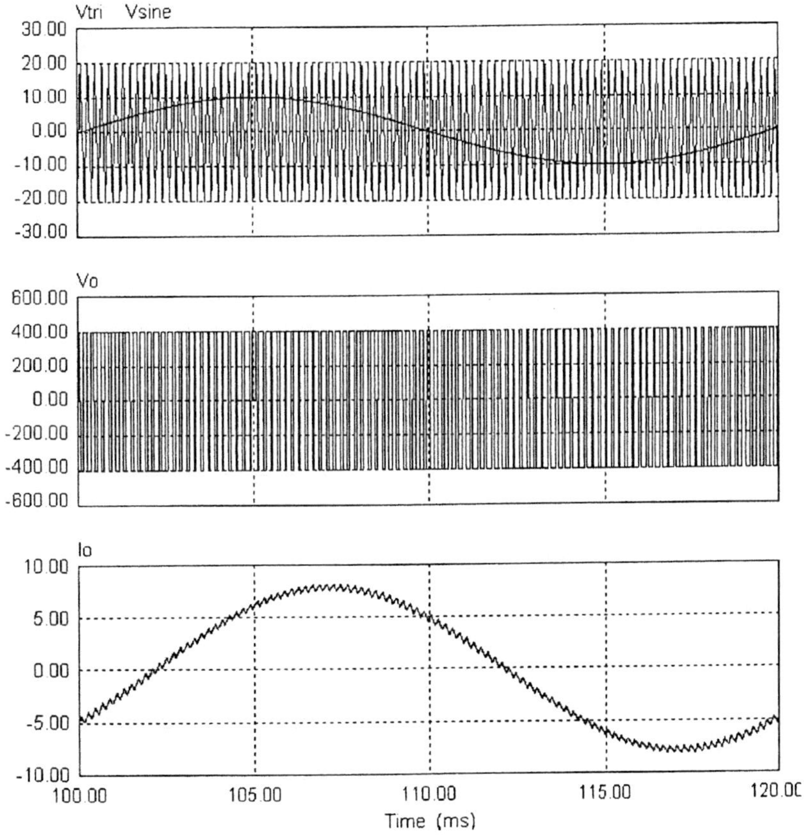

(c) 제어기준신호, 반송신호, 출력전압, 출력전류 파형 (V_m = 10 [V], f_s = 5 [kHz])

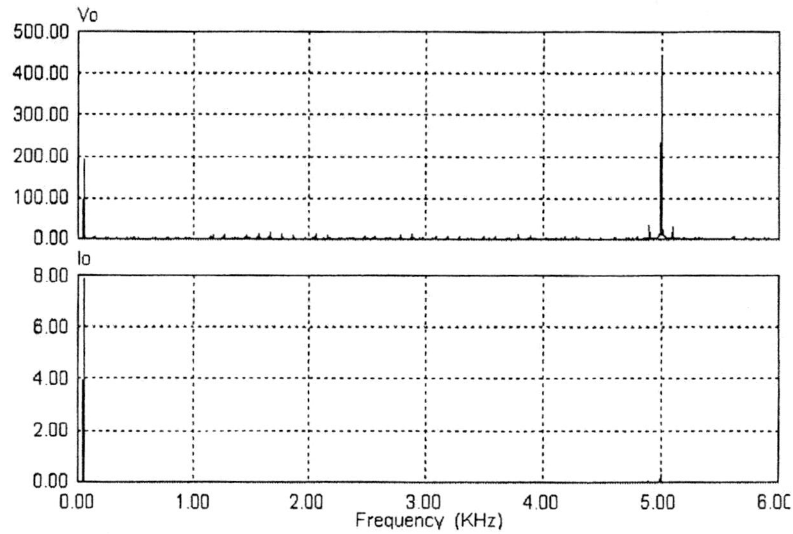

(d) 출력전압과 출력전류의 FFT 파형 (V_m = 10 [V], f_s = 5 [kHz])

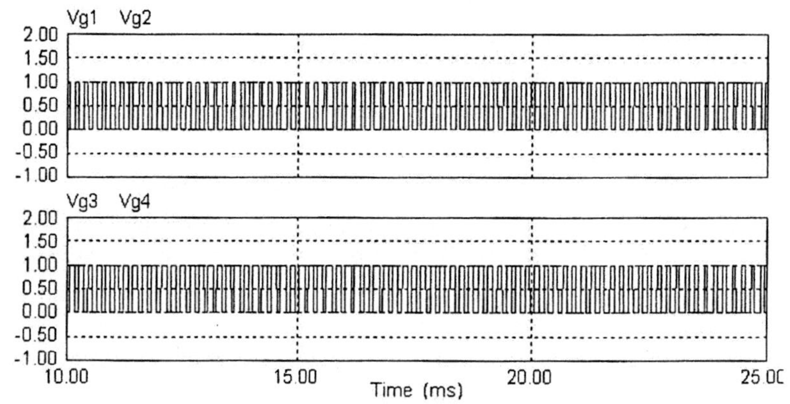

(e) 게이팅 전압 파형

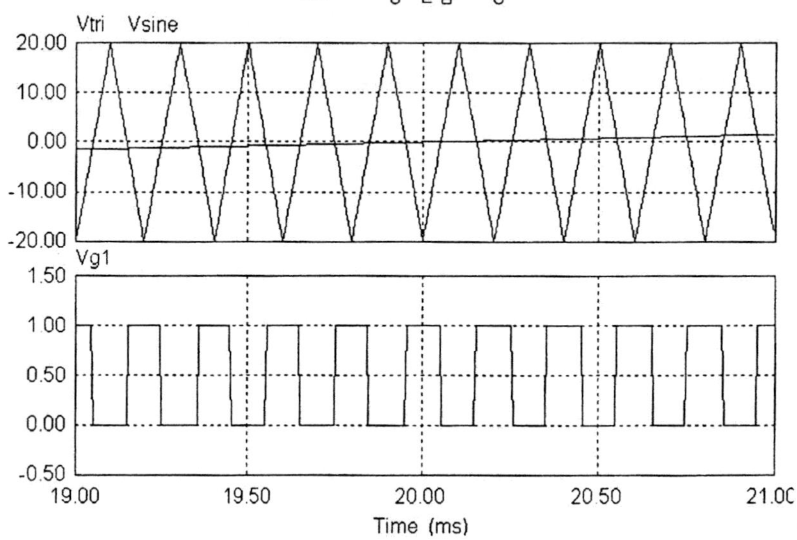

(f) 확대파형

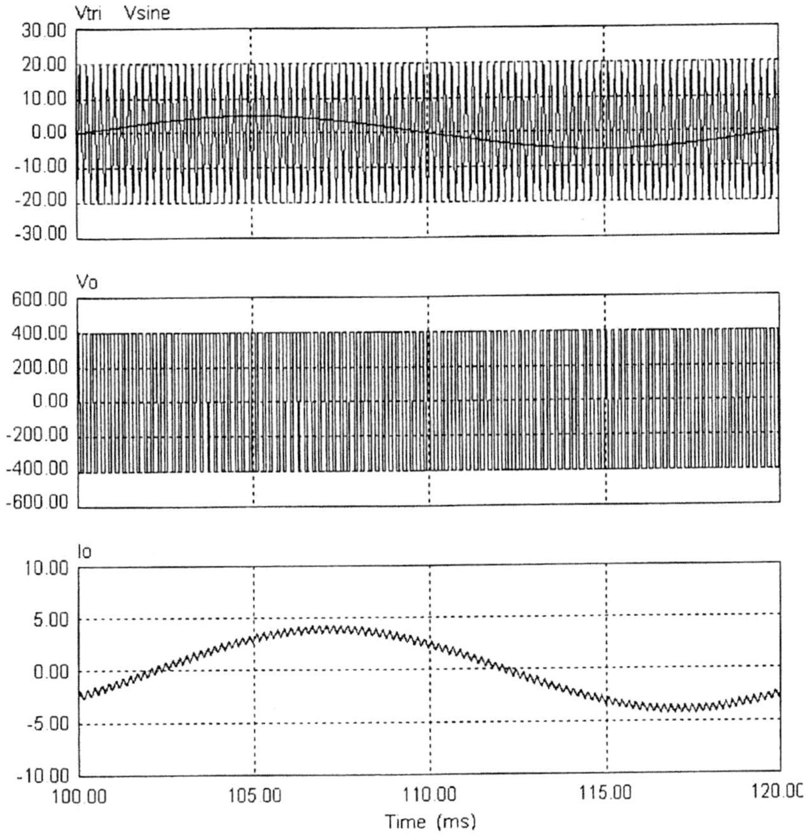

(g) 제어기준신호, 반송신호, 출력전압, 출력전류 파형 (V_m = 5 [V], f_s = 5 [kHz])

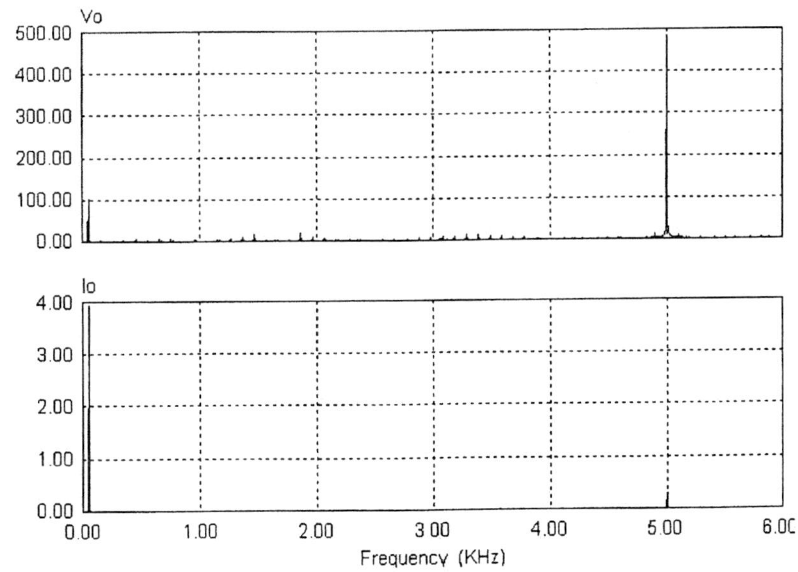

(h) 출력전압과 출력전류의 FFT 파형 (V_m = 5 [V], f_s = 5 [kHz])

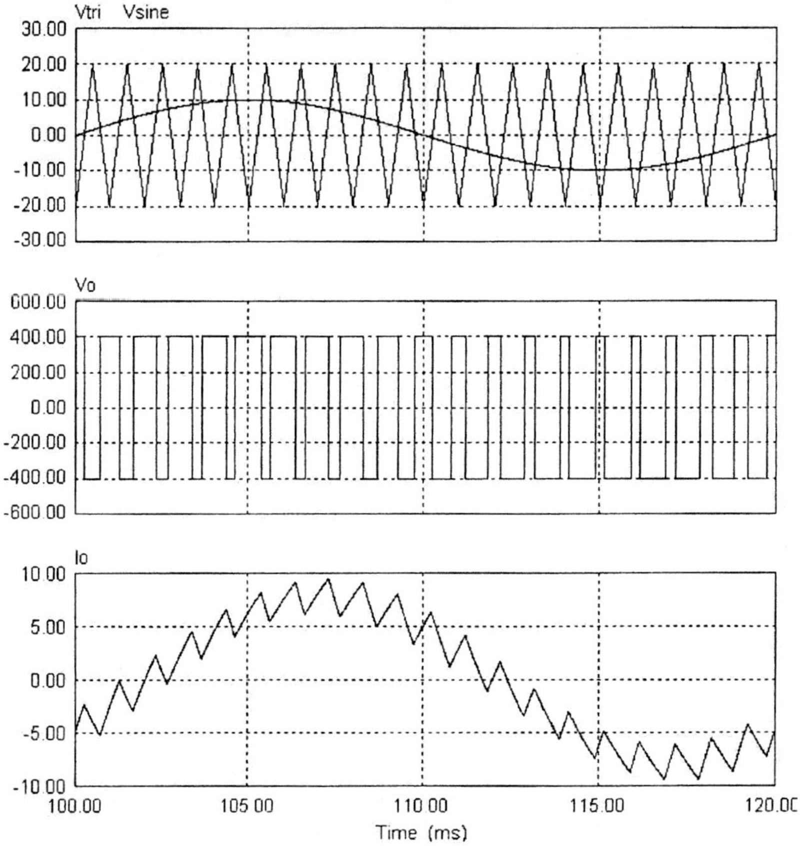

(i) 제어기준신호, 반송신호, 출력전압, 출력전류 파형 (V_m = 10 [V], f_s = 1 [kHz])

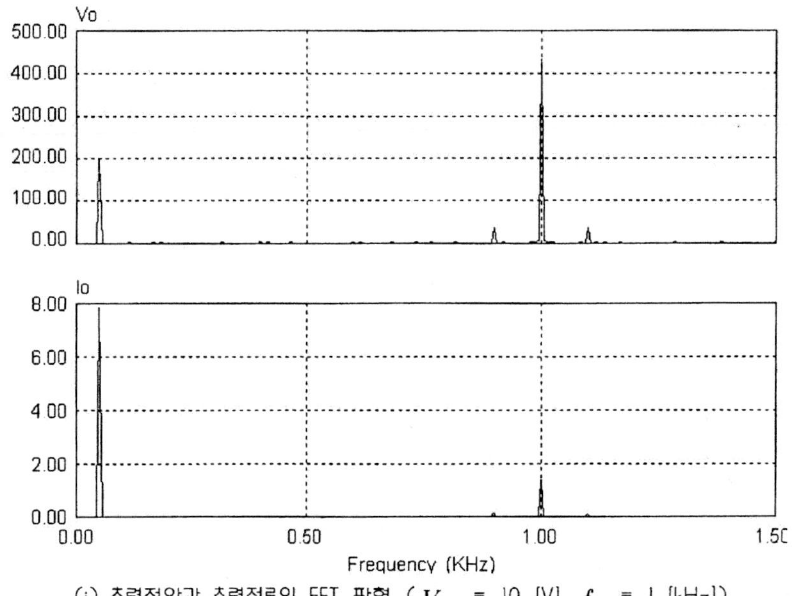

(j) 출력전압과 출력전류의 FFT 파형 (V_m = 10 [V], f_s = 1 [kHz])

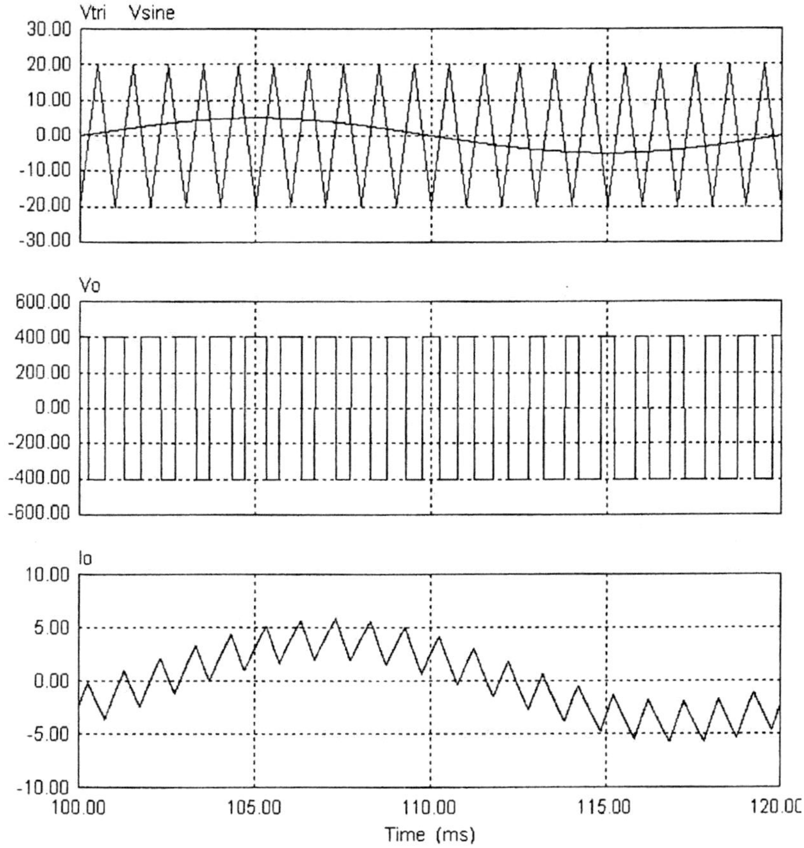

(k) 제어기준신호, 반송신호, 출력전압, 출력전류 파형 (V_m = 5 [V], f_s = 1 [kHz])

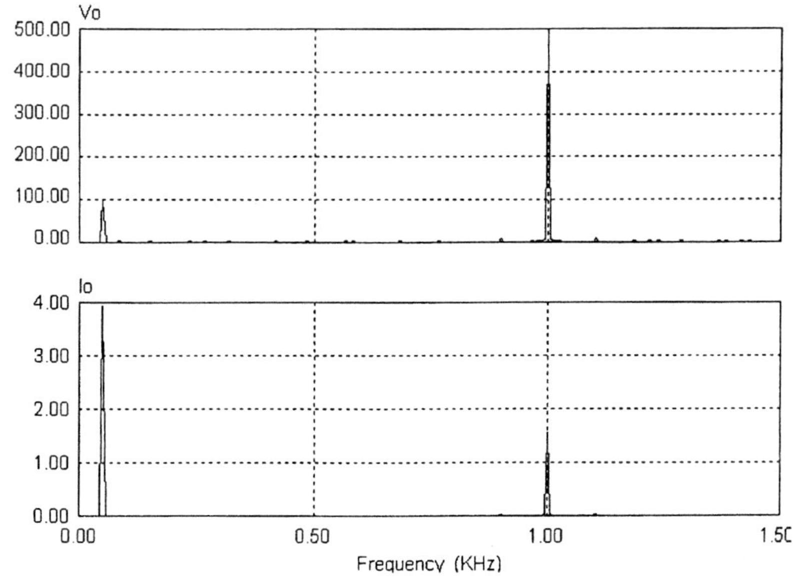

(l) 출력전압과 출력전류의 FFT 파형 (V_m = 5 [V], f_s = 1 [kHz])

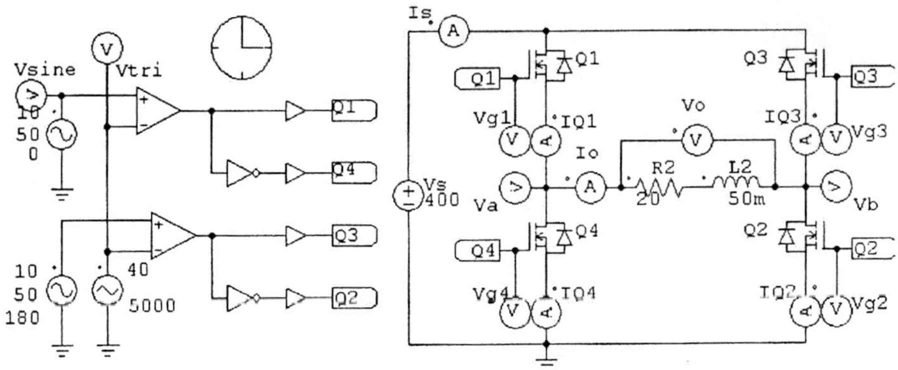

(m) 단방향 스위칭 Schematic

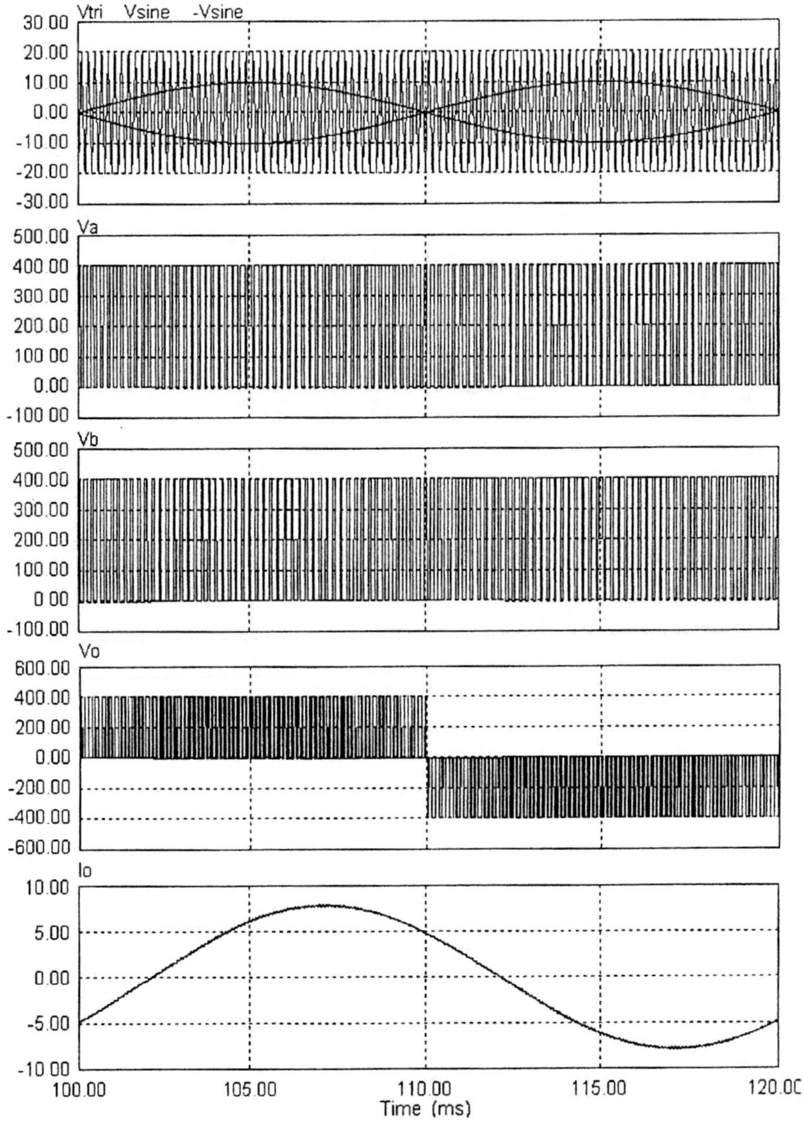

(n) 제어기준신호, 반송신호, 브리지 전압, 출력전압, 출력전류 파형 (V_m = 10 [V], f_s = 5 [kHz])

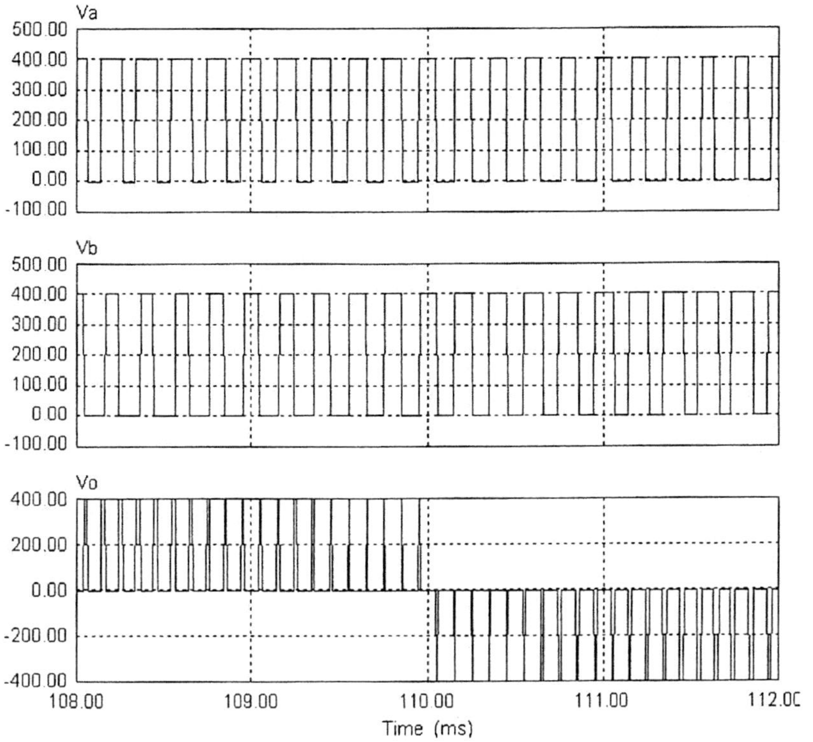

(o) 브리지 전압 v_a, v_b 및 출력전압 확대 파형

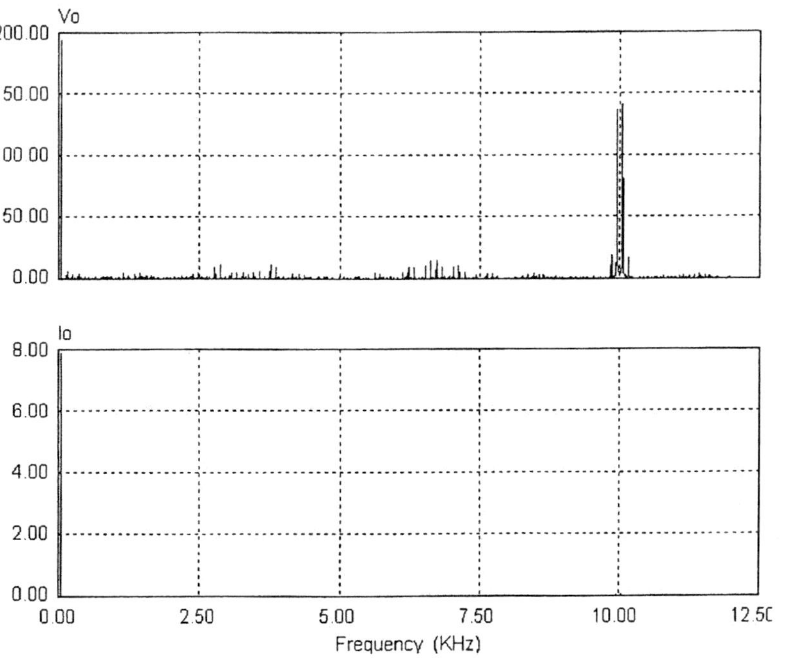

(p) 출력전압과 출력전류의 FFT 파형 (V_m = 10 [V], f_s = 5 [kHz])

6-3 3상 인버터

6-3-1. 6스텝 인버터

교류부하들이 단상보다는 3상이 많이 존재한다. <그림 6.11> (a)에는 직류전원으로부터 3상 교류전원을 생성시키는 회로가 소개되어 있다. 각 트랜지스터는 데드타임(dead-time)을 고려하지 않는다면 50 %의 듀티비로 동작하며 전체 주기의 1/6의 시간 간격인 60°간격으로 턴-온/턴-오프가 일어난다. Q_1과 Q_4는 서로 반대로 동작하여 한 트랜지스터 소자가 턴-온되면 다른 스위치는 턴-오프 되어야 한다. 각 브리지의 쌍 Q_2, Q_5와 Q_3, Q_6에서도 같다.

단상 인버터에서와 마찬가지로 각 쌍의 두 스위칭 소자는 동시에 턴-온 될 수 없고 동시에 턴-온 되는 경우 전원 양단에 단락 현상이 발생한다. 이 스위칭 방식을 사용하면 각 상전압의 순시전압 v_{an}, v_{bn}, v_{cn}은 <그림 6.11> (b)의 순서에 따라 스위칭을 하면 <그림 6.11> (c)와 같은 출력전압을 얻을 수 있다.

이러한 출력전압에 접속되어 있는 3상 부하는 Δ결선이거나 중성점이 접지되어 있지 않은 Y 결선이다. 대부분의 부하는 Y 결선부하이며, 이 때 부하의 각 상에 걸리는 전압은 상전압으로 <그림 6.11> (c)와 같다. 매 주기마다 6번 발생하는 스위칭 동작으로 인하여 상전압 출력파형이 6스텝이므로 이러한 스위칭 기법을 사용하는 회로를 6스텝 인버터라고 한다. 한편 <그림 6.11> (d)는 선간전압의 파형을 나타내고 있다.

그림 6.11 6스텝 인버터

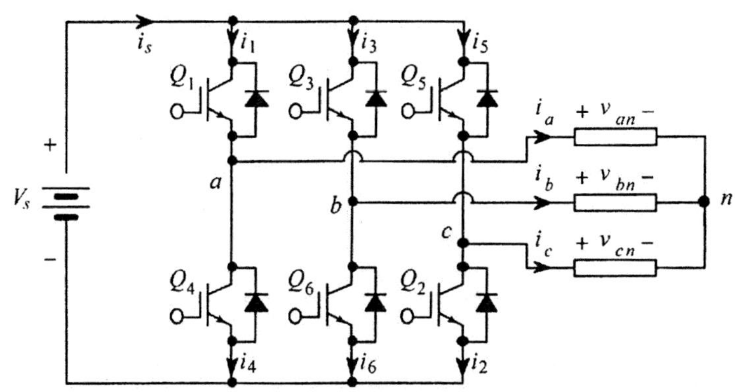

(a) 3상 인버터의 구조

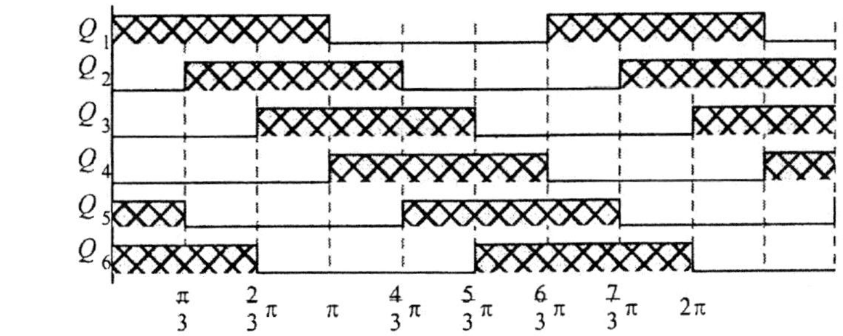

(b) 게이팅 파형

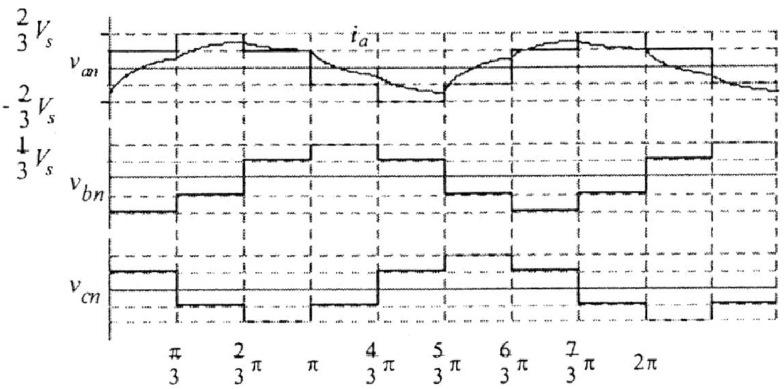

(c) 상전압, 상전류 출력파형

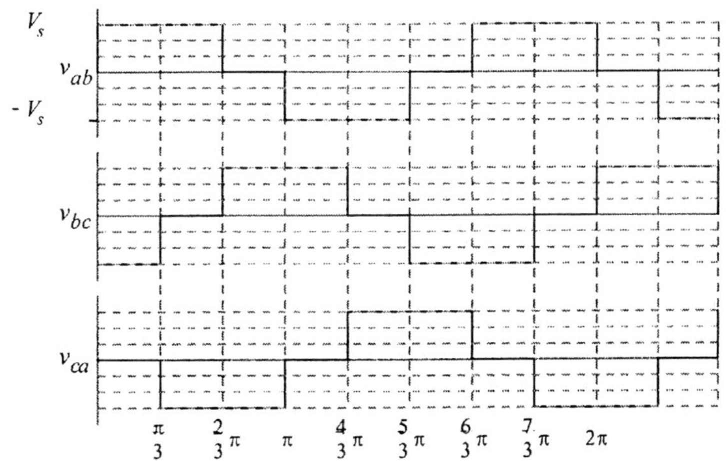

(d) 선간전압 출력파형

<그림 6.11> (b)와 같이 한 주기를 2π로 하였을 때, 스위칭 모드는 6개의 모드로 나누어지고 각 모드별로 턴-온, 턴-오프 되는 트랜지스터, 그리고 각 상전압을 정리하면 <표 6.4>와 같이 나타낼 수 있다. 또한 각 모드별로 스위칭 형태와 등가회로를 표현하면 <그림 6.12>와 같이 나타낼 수 있다.

표 6.4 3상 인버터의 구간별 스위칭 동작사항

위상	턴-온 스위치	턴-오프 스위치	v_{an}	v_{bn}	v_{cn}
$0 \sim \frac{1}{3}\pi$	$Q_1,\ Q_5,\ Q_6$	$Q_2,\ Q_3,\ Q_4$	$+\frac{1}{3}V_{dc}$	$-\frac{2}{3}V_{dc}$	$+\frac{1}{3}V_{dc}$
$\frac{1}{3}\pi \sim \frac{2}{3}\pi$	$Q_1,\ Q_2,\ Q_6$	$Q_3,\ Q_4,\ Q_5$	$+\frac{2}{3}V_{dc}$	$-\frac{1}{3}V_{dc}$	$-\frac{1}{3}V_{dc}$
$\frac{2}{3}\pi \sim \pi$	$Q_1,\ Q_2,\ Q_3$	$Q_4,\ Q_5,\ Q_6$	$+\frac{1}{3}V_{dc}$	$+\frac{1}{3}V_{dc}$	$-\frac{2}{3}V_{dc}$
$\pi \sim \frac{4}{3}\pi$	$Q_2,\ Q_3,\ Q_4$	$Q_1,\ Q_5,\ Q_6$	$-\frac{1}{3}V_{dc}$	$+\frac{2}{3}V_{dc}$	$-\frac{1}{3}V_{dc}$
$\frac{4}{3}\pi \sim \frac{5}{3}\pi$	$Q_3,\ Q_4,\ Q_5$	$Q_1,\ Q_2,\ Q_6$	$-\frac{2}{3}V_{dc}$	$+\frac{1}{3}V_{dc}$	$+\frac{1}{3}V_{dc}$
$\frac{5}{3}\pi \sim 2\pi$	$Q_4,\ Q_5,\ Q_6$	$Q_1,\ Q_2,\ Q_3$	$-\frac{1}{3}V_{dc}$	$-\frac{1}{3}V_{dc}$	$+\frac{2}{3}V_{dc}$

그림 6.12 3상 6스텝 인버터의 모드별 스위칭 패턴과 등가회로

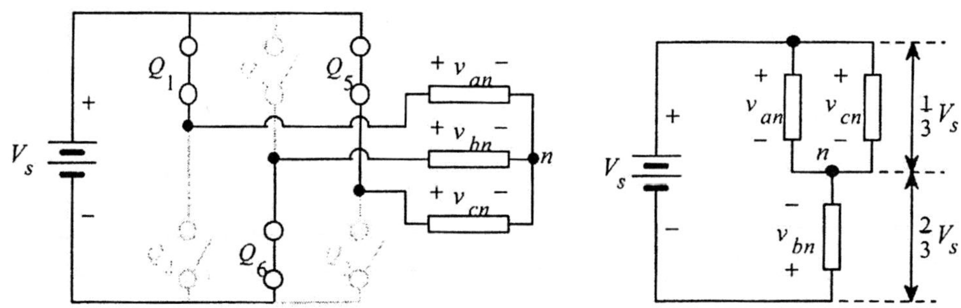

(a) $0 \sim \frac{1}{3}\pi$ 에서의 스위칭 패턴과 등가회로

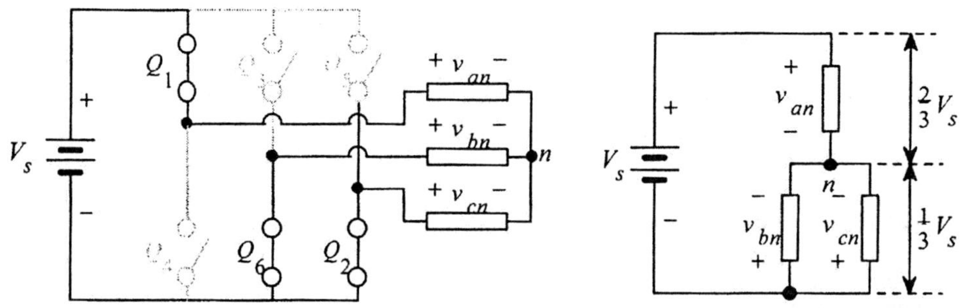

(b) $\frac{1}{3}\pi \sim \frac{2}{3}\pi$ 에서의 스위칭 패턴과 등가회로

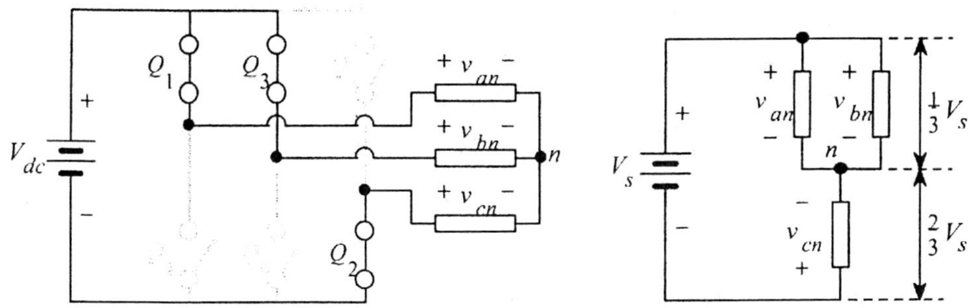

(c) $\frac{2}{3}\pi$ ~ $\frac{3}{3}\pi$ 에서의 스위칭 패턴과 등가회로

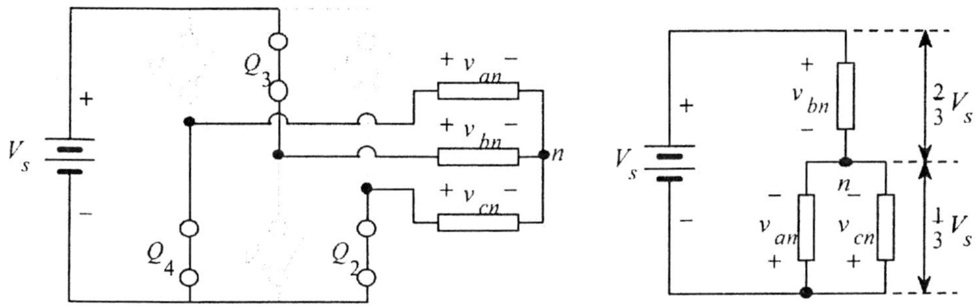

(d) π ~ $\frac{4}{3}\pi$ 에서의 스위칭 패턴과 등가회로

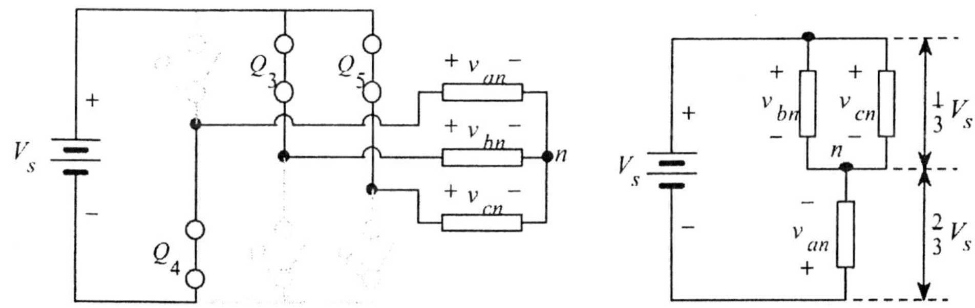

(e) $\frac{4}{3}\pi$ ~ $\frac{5}{3}\pi$ 에서의 스위칭 패턴과 등가회로

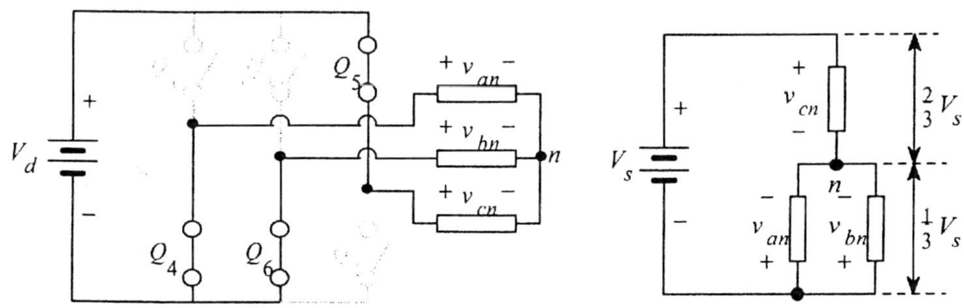

(f) $\frac{5}{3}\pi$ ~ 2π 에서의 스위칭 패턴과 등가회로

Y 결선된 부하가 평형 3상 부하, 즉 각 상의 임피던스(Z)가 같다고 하자. <그림 6.12> (a)에서 스위칭 소자 Q_1, Q_5, Q_6은 턴-온이 되고, Q_2, Q_3, Q_4은 턴-오프가 된다. 등가회로에서 b상과 c상 부하는 병렬이 되어 $0.5Z$가 되고, a상과는 직렬이 되어 전체 임피던스는 $\frac{3}{2}Z$이 된다. 따라서 각 상에 걸린 전압은 다음과 같이 구할 수 있다.

$$v_{an} = \frac{Z}{\frac{3Z}{2}} \times V_s = \frac{2}{3} V_s \tag{6.9}$$

$$v_{bn} = -\frac{\frac{Z}{2}}{\frac{3Z}{2}} \times V_s = -\frac{1}{3} V_s \tag{6.10}$$

$$v_{cn} = -\frac{\frac{Z}{2}}{\frac{3Z}{2}} \times V_s = -\frac{1}{3} V_s \tag{6.11}$$

여기서 b상과 c상의 전압에 (-)이 붙는 이유는 v_{bn}, v_{cn}의 부호 방향에 대하여 실제 반대방향으로 전류가 흐르기 때문이다. 같은 방법으로 모든 구간에 대하여 각 상에 걸린 전압 파형을 구하면 <표 6.4>와 같다.

PSIM 6.4 <그림 6.11> (a)와 같은 3상 인버터에 <그림 6.11> (b)와 같은 게이팅 펄스를 인가했을 때 각 상전압, 상전류, 선간전압 등의 파형을 구하여라. 3상 부하는 Y 결선된 $R-L$부하이며, R = 20 [Ω], L = 50 [mH]이다. 한편 직류 공급전압 V_s = 400 [V]이고, 게이팅 펄스의 주파수는 50 [Hz]가 되도록 하여라.

그림 6.13 3상 6스텝 인버터의 모드별 스위칭 패턴과 등가회로

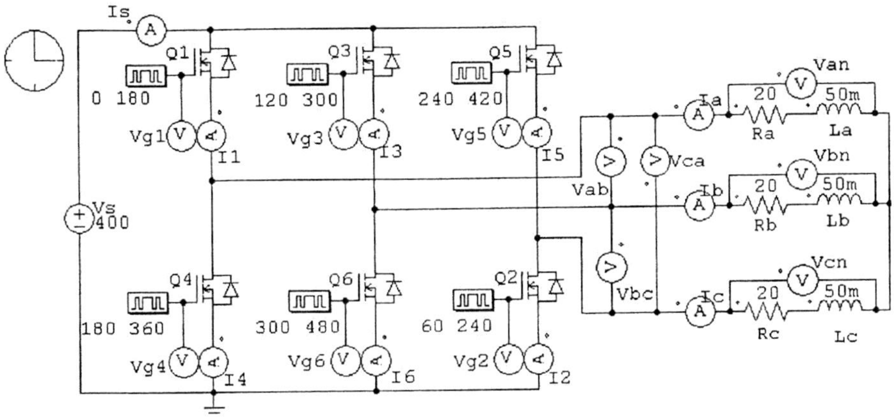

(a) Schematic

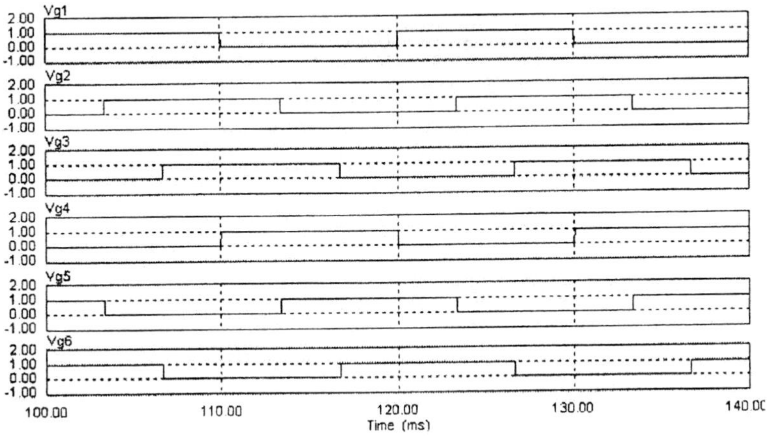

(b) 게이팅 파형

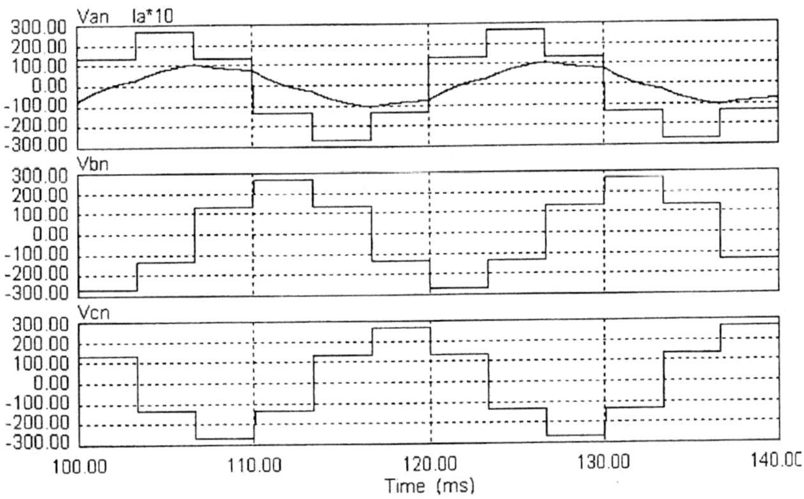

(c) 부하 3상 상전압 및 a상 전류파형

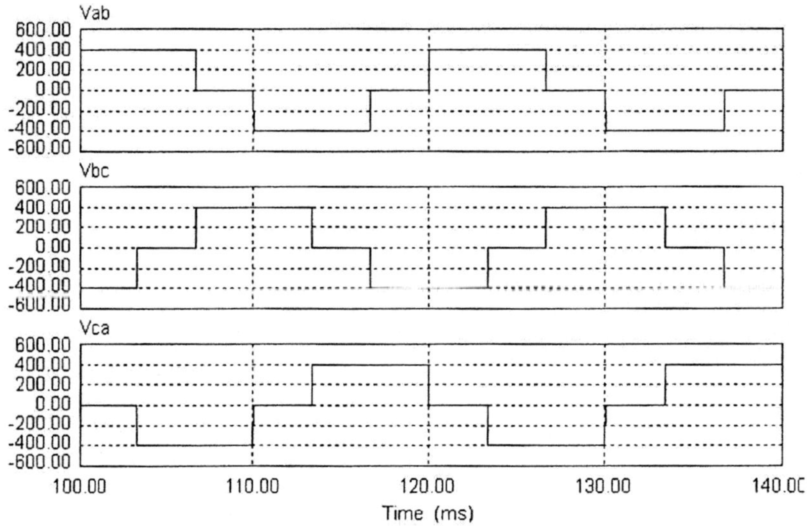

(d) 선간전압 파형

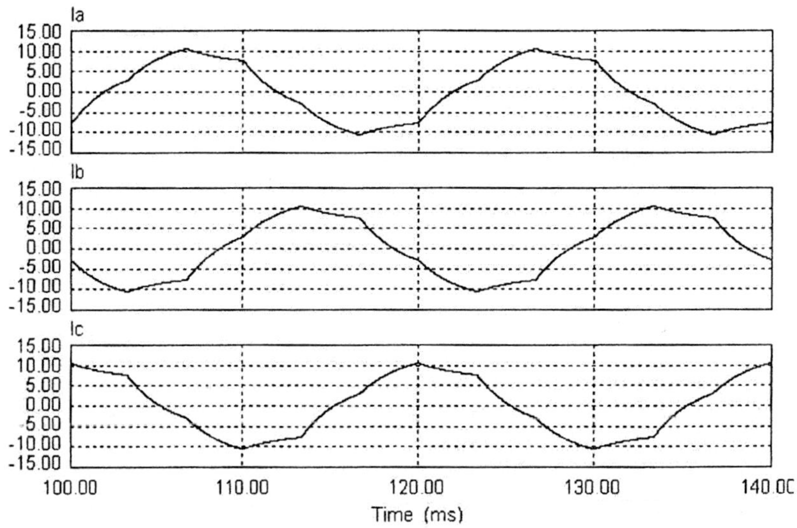

(e) 상전류 파형

[예제 6.3] <PSIM 6.4>에서 부하전류의 총고조파 왜형률 THD를 구하여라.

<풀이> 출력전압의 선간전압 푸리에 변환식

$$v_{line} = \sum_{n=1,5,7,11,13}^{\infty} \frac{4V_s}{n\pi}\cos\left(\frac{n\pi}{6}\right)\sin n\omega t$$

출력전압의 상전압 푸리에 변환식

$$v_{ph} = \sum_{n=1,5,7,11,13}^{\infty} \frac{8V_s}{3n\pi} \cos^2\left(\frac{n\pi}{6}\right) \sin n\omega t$$

각 상전압의 고조파 항 계수를 구하면

주파수	50	150	250	350	450	550	650	…
차수	1	3	5	7	9	11	13	
V_{ph_n}	441.06	0	-88.21	-63.01	0	40.10	33.93	…
$V_{on,rms}$	311.88	0	62.38	44.55	0	28.35	23.99	…
X_{nL}	15.71	47.12	78.54	109.96	141.37	172.79	204.20	…
Z_n	25.43	51.19	81.05	111.76	142.78	173.94	205.18	…
V_{on}/Z_n	17.34	0	-1.09	-0.56	0	0.23	0.17	…
$I_{on,rms}$	12.26	0	0.77	0.40	0	0.16	0.12	…

부하전류의 실효값

$$I_{o,rms} = \sqrt{\sum_{n=1,5,7,11,\cdots}^{\infty} I_{on,rms}} \cong 12.2964 \text{ [A]}$$

부하에서 소비하는 전력

$$THD = \frac{\sqrt{\sum_{n=5,7,11,13,17,\cdots}^{\infty} I_{on,rms}}}{I_{o1,rms}} \cong \frac{0.8965}{12.2637} = 0.073 = 7.31 \text{ [\%]}$$

6-3-2. 3상 PWM 인버터

PWM 제어기법은 단상 인버터 뿐 만 아니라 3상 인버터에도 사용된다. 앞서 살펴본 바와 같이 PWM에 의한 스위칭은 고조파의 저감에 탁월한 효과가 있으며 기본파 성분의 크기를 제어할 수 있다. 또한 필터의 용량을 줄일 수 있다는 장점도 있다.

3상 인버터의 PWM은 단상 인버터의 스위칭 기법과 비슷하게 제어기준신호로 정현파를 사용하며 반송신호로 삼각파를 사용한다. 제어기준신호는 동일 주파수와 동일 진폭을 가지며 120°의 위상차를 가진 3개의 정현파로 이루진다.

단상 인버터와 마찬가지로 하나의 브리지는 상위/하위의 2개의 트랜지스터가 있으며 3개의 브리지로 구성되어 있다. 각 브리지의 턴-온/턴-오프는 다음과 같이 결정한다.

표 6.5 3상 PWM 인버터 트랜지스터 구동신호

제어기준신호 및 반송신호	스위칭 소자 턴-온
$v_{a\_ref} > v_{\text{tri}}$	Q_1
$v_{a\_ref} < v_{\text{tri}}$	Q_4
$v_{b\_ref} > v_{\text{tri}}$	Q_3
$v_{b\_ref} < v_{\text{tri}}$	Q_6
$v_{c\_ref} > v_{\text{tri}}$	Q_5
$v_{c\_ref} < v_{\text{tri}}$	Q_2

그림 6.13 3상 PWM

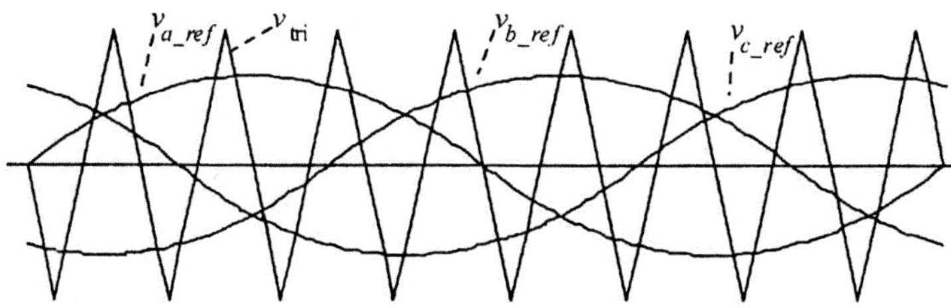

(a) 제어기준신호 및 반송신호

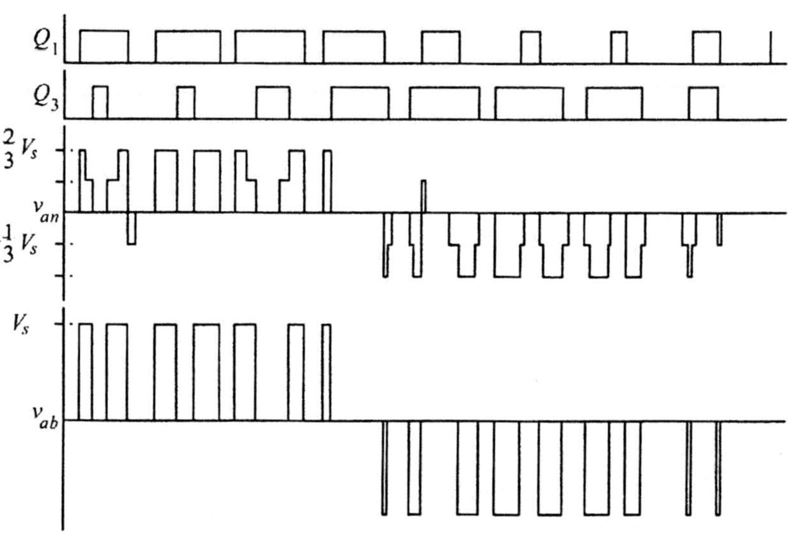

(b) a 및 b상 상위 트랜지스터 구동신호 및 상전압, 선간전압 파형

PSIM 6.5 <그림 6.11> (a)의 3상 인버터에서 3상 부하는 Y 결선된 $R-L$ 부하이며, R = 20 [Ω], L = 50 [mH]이다. 제어기준전압은

$$v_{a\_ref} = 10\sin 100\pi t$$

$$v_{b\_ref} = 10\sin(100\pi t - 120°)$$

$$v_{c\_ref} = 10\sin(100\pi t + 120°)$$

이고 반송신호는 최대값 10 [V]에 삼각파 주파수 f_s = 1 [kHz]로 하였을 때 3상 PWM 인버터의 각 부 출력파형을 나타내고 a상 상전압 및 상전류의 파형에 대한 FFT를 구하여라.

그림 6.14 3상 PWM 인버터 Simulation

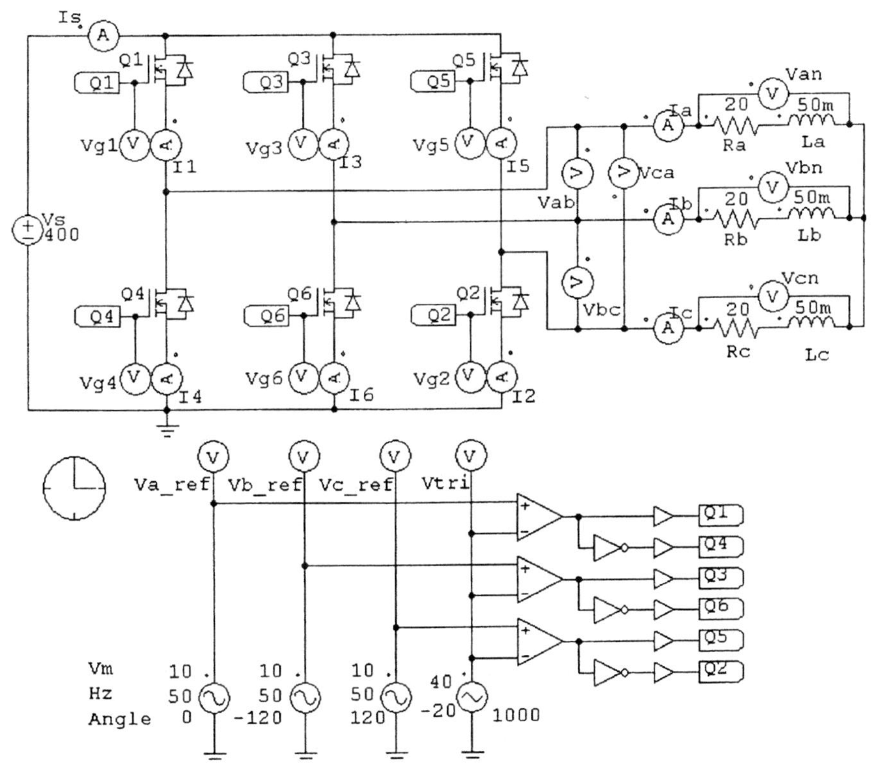

(a) Schematic

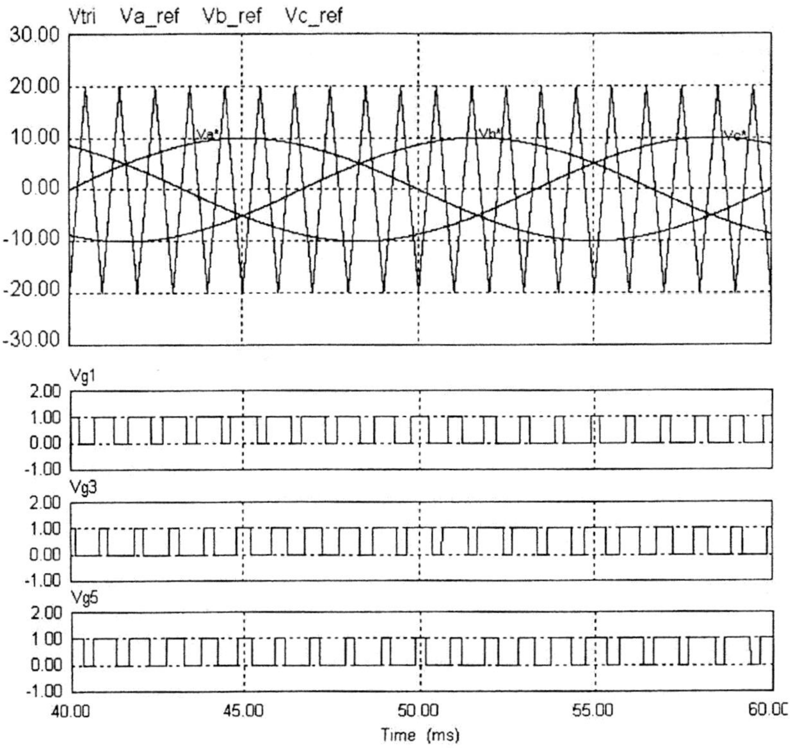

(b) 제어기준신호 및 반송신호와 a, b, c상 상위 트랜지스터 구동신호

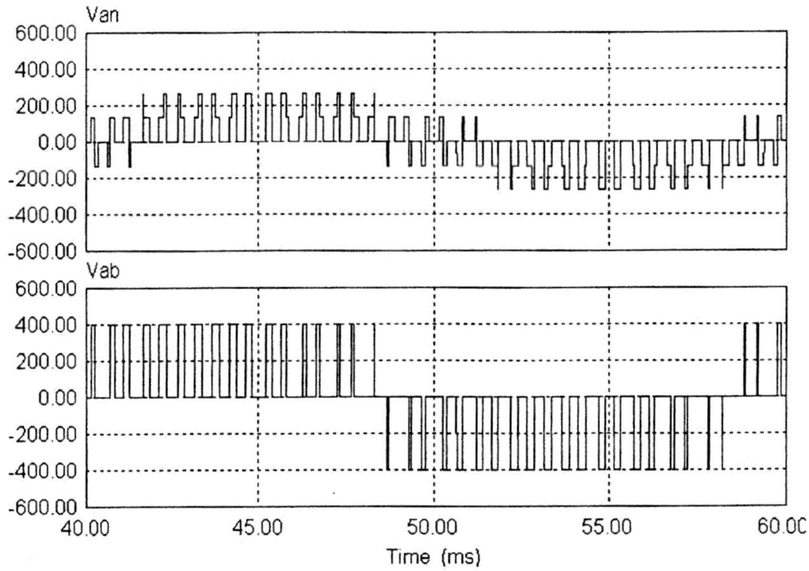

(c) a상 상전압 파형 및 a-b 선간전압파형

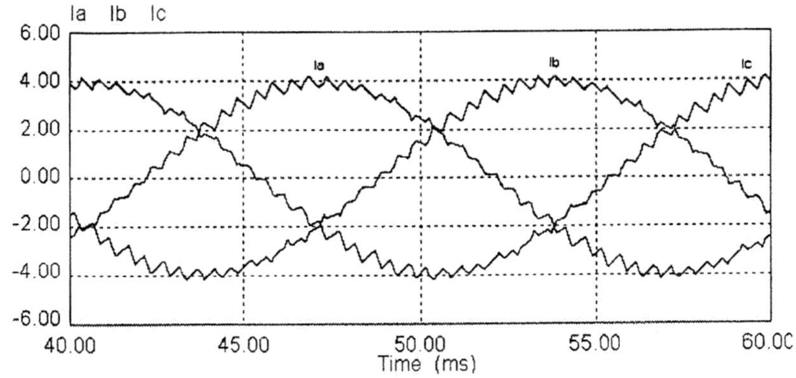

(d) 각 상전류 파형

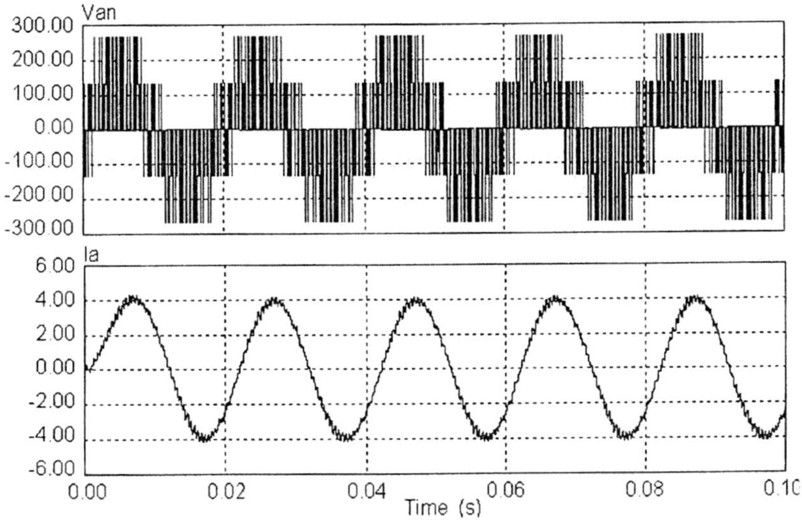

(e) a상 상전압 및 상전류 파형

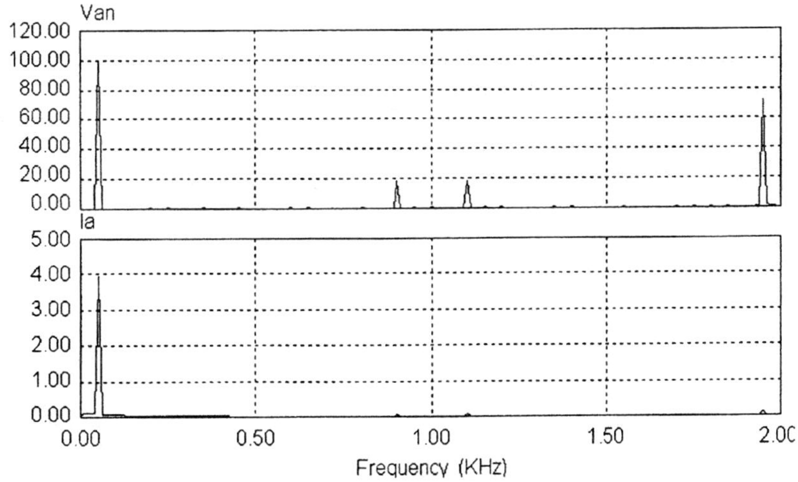

(f) a상 상전압 및 상전류의 FFT 파형

6-3-3. 3상 농형 유도전동기 구동

산업현장에서 널리 사용되고 있는 전동기 중에서 유도전동기가 있다. 유도전동기는 구조가 간단하고 가격이 저렴하며, 유지, 보수가 용이하며 교류전원을 쉽게 얻을 수 있다는 장점을 가지지만, 제어가 어렵다는 단점이 있어 정밀제어용으로 사용하지 않고 펌프, 송풍기 등과 같은 단순한 회전력을 얻는 곳에만 사용하였다. 그러나 벡터제어기법과 인버터 기술이 발전하면서 점차 그 용도가 증가하고 있다. 본 절에서는 벡터제어기법에 대해서는 언급하지 않고 PSIM에서 3상 인버터를 이용하여 3상 농형 유도전동기를 구동하는 것을 설명하고자 한다.

- [Elements]-[Power]-[Motor Drive Module]-[Squirrel-cage Ind. machine]을 선택한다.
- <그림 6.15> (a)와 같이 유도전동기의 심벌이 나타나게 된다.
- 적당한 위치에 배치하고 심벌을 더블클릭한다.
- <그림 6.15> (b)에 각 파라메타를 입력한다.
- <그림 6.15> (a)에서 좌측 3단자는 전동기의 3상 전원을 연결하는 단자이며 우측 1단자는 전동기의 축을 의미하며 부하나 속도 측정 센서를 부착시키는 곳이다.

그림 6.15 3상 농형 유도전동기

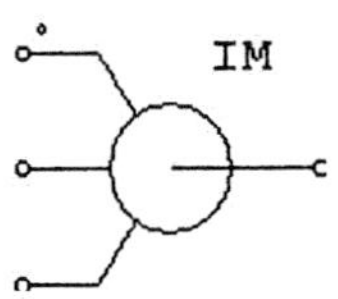

(a) 3상 농형 유도전동기 심벌

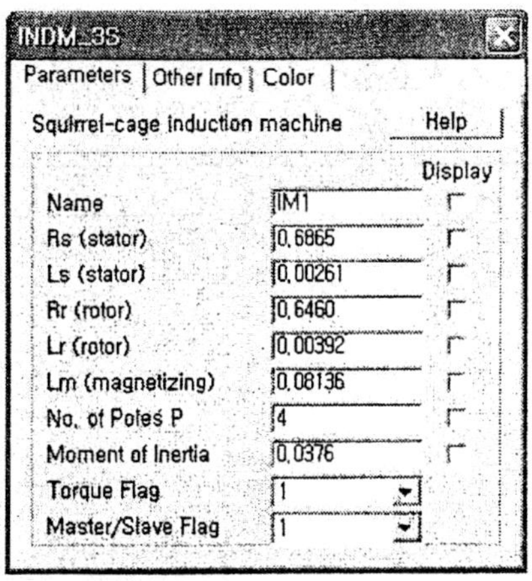

(b) 파라메타 입력 대화상자

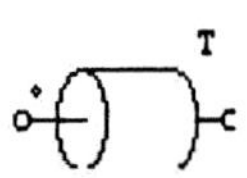

(c) 부하토크 심벌

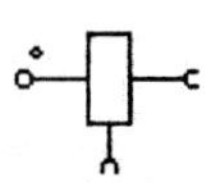

(d) 속도측정센서 심벌

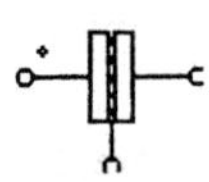

(e) 토크측정센서 심벌

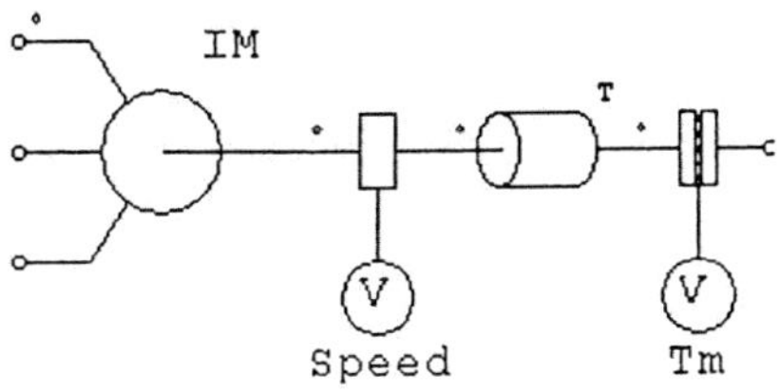

(f) 3상 농형 유도전동기, 속도센서, 부하토크, 토크센서를 부착한 모습

- [Elements]-[Power]-[Motor Drive Module]-[Mechanical Load(constant-torque)]을 선택하면 <그림 6.15> (c)와 같은 부하토크 심벌이 나타난다.
- 심벌을 더블클릭하면 'Name', 'Constant Torque', 'Moment of Inertia' 항목이 나타난다. 이 중 'Constant Torque'는 부하토크의 크기이고, 'Moment of Inertia'는 관성모멘트 계수를 기입하는 곳이다.
- [Elements]-[Power]-[Motor Drive Module]-[Speed Sensor]를 선택하면 <그림 6.15> (c)와 같은 속도측정센서 심벌이 나타난다.
- 심벌을 더블클릭하면 'Name'과 'Gain' 항목이 나타난다. 이 중 'Gain'은 속도의 증폭비를 나타내는 것으로 실제 속도를 확인하려면 '1'을 기입한다.
- [Elements]-[Power]-[Motor Drive Module]-[Torque Sensor]를 선택하면 <그림 6.15> (e)와 같은 토크측정센서 심벌이 나타난다.

<그림 6.5> (b)에서 기입해야할 파라메타는 다음과 같은 의미를 가진다.

표 6.6 3상 PWM 인버터 트랜지스터 구동신호

파라메타	의미
Rs (stator)	고정자 권선저항 [Ω]
Ls (stator)	고정자 누설자속 [H]
Rr (Rotor)	회전자 권선저항 [Ω]
Lr (Rotor)	회전자 누설자속 [H]
Lm (magnetizing)	자화 리액턴스 [H]
No. of Poles P	극수
Moment of inertial	관성모멘트
Torque Flag	부하토크의 사용여부
Master/Slave Flag	Master/Slave 모드에 대한 플래그

PSIM 6.6 3상 인버터의 출력단에 3상 농형 유도전동기를 접속시키고 아래의 조건과 제어신호를 형성하였을 때 전동기의 속도 및 토크의 파형을 나타내어라.

직류공급전압 V_s = 300 [V], 3상 제어기준전압은 최대값 15 [V]와 주파수 60 [Hz]인 정현파이며, 반송신호는 주파수 f_s = 5 [kHz], 최대값 20 [V]인 삼각파이다.

그림 6.15 3상 농형 유도전동기 구동

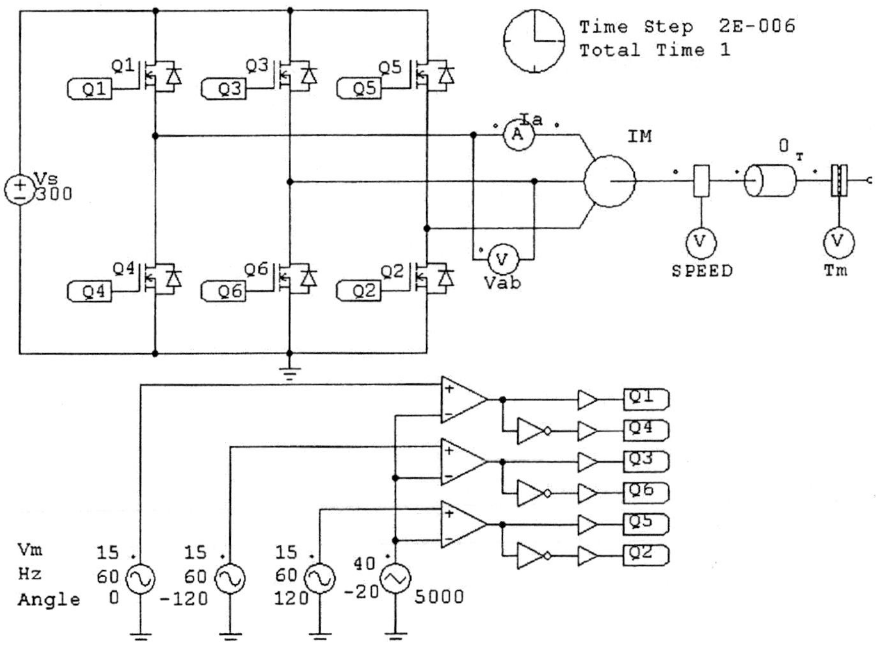

(a) Schematic

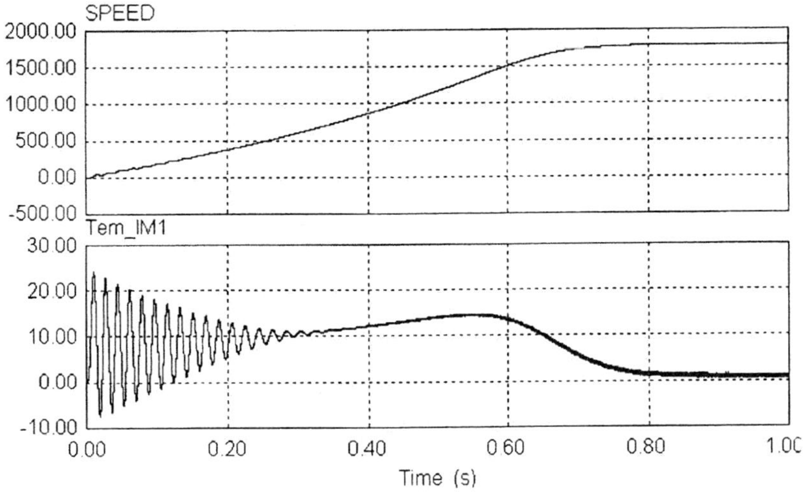

(b) 전동기의 속도와 토크곡선

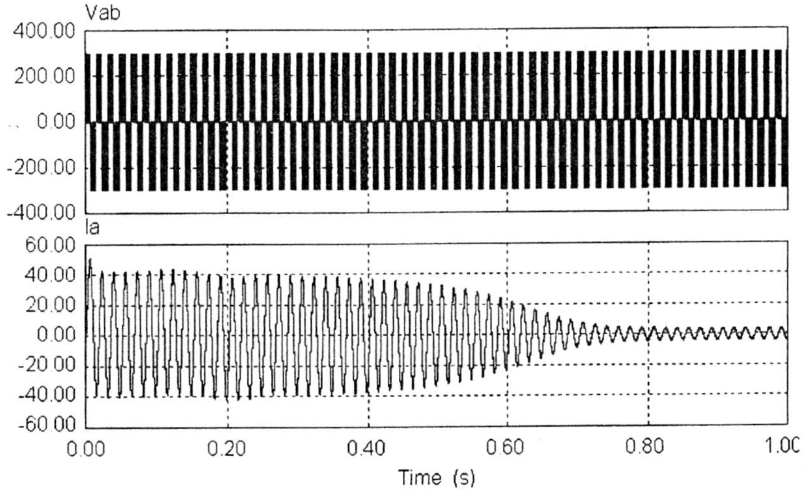

(c) 인버터 출력전압(선간전압) 및 a상에 흐르는 전류

6장 연습문제

Ex 6.1 <그림 6.1>의 단상 전브리지 인버터 회로에서 직류 공급전압 V_s = 125 [V], 출력전압의 주파수 f = 60 [Hz]이고 부하저항이 50 [Ω]이다. 시스템의 각 부에 흐르는 전류를 작도한 다음 각 전류의 평균값과 실효값을 구하여라.

Ex 6.2 <그림 6.1>의 단상 전브리지 인버터 회로에서 직류 공급전압 V_s = 200 [V], 부하저항 R = 10 [Ω], 인덕터 L = 25 [mH]인 단상 전브리지 인버터에서 스위칭 주파수 f = 50 [Hz]로 스위칭을 했을 때 부하전류식, 실효값, 부하에서 소비하는 전력을 구하고 출력전압 푸리에 급수 표현식 및 전고조파 왜형률 THD를 구하여라. 또한 PSIM 시뮬레이션을 통하여 그 결과를 확인하여라.

Ex 6.3 <그림 6.1>의 단상 전브리지 인버터 회로에서 직류 공급전압 V_s = 150 [V]이고, 부하는 R = 25 [Ω], 인덕터 L = 25 [mH]인 R-L 직렬부하이며 출력 주파수가 50 [Hz]이다. 정상상태에서의 부하전류의 식과 파형을 그리고 부하전류에 대한 극 트랜지스터의 도통 구간을 표시하며 이상적인 스위치라고 하였을 때 스위치에 걸리는 최대값을 구하여라.

Ex 6.4 직류 공급전압 150 [V], 출력 주파수 60 [Hz], R = 20 [Ω], 인덕터 L = 20 [mH]인 R-L 직렬부하를 가지는 단상 전브리지 인버터회로에서 부하전류의 식, 실효값, 평균값을 구하여라.

Ex 6.5 [Ex 6.4]에서 출력전압의 제3고조파를 제거하기 위하여 단상 전브리지 인버터의 게이팅 펄스의 인가방법에 대하여 나타내고 PSIM 시뮬레이션을 통하여 확인하여라.

Ex 6.6 [Ex 6.4]에서 출력전압의 제3고조파와 제5고조파를 동시에 제거하기 위하여 단상 전브리지 인버터의 게이팅 펄스의 인가방법에 대하여 나타내고 PSIM 시뮬레이션을 통하여 확인하여라.

Ex 6.7 양방향 스위칭에 의한 PWM 신호를 생성하는 단상 전브리지 인버터 회로에서 직류 공급전압 V_s = 100 [V]이다. 부하는 R = 30 [Ω], L = 25 [mH]의 R-L 직렬부하이고 출력의 기본주파수는 60 [Hz]이다. 출력전압의 기본파가 50 [V]가 되려면 변조비가 얼마가 되어야 하는가?

Ex 6.8 양방향 스위칭 기법과 단방향 스위칭 기법의 장단점에 대하여 비교 기술하여라.

Ex 6.9 구형파 인버터에 PWM 인버터의 장점과 단점을 비교 설명하여라.

Ex 6.10 R = 10 [Ω], L = 25 [mH]의 직렬부하를 가지는 전브리지 인버터에 대하여 다음 물음에 답하여라.

(a) 제어기준전압 $v_{\text{sine}} = 10\sin 100\pi t$이고 반송신호 v_{tri}는 최대값 20 [V], 주파수 f_s = 5 [kHz]으로 양방향 스위칭 하였을 때 제어기준전압, 반송신호와 부하출력전압, 출력전류 및 FFT파형을 구하고 기본파 및 고조파의 크기를 구하여라.

(b) 제어기준전압을 $v_{\text{sine}} = 5\sin 100\pi t$로 했을 때 (1)항의 내용을 반복하여라.

(c) (b)항에서 스위칭 주파수 f_{tri} = 1 [kHz]로 했을 때 같은 방법으로 구하여라.

(d) (a)항에 대하여 단방향 스위칭을 하고 각 파형을 구하여라.

Ex 6.11 <그림 6.11> (a)와 같은 3상 인버터에 <그림 6.11> (b)와 같은 게이팅 펄스를 인가하였을 때 각 상전압, 상전류, 선간전압 등의 파형을 구하고 부하전류의 THD를 구하여라. 단 3상 부하는 Y 결선된 R-L 직렬부하이며 R = 50 [Ω], L = 25 [mH]이다. 한편 직류 공급전압 V_s = 250 [V]이고, 게이팅 펄스의 주파수는 60 [Hz]가 되도록 하여라.

CHAP. 7

공진형 변환기

7-1. 공진형 변환시스템

7-2. 공진 스위칭 회로

7-3. 준공진형 변환기

7-4. 다중 공진형 변환기

7-5. 직렬공진 직류-직류 변환기

7-6. 병렬공진 직류-직류 변환기

7-7. 직병렬공진 직류-직류 변환기

7-1 공진형 변환시스템

앞서 5장에서 살펴본 직류-직류 변환기(DC-DC converter)의 경우 인덕터 및 커패시터의 크기에 따라 필터의 크기가 결정이 되고, 스위칭 주파수에 따라 소자의 크기를 결정된다. 스위칭 주파수가 낮을 때보다 스위칭 주파수를 높이면 동일한 특성의 출력을 얻기 위해 인덕터와 커패시터의 크기를 줄일 수 있다. 따라서 스위칭 주파수를 높이면 변환기의 크기를 줄일 수 있으나 트랜지스터에서 발생하는 손실이 커지기 때문에 효율이나 특성이 오히려 나빠질 수 있어 스위칭 주파수를 너무 높일 수 없게 된다.

만약 스위칭 손실의 문제만 해결된다면 직류-직류 변환기의 스위칭 주파수를 크게 하여 사이즈를 줄일 수 있다. 스위칭 손실을 없애기 위하여 트랜지스터 양단에 전압 또는 전류를 '0'으로 만들어 줌으로 스위칭 손실인 '전압 × 전류 = 0'으로 만들 수 있다. 이와 같이 전압 또는 전류의 값이 '0'이 되도록 하는 방법을 영전압 스위칭(**Zero Voltage Switching : ZVS**) 또는 영전류 스위칭(**Zero Current Switching : ZCS**) 기법이라 하고, 이와 같은 변환기를 공진형 변환기(**Resonant converter**)라 한다.

그림 7.1 이상적인 스위치와 실제 트랜지스터의 전압, 전류, 전력 특성곡선

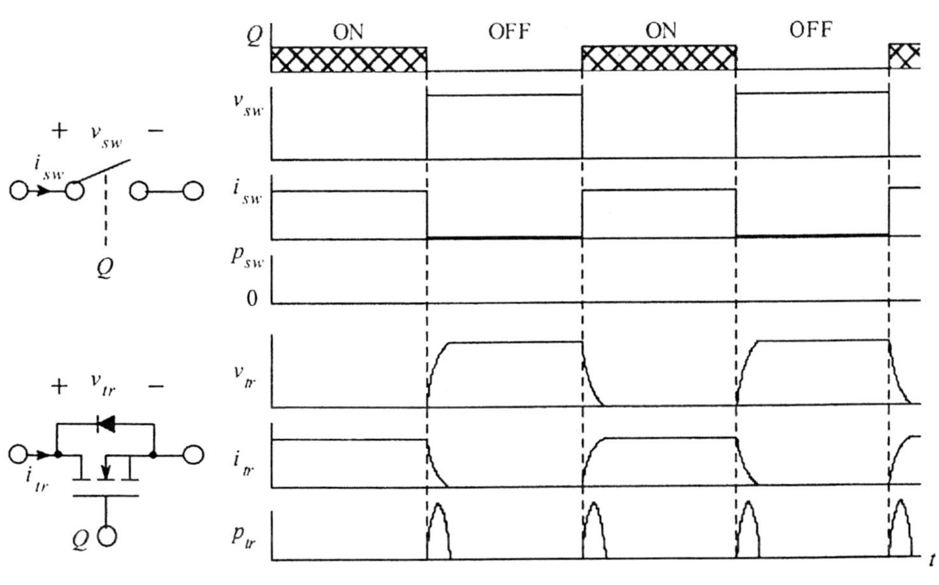

<그림 7.1>에서 보는 바와 같이 이상적인 스위치의 경우 스위치가 턴-온 되었을 때 전압은 0이고 턴-오프 되었을 때 전류는 0이 되므로 스위치에 걸리는 전력 $p_{sw} = v_{sw} \times i_{sw}$ = 0이 된다. 그러나 실제 트랜지스터의 경우 상승시간(rising time)과 하강시간(falling time)에 의한 시간지연으로 인한 턴-온 시간(turn-on time) 턴-오프 시간(turn-off time)이 발생하게 되어 이상적인 스위치와는 다른 구형파가 아닌 사다리꼴 파형이 되며 전압의 지연시간과 전류의 지연시간이 발생하는 구간에서 전력 ≠ 0이 되어 손실이 발생한다. 이러한 손실을 스위칭 손실이라 하고, 스위칭 주파수가 높아지게 되면 그 반복된 횟수에 비례하여 커지게 되므로 방열에 대한 대책을 필요로 하게 된다.

이와 같이 변환기에서의 전력손실은 주로 불완전한 스위칭에 의한다. 트랜지스터들은 전압과 전류가 0이 아닐 때 턴-온, 턴-오프를 하여 전력 손실이 발생한다. 이러한 전환은 더욱 자주 일어나고 소자에서의 평균전력손실은 증가하게 된다. 높은 스위칭 주파수는 필터의 소자와 변압기의 크기를 줄여주므로 컨버터의 크기와 무게가 줄어든다는 이점을 가지기 때문에 바람직한 방향이라 할 수 있다.

공진 스위칭 회로에서 스위칭이 전압과 전류 또는, 전압이나 전류가 0일 때 일어나고 전압과 전류의 동시 전환을 피하게 되므로 스위칭 손실이 없게 된다. 이러한 형태의 스위칭을 소프트 스위칭(soft switching)이라고 하며, 이 장에서 공진형 변환기의 기본개념과 몇 가지의 예를 통하여 이론을 확립하도록 한다.

7-2 공진 스위칭 회로

7-2-1. 전압공진 스위칭 회로

직류-직류 변환기의 스위칭에 의해 발생되는 스위칭 손실을 줄이기 위해 L-C 회로에 의해 발생한 공진의 이점을 결합하여 전압을 정현파 형태로 변환시키고, 이 정현전압이 공진을 일으킨 후 ‘0’이 되는 순간에 스위치를 턴-온 시키는 영전압 스위칭 기법을 적용한 것이 영전압 스위칭 변환기(Zero Voltage Switching converter)이다.

그림 7.2 반파형 전압공진 스위칭 회로

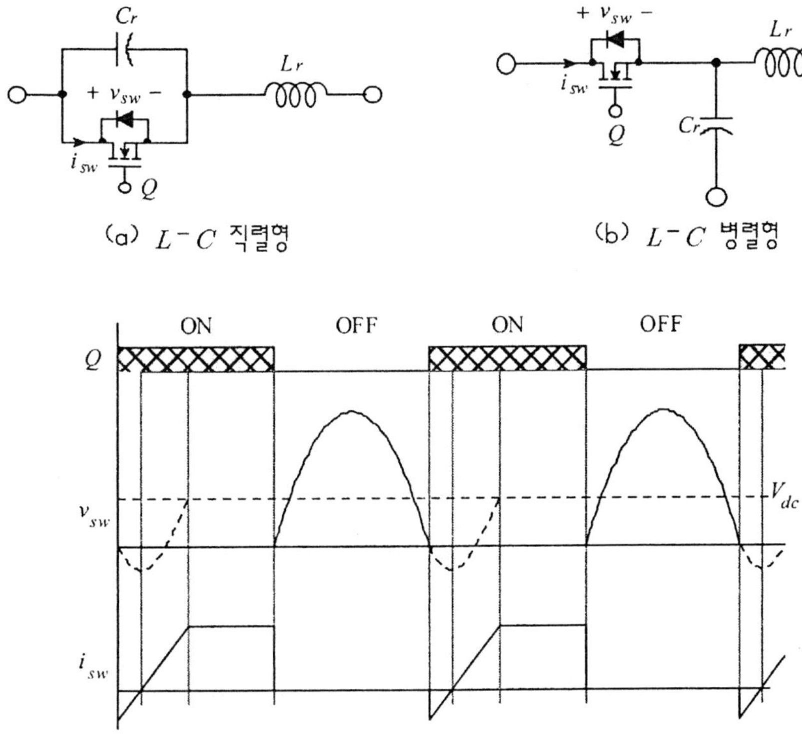

(c) 파형

<그림 7.2>는 영전압 스위칭을 위한 전압공진 스위칭 회로를 나타내고 있다. 회로에서 인덕터를 기준으로 커패시터 직렬형과 병렬형으로 구분할 수 있다. 영전압 스위칭 방식은 스위치와 병렬로 커패시터 C_r을 연결하고, 인덕터 L_r은 직렬로 연결되었기 때문에 스위치가 턴-오프 구동신호가 가해지는 순간에 C_r과 L_r이 직렬 공진회로로 구성되므로 트랜지스터의 양단간의 전압은 정현파 형태의 모양이 되고 이 전압이 최대값을 지나 '0'으로 되는 순간에 스위치의 턴-온 동작이 이루어지므로 전압과 전류가 동시에 흐르는 현상이 없어지게 되므로 스위칭 손실은 '0'이 된다.

<그림 7.2>의 반파형 전압공진 스위칭 회로에 대해 트랜지스터가 있는 가지에 다이오드를 직렬로 삽입시키면 <그림 7.3>의 전파형 전압공진 스위칭 회로가 된다. 전파형 공진 스위칭 회로는 트랜지스터와 직렬로 연결된 다이오드에 의해 역

방향 전류가 흐르지 않기 때문에 인덕터 L_r의 공진전류가 트랜지스터로 흐르지 못하고 커패시터 C_r을 통해서만 흐르기 때문에 트랜지스터 양단전압이 반파형과는 달리 공진전압이 음의 전압까지 인가되며, (-) 최대값을 지나 '0'이 되는 순간에 스위치가 턴-온된다.

그림 7.3 전파형 전압공진 스위칭 회로

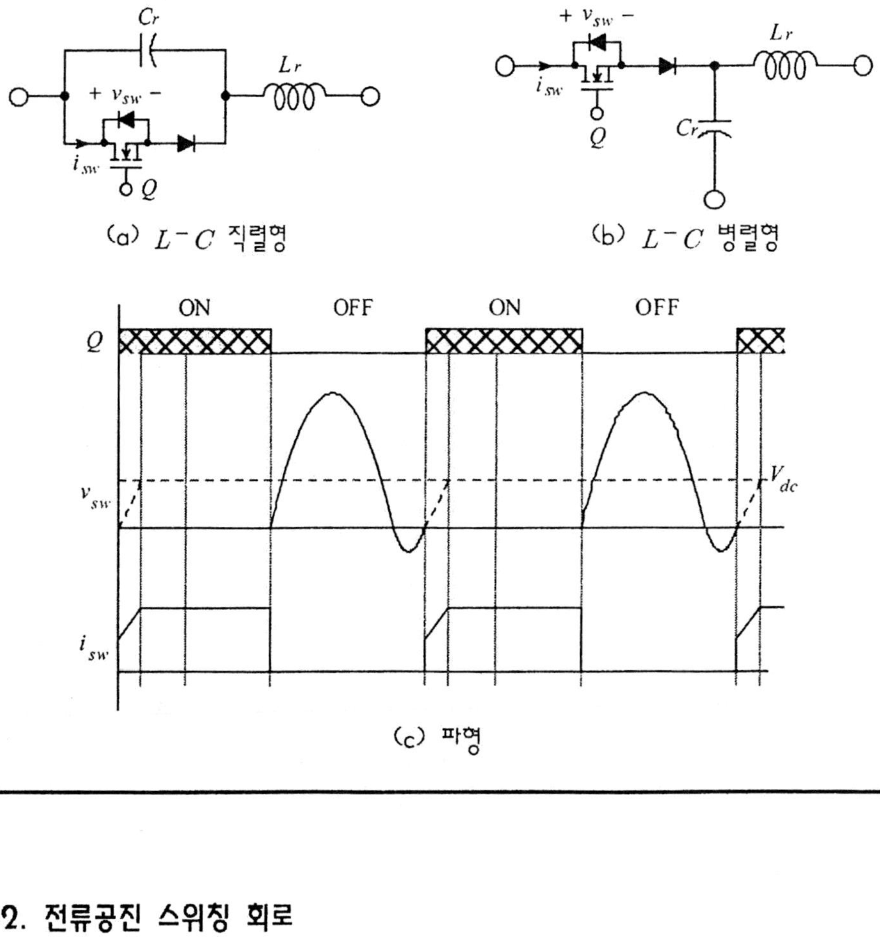

7-2-2. 전류공진 스위칭 회로

직류-직류 변환기가 스위칭을 할 때 발생하는 스위칭 손실을 저감시키기 위한 또 다른 방법은 전력용 반도체에 L, C 공진회로를 영전압 스위칭 회로와 다른 형태의 구조로 결합하여 전류를 정현파의 형태로 변환시킨 후, 전류가 정현파의 최대값을 지나서 0이 되는 순간에 트랜지스터를 턴-오프 시키는 방법이다. 이로 인해 트랜지스터에서 발생하는 손실은 0이 되고, 이와 같은 영전류 스위칭 기법을 적용한 것을 영전류 스위칭 변환기(Zero Current Switching converter)라 한다.

그림 7.4 반파형 전류공진 스위칭 회로

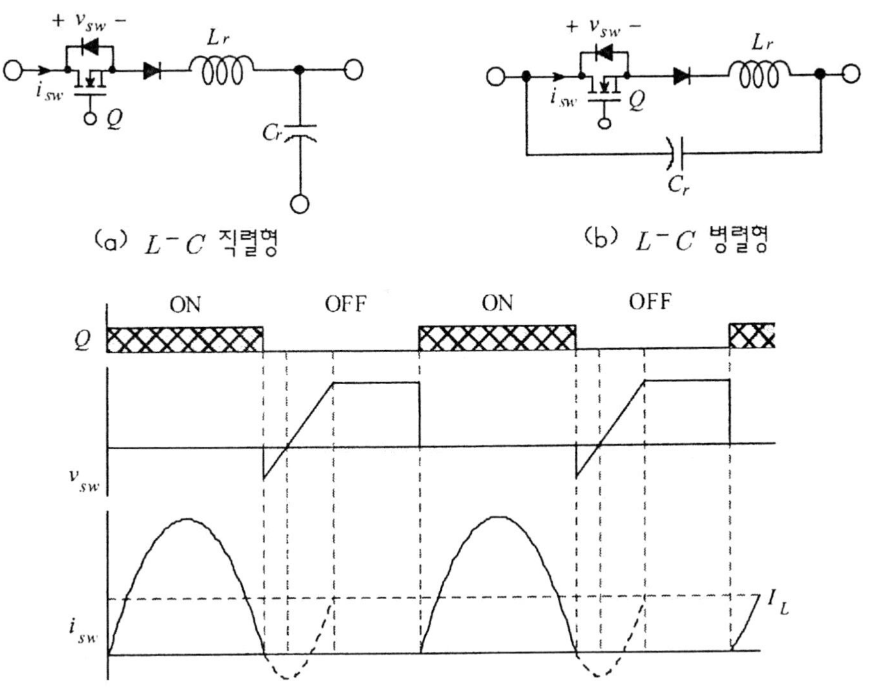

(a) $L-C$ 직렬형 (b) $L-C$ 병렬형

(c) 파형

<그림 7.4>는 영전류 스위칭을 위한 전류공진 스위칭 회로를 나타내고 있다. 회로에서 트랜지스터를 기준으로 $L-C$ 직렬형과 $L-C$ 병렬형으로 구분할 수 있다. 영전류 스위칭 방식은 스위치와 직렬로 인덕터 L_r를 접속하고 이와 커패시터 C_r를 직렬로 연결되었기 때문에 트랜지스터가 턴-온 되는 순간에 C_r과 L_r이 직렬공진회로로 구성되므로 트랜지스터의 양단간의 전압은 정현파 형태의 모양이 되고, 이 전압이 최대값을 지나 '0'으로 되는 순간에 스위치의 턴-온 동작이 이루어지므로 전압과 전류가 동시에 흐르는 현상이 없어지게 되므로 스위칭 손실은 '0'이 된다.

반파형 전류공진 스위칭 회로에서 트랜지스터가 턴-오프 시에는 트랜지스터를 통하여 흐르는 전류 i_{SW}는 0이 되며, 트랜지스터가 턴-온되면 커패시터 C_r와 인덕터 L_r의 공진회로에 의하여 트랜지스터에는 공진전류가 흐르게 된다. 이 때의 공진전류는 인덕터 전류의 평균값인 I_L을 축으로 하여 정현파적으로 변화하는 모양이다. <그림 7.4> (c)에서 전류의 파형이 최대값을 지나고 다시 0이 되는

순간에 트랜지스터가 턴-오프되며, 트랜지스터 양단에는 전압은 음(-)이 된다. 또한 반파형 전류공진 스위칭 회로에서 트랜지스터와 직렬로 연결된 다이오드 때문에 역전류의 흐름이 불가능하므로, 공진전류는 음(-)의 최대값을 향해 흐르지 못하게 되고 첫 번째 트랜지스터에 흐르는 전류 i_{SW} = 0인 순간부터 0이 되는 점이라 할 수 있다.

그림 7.5 전파형 전류공진 스위칭 회로

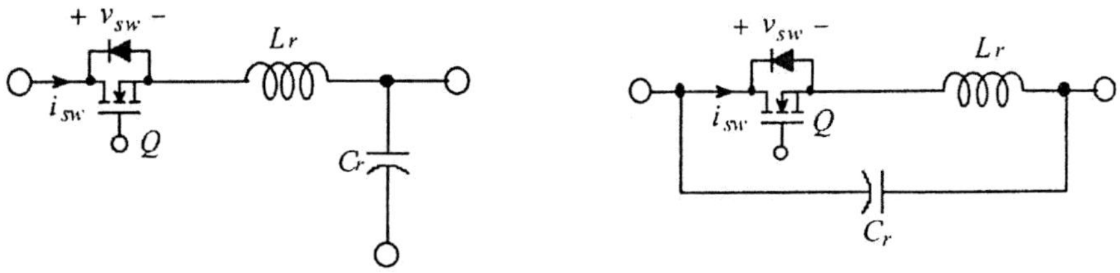

(a) $L-C$ 직렬형 (b) $L-C$ 병렬형

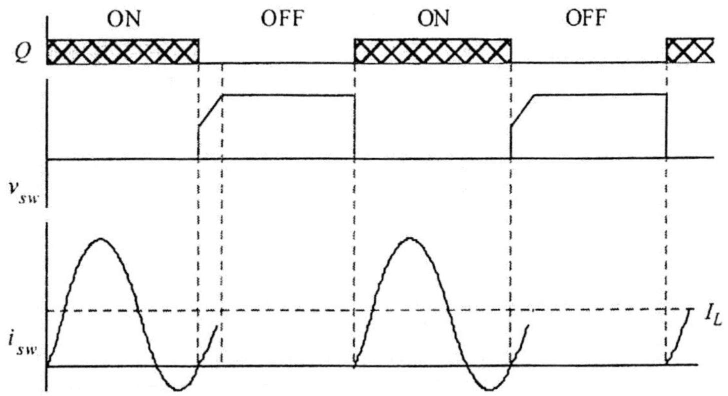

(c) 파형

<그림 7.4>의 반파형 전류공진 스위칭 회로에 대해 트랜지스터가 있는 가지에 다이오드를 제거하면 <그림 7.5>의 전파형 전류공진 스위칭 회로가 된다. 트랜지스터에 흐르는 전류 i_{SW}가 단방향으로 흐르는 반파형 전류공진 스위칭 회로와 달리 다이오드에 의한 영향이 존재하지 않으므로 트랜지스터가 턴-온 되는 순간에 인덕터 L_r에 흐르는 공진전류가 트랜지스터에 병렬로 접속된 다이오드를 통하여 역방향으로 흐를 수 있다. 따라서 트랜지스터에는 공진전류의 음(-)의 최대값까지 흐르게 되며, 음(-)의 최대값을 지나 두 번째로 i_{SW} = 0이 되는 순간에 트랜지스터가 턴-오프 된다.

7-3 준공진형 변환기

준공진형 직류-직류 변환기(Quasi Resonant converter : QRC)란 PWM 직류-직류 변환기의 회로구조에 앞서 설명한 전압공진형 스위칭 회로 혹은 전류공진형 스위칭 회로를 추가함으로써 영전압 및 영전류 스위칭이 되게 하여 트랜지스터에서 발생하는 손실을 저감시키는 특징을 가진 변환기이며, 영전압 스위칭 준공진형 변환기(ZVS QRC), 영전류 스위칭 준공진형 변환기(ZCS QRC)로 분류가 된다.

준공진형 변환기의 경우 정상적인 영전압, 영전류 스위칭 동작을 위해 부하전류의 범위에 크게 의존한다. 즉, 영전압 스위칭 준공진형 변환기는 부하전류의 하한범위가 존재하며, 영전류 스위칭 준공진형 변환기는 부하전류의 상한범위가 존재한다. 만약 이 범위를 벗어날 경우 커다란 스위칭 손실이 발생하게 되므로, 변환기를 설계할 때 부하전류의 한계 범위의 설정을 반드시 하여야 한다.

또한 앞서 PWM 방식에서 스위칭 주파수가 일정한 상태에서 듀티비에 따라 출력전압의 크기를 조정하는 방식과는 다르게, 공진형 변환기의 경우 스위칭 주파수를 제어하여 출력전압을 제어하는 것이 큰 차이점이라 할 수 있다.

영전압 스위칭 준공진형 변환기에서는 트랜지스터를 턴-오프 시간 t_{off}는 공진회로에 의해 결정되므로 이는 고정시키고 턴-온 시간 t_{on}을 조절하여 주파수를 제어하게 되고, 영전류 스위칭 준공진형 변환기에서는 앞서와 반대로 턴-온 시간 t_{on}이 공진회로에 의해 결정되므로 이는 고정시키고 턴-오프 시간 t_{off}을 조절하여 주파수를 제어한다.

7-3-1. 영전압 스위칭 준공진형 변환기

<그림 7.6>에는 영전압 스위칭 준공진형 변환기의 각종 회로에 대하여 나타내고 있다. 앞서 PWM 직류-직류 변환기에 살펴본 강압변환기, 승압변환기, 강압-승압변환기에 전압공진 스위칭 회로를 추가하면 준공진형 변환기 회로가 된다. 이 중에서 강압 변환기에 영전압 스위칭 회로를 추가한 준공진형 변환기에 대하여 살펴보도록 한다.

그림 7.6 영전압 스위칭 준공진형 변환기

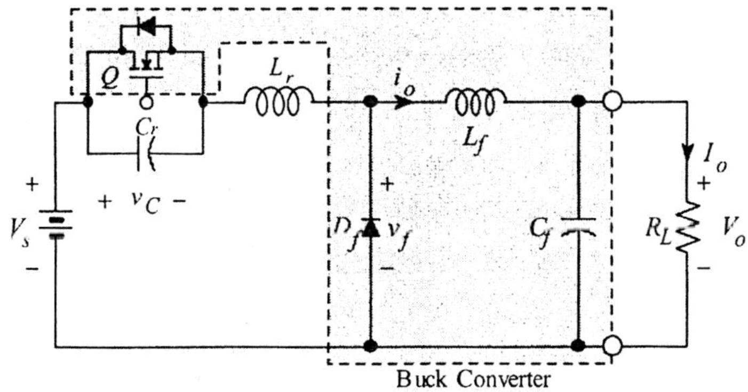

(a) 강압 변환기형 (ZVS QRC Buck converter)

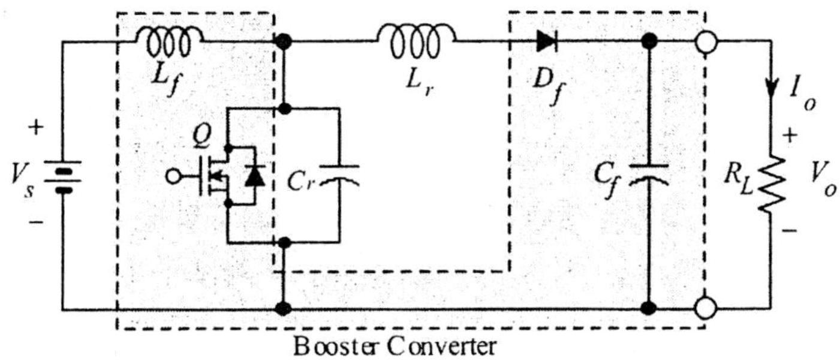

(b) 승압 변환기형 (ZVS QRC Boost converter)

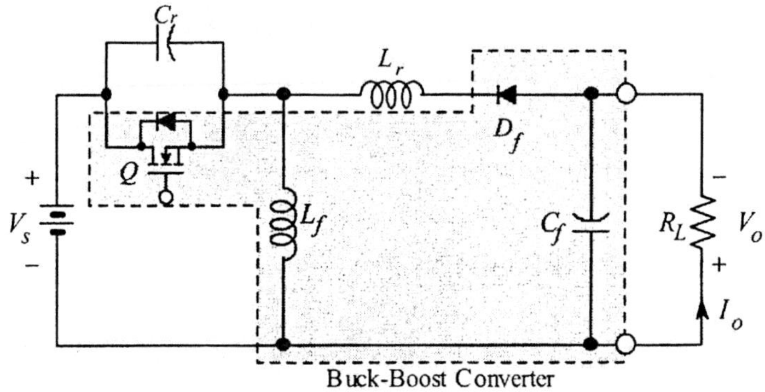

(c) 강압-승압 변환기형 (ZVS QRC Buck-Boost converter)

그림 7.7 영전압 스위칭 준공진형 강압 변환기의 동작 등가회로 및 파형

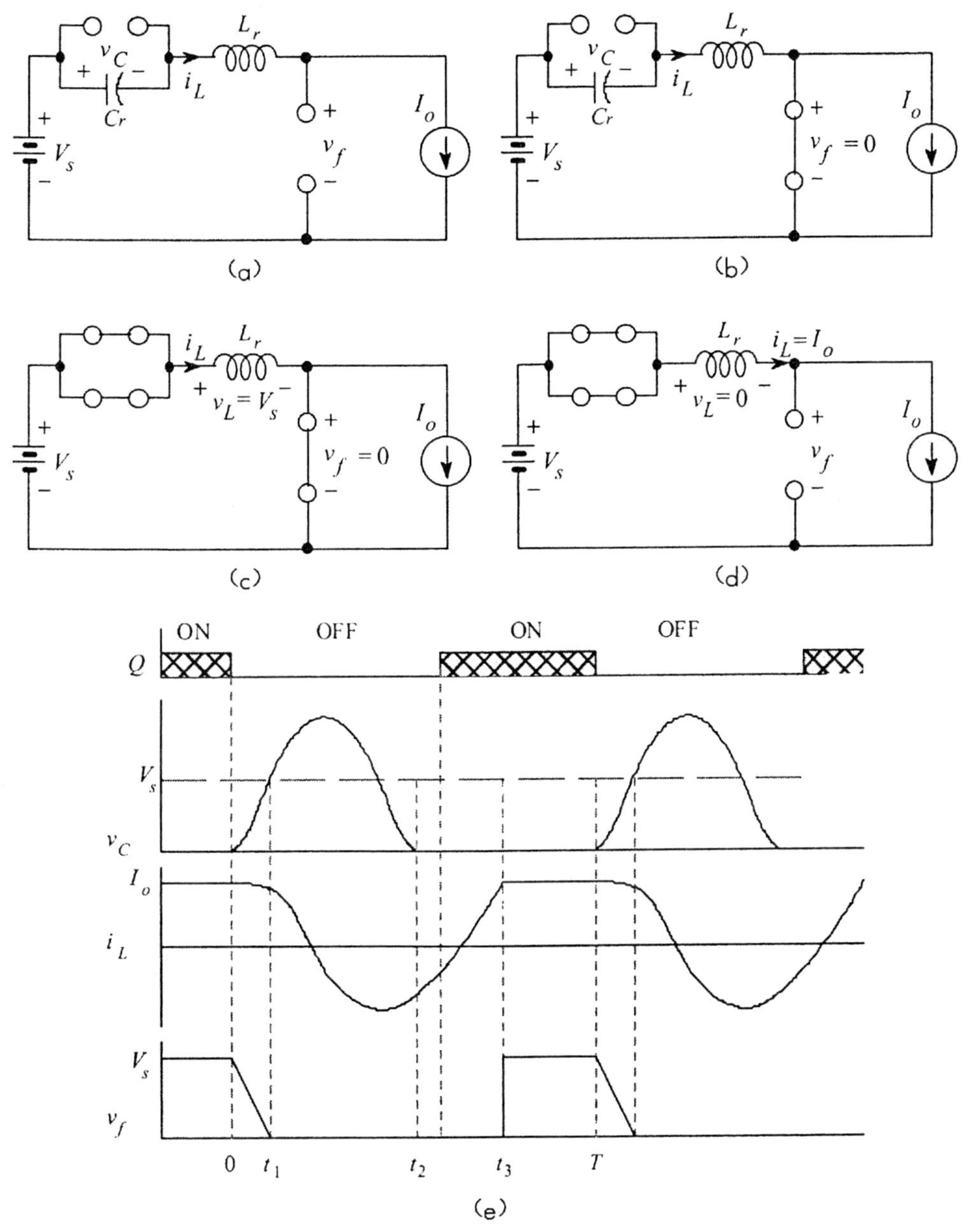

L-C 회로의 진동을 이용해서 영전압에서 스위칭하기 위해 방법을 그림에 나타내고 있다. 초기해석으로 출력필터에 위치한 인덕터 L_f에 흐르는 전류 i_o가 맥동을 하지 않는 전류를 만들도록 한다는 것으로 전제한다. 따라서 인덕터 L_f

에 흐르는 전류의 맥동이 없으면 직류전류라 해석할 수 있으므로 I_0라 나타낸다. 초기에 트랜지스터 Q를 턴-온 시키고 충분히 정상상태에 도달하였을 때 트랜지스터와 직렬 인덕터 L_r의 전류는 부하전류 I_o와 같게 된다. 따라서 키르히호프의 법칙에 의해 환류 다이오드 D_f에 흐르는 전류는 0이므로 $v_f = V_o$가 되며, 공진회로의 커패시터 C_r과 트랜지스터에 걸리는 전압은 0이 된다.

트랜지스터를 턴-온 시킨 상태에서 트랜지스터를 턴-오프 시키면 앞선 상태에서 스위치에 걸린 전압이 0이었기 때문에 회로는 바로 개방이 되고, 직렬 인덕터 L_r에 흐르는 전류 i_L (= I_o)는 커패시터 C_r을 통해 흐르게 되어 커패시터 양단 전압 v_C 선형적으로 증가하게 된다. 커패시터 전압 v_C가 전원전압 V_s과 같아지게 될 때, 환류 다이오드 D_f는 순방향바이어스로 되어 <그림 7.7> (b)와 같이 전원전압 V_s, 공진커패시터 C_r 직렬 인덕터 L_r이 직렬회로로 된다. 이 때 이 부족제동 직렬회로에서 인덕터 전류i_L과 커패시터 전압 v_C가 진동하기 시작한다. v_C = 0으로 될 때, 트랜지스터에 부착된 역방향 다이오드가 턴-온 직후 폐로 되어야 한다. i_L 전류가 양(+)이 될 때 트랜지스터에 부착된 역방향 다이오드는 턴-오프되고, i_L 전류는 트랜지스터에 의해 흐르게 된다. i_L 전류가 I_0에 도달할 때 다이오드 D_f는 턴-오프 되고 회로의 조건은 최초 시작점과 같아지게 된다.

[1] 동작모드 I ($0 \le t < t_1$)

<그림 7.7> (a)의 회로에서 t = 0에서 트랜지스터는 턴-오프 되면, 커패시터의 초기전류는 I_o이고, 초기전압은 0에서 선형적으로 증가하게 된다. 필터로 입력되는 인덕터 전류 I_o가 일정하다고 가정하였으므로 L_r에 걸린 전압은 $v_{L_r} = L \times dI_o/dt = 0$이다. 증가하는 커패시터 C_r의 전압 $v_C(t)$과 필터 입력전압 $v_f(t)$는 키르히호프의 법칙에 따라 각각 다음과 같이 나타낼 수 있다.

$$v_c(t) = \frac{1}{C_r}\int_0^t I_o \cdot dt = \frac{I_o \times t}{C_r} \tag{7.1}$$

$$v_f(t) = V_s - v_c(t) = V_s - \frac{I_o \cdot t}{C_r} \tag{7.2}$$

식에서 보는 바와 같이 필터 입력전압 v_f는 V_s에서 시작하여 선형적으로 감소한다. $t = t_1$에서 필터입력전압 v_f = 0이 되고, 환류다이오드는 턴-온 된다. 따

라서 $t = t_1$을 위 식에 대입을 하면 시간 t_1은

$$t_1 = V_s C_r / I_o \tag{7.3}$$

가 되므로 필터입력전압 $v_f(t)$는 다음과 같이 나타낼 수 있다.

$$v_f(t) = V_s - V_s \frac{t}{t_1} = V_s\left(1 - \frac{t}{t_1}\right) \tag{7.4}$$

[2] 동작모드 II ($t_1 \leq t < t_2$)

이 구간 등가회로 <그림 7.7>(b)에서 환류다이오드 D_f는 순방향 바이어스 되어 다이오드에 걸린 전압 $v_f = 0$이다. 커패시터 양단에 걸린 전압과 회로의 루프전압은 각각 다음과 같이 나타낼 수 있다.

$$L_r \frac{di_L(t)}{dt} + v_C(t) = V_s \tag{7.5}$$

$$v_C(t) = \frac{1}{C_r}\int i_C(t) \cdot dt \tag{7.6}$$

이 식들을 시간에 대하여 미분하면

$$L_r \frac{d^2 i_L(t)}{dt^2} + \frac{dv_C(t)}{dt} = 0 \tag{7.7}$$

$$\frac{dv_C(t)}{dt} = \frac{i_C(t)}{C_r} \tag{7.8}$$

$\omega_o = 1/\sqrt{L_r C_r}$, $Z_o = \sqrt{L_r / C_r}$라 하고, 초기조건 $i_L(t) = I_o$를 이용하여 i_L에 대해 앞의 식을 풀이하고, 커패시터에 걸린 전압 $v_C(t)$을 구하면

$$i_L(t) = I_o \cos\omega_o (t - t_1) \tag{7.9}$$

$$v_C(t) = \frac{1}{C_r}\int_{t_1}^{t} i_C(t) \cdot dt + v_C(t_1) = \frac{1}{C_r}\int_{t_1}^{t} I_o \cos\omega_o(t - t_1) \cdot dt + V_s$$

$$= V_s + I_o Z_o \sin\omega_o (t - t_1) \tag{7.10}$$

커패시터 전압의 첨두값은

$$V_{C_P} = V_s + I_o Z_o = V_s + I_o\sqrt{\frac{L_r}{C_r}} \qquad (7.11)$$

으로 이는 커패시터 양단에 부착된 다이오드 D_s에 걸린 최대역전압과 같으며, 그 크기가 전원전압보다 더 크기 때문에 소자의 용량을 산정할 때 기준이 되어야 한다.

한편 이 시간 구간에서는 환류 다이오드 D_f는 순방향바이어스 되어 $v_f = 0$이 되고, 커패시터 C_r 양단에 연결된 다이오드 D_s는 v_C가 음(-)이 되는 것을 방지하여 $v_C > 0$동안 유효하다. v_C가 0이 되는 시간 $t = t_2$을 구하면

$$t_2 = \frac{1}{\omega_o}\left[\sin^{-1}\left(\frac{-V_s}{I_o Z_o}\right)\right] + t_1 = \frac{1}{\omega_o}\left[\sin^{-1}\left(\frac{V_s}{I_o Z_o}\right) + \pi\right] + t_1 \qquad (7.12)$$

이 되고, $t = t_2$에서 커패시터 C_r 양단의 다이오드 D_s는 턴-온 된다.

[3] 동작모드 III ($t_2 \le t < t_3$)

<그림 7.7> (c)에서 보는 바와 같이 t_2이후 두 개의 다이오드 D_f, D_s는 순방향바이어스로 되어 L_r에 걸린 전압은 V_s, i_L은 t_3에서 I_o로 도달할 때까지 선형적으로 증가한다. 트랜지스터는 영전압 턴-온인 t_2시간 후 v_C = 0, 즉 회로가 다시 닫히게 되고, 다이오드는 턴-온되어 음(-)의 i_L이 흐른다. t_2와 t_3동안의 전류 i_L은 다음과 같이 나타낸다.

$$i_L(t) = \frac{1}{L_r}\int_{t_2}^{t} V_s \cdot dt + i_L(t_2) = \frac{1}{L_r}(t - t_2) + I_o \cos\omega_o (t_2 - t_1) \qquad (7.13)$$

t_3에서 전류는 I_o이므로

$$i_L(t_3) = I_o = \frac{V_s}{L_r}(t_3 - t_2) + I_o \cos\omega_o (t_2 - t_1) \qquad (7.14)$$

t_3에 대해 정리하면

$$t_3 = \left(\frac{L_r I_o}{V_s}\right)[1 - \cos\omega_o(t_2 - t_1)] + t_2 \tag{7.15}$$

이 되고, 기간 동안 전압 $v_f = 0$, $t = t_3$에서 환류다이오드 D_f는 턴-온 된다.

[4] 동작모드 IV ($t_3 \le t < T$)

이 기간 동안 트랜지스터는 턴-온, 다이오드들은 모두 턴-오프, 트랜지스터에 흐르는 전류는 I_o, 환류다이오드에 걸린 전압 $v_f = V_s$이다. 스위칭소자가 다시 턴-온 될 때까지 회로는 이러한 상태가 유지된다. 시간 간격 $T - t_3$는 회로의 스위칭 주파수에 의해 결정되고, 모든 다른 시간 간격들은 다른 회로의 파라미터에 의해 결정된다.

[5] 출력전압

출력필터의 입력에서 전압 $v_f(t)$의 파형을 <그림 7.7>(e)에 나타내었다. 앞서 설명한 시간 구간을 정리하면 다음 식과 같이 나타낼 수 있다.

$$v_f(t) = \begin{cases} V_s\left(1 - \dfrac{t}{t_1}\right) & 0 \le t < t_1 \\ 0 & t_1 \le t < t_3 \\ V_s & t_3 \le t < T \end{cases} \tag{7.16}$$

출력전압 V_o은 $v_f(t)$의 평균값이므로

$$\begin{aligned} V_o &= \frac{1}{T}\int_0^T v_f(t) \cdot dt = \frac{1}{T}\left[\int_0^{t_1} V_s\left(1 - \frac{t}{t_1}\right) \cdot dt + \int_{t_3}^T V_s \cdot dt\right] \\ &= \frac{V_s}{T}\left[\frac{t_1}{2} + (T - t_3)\right] = V_s\left[1 - f_s\left(t_3 - \frac{t_1}{2}\right)\right] \end{aligned} \tag{7.17}$$

여기서 $f_s = 1/T$는 스위칭 주파수이다.

이상으로 영전압 스위칭 회로에 대하여 정리하면 다음과 같다.

- t_1, t_2, t_3는 회로 파라미터들로부터 결정(식(7.3), (7.12)과 (7.15))
- 출력전압은 변화하고 있는 스위칭 주파수에 의해 제어
- 트랜지스터가 턴-오프 되었을 때 시간 간격은 불변
- 트랜지스터가 턴-온 되었을 때, 시간간격은 변화
- 시간 t_1과 t_3는 부하전류 I_o에 의해 부분적으로 결정
- 스위칭 주파수가 증가하면 시간간격 $T-t_3$는 감소하여 출력전압이 감소
- 출력전압은 부하의 함수

[예제 7.1] 직류 공급전압 V_s = 24 [V], 공진 리액터 L_r = 2.5 [μH], 공진 커패시터 C_r = 0.047 [μF]인 영전압 스위칭 변환기에 평균부하 전류 I_o가 4 [A]가 흐르도록 할 때 다음 물음에 답하여라.

(1) 출력전압 V_o = 12 [V]가 되도록 스위칭 주파수를 결정
(2) 커패시터에 양단에 걸리는 역방향 바이어스 전압의 크기
(3) 게이팅 신호의 위상각

<풀이>

(1) 공진임피던스 $Z_o = \sqrt{\dfrac{L_r}{C_r}} = \sqrt{\dfrac{2.5\times10^{-6}}{0.047\times10^{-6}}}$ = 7.29 [Ω]

공진각주파수 $\omega_o = \dfrac{1}{\sqrt{L_r C_r}} = \dfrac{1}{\sqrt{2.5\times10^{-6}\times0.047\times10^{-6}}}$

$$= 2.92\times10^6 [\text{rad/s}]$$

각 구간의 시간 t_1, t_2, t_3를 구하면

$$t_1 = \frac{V_s C_r}{I_o} = \frac{24\times0.047\times10^{-6}}{4} = 0.282\ [\mu s]$$

$$t_2 = \frac{1}{\omega_o}\left[\sin^{-1}\left(\frac{V_s}{I_o\sqrt{L_r/C_r}}\right)+\pi\right]+t_1$$
$$= \frac{1}{2.92\times10^6}\left[\sin^{-1}\left(\frac{24}{4\times7.29}\right)+\pi\right]+0.2828[\mu s] = 1.41[\mu s]$$

$$t_3 = \left(\frac{L_r I_o}{V_s}\right)[1-\cos\omega_o(t_2-t_1)]+t_2$$
$$= \left(\frac{2.5\times10^{-6}\times4}{24}\right)[1-\cos(7.29\times10^6\times(1.41-0.28)[\mu s])]+1.41\ [\mu s]$$
$$= 2.24\ [\mu s]$$

식(7.17)로부터 스위칭 주파수에 대한 식을 구하면 다음과 같다.

$$f_s = \frac{1}{(t_3 - t_1/2)} \times \left(1 - \frac{V_o}{V_s}\right)$$
$$= \frac{1}{(2.24 - 0.282/2)\ [\mu s]} \times \left(1 - \frac{12}{24}\right) = 238.54\ [\text{kHz}]$$

(2) 식(7.11)에서 커패시터 양단에 걸리는 전압의 크기를 구하면

$$V_{C_r} = V_s + I_o Z_o = 24 + 3 \times 7.29 = 53.17\ [\text{V}]$$

이 전압은 커패시터 양단의 내압을 결정하기도 하지만, 역방향 다이오드의 첨두전압이 되므로 다이오드의 내압과도 같다. 따라서 소자의 정격을 결정할 때 반드시 고려해야만 한다.

(3) <그림 7.7> (e)에서 게이팅 신호의 턴-오프 구간은 0 ~ 약t_2, 나머지 구간은 턴-온 구간이며, 실제 게이팅은 데드타임을 고려하여 턴-오프 구간을 약간 넓게 가하면 되므로 턴-오프 구간을 구하면 $t_2 : T = x° : 360°$ 즉,

$$x° = \frac{t_2}{T} \times 360° = t_2 \times f_s \times 360° = 1.40\,[\mu s] \times 238.54\,[\text{kHz}] \times 360° = 120.91°$$

이 되므로 0 ~ 116.59° 까지 턴-오프, 나머지 360°까지 턴-온 시킨다.

PSIM 7.1 [예제 7.1]의 설계된 값을 가지고 PSIM으로 시뮬레이션을 하여 설계 조건을 만족하였는지 확인하고 각부 파형을 나타내어라.

그림 7.8 영전압 스위칭 준공진형 강압 변환기의 시뮬레이션

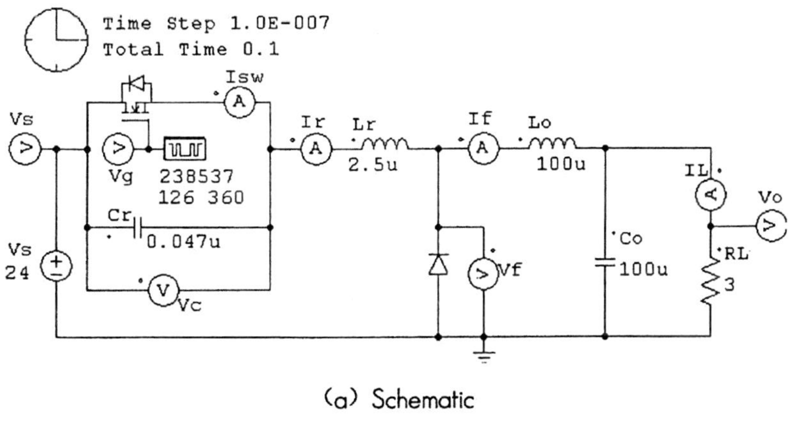

(a) Schematic

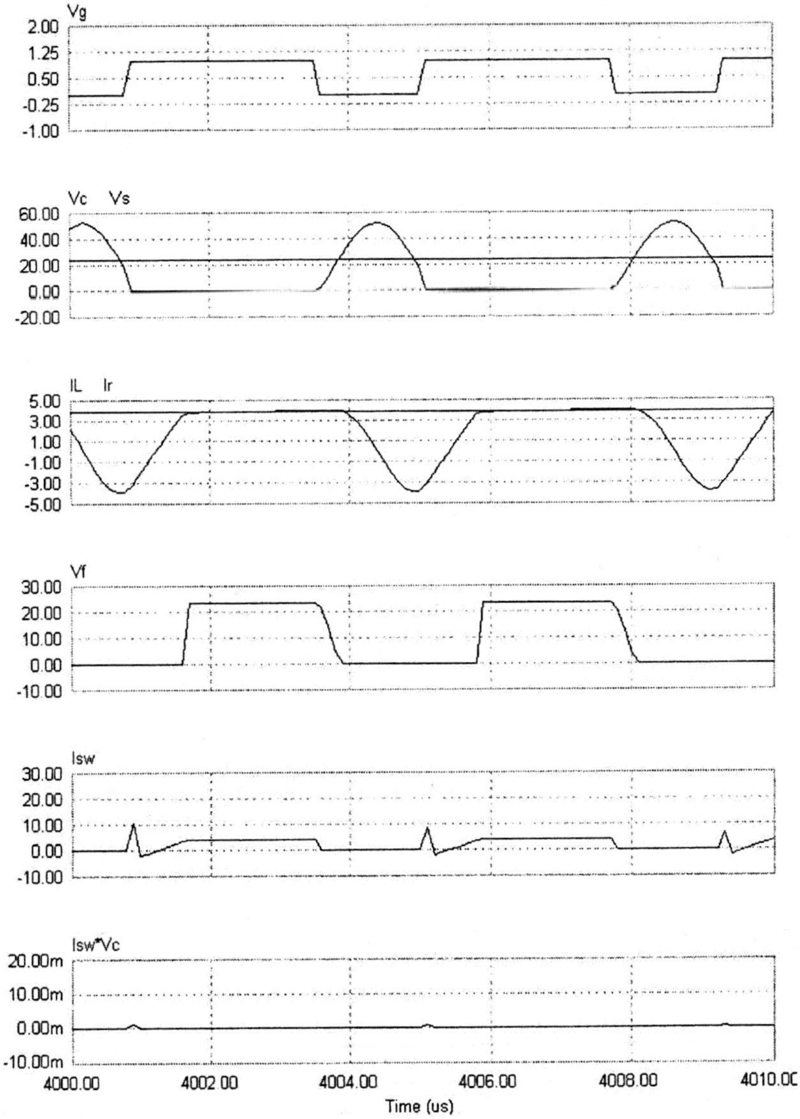

(b) 정상상태 시스템 각부 파형 및 트랜지스터 전력손실 파형

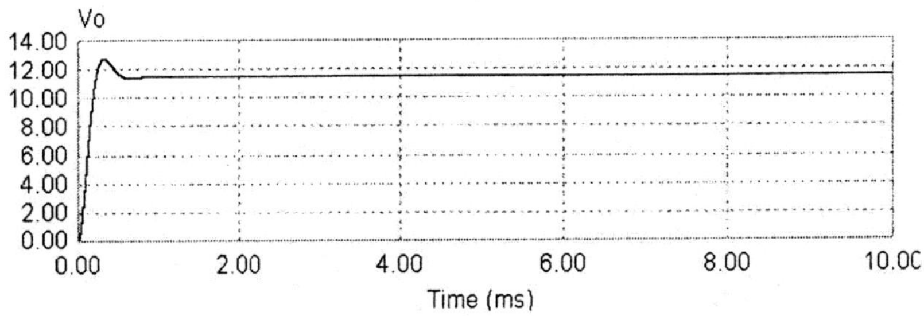

(c) 스위칭 주파수 f_s = 238,537 [Hz]

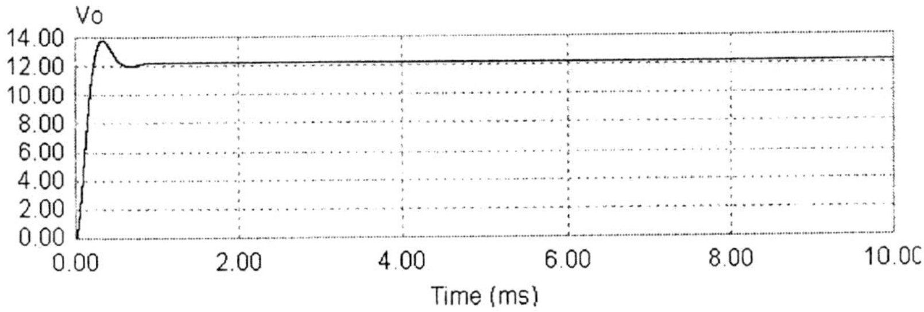

(d) 스위칭 주파수 $f_s=$ 220,000 [Hz]

<풀이> 그림 (b)는 이론에서 소개한 파형과 거의 동일하게 나타남을 확인할 수 있고, 특히 트랜지스터에 걸린 전압 Vc, 흐르는 전류 Isw 및 트랜지스터에서 소비하는 전력의 파형 Vc×Isw을 함께 나타내었다. 전력파형에서 보는 바와 같이 스위칭이 일어나는 1주기를 두고 최대 7.5 [mW]로 거의 없음을 알 수 있다.

계산된 스위칭 주파수 f_s=238,537 [Hz]와 시간 t_2로부터 구한 위상각보다 조금 더 큰 위상각을 가진 게이팅 파형을 인가했을 때, 파형이 그림 (c)와 (d)에 나타내었다.

한편 그림 (d)는 스위칭 주파수를 220 [kHz]로 조절했을 때 출력 Vo의 파형으로 원하는 제어값 12 [V]를 넘는 것을 알 수 있다. 즉, 스위칭 주파수를 다르게 했을 경우 위상각에 대한 재계산이 필요하다.

7-3-2. 영전류 스위칭 준공진형 변환기

<그림 7.9>에는 영전류 스위칭 준공진형 변환기의 각종 회로에 대하여 나타내고 있다. 앞서 PWM 직류-직류 변환기에 살펴본 강압변환기, 승압변환기, 강압-승압변환기에 전류공진 스위칭 회로를 추가하면 준공진형 변환기 회로가 된다. 이 중에서 강압 변환기에 영전류 스위칭 회로를 추가한 준공진형 변환기에 대하여 살펴보도록 한다.

그림 7.9 영전류 스위칭 준공진형 변환기

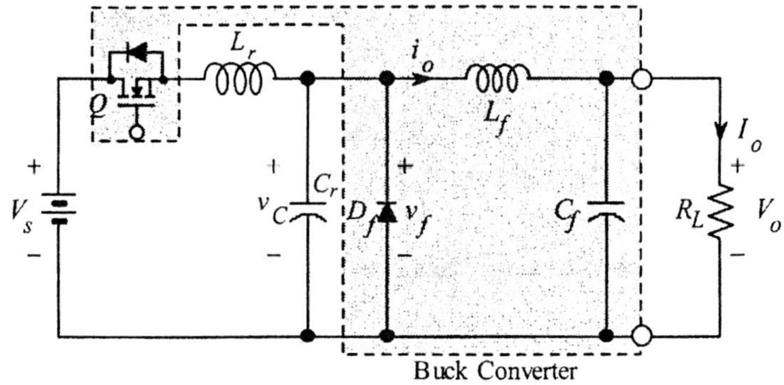

(a) 강압 변환기형 (ZCS QRC Buck converter)

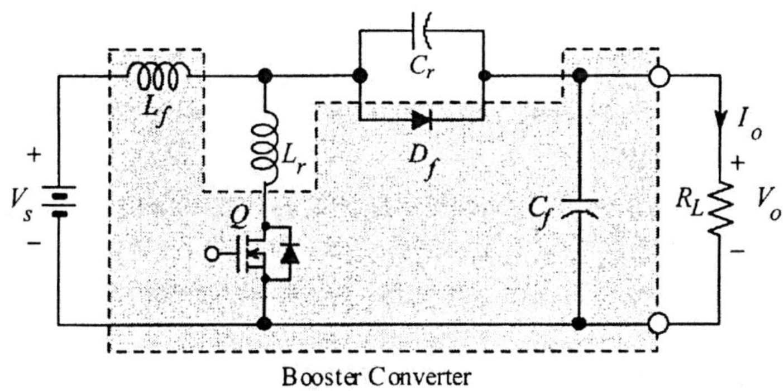

(b) 승압 변환기형 (ZCS QRC Boost converter)

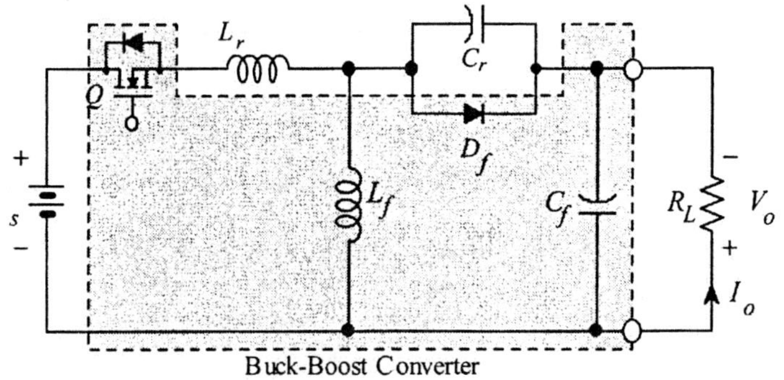

(c) 강압-승압 변환기형 (ZCS QRC Buck-Boost converter)

그림 7.10 영전류 스위칭 준공진형 강압 변환기의 동작 등가회로 및 파형

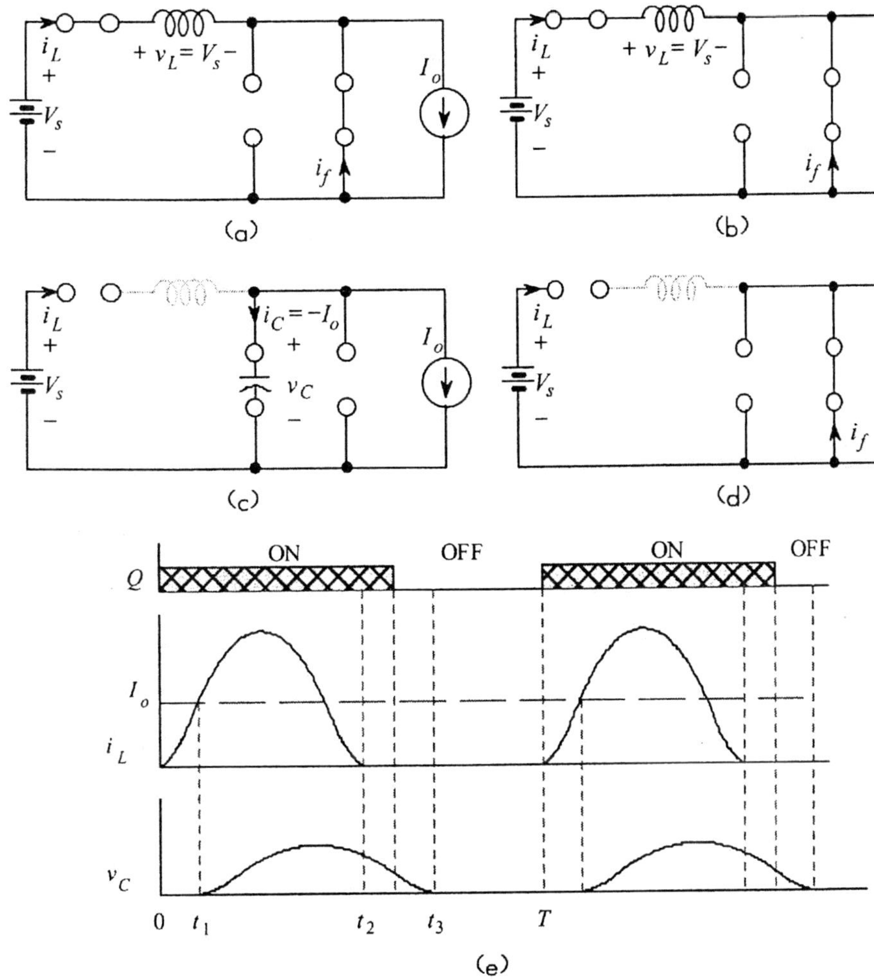

직류-직류 강압 변환기에서 스위칭 손실을 줄이기 위해 $L-C$회로에 의해 발생한 진동의 이점으로 영전류 스위칭이 가능한 회로 중 강압변환기 회로를 <그림 7.9> (a)에 나타내었다. 출력필터에 있는 인덕터 L_o의 전류는 맥동이 없고 평균부하전류 I_o와 같다고 전제한다.

초기 트랜지스터가 턴-오프 되었을 때, 다이오드는 순방향바이어스로 출력 인덕터 전류가 흐르고, C_r에 걸린 전압은 0이다. <그림 7.10> (a)의 등가회로에서 트랜지스터가 다시 턴-온 되어 회로가 닫혀있을 때, 다이오드는 초기에 I_o가 흐

르도록 순방향 바이어스되고, 인덕터 L_r에 걸린 전원전압 V_s와 같다. 인덕터 L_r의 전류는 선형적으로 증가하고 다이오드는 i_L이 I_o보다 적어지는 동안 순방향 바이어스 상태를 유지한다.

i_L이 I_o에 도달하면 다이오드는 턴-오프되고 동작은 <그림 7.10> (b)와 같은 등가회로가 된다. 만약 I_o가 일정하면 부하는 전류원으로 되고 부족제동인 $L-C$ 회로는 진동한다. 트랜지스터를 단방향성이라 가정하면 그 상태로 남게 된다. 트랜지스터는 전류가 0으로 된 후 턴-오프되고 그 결과 영전류 스위칭이 되어 스위칭 손실이 없다.

<그림 7.10> (c)에서 트랜지스터에 흐르는 전류가 0으로 된 후 양(+)의 커패시터 전압은 다이오드를 역방향 바이어스로 유지하여 턴-오프 되고, 부하전류 I_o는 C_r을 통해 흘러 $i_C = -I_o$이다. 전류 I_o가 일정하다는 전제에 따라 커패시터 전압은 선형적으로 감소하고, 커패시터 전압이 0에 도달하면 <그림 7.10> (d)와 같이 다이오드는 순방향 바이어스가 되어 I_o가 흐른다. 그 다음 회로는 시작점으로 되돌아간다. 회로에 대한 동작모드 별로 구분하여 해석하면 다음과 같다.

[1] 동작모드 I $(0 \leq t < t_1)$

$t = 0$에서 트랜지스터가 턴-온 되면 다이오드도 턴-온이 되며 L_r에 걸린 전압은 V_s이다. 이에 대한 등가회로는 <그림 7.10> (a)와 같다. 인덕터 L_r에 흐르는 전류는 초기 0이고 다음과 같이 시간의 함수로 나타낼 수 있다.

$$i_L(t) = \frac{1}{L_r}\int_0^t V_s \cdot dt = \frac{V_s}{L_r} \cdot t \tag{7.18}$$

$t = t_1$에서 i_L은 I_o에 도달하고 다이오드는 턴-오프 된다. t_1에 대해 풀이하면

$$i_L(t_1) = I_o = \frac{V_s}{L_r} \cdot t_1 \tag{7.19}$$

$$t_1 = \frac{I_o L_r}{V_s} \tag{7.20}$$

이 되고 이 시간 구간동안 커패시터 전압 $v_C(t) = 0$이다.

[2] 동작모드 II ($t_1 \le t < t_2$)

$t = t_1$에서 다이오드가 턴-오프 되므로 이 구간 동안의 등가회로는 <그림 7.10> (b)와 같으며, 회로에서 커패시터 양단의 전압 $v_C(t)$과 커패시터에 흐르는 전류 $i_C(t)$를 구하면

$$v_C(t) = V_s - L_r \frac{di_L(t)}{dt} \tag{7.21}$$

$$i_C(t) = i_L(t) - I_o \tag{7.22}$$

커패시터 양단전압 $v_C(t)$를 시간에 대하여 미분하고 커패시터 전압 - 전류관계식인 식(7.8)을 함께 적용하면 다음과 같이 식을 나타낼 수 있다.

$$\frac{dv_C(t)}{dt} = -L_r \frac{d^2 i_L(t)}{dt^2} = \frac{i_C(t)}{C_r} \tag{7.23}$$

식(7.23)을 식(7.22)를 이용하여 i_C를 대입하면

$$L_r \frac{d^2 i_L(t)}{dt^2} = \frac{I_o - i_L(t)}{C_r}$$

$$\frac{d^2 i_L(t)}{dt^2} + \frac{i_L(t)}{L_r C_r} = \frac{I_o}{L_r C_r} \tag{7.24}$$

이 된다. 특성임피던스 $Z_o = \sqrt{L_r / C_r}$, 진동주파수 $\omega_o = 1/\sqrt{L_r C_r}$라 하면, 초기조건 $i_L(t_1) = I_o$에 대한 식(7.24)의 해는

$$i_L(t) = I_o + \frac{V_s}{Z_o} \sin\omega_o (t - t_1) \tag{7.25}$$

이 된다. 식(7.25)는 i_L이 $t = t_2$에서 0으로 될 때까지 유효하다. 진동이 일어나는 시간 간격 $t_2 - t_1$에 대해 풀이하면 다음과 같이 나타낼 수 있다.

$$t_2 - t_1 = \frac{1}{\omega_o}\left[\sin^{-1}\left(\frac{-I_o Z_o}{V_s}\right)\right] = \frac{1}{\omega_o}\left[\sin^{-1}\left(\frac{I_o Z_o}{V_s}\right) + \pi\right] \tag{7.26}$$

식(7.25)의 i_L을 식(7.21)에 대입하여 커패시터 전압에 대해 풀이하면

$$v_C(t) = V_s\left[1 - \cos\omega_o(t - t_1)\right] \tag{7.27}$$

이 되며, 역시 $t = t_2$까지 유효하다. 커패시터에 걸리는 전압 $V_{C_p} = 2V_s$이다.

[3] 동작모드 III ($t_2 \le t < t_3$)

인덕터 전류가 t_2에서 0으로 된 후 트랜지스터에 흐르는 전류는 0이고 전력손실이 없어 개방될 수 있다. 등가회로는 <그림 7.10> (c)와 같다. $v_C > 0$이므로 타이오드는 턴-오프, 커패시터 전류는 $-I_o$, 커패시터 전압은 선형적으로 감소하며 다음과 같이 나타낼 수 있다.

$$v_C(t) = \frac{1}{C_r}\int_{t_2}^{t} - I_o \cdot dt + v_C(t_2) = \frac{I_o}{C_r}(t_2 - t) + v_C(t_2) \tag{7.28}$$

식(7.28)은 커패시터 전압이 0에 도달하고 다이오드가 턴-온 될 때까지 유효하다. 따라서 t_3에서 커패시터 전압 $v_C(t_3) = 0$으로 될 경우 식(7.28)에서 이 구간의 시간간격 $t_3 - t_2$는 다음과 같이 된다.

$$t_3 - t_2 = \frac{C_r v_C(t_2)}{I_o} = \frac{C_r V_s[1 - \cos\omega_o(t_2 - t_1)]}{I_o} \tag{7.29}$$

[4] 동작모드 IV ($t_3 \le t < T$)

이 구간 동안에 $i_L = 0$이고 트랜지스터는 턴-오프, 다이오드는 턴-온 이므로 <그림 7.10> (d)와 같이 되어 I_o가 흐르고 $v_C = 0$이다. 이 구간은 스위칭 주기 T와 회로의 다른 파라미터로부터 결정되는 시간의 차이다.

[5] 출력전압

전원에서 공급된 에너지는 스위칭 주기 동안에 부하에서 소비되는 에너지와 같다. 한 주기에 전원에서 공급된 에너지 W_s와 부하에서 소비된 에너지 W_o는 다음과 같이 각각 나타낼 수 있다.

$$W_s = \int_0^T p_s(t) \cdot dt = V_s \int_0^T i_L(t) \cdot dt \tag{7.30}$$

$$W_o = \int_0^T p_o(t) \cdot dt = V_o I_o T = \frac{V_o I_o}{f_s} \tag{7.31}$$

로 되고 여기서 f_s는 스위칭 주파수이다. 식(7.18)과 (7.25)로부터

$$\int_0^T i_L(t) \cdot dt = \frac{V_s}{L_r}\int_0^{t_1} t \cdot dt + \int_{t_1}^{t_2}\left(I_o + \frac{V_s}{Z_o}\sin\omega_o(t-t_1)\right)dt \tag{7.32}$$

$W_s = W_o$를 이용하여 식(7.30)에서 (7.32)로부터 V_o에 대해 풀이하면

$$V_o = V_s f_s\left(\frac{t_1}{2} + (t_2 - t_1) + \frac{V_s C_r}{I_o}[1 - \cos(t_2 - t_1)]\right) \tag{7.33}$$

이 되므로 식(7.29)를 이용하여 출력전압은 각 회로조건에 대한 시간간격으로 환산해서 나타내면 다음과 같이 표현할 수 있다.

$$V_o = V_s f_s\left[\frac{t_1}{2} + (t_2 - t_1) + (t_3 - t_2)\right] \tag{7.34}$$

이상으로 영전류 스위칭 회로에 대하여 정리하면 다음과 같다.

- t_1, t_2, t_3는 회로 파라미터들로부터 결정(식(7.20), (7.26)과 (7.29))
- 출력전압의 크기는 스위칭 주파수에 의해 제어
- 스위칭 주기 T는 t_3는 커야함
- 시간간격은 출력전류 I_o의 함수이고, 이 회로의 출력전압은 부하에 의존
- 부하가 변화할 때, 스위칭 주파수는 일정한 출력전압을 유지하기 위해 조절되어야 함
- 출력전압은 커패시터 양단전압 v_C의 평균값

[예제 7.2] 영전류 스위칭 직류-직류 변환기 회로에서 직류 공급전압 V_s = 24 [V], 공진 리액터 L_r = 10 [μH], 공진 커패시터 C_r = 0.1 [μF], 스위칭 주파수 f_s = 100 [kHz]이고 평균부하전류 I_o = 2 [A]가 흐르도록 할 때 다음 물음에 답하여라.

(1) 변환기의 출력전압
(2) 공진 인덕터 L_r의 첨두전류
(3) 커패시터 C_r에 걸리는 첨두전압의 크기
(4) 동일한 평균부하전류에 출력 전압이 12 [V]로 되는 데 필요한 스위칭 주파수
(5) 최대 스위칭 주파수

<풀이>

(1) 공진임피던스 $Z_o = \sqrt{\dfrac{L_r}{C_r}} = \sqrt{\dfrac{2\times10^{-6}}{0.05\times10^{-6}}}$ = 6.32 [Ω]

공진각주파수 $\omega_o = \dfrac{1}{\sqrt{L_rC_r}} = \dfrac{1}{\sqrt{2\times10^{-6}\times0.05\times10^{-6}}}$

$= 3.16\times10^6$ [rad/s]

각 구간의 시간 t_1, t_2, t_3를 구하면

$$t_1 = \frac{I_oL_r}{V_s} = \frac{2\times2\times10^{-6}}{24} = 0.1667\ [\mu s]$$

$$t_2 - t_1 = \frac{1}{\omega_o}\left[\sin^{-1}\left(\frac{I_o\sqrt{L_r/C_r}}{V_s}\right)+\pi\right]$$
$$= \frac{1}{3.16\times10^6}\left[\sin^{-1}\left(\frac{2\times6.32}{24}\right)+\pi\right] = 1.17[\mu s]$$

$$t_3 - t_2 = \left(\frac{C_rV_s}{I_o}\right)[1-\cos\omega_o(t_2-t_1)]$$
$$= \left(\frac{0.05\times10^{-6}\times24}{2}\right)[1-\cos(3.16\times10^6\times1.17[\mu s])] = 1.11\ [\mu s]$$

$$t_2 = 1.17 + t_1 = 1.34\ [\mu s]$$

$$t_3 = 1.11 + t_2 = 2.45\ [\mu s]$$

$$V_o = V_sf_s\times\left[\frac{t_1}{2}+(t_2-t_1)+(t_3-t_2)\right]$$
$$= 24\times3\times10^6\times\left(\frac{0.1667}{2}+1.17+1.11\right)[\mu s] = 17.0\ [V]$$

(2) L_r의 첨두전류

$$I_{L_r,P} = I_o + \frac{V_s}{Z_o} = 2 + \frac{24}{6.32} = 5.79 \text{ [A]}$$

(3) C_r의 첨두전압

$$V_{C_r,P} = 2V_s = 24 \text{ [V]}$$

(4) 식 (7.34)에서 출력전압의 크기는 스위칭 주파수에만 비례하기 때문에 12 [V]의 출력을 원할 경우 스위칭 주파수를 구하면

$$f_s' = \frac{12.0}{17.0} \times 300 \text{ [kHz]} = 211.66 \text{ [kHz]}$$

(5) 시간 t_3까지는 회로정수에 의해 나타나는 시간이므로 나머지 턴-오프 시간 $T-t_3$ = 0일 때 최대 스위칭 주파수를 가진다. 따라서 스위칭 주파수

$$f_{s_{max}} = \frac{1}{t_3} = \frac{1}{2.46 \times 10^{-6}} = 408.90 \text{ [kHz]}$$가 된다.

PSIM 7.2 [예제 7.2]의 설계된 값을 가지고 PSIM으로 시뮬레이션을 하여 각부 파형을 나타내어라.

그림 7.11 영전압 스위칭 준공진형 강압 변환기의 시뮬레이션

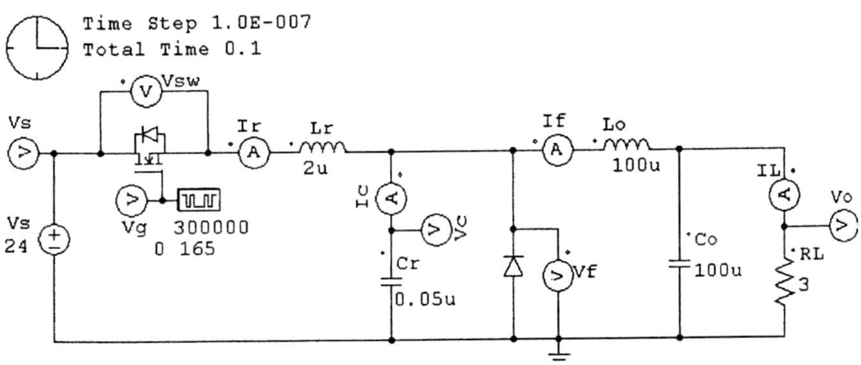

(a) Schematic

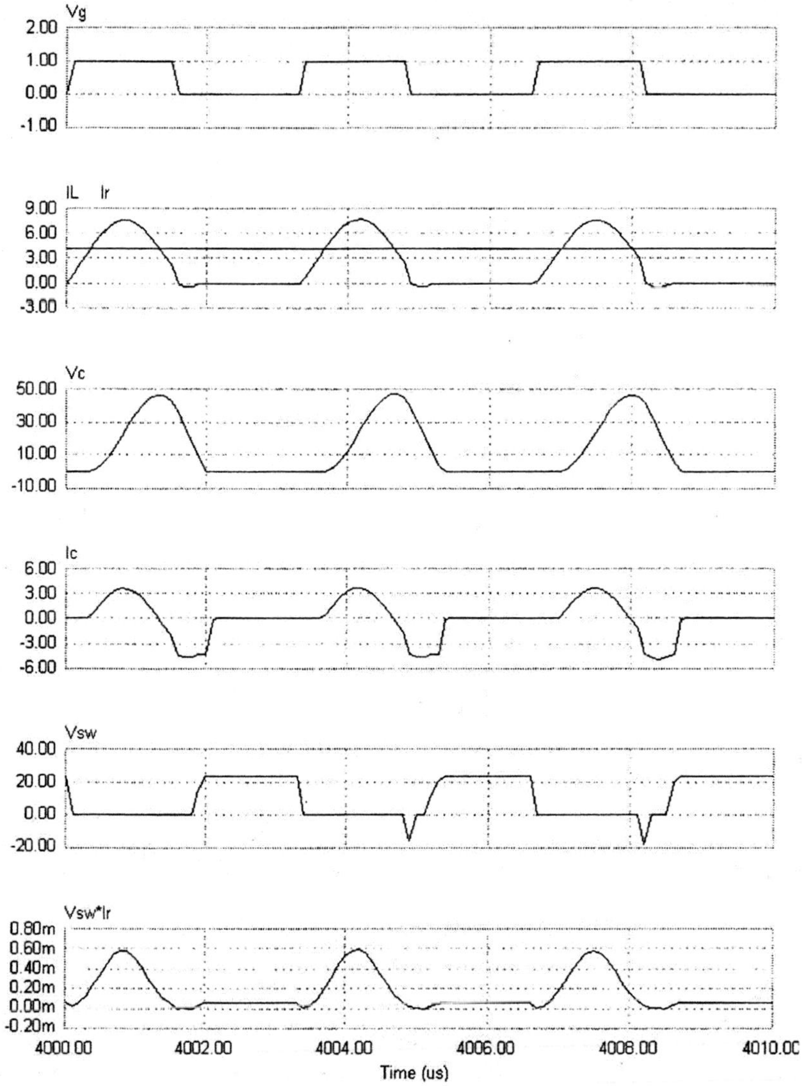

(b) 스위칭 주파수 $f_s =$ 300 [kHz]일 때 각 부 파형 및 트랜지스터 전력손실 파형

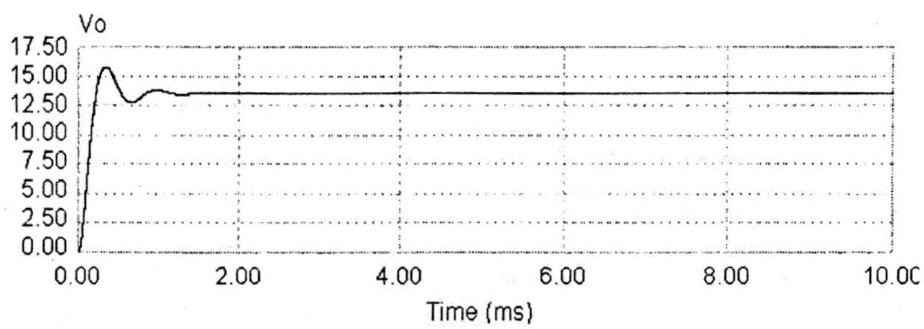

(c) 스위칭 주파수 $f_s =$ 300 [kHz]일 때 출력전압 Vo의 파형

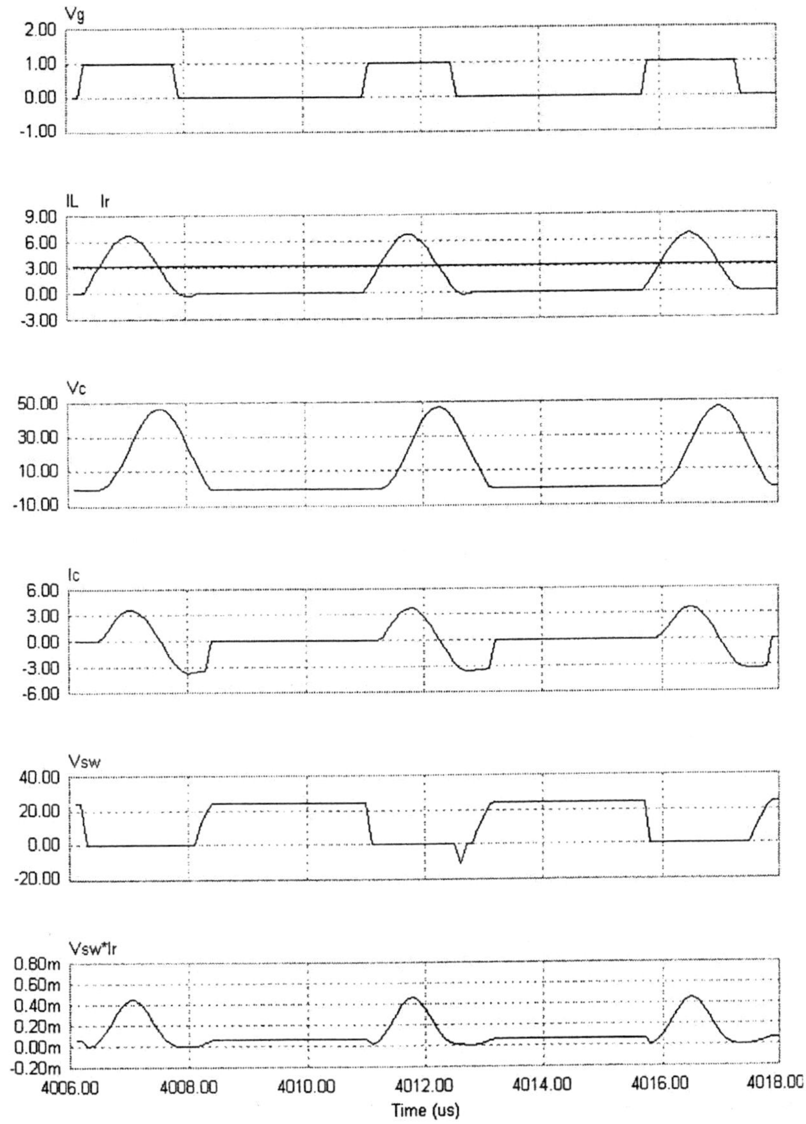

(d) 스위칭 주파수 $f_s = 211.67$ [kHz]일 때 각 부 파형 및 트랜지스터 전력손실 파형

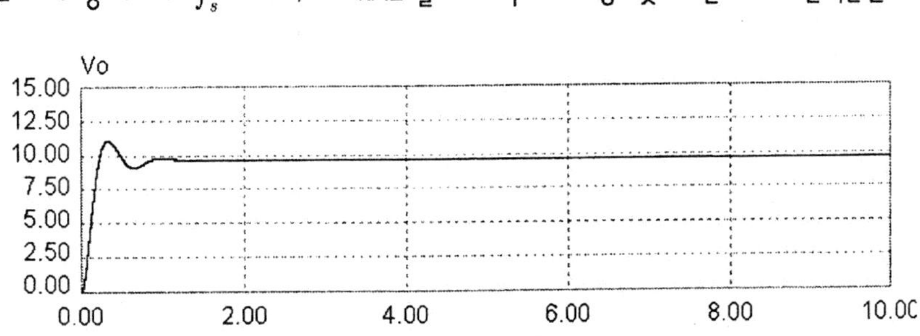

(e) 스위칭 주파수 $f_s = 211.67$ [kHz]일 때 출력전압 Vo의 파형

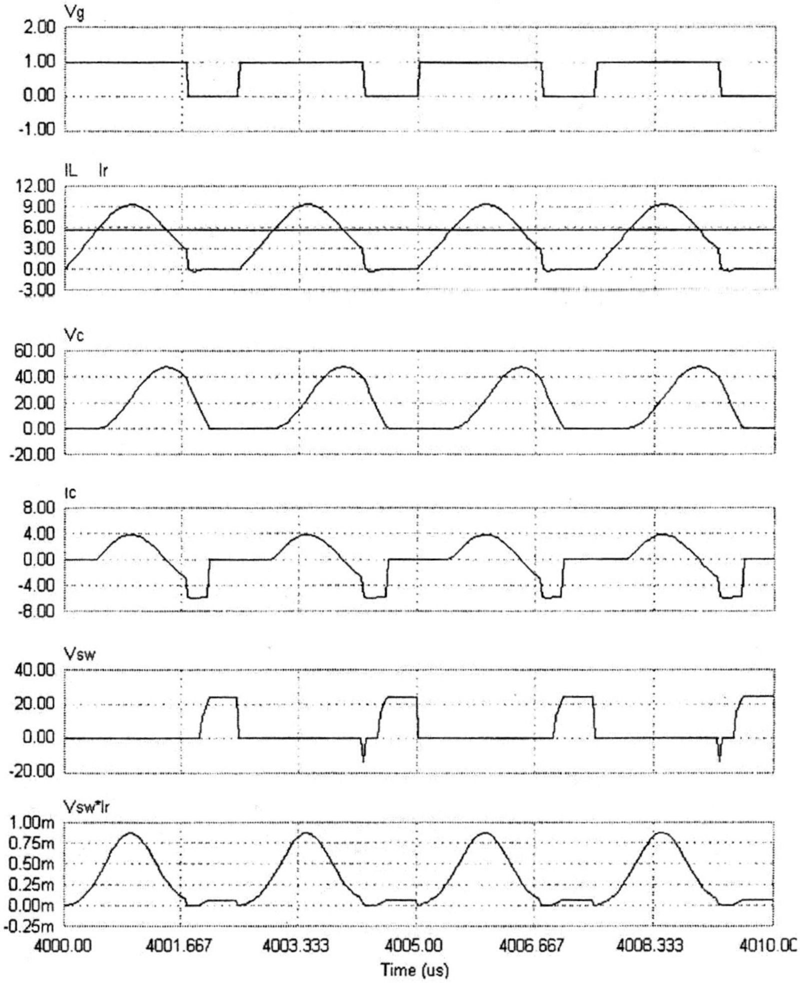

(f) 스위칭 주파수 $f_s =$ 400 [kHz]일 때 각 부 파형 및 트랜지스터 전력손실 파형

<풀이> 그림 (b)와 (c)는 예제에서 주어진 스위칭 주파수 300 [kHz]를 가했을 때 파형이고, (d)와 (e)는 스위칭 주파수를 211.66 [kHz]를 가했을 때 파형이다. 각각의 경우에 대하여 파형의 형태와 주어진 전압, 전류 조건을 거의 만족함을 알 수 있다.

그림 (f)는 이 회로가 정상적으로 동작할 수 있는 최대범위의 주파수에서 약간 모자란 400 [jHz]를 인가했을 때의 각 부 파형 및 트랜지스터 전력손실 파형을 나타내고 있다.

여기서 스위칭 주파수에 따라 출력전압, 출력전류가 바뀌지만, 트랜지스터에서 발생하는 손실도 조금 증가함을 알 수 있다.

7-4 다중공진형 변환기

변환기의 주 트랜지스터의 전압 또는 전류의 영전압 스위칭에 의해 동작하는 준공진형 변환기는 주 트랜지스터에서 발생하는 스위칭 손실을 감소시키는 것에는 효과가 크지만, 다이오드에는 구형파 형태의 역전압이 인가되기 때문에 다이오드 내의 기생요소에 의한 공진이 발생할 수 있다. 따라서 다이오드에 발생하는 기생공진을 방지하기 위하여 다이오드 양단에도 공진 커패시터를 추가함으로써 다이오드도 영전압 스위칭이 이루어지도록 하는 변환기가 개발되었으며, 이러한 변환기는 준공진형의 공진소자인 공진 커패시터 C_r, 공진 인덕터 L_r 이외에 다이오드 양단의 커패시터 C_D가 공진소자로 추가되기 때문에 영전압 스위칭 다중공진형 변환기(Zero Voltage Switching Multi Resonant converter : ZVS MRC)라고 한다.

다중공진 스위칭 회로는 주 트랜지스터(main transistor) 및 다이오드에 각각 공진 커패시터 C_r, C_D가 병렬로 연결되어 있으며, 다중공진 트랜지스터에 의하여 공진 인덕터 L_r은 선간 누설 인덕턴스를 흡수하고, 공진 커패시터 C_r은 트랜지스터의 출력 커패시턴스를 흡수하고, 공진 커패시터 C_D는 다이오드의 출력 커패시턴스를 흡수하게 된다.

그러나 다이오드에 직렬로 연결된 공진 인덕터를 추가한 영전류 다중공진 스위칭 회로는 메인 트랜지스터의 출력 커패시턴스 및 다이오드의 접합 커패시턴스를 흡수하지 못하기 때문에 이들에게서 발생하는 기생요소의 공진현상을 제거하지 못하므로 영전류 다중공진 스위칭 회로의 적용은 불가능하다.

<그림 7.12>는 영전압 다중공진 스위칭 회로의 구성을 나타내고 있다.

그림 7.12 영전압 다중공진 스위칭 회로

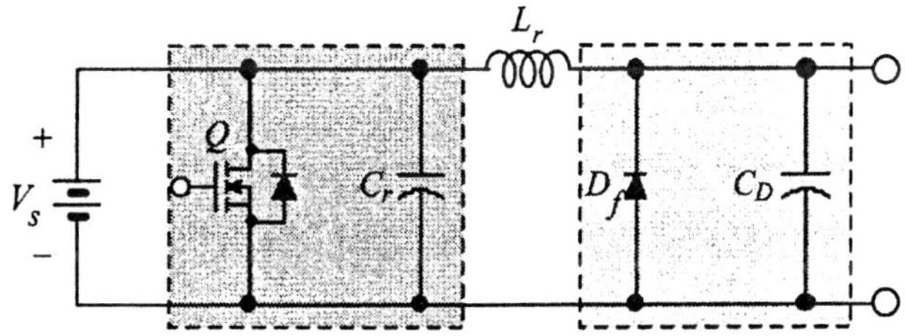

<그림 7.13>은 여러 가지 변환기에 영전압 다중공진 스위칭 회로를 적용한 다중공진형 변환기의 회로도를 나타내고 있다.

그림 7.13 여러 종류의 다중공진형 변환기

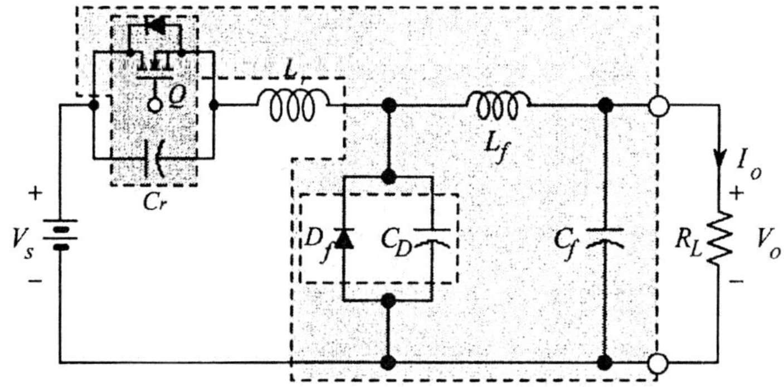

(a) 다중공진형 강압 변환기(ZVS MRC Buck converter)

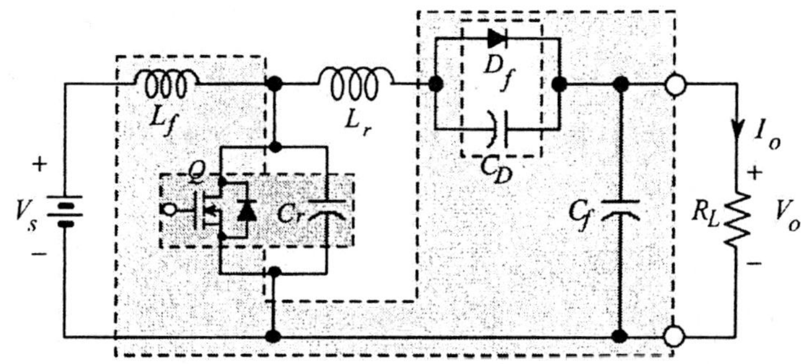

(b) 다중공진형 승압 변환기 (ZVS MRC Boost converter)

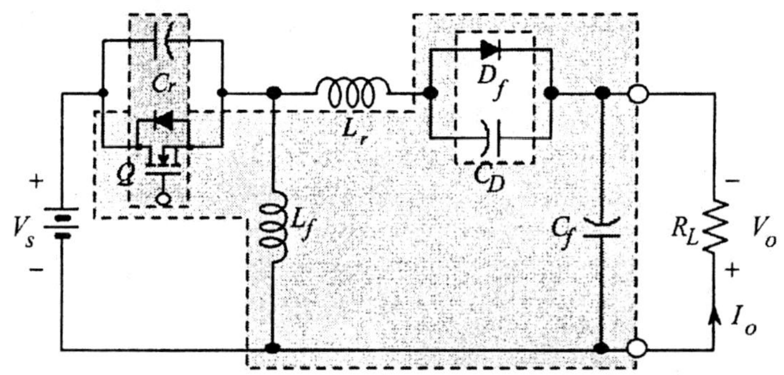

(c) 다중공진형 강압-승압 변환기 (ZVS MRC Buck-Boost converter)

7-5 직렬공진 직류-직류 변환기

직류-직류 변환기의 스위칭 주파수에 의한 스위칭 손실을 저감시키기 위해 공진인버터로 동작 후 얻어진 전압을 정류하여 사용하는 방식이 직렬공진 직류-직류 변환기이다.

<그림 7.14> (a)에는 반파 브리지 인버터와 직렬공진회로, 커패시터 링크에 의한 전파정류회로로 구성된 직렬공진 직류-직류 변환기의 회로가 나타내어져 있다. 입력단에 위치한 2개의 직렬커패시터는 전원전압 V_s을 1/2씩 분배하는 역할을 하며, 공진에는 영향을 미치지 않는다. 공진 리액터 L_r과 공진 커패시터 C_r의 직렬구조로 인하여 공진회로에 흐르는 전류 i_r이 필터링 된다.

그림 7.14 직렬공진 직류-직류 변환기

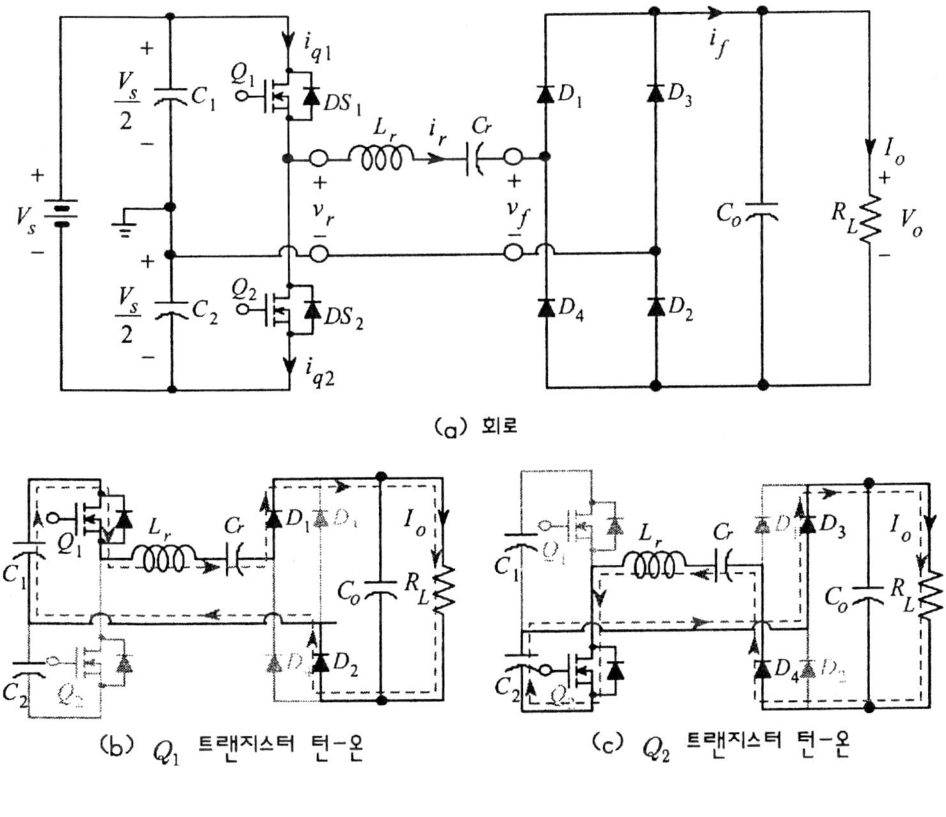

(a) 회로

(b) Q_1 트랜지스터 턴-온

(c) Q_2 트랜지스터 턴-온

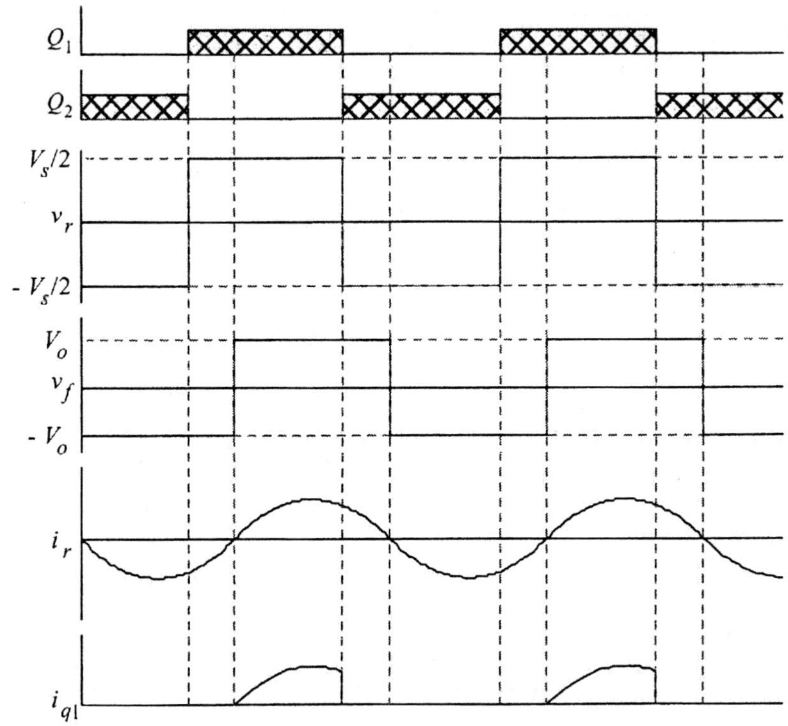

(d) 각부 파형

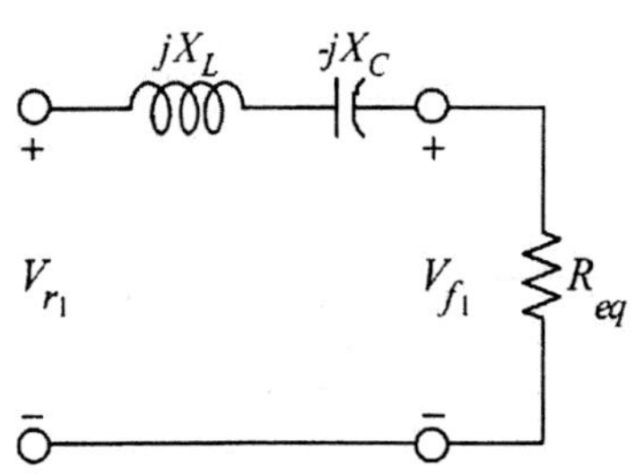

(e) 공진필터의 등가회로

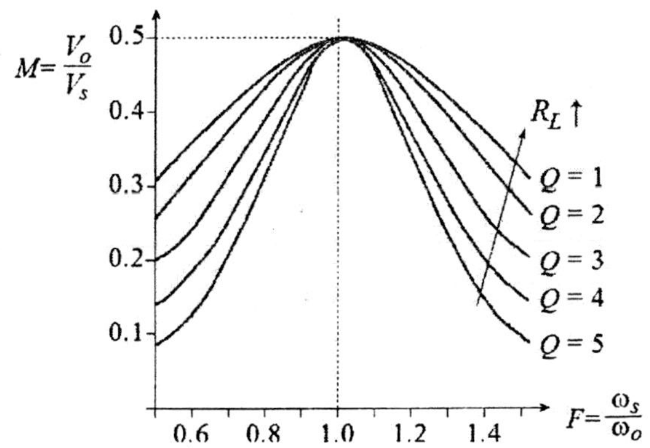

(f) 선택도

변환기 동작은 스위칭 주파수와 필터의 공진 주파수 사이의 관계에 의한다. <그림 7.14> (b)에서는 트랜지스터 Q_1이 턴-온 되었을 때 회로의 도통상태를, (c)에서는 트랜지스터 Q_2가 턴-온 되었을 때 회로의 도통상태를 나타내고 있다.

[1] 동작모드 I ($\omega_s > \omega_o$)

첫 번째 해석에서는 스위칭 주파수 ω_s가 직렬 L_r-C_r 필터의 공진 주파수 ω_o보다 약간 크다고 가정한다. 만약 스위칭 주파수가 L_r-C_r 필터의 공진 주파수 범위일 경우 직렬공진회로에 흐르는 전류 i_r은 거의 스위칭 주파수와 동일 주파수의 정현파이다.

<그림 7.14> (d)는 회로의 각부의 전압, 전류의 파형들을 나타내고 있다. 트랜지스터의 전류는 턴-온 손실을 없애기 위해 영전압에서 턴-온 된다. 만약 트랜지스터의 전류가 0이 아닐 때 턴-오프 되므로 턴-온 손실이 있지만, 이 손실을 없애기 위해 무손실 스너버로서 트랜지스터 양단에 커패시터를 넣으면 된다.

직렬공진 직류-직류 변환기는 전압과 전류에 대한 푸리에급수의 기본파 주파수를 고려함으로써 해석된다. <그림 7.14> (e)는 공진필터의 교류등가회로를 나타내고 있다. 필터의 입력전압 v_r는 $\pm V_s/2$의 구형파이다. 만약 출력전압이 V_o로 일정하다고 가정하면 브리지의 입력전압 V_f는 i_r이 양(+)일 때 V_o이고, i_r이 음(-)일 때 $-V_o$이다. 이것은 각각의 경우 정류기 다이오드들의 조건 때문이다. 구형파 전압 v_r과 v_f의 기본파의 크기는

$$V_{r_1} = \frac{4 \times \frac{V_s}{2}}{\pi} = \frac{2V_s}{\pi} \tag{7.35}$$

$$V_{f_1} = \frac{4V_o}{\pi} \tag{7.36}$$

브리지의 출력전류 i_f는 i_r의 전파정류된 전류이고 i_f의 평균값은 출력전류 I_o이다. 만약 i_r의 크기가 기본파 전류 I_{r_1}인 정현파형이라면 i_f의 평균값은

$$I_f = I_o = \frac{\pi}{2} \times I_{r_1} \tag{7.37}$$

전브리지 정류회로를 포함한 부하는 이상적인 부하라 가정하였을 때 직류부하가 되므로 이 등가저항을 R_{eq}로 설정하자. 이 등가저항은 전브리지 정류회로의 입력전압의 기본파 성분 V_{f_1}과 입력전류의 기본파 성분 I_{r_1}으로부터 다음 식과 같이 구할 수 있다.

$$R_{eq} = \frac{V_{f_1}}{I_{r_1}} = \frac{4V_o/\pi}{\pi I_o/2} = \frac{8}{\pi^2}\frac{V_o}{I_o} = \frac{8}{\pi^2}R_L \tag{7.38}$$

리액터 L_r과 커패시터 C_r의 리액턴스가 각각 $X_{L_r} = 2\pi f \times L_r$, $X_{C_r} = \dfrac{1}{2\pi f \times C_r}$이므로 필터의 직렬임피던스 $Z_r = jX_{L_r} - jX_{C_r}$가 되고 <그림 7.14> (e)와 같이 필터에 대한 등가회로를 나타낼 수 있다. 필터의 출력전압 기본파 V_{f_1}과 입력전압의 기본파 V_{r_1}의 비율로부터

$$\frac{V_{f_1}}{V_{r_1}} = \frac{4V_o/\pi}{2V_s/\pi} = \left|\frac{R_{eq}}{R_{eq} + j(X_{L_r} - X_{c_r})}\right| \tag{7.39}$$

가 되므로 이를 출력전압 V_o에 대하여 정리하면

$$V_o = \frac{V_s}{2}\frac{R_{eq}}{\sqrt{R_{eq}^2 + (X_{L_r} - X_{C_r})^2}} = \frac{V_s}{2}\frac{1}{\sqrt{1 + \left(\dfrac{X_{L_r} - X_{C_r}}{R_{eq}}\right)^2}} \tag{7.40}$$

이 된다. 리액턴스는 스위칭 주파수 ω_s의 함수이므로 식에서 보는 바와 같이 출력전압 V_o의 크기는 스위칭 주파수 ω_s에 따라 결정되는 것을 알 수 있다.

<그림 7.14> (f)는 주파수비 $F = \omega_s/\omega_o$와 전압비 $M = V_o/V_s$의 관계를 나타낸 곡선으로 선택도 Q에 따른다. 선택도 Q는

$$Q = \frac{\omega_o L_r}{R_L} \tag{7.41}$$

이다. L_r과 C_r로 구성된 직렬공진회로의 임피던스는 $F = 1$일 때에 0이 되고 $F < 1$일 때는 용량성, $F > 1$일 때는 유도성이 된다. 따라서 $F = 1$인 경우 부하저항과는 관계없이 출력전압은 입력전압과 동일한 $M = 1$이 된다. $F < 1$, $F > 1$인 경우 $|F| = 1$보다 작아지는 경우 직렬공진회로의 임피던스가 커지기 때문에 부하회로에 공급되는 전류가 감소하여 전압비 M은 감소한다. 또한 식 (7.41)에서 부하저항 R_L가 작아지면 선택도 Q가 커지게 되어 <그림 7.14> (f)에서 보는

바와 같이 같은 주파수비에도 낮은 전압비를 갖게 된다. 즉 동일한 공급전압, 스위칭 주파수, 공진 주파수에도 출력전압은 작게 된다. 어느 경우이든지 부하 저항이 커질수록 광범위한 동작주파수 제어가 필요하게 된다.

[2] 동작모드 II ($\frac{\omega_o}{2} < \omega_s < \omega_o$)

스위칭 주파수 ω_s가 공진 주파수 ω_o보다 적고 $\omega_o/2$보다 클 때, <그림 7.15> (a)에 직렬 $L_r - C_r$ 회로의 전류 i_r의 파형을 나타내고 있다.

트랜지스터는 양(+)의 전압과 전류에서 턴-온 함으로써 턴-온 스위칭 손실이 생기고, 트랜지스터가 영전류에서 턴-오프 되기 때문에 손실이 생기지 않는다. 따라서 트랜지스터가 영전류에서 턴-오프 함으로써 만약 스위칭 주파수가 낮으면 SCR을 대신해서 사용할 수 있다. 동작에 대한 해석은 앞서 살펴본 스위칭 주파수 ω_s가 공진 주파수 ω_o보다 큰 경우와 같으며, 전류의 파형에 대하여 고조파 성분이 더 크기 때문에 정현적 근사는 정확하지 않는다.

그림 7.15

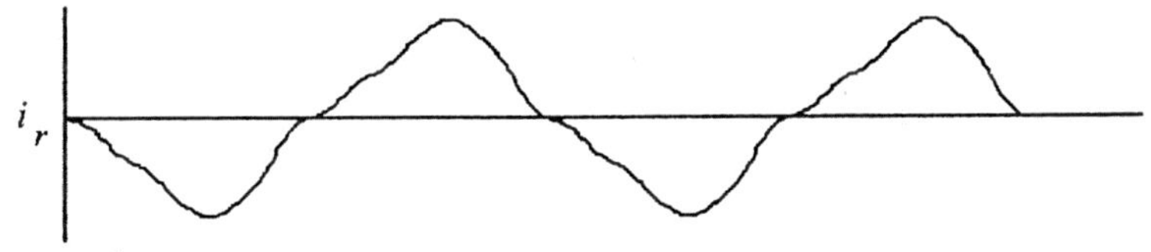

(a) $\frac{\omega_o}{2} < \omega_s < \omega_o$일 때 공진전류 i_r 파형

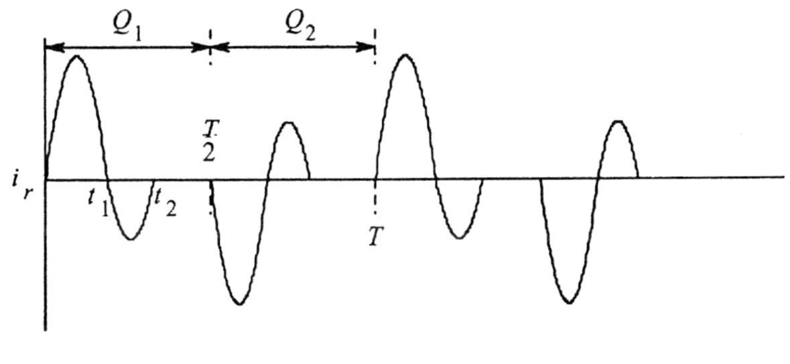

(b) $\omega_s < \frac{\omega_o}{2}$일 때 공진전류 i_r 파형

[3] 동작모드 III ($\omega_s < \frac{\omega_o}{2}$)

스위칭 주파수 ω_o가 $\omega_o/2$보다 작을 때, 직렬 $L_r - C_r$ 회로의 전류 i_r을 <그림 7.14> (b)에 나타내고 있다. <그림 7.14> (a)의 회로에서 트랜지스터 Q_1이 턴-온 될 때, i_r은 양(+)이 되고 주파수 ω_o로 정현 진동을 하게 된다. 시간 t_1가 되면 전류는 0으로 되고 다시 음(-)으로 정현진동을 시작한다. 이때 다이오드 D_1은 음(-)의 전류가 흐른다. 시간 t_2가 되면 전류는 다시 0이 되면서 트랜지스터 Q_1은 턴-오프 된다. 전류는 스위칭의 반주기인 $T/2$까지 0을 유지하고 트랜지스터는 턴-오프 된다. 스위칭의 나머지 반주기 $T/2$ ~ T에서는 앞의 반주기 동안의 동작을 반대로 행한다. 전류파형은 음(-)의 정현진동과 다시 양(+)의 정현진동을 하게 된다.

트랜지스터가 영전류에서 턴-온과 턴-오프 되면 스위칭 손실은 0이 된다. 스위치가 영전류에서 턴-오프 되기 때문에 낮은 주파수 영역이라면 SCR을 사용해도 무방하다.

$L-C$ 직렬조합의 전류는 앞서 설명한 두 개의 동작모드에서는 전류가 연속이지만 이 범위의 동작모드에서 불연속이다. 정류된 인덕터 전류의 평균값은 부하전류와 같아야 함으로 $L-C$ 직렬회로에 흐르는 전류는 큰 첨두값을 가진다.

[예제 7.3] <그림 7.13>의 직렬공진 직류-직류 변환기의 각 파라메타 값이 다음과 같다. 물음에 답하여라.

V_s = 100 [V], L_r = 50 [μH], C_r = 0.047 [μF]

f_s = 120 [kHz], R_L = 25 [Ω]

(1) 필터의 공진주파수 f_o, (2) 출력전압 V_o, (3) 선택도 Q을 구하여라.

<풀이>

(1) 공진각주파수 $\omega_o = \frac{1}{\sqrt{L_r C_r}} = \frac{1}{\sqrt{50\times10^{-6}\times0.047\times10^{-6}}}$

$= 0.65\times10^6$ [rad/s]

공진주파수 $f_o = \frac{\omega_o}{2\times\pi}$ = 103821.26 [Hz] ≒ 103.8 [kHz]

(2) 유도 리액턴스 X_{L_r}, 용량 리액턴스 X_{C_r} 및 교류등가저항 R_{eq}

$$X_{L_r} = \omega_s L_r = 2\pi \times 120[\text{kHz}] \times 50 \times 10^{-6} = 37.70\ [\Omega]$$

$$X_{C_r} = \frac{1}{\omega_s C_r} = \frac{1}{2\pi \times 120[\text{kHz}] \times 0.047 \times 10^{-6}} = 28.22\ [\Omega]$$

$$R_{eq} = \frac{8}{\pi^2} R_L = \frac{8}{\pi^2} \times 25 = 20.26\ [\Omega]$$

따라서 출력전압 V_o를 구하면

$$V_o = \frac{V_s}{2} \frac{1}{\sqrt{1 + \left(\frac{X_{L_r} - X_{C_r}}{R_{eq}}\right)^2}} = \frac{100}{2} \frac{1}{\sqrt{1 + \left(\frac{37.70 - 28.22}{20.26}\right)^2}} = 45.29[\text{V}]$$

(3) 선택도 $Q = \frac{\omega_o L_r}{R_L} = \frac{0.65 \times 10^6 \times 50 \times 10^{-6}}{25} = 1.3047$

PSIM 7.3 [예제 7.3]의 설계된 값에 따라 PSIM으로 시뮬레이션을 행하고 스위칭 주파수를 $\omega_o/2 < \omega_s < \omega_o$ 범위와 $\omega_s < \omega_0/2$ 범위에 놓이도록 선정하여 반복하여 시뮬레이션하고 결과를 설명하여라.

그림 7.16 직렬공진 직류-직류 변환기의 시뮬레이션

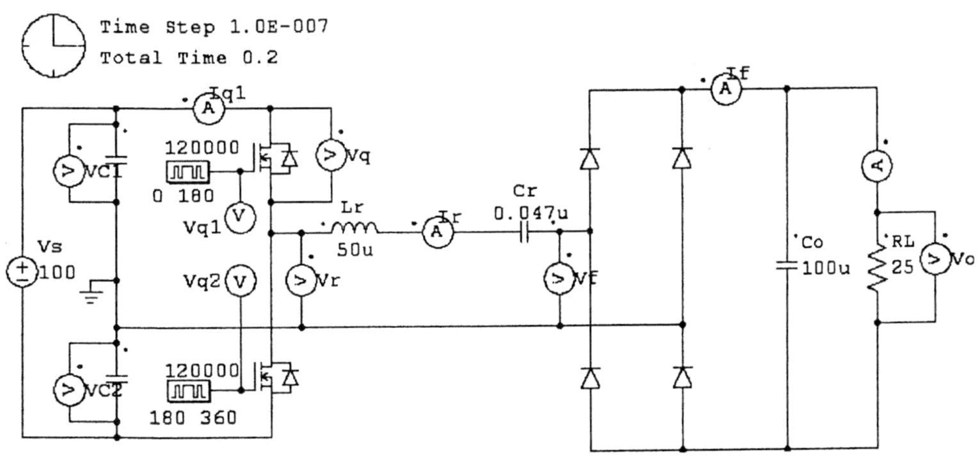

(a) Schematic

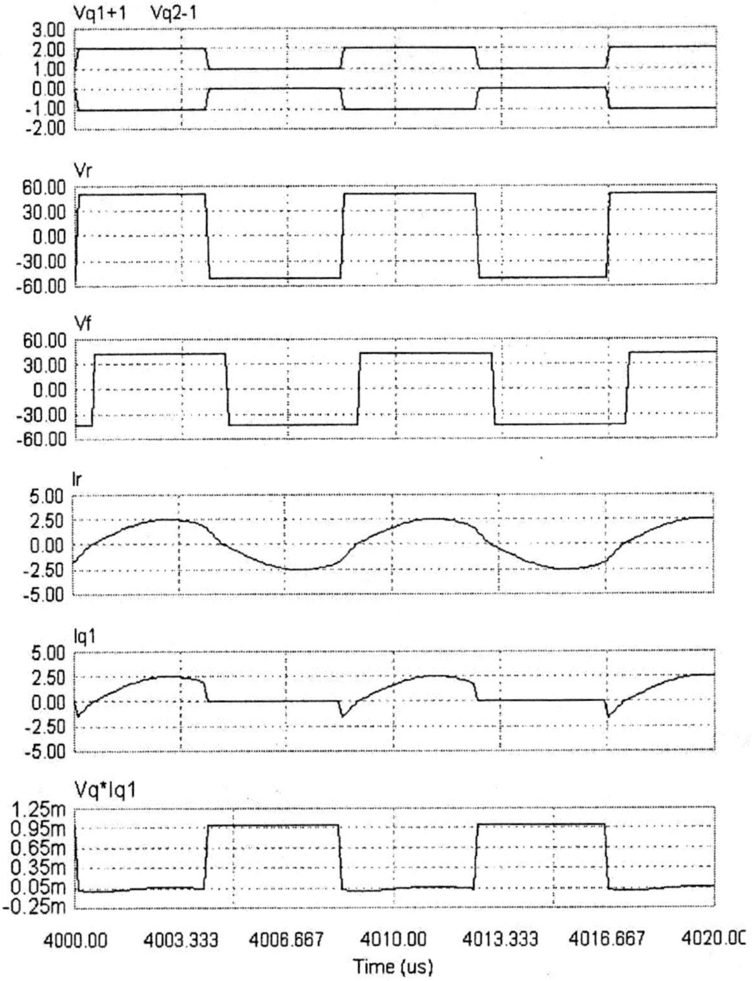

(b) 스위칭 주파수 $f_s =$ 120 [kHz] ($\omega_s > \omega_o$)일 때

각 부 파형 및 트랜지스터 전력손실 파형

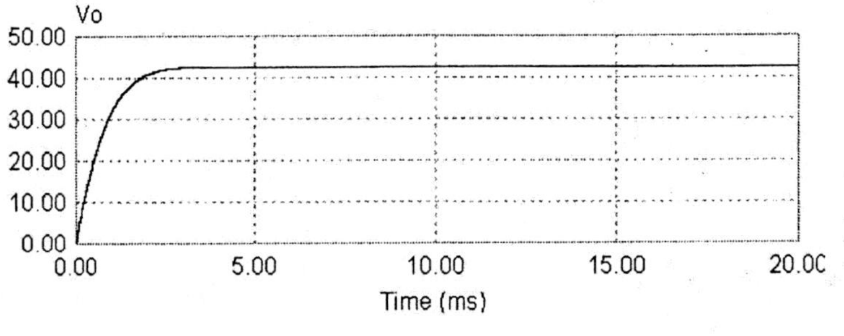

(c) 스위칭 주파수 $f_s =$ 120 [kHz] ($\omega_s > \omega_o$)일 때 출력전압 Vo의 파형

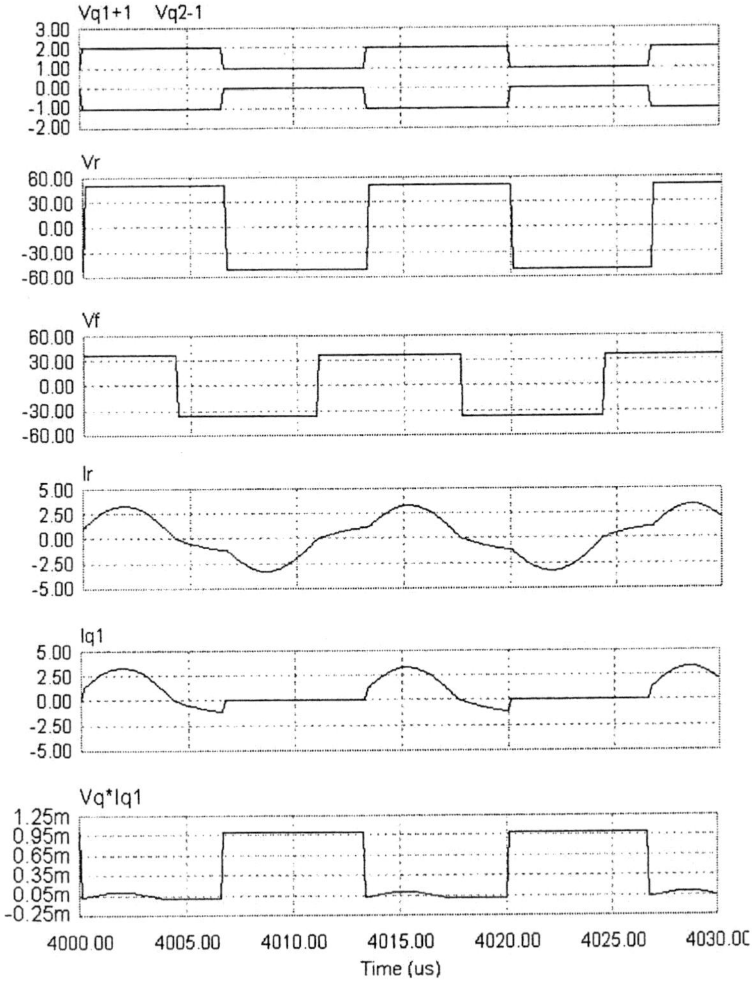

(d) 스위칭 주파수 $f_s =$ 75 [kHz] ($\omega_o/2 < \omega_s < \omega_o$)일 때
각 부 파형 및 트랜지스터 전력손실 파형

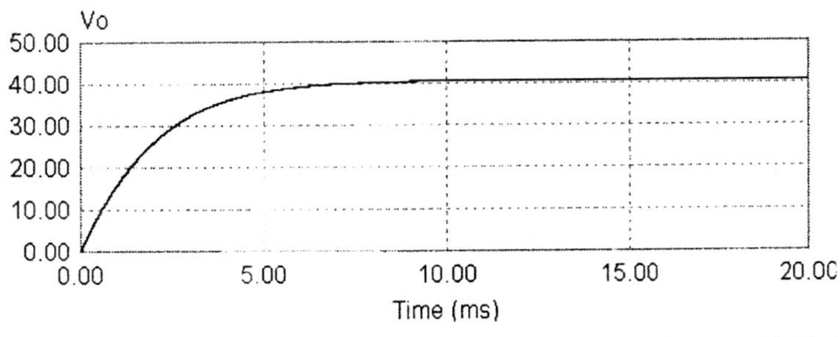

(e) 스위칭 주파수 $f_s =$ 75 [kHz] ($\omega_o/2 < \omega_s < \omega_o$)일 때 출력전압 Vo의 파형

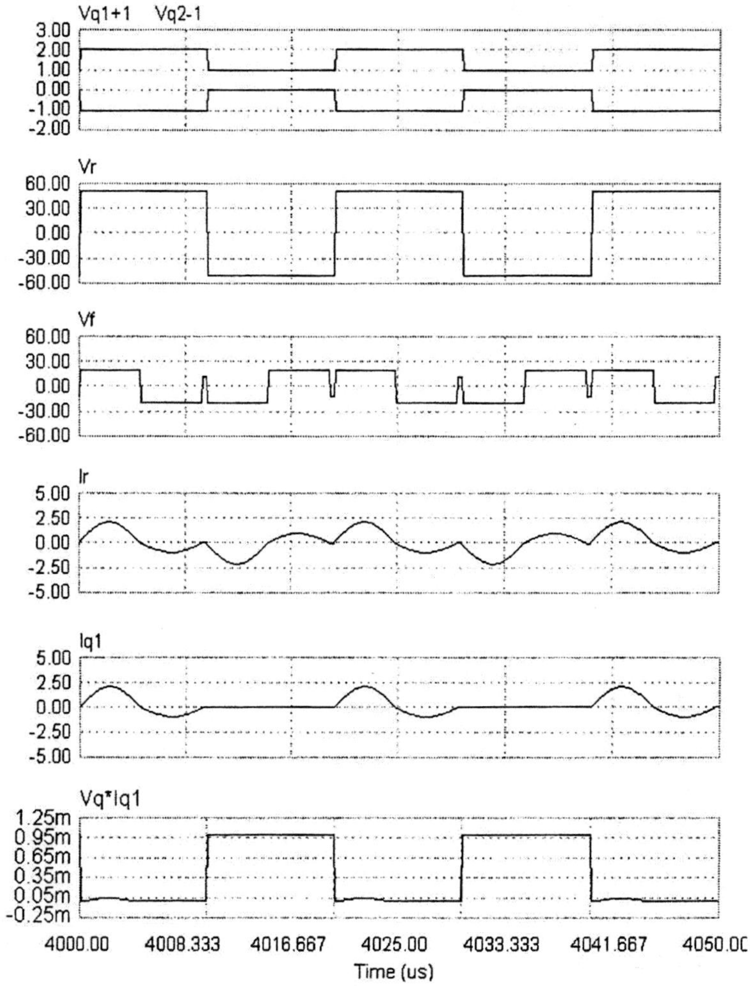

(f) 스위칭 주파수 $f_s =$ 50 [kHz] ($\omega_s < \omega_o/2$)일 때

각 부 파형 및 트랜지스터 전력손실 파형

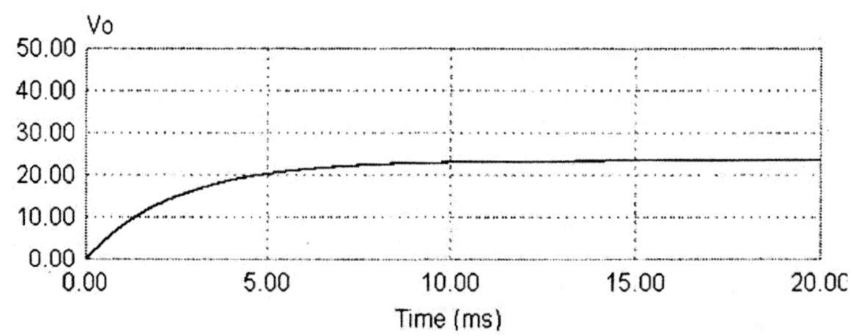

(g) 스위칭 주파수 $f_s =$ 50 [kHz] ($\omega_s < \omega_o/2$)일 때 출력전압 Vo의 파형

<풀이> 시뮬레이션을 통하여 정상상태에서 공진필터 입력전압 V_r, 전브리지 입력전압 V_f, 공진회로전류 i_r, 트랜지스터에 흐르는 전류 i_{q1} 및 트랜지스터에서 발생하는 손실 $v_q \times i_q$을 나타내었으며, 과도상태에서 출력전압 V_o의 파형을 나타내었다.

공진 주파수가 103.82 [㎑]이므로 본문에서 살펴본 각각의 구간에 만족하는 주파수 120 [㎑], 75 [㎑], 50[㎑]로 선정하여 시뮬레이션을 행하였다.

먼저 그림 (b)는 120 [㎑]일 때 각부 파형으로 <그림 7.14> (d)와 거의 일치함을 알 수 있다. 특히 공진전류 i_r이 정현파에 가깝고, 전브리지 입력전압이 구형파이므로 이를 정류한 출력파형은 직류파형인 그림 (c)와 같음을 확인하였다.

정상상태에서 출력전압 V_o = 42.63 [V], 출력전류 I_L = 1.71 [A]이다.

그림 (d)는 75 [㎑]일 때 각부 파형으로 공진전류 i_r의 파형이 <그림 7.15> (a)와 파형이 유사하고, 고조파 성분이 증가하였음을 알 수 있다. 정상상태에서 출력전압 V_o = 40.70 [V], 출력전류 I_L = 1.62 [A]이다.

그림 (e)는 50 [㎑]일 때 각부 파형으로 공진전류 i_r의 파형이 <그림 7.15> (b)와 파형이 유사하고, 고조파 성분이 훨씬 증가함을 알 수 있다. 정상상태에서 출력전압 V_o = 23.46 [V], 출력전류 I_L = 0.94 [A]이다.

7-6 병렬공진 직류-직류 변환기

병렬공진 직류-직류 변환기 회로가 <그림 7.17> (a)에 나타내어져 있다. 공진 커패시터 C_r이 전브리지 정류기에 병렬로 놓여있다. 출력필터 인덕터 L_o는 브리지 출력에서 부하로 일정한 전류를 만들어 주는 역할을 한다. 스위칭 작용은 커패시터와 전브리지 입력의 전압을 진동하게 한다. 커패시터 전압이 양(+)일 때 전브리지 정류기의 다이오드 D_1, D_2가 순방향 바이어스 되고 전류 I_o가 흐르게 되고, 커패시터 전압이 음(-)일 때 D_3, D_4가 순방향 바이어스 되어 전류 I_o가 흐르게 된다. 따라서 부하에는 직류전류가 흐르게 되며, 전브리지 입력에서의 전류 i_r는 $\pm I_o$의 구형파 전류가 된다. 전브리지 출력전압 v_D는 공진 필터의 출력파형 v_f의 전파 정류된 전압파형이다. 출력 인덕터 L_o에 걸린 평균전압은 0 이므로 v_D의 평균값인 정류된 v_f의 평균값이 출력전압이 된다.

그림 7.17 병렬공진 직류-직류 변환기

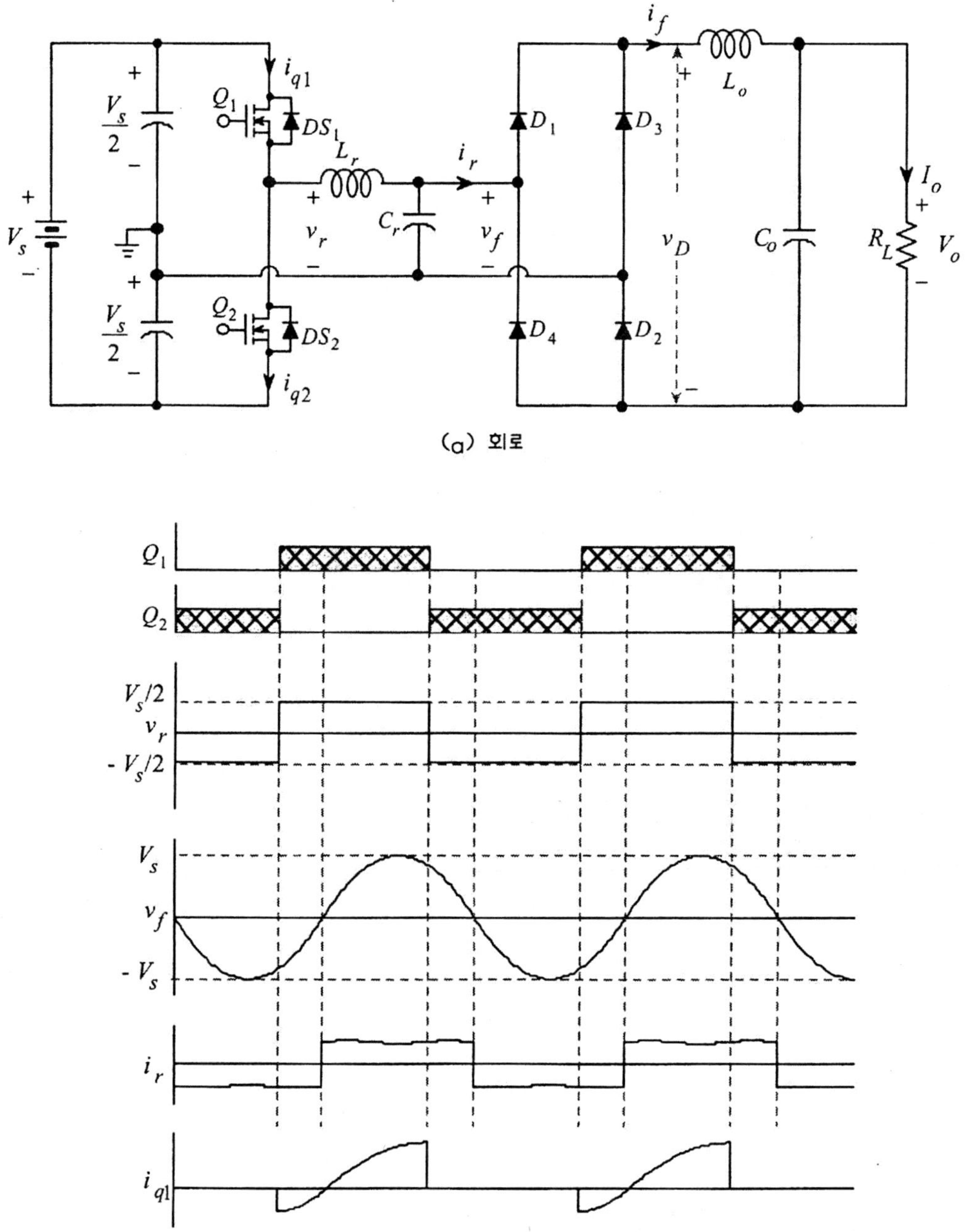

(a) 회로

(b) 각부 파형

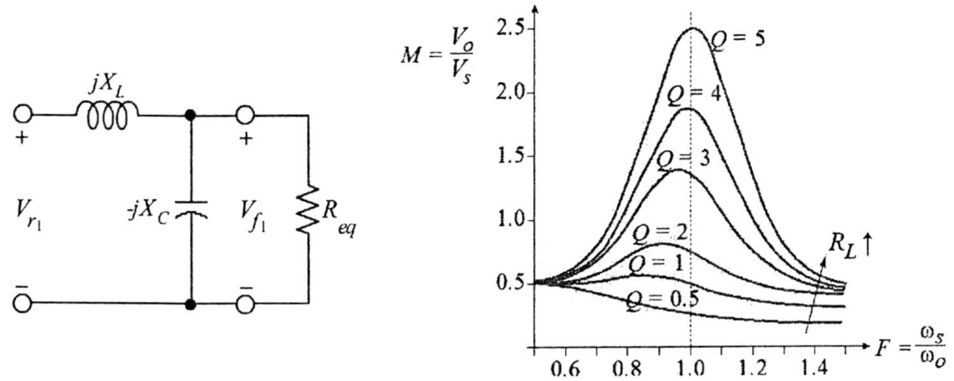

(c) 공진필터의 등가회로 (d) 선택도

병렬공진 직류-직류 변환기는 커패시터 C_r의 전압을 정현적이라고 가정하여 해석할 수 있으며 구형파 전압입력과 전브리지의 구형파 전류의 기본파 성분만 취한다. 공진필터에 대한 교류등가회로는 <그림 7.17> (c)에 나타내었다. 이 회로의 등가저항 R_{eq}는 커패시터 전압의 기본파 성분 V_{f_1}과 구형파 전류의 기본파 성분 I_{r_1}의 비이다. 커패시터 전압을 정현적이라고 가정하면 브리지 출력(v_D)에서 정류된 정현파의 평균값은 V_o와 같다. 출력전압 V_o와 등가저항 R_{eq}를 구하면 다음과 같이 나타낼 수 있다.

$$V_o = V_D = \frac{2V_{D_1}}{\pi} = \frac{2V_{f_1}}{\pi} \tag{7.42}$$

$$R_{eq} = \frac{V_{f_1}}{I_{r_1}} = \frac{\frac{V_o\pi}{2}}{\frac{4I_o}{\pi}} = \frac{\pi^2}{8}\left(\frac{V_o}{I_o}\right) = \frac{\pi^2}{8}R_L \tag{7.43}$$

<그림 7.17> (c)의 교류등가회로에서 전압의 비를 구하면 다음과 같다.

$$\frac{V_{f_1}}{V_{r_1}} = \left| \frac{1}{1 - \frac{X_{L_r}}{X_{C_r}} + j\frac{X_{L_r}}{R_{eq}}} \right| \tag{7.44}$$

V_{r_1}은 입력 구형파의 기본파 성분의 크기가

$$V_{r_1} = \frac{4\left(\frac{V_s}{2}\right)}{\pi} \tag{7.45}$$

이고 식(7.42)에서 $V_{f_1} = \frac{\pi}{2} V_o$이므로 이를 식 (7.44)에 대입하면 변환기의 입력과 출력사이의 관계에서 출력전압을 구하면

$$V_o = \frac{4V_s}{\pi^2} \times \frac{1}{\sqrt{\left(1 - \frac{X_{L_r}}{X_{C_r}}\right)^2 + j\left(\frac{X_{L_r}}{R_{eq}}\right)^2}} \tag{7.46}$$

출력은 병렬공진 직류-직류 변환기에서 입력보다 더 클 수 있다. 그러나 출력은 직렬공진 직류-직류 변환기의 $V_s/2$로 제한된다.

<그림 7.17> (d)는 주파수비 $F = \omega_s/\omega_o$와 전압비 $M = V_o/V_s$의 관계를 나타낸 곡선으로 선택도 Q에 따른다. 선택도 Q는

$$Q = \frac{R_L}{\omega_o L_r} \tag{7.47}$$

이다. 출력전압 V_o는 공진 커패시터 C_r의 공진진압에 의존하기 때문에 전압비 M은 부하저항이 클수록 직렬공진 직류-직류 변환기 회로에 비해 커지게 된다. 부하저항이 큰 경우에는 무손실 $L-C$ 직렬공진 직류-직류 변환기 회로의 동작에 가까워지기 때문에 전압비 M의 최대값은 $F = 1$의 부근이 되겠지만, 부하저항이 작아지면 공진의 영향이 작아지기 때문에 스위칭 주파수의 증가와 함께 공진 리액터 L_r에 대한 전압강하가 영향을 미치게 되어 전압비 M은 작아진다. 전압비 M을 제어하는 경우에 직렬공진 직류-직류 변환기와는 반대로 부하저항이 작아질수록 스위칭 주파수 f_s의 조절범위를 광범위하게 할 필요가 있다.

출력은 병렬공진 직류-직류 변환기에서 입력보다 더 클 수 있다. 그러나 출력은 직렬공진 직류-직류 변환기의 $V_s/2$로 제한된다.

[예제 7.4] <그림 7.17>의 병렬공진 직류-직류 변환기의 각 파라메타 값이 다음과 같다. 물음에 답하여라.

$$V_s = 100\ [\text{V}],\quad L_r = 10\ [\mu\text{H}],\quad C_r = 0.4\ [\mu\text{F}]$$

$$f_s = 100\ [\text{kHz}],\quad R_L = 10\ [\Omega]$$

(1) 필터의 공진주파수 f_o, (2) 출력전압 V_o, (3) 선택도 Q을 구하여라.

<풀이>

(1) 공진각주파수 $\omega_o = \dfrac{1}{\sqrt{L_r C_r}} = \dfrac{1}{\sqrt{10\times10^{-6}\times0.4\times10^{-6}}}$

$$= 5\times10^6 [\text{rad/s}]$$

공진주파수 $f_o = \dfrac{\omega_o}{2\times\pi} = 79577.49\ [\text{Hz}] \fallingdotseq 79.58\ [\text{kHz}]$

(2) 유도 리액턴스 X_{L_r}, 용량 리액턴스 X_{C_r} 및 교류등가저항 R_{eq}

$$X_{L_r} = \omega_s L_r = 2\pi\times100[\text{kHz}]\times10\times10^{-6} = 6.28\ [\Omega]$$

$$X_{C_r} = \frac{1}{\omega_s C_r} = \frac{1}{2\pi\times100[\text{kHz}]\times0.4\times10^{-6}} = 3.98\ [\Omega]$$

$$R_{eq} = \frac{\pi^2}{8}R_L = \frac{\pi^2}{8}\times10 = 12.34\ [\Omega]$$

따라서 출력전압 V_o를 구하면

$$V_o = \frac{4\times V_s}{\pi^2\sqrt{\left(1-\dfrac{X_{L_r}}{X_{C_r}}\right)^2+\left(\dfrac{X_{L_r}}{R_{eq}}\right)^2}} = \frac{4\times V_s}{\pi^2\sqrt{\left(1-\dfrac{6.28}{3.98}\right)^2+\left(\dfrac{6.28}{12.34}\right)^2}} = 52.55[\text{V}]$$

(3) 선택도 $Q = \dfrac{R_L}{\omega_o\times L_r} = \dfrac{10}{0.5\times10^6\times10\times10^{-6}} = 2$

PSIM 7.4 [예제 7.4]의 설계된 값에 따라 PSIM으로 시뮬레이션을 행하여라.

그림 7.18 병렬공진 직류-직류 변환기의 시뮬레이션

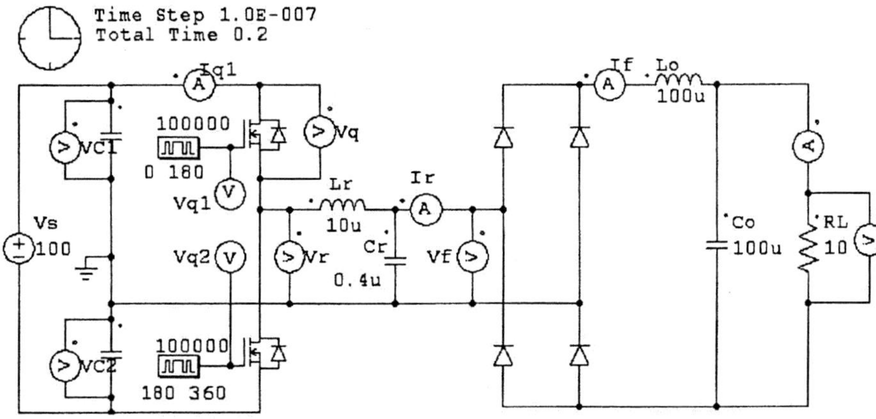

(a) Schematic

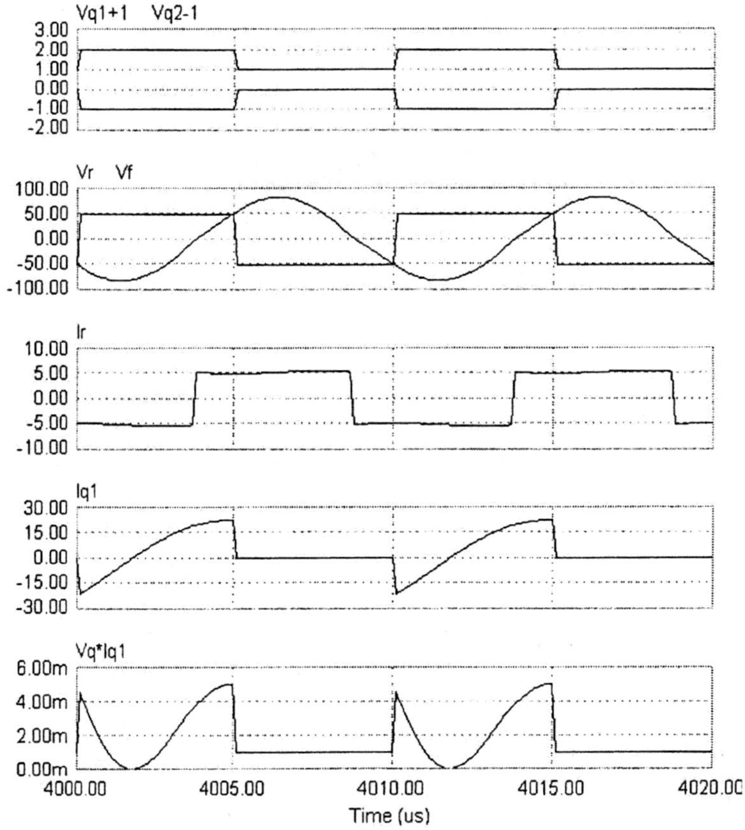

(b) 스위칭 주파수 $f_s =$ 100 [kHz] 일 때 각 부 파형 및 트랜지스터 전력손실 파형

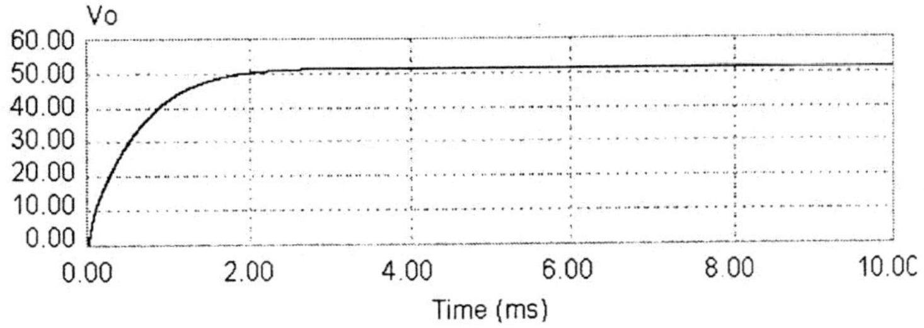

(c) 스위칭 주파수 $f_s =$ 100 [kHz] 일 때 출력전압 Vo의 파형

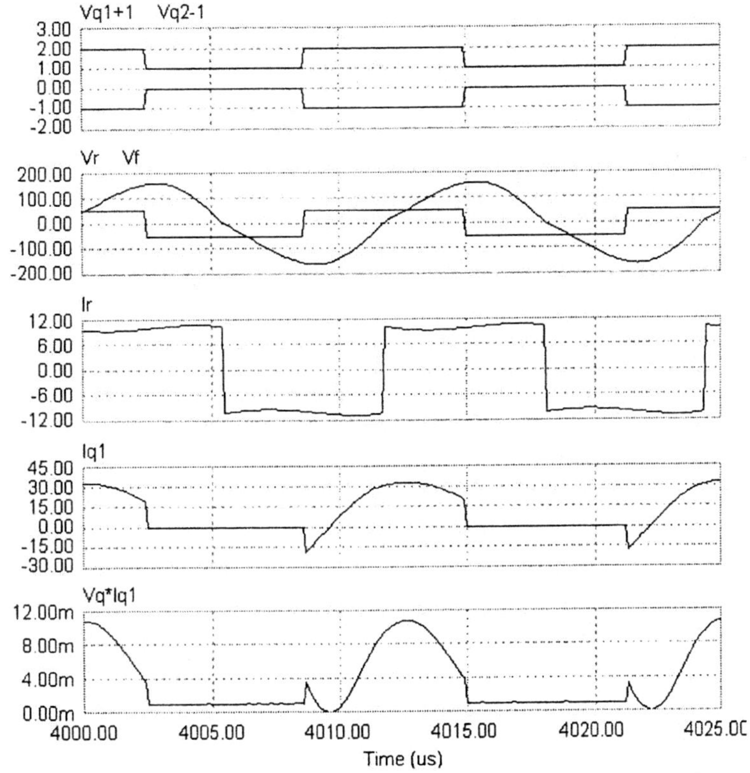

(d) 스위칭 주파수 $f_s =$ 79.58 [kHz] 일 때 각 부 파형 및 트랜지스터 전력손실 파형

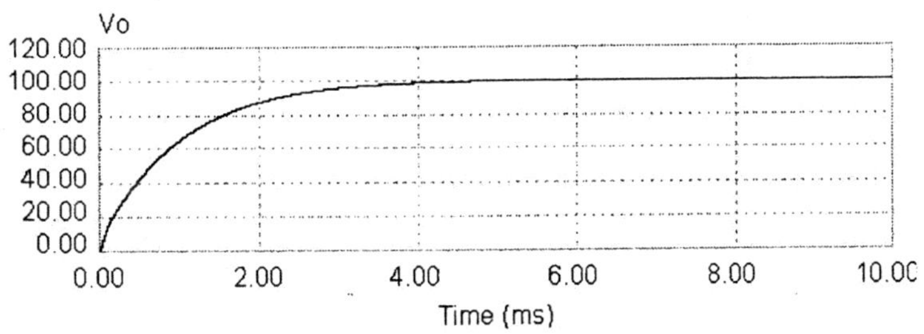

(e) 스위칭 주파수 $f_s =$ 79.58 [kHz] 일 때 출력전압 Vo의 파형

7-7 직병렬공진 직류-직류 변환기

직병렬공진 직류-직류 변환기 회로가 <그림 7.19> (a)에 나타내어져 있다. 회로에서 보는 바와 같이 공진 필터에 직렬 커패시터 C_s와 병렬 커패시터 C_r을 모두 가진다. 이 변환기에 대한 해석은 앞서 살펴본 병렬공진 직류-직류 변환기와 유사하다. 트랜지스터는 구형파 전압 v_r을 만들고 전브리지 정류기의 입력전압 v_f는 구형파의 기본 주파수의 이상적인 정현파이다. 출력 인덕터 L_o는 맥동이 없는 전류로 만들어 주고 전브리지 정류기의 입력전류 i_r는 구형파로 된다.

그림 7.19 직병렬공진 직류-직류 변환기

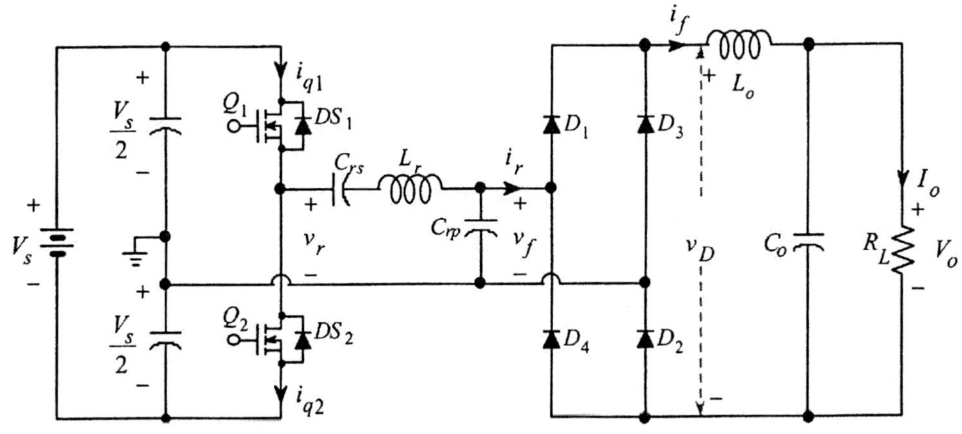

(a) 회로

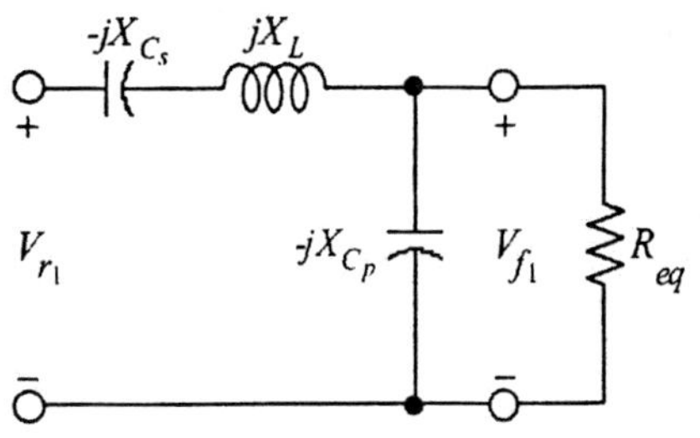

(b) 공진필터의 등가회로

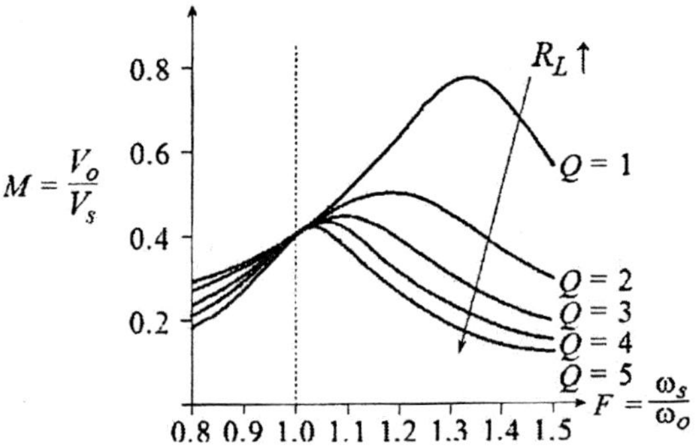

(c) 선택도

교류저항 R_{eq}는 병렬공진 직류-직류 변환기에서와 같다.

$$R_{eq} = \frac{\pi^2}{8} R_L \tag{7.48}$$

그리고 스위칭 주파수에서의 리액턴스는

$$X_{C_s} = \frac{1}{\omega_s C_{rs}}, \quad X_{C_p} = \frac{1}{\omega_s C_{rp}}, \quad X_{L_r} = \omega_s L_r \tag{7.49}$$

공진필터에 대한 교류등가회로는 <그림 7.19> (b)에 나타내었다. 필터 입력전압 v_r의 기본파 성분 V_{r1}과 필터 출력전압 v_f의 기본파 성분 V_{f1}에 대한 비로 나타내면 다음과 같이 나타낼 수 있다.

$$\frac{V_{f_1}}{V_{r_1}} = \left| \frac{1}{1 - \dfrac{X_{C_s}}{X_{C_p}} - \dfrac{X_{L_r}}{X_{C_p}} + j\left(\dfrac{X_{L_r}}{R_{eq}} - \dfrac{X_{C_s}}{R_{eq}}\right)} \right| \tag{7.50}$$

식(7.49)를 이용하여 하면 변환기의 입력전압과 출력전압 사이의 관계를 ω_s로 환산하여 정리하면

$$V_o = \frac{4 \times V_s}{\pi^2 \sqrt{\left(1 + \dfrac{C_{rp}}{C_{rs}} - \omega_s^2 L_r C_{rp}\right)^2 + \left(\dfrac{\omega_s L_r}{R_{eq}} - \dfrac{1}{\omega_s C_{rs} R_{eq}}\right)^2}} \tag{7.51}$$

이다. 한편 $C_{rs} = C_{rp}$에 대하여 식(7.51)에 대한 선택도 Q에 대한 곡선이 <그림 7.19> (c)와 같다. $\omega_o = 1/\sqrt{L_r C_{rs}}$라 할 때 Q는

$$Q = \frac{\omega_o L_r}{R_L} \tag{7.52}$$

이다. 이 곡선들은 ω_o 아래쪽보다 위쪽에서 더욱 정확하다. 왜냐하면 구형파의 고조파 성분이 더 적절히 필터링 되었기 때문이며, 실제 경우를 대표하는 교류해석이다.

[예제 7.5] <그림 7.19>의 직병렬공진 직류-직류 변환기의 각 파라메타 값이 다음과 같다. 물음에 답하여라.

V_s = 100 [V], C_{rs} = 0.1 [μF], C_{rp} = 0.1 [μF]

L_r = 100 [μH], f_s = 60 [kHz], R_L = 10 [Ω]

(1) 필터의 공진주파수 f_o, (2) 출력전압 V_o, (3) 선택도 Q을 구하여라.

<풀이>

(1) 공진각주파수 $\omega_o = \dfrac{1}{\sqrt{L_r C_{rs}}} = \dfrac{1}{\sqrt{100 \times 10^{-6} \times 0.1 \times 10^{-6}}}$

$= 0.32 \times 10^6$ [rad/s]

공진주파수 $f_o = \dfrac{\omega_o}{2 \times \pi}$ = 50329.22 [Hz] ≒ 50.33 [kHz]

(2) 유도 리액턴스 X_{L_r}, 용량 리액턴스 $X_{C_{rs}}$, $X_{C_{rp}}$ 및 교류등가저항 R_{eq}

$X_{L_r} = \omega_s L_r = 2\pi \times 60[\text{kHz}] \times 100 \times 10^{-6}$ = 37.70 [Ω]

$X_{C_{rs}} = X_{C_{rp}} = \dfrac{1}{\omega_s C_{rs}} = \dfrac{1}{2\pi \times 60[\text{kHz}] \times 0. \times 10^{-6}}$ = 26.53 [Ω]

$R_{eq} = \dfrac{\pi^2}{8} R_L = \dfrac{\pi^2}{8} \times 10$ = 12.34 [Ω]

따라서 출력전압 V_o를 구하면

$$V_o = \frac{4 \times V_s}{\pi^2 \sqrt{\left(1 + \dfrac{X_{C_{rs}}}{X_{C_{rp}}} - \dfrac{X_{L_r}}{X_{C_r}}\right)^2 + \left(\dfrac{X_{L_r}}{R_{eq}} - \dfrac{X_{C_{rs}}}{R_{eq}}\right)^2}}$$

$$= \frac{4 \times 100}{\pi^2 \sqrt{\left(1 + \dfrac{26.53}{26.53} - \dfrac{37.70}{26.53}\right)^2 + \left(\dfrac{37.70}{12.34} - \dfrac{26.53}{12.34}\right)^2}} = 37.71[\text{V}]$$

(3) 선택도 $Q = \dfrac{\omega_o \times L_r}{R_L} = \dfrac{0.316 \times 10^6 \times 100 \times 10^{-6}}{10}$ = 3.16

PSIM 7.5 [예제 7.5]의 설계된 값에 따라 PSIM으로 시뮬레이션을 행하여라.

그림 7.20 직병렬공진 직류-직류 변환기의 시뮬레이션

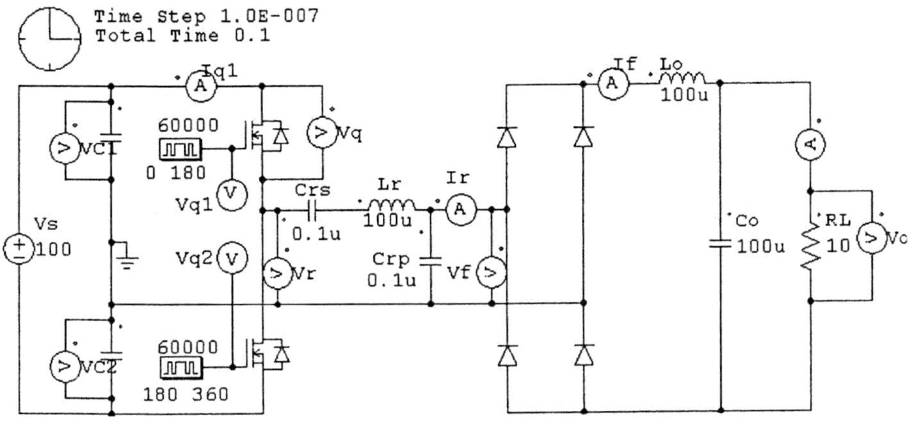

(a) Schematic

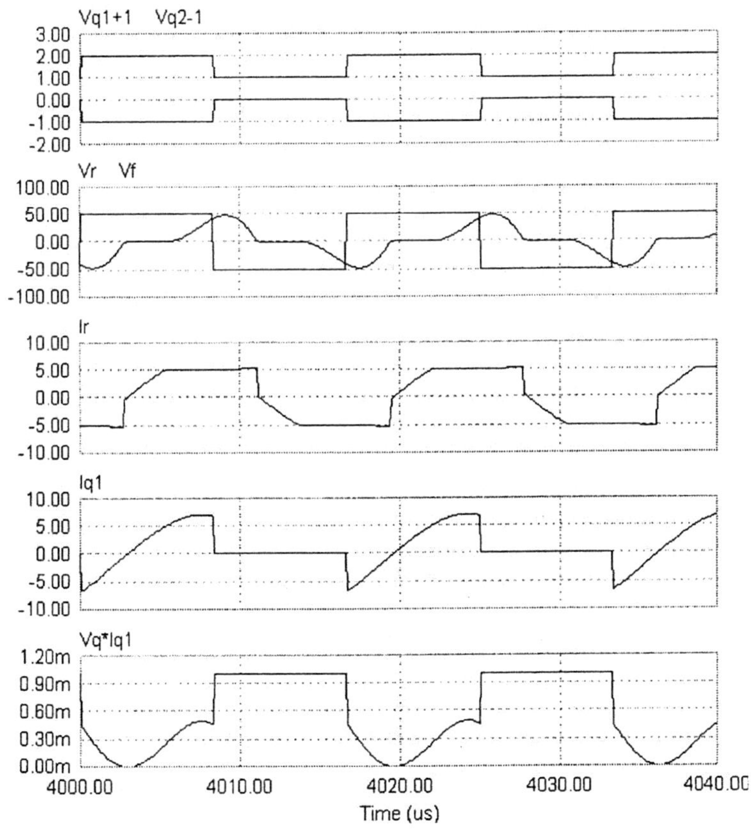

(b) 스위칭 주파수 $f_s =$ 60 [kHz] 일 때 각 부 파형 및 트랜지스터 전력손실 파형

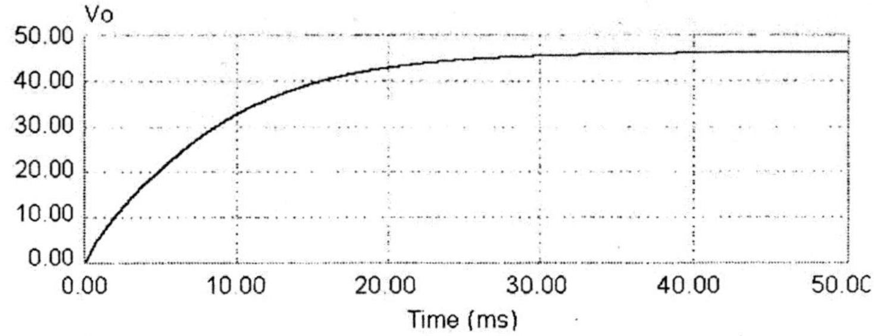

(c) 스위칭 주파수 $f_s=$ 60 [kHz] 일 때 출력전압 Vo의 파형

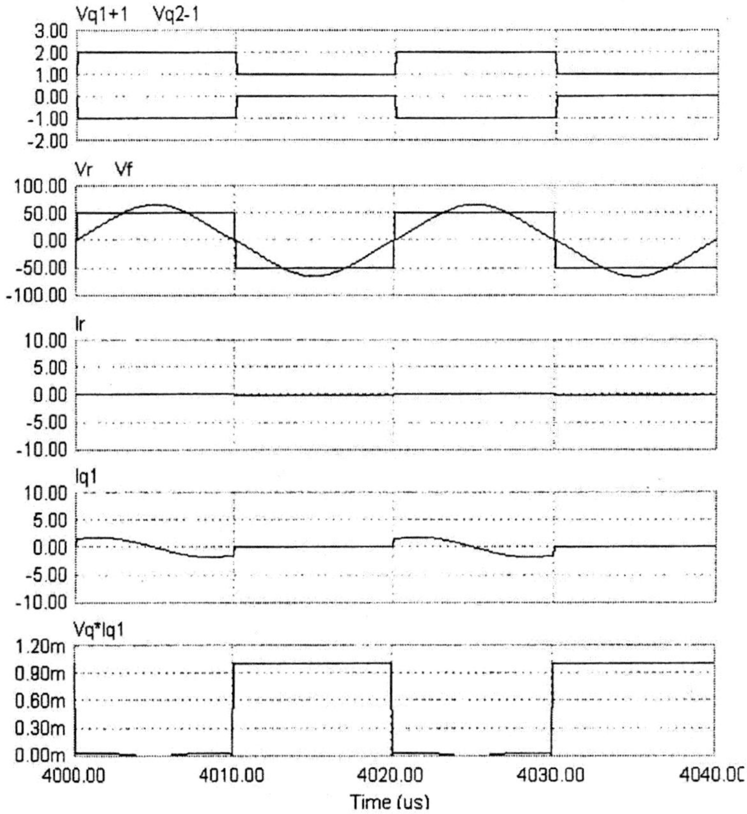

(d) 스위칭 주파수 $f_s=$ 50 [kHz] 일 때 각 부 파형 및 트랜지스터 전력손실 파형

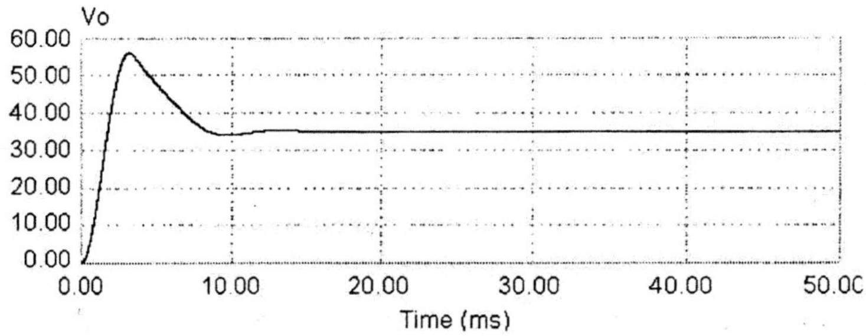

(e) 스위칭 주파수 $f_s=$ 50 [kHz] 일 때 출력전압 Vo의 파형

7장 연습문제

Ex 7.1 스위칭 손실에 대하여 설명하여라.

Ex 7.2 <그림 7.6> (a)의 영전압 스위칭 준공진형 직류-직류 강압 변환기 회로에서 공급전압 V_s = 20 [V], 공진 리액터 L_r = 10 [μH], 공진 커패시터 C_r = 0.1 [μF], 부하전류 I_o = 2 [A], 스위칭 주파수 f_s = 100 [kHz]이다. 출력전압 V_o, 최대 커패시터 역전압 V_{C_P}, 최대 인덕터 전류 $I_{r,\max}$를 구하고 PSIM 시뮬레이션을 통하여 확인하여라.

Ex 7.3 <그림 7.6> (a)의 회로에서 주어진 파라메타가 V_s = 50 [V], L_r = 20 [μH], C_r = 0.01 [μF], I_o = 3 [A]이다.

(a) 스위칭 주파수 f_s = 80 [kHz]일 때 출력전압 V_o [V]은?

(b) 출력전압 V_o = 25 [V]가 되기 위한 스위칭 주파수는?

Ex 7.4 <그림 7.6> (a)의 회로에서 V_s = 15 [V], I_o = 4 [A]이다. 커패시터에 걸리는 역방향 최대전압이 40 [V], 공진 주파수가 1.6×10^6 [rad/s]가 되는 공진 리액터 L_r과 공진 커패시터 C_r의 값을 구하여라. 또한 PSIM 시뮬레이션을 통하여 설계된 범위에 만족하는지 확인하여라.

Ex 7.5 <그림 7.6> (a)의 회로에서 주어진 파라메타가 V_s = 24 [V], L_r = 5 [μH], C_r = 0.12 [μF], I_o = 8 [A]이다.

(1) 스위칭 주파수 f_s = 100 [㎑]일 때 출력전압 V_o [V]은?

(2) 출력전류 I_o가 부하변동에 의해 7 ~ 9 [A] 사이에서 변동할 것으로 예상이 된다면 출력전압을 10 [V] 조절하는 데 필요한 스위칭 주파수의 범위를 구하여라.

Ex 7.6 <그림 7.6> (a)에서 V_s = 30 [V], R_L = 5 [Ω], 스위칭 주파수 f_s = 100 [㎑]이다. 출력 임피던스 Z_o = 25 [Ω]와 출력전압 V_o = 15 [V]가 되도록 공진 리액터 L_r, 공진 커패시터 C_r의 값을 구하고, PSIM을 통하여 각 부의 파형을 확인하여라.

Ex 7.7 <그림 7.9> (a)의 영전류 스위칭 준공진형 직류-직류 강압 변환기 회로에서 공급전압 V_s = 20 [V], 공진 리액터 L_r = 4 [μH], 공진 커패시터 C_r = 0.3 [μF], 부하전류 I_o = 5 [A], 스위칭 주파수 f_s = 100 [㎑]이다. 출력전압 V_o을 구하고 PSIM 시뮬레이션을 통하여 확인하여라.

Ex 7.8 <그림 7.9> (a)의 회로에서 공급전압 V_s = 36 [V], 부하전류 I_o = 3.6 [A], 공진 커패시터 C_r = 0.18 [μF], 공진 리액터 L_r = 14 [μH]이다. 최대 스위칭 주파수와 이에 따른 출력전압을 구하여라. 또한 출력전압이 18 [V]가 되는 스위칭 주파수를 구하여라.

Ex 7.9 <그림 7.9> (a)의 영전류 스위칭 준공진형 직류-직류 강압 변환기 회로에서 공급전압 V_s = 100 [V], 부하전류 I_o = 1.5 [A], 공진 리액터 L_r = 10 [μH], 공진 커패시터 C_r = 0.01 [μF], 스위칭 주파수 f_s = 50 [kHz]이다.

(1) 변환기의 출력전압 V_o을 구하여라.
(2) 최대 인덕터 전류와 최대 커패시터 전압을 구하여라.
(3) 출력전압 40 [V]에 대한 스위칭 주파수를 구하여라.
(4) 이상의 내용을 PSIM 프로그램을 통하여 파형을 확인하여라.

Ex 7.10 <그림 7.9> (a)의 회로에서 공급전압 V_s = 100 [V], 공진 리액터 L_r = 10 [μH], 공진 커패시터 C_r = 0.01 [μF]이다. 부하가 변동하여 부하에 흐르는 전류가 1 ~ 3 [A]의 범위로 맥동한다면 출력전압 V_o을 50 [V]로 유지하기 위한 스위칭 주파수 f_s의 범위를 구하여라.

Ex 7.11 <그림 7.9> (a)에서 V_s = 30 [V], R_L = 5 [Ω], 스위칭 주파수 f_s = 200 [kHz]이다. 출력 임피던스 Z_o = 2.5 [Ω]와 출력전압 V_o = 15 [V]가 되도록 공진 리액터 L_r, 공진 커패시터 C_r의 값을 구하고, PSIM을 통하여 각 부의 파형을 확인하여라.

Ex 7.12 <그림 7.14> (a)의 직렬공진 직류-직류 변환기 회로에 대하여 다음과 같은 파라메타를 가진다.

공급전압 V_s = 100 [V], 스위칭 주파수 f_s = 100 [㎑],
공진 리액터 L_r = 40 [μH], 공진 커패시터 C_r = 0.04 [μF]
부하저항 R_L = 10 [Ω]

출력전압 V_o를 구하고 이를 PSIM 시뮬레이션을 통하여 각부 파형과 크기 및 트랜지스터에 흐르는 전류, 전압의 파형과 손실 파형을 확인하고, 1초당 발생하는 손실의 크기를 구하여라.

Ex 7.13 직렬공진 직류-직류 변환기가 공급전원 V_s = 50 [V], 출력전압 V_o = 25 [V]이다. 스위칭 주파수를 100 [㎑]로 설정하고 정상동작을 행하도록 할 때 적절한 크기의 공진 리액터와 공진 커패시터 L_r, C_r의 크기를 설정하고 PSIM 시뮬레이션 프로그램을 통하여 그 파형을 확인하여라.

Ex 7.14 공급전원 V_s = 150 [V], 출력전압 V_o = 24 [V]이 되도록 하이브리드 버스용 직렬공진 직류-직류 변환기를 설계하려고 한다. 부하가 R_L = 10 [Ω]일 때 스위칭 주파수를 150 [㎑]로 설정하려고 한다. 적절한 크기의 공진 리액터와 공진 커패시터 L_r, C_r의 크기를 설정하고 PSIM 시뮬레이션 프로그램을 통하여 그 파형을 확인하여라. 만약 리액터와 커패시터의 크기 및 그 범위가 불안정할 경우 스위칭 주파수를 조절하여 안정한 범위에서 제어가 되도록 파라메타를 설정하여라.

Ex 7.15 <그림 7.17> (a)의 병렬공진 직류-직류 변환기 회로에 대하여 다음과 같은 파라메타를 가진다.

공급전압 V_s = 20 [V], 스위칭 주파수 f_s = 100 [㎑],
공진 리액터 L_r = 5 [μH], 공진 커패시터 C_r = 0.6 [㎌]
부하저항 R_L = 10 [Ω]

변환기의 출력전압 V_o를 구하고 이를 PSIM 시뮬레이션을 통하여 각부 파형과 크기 및 트랜지스터에 흐르는 전류, 전압의 파형과 손실 파형을 확인하고, 1초당 발생하는 손실의 크기를 구하여라.

Ex 7.16 병렬공진 직류-직류 변환기가 공급전원 V_s = 12 [V], 출력전압 V_o = 20 [V]이다. 부하저항 R_L = 10 [Ω]이고, 스위칭 주파수를 100 [㎑]로 설정하고 정상동작을 행하도록 할 때 적절한 크기의 공진 리액터와 공진 커패시터 L_r, C_r의 크기를 설정하고 PSIM 시뮬레이션 프로그램을 통하여 그 파형을 확인하여라.

Ex 7.17 공급전원 V_s = 50 [V], 출력전압 V_o = 75 [V]가 되도록 병렬공진 직류-직류 변환기를 설계하려고 한다. 부하가 R_L = 25 [Ω]일 때, 적절한 크기의 공진 리액터 L_r과 공진 커패시터 C_r를 설정하고, 또한 적절한 크기의 스위칭 주파수를 설정하여라. 이 결과를 PSIM 시뮬레이션 프로그램을 통하여 그 파형을 확인하여라.

Ex 7.18 <그림 7.19> (a)의 직병렬공진 직류-직류 변환기 회로에 대하여 다음과 같은 파라메타를 가진다.

공급전압 V_s = 100 [V], 부하저항 R_L = 10 [Ω]

스위칭 주파수 f_s = 100 [㎑], 공진 리액터 L_r = 100 [μH]

공진 커패시터 $C_{rp} = C_{rs}$ = 0.03 [μF]

변환기의 출력전압 V_o를 구하고 이를 PSIM 시뮬레이션을 통하여 각부 파형과 크기 및 트랜지스터에 흐르는 전류, 전압의 파형과 손실 파형을 확인하고, 1초당 발생하는 손실의 크기를 구하여라.

Ex 7.19 직병렬공진 직류-직류 변환기가 공급전원 V_s = 20 [V], 출력전압 V_o = 12 [V]이다. 스위칭 주파수 f_s = 75[㎑]로 설정하고 부하저항에 1 [A]의 전류를 공급하도록 적절한 크기의 공진 리액터 L_r과 직렬 및 병렬공진 커패시터 C_{rs} , C_{rp}의 크기를 설정하고 PSIM 시뮬레이션 프로그램을 통하여 그 파형을 확인하여라.

Ex 7.20 영전압 스위칭 준공진 변환기 회로와 영전류 스위칭 준공진 변환기 회로의 특징을 비교 설명하여라.

APPENDIX

부 록

A-1. Elements의 구성요소

A-2. 부품 툴 바의 구성요소

A-1 Elements의 구성요소

A-1-1. Power 요소

Power 요소에는 RLC Branches, Switches, Transformers, Other, Motor Drive Module, Mag Coupler Module가 있으며 하위 구성요소는 다음과 같다.

[1] RLC Branches

- Resistor
- Inductor
- Capacitor
- RL
- RC
- LC
- RLC
- R3
- RL3
- RC3
- RLC3
- Rheostat
- Saturable Inductor
- Coupled Inductor (2)
- Coupled Inductor (3)
- Coupled Inductor (4)
- Nonlinear Element v=f(i)
- Nonlinear Element i=f(v)
- Nonlinear Element v=f(i,x)
- Nonlinear Element i=f(v,x)

[2] Switches

- Diode
- Thyristor
- npn Transistor
- pnp Transistor
- MOSFET
- MOSFET (p channel)
- IGBT
- GTO
- Bi-directional Switch
- npn Transistor (1)
- pnp Transistor (1)
- Zener
- DIAC
- TRIAC
- 1-ph Diode Bridge
- 3-ph Diode Bridge
- 1-ph Thyristor Bridge
- 3-ph Thyristor Bridge
- 3-ph Thyristor Half-Bridge
- 6-ph Thyristor Half-Bridge
- VSI3 (MOSFET)
- VSI3 (IGBT)
- CSI3
- Gating Block
- Gating Block (1)

[3] Transformers

- Ideal Transformer
- Ideal Transformer (1)
- 1-ph Transformer
- 1-ph Transformer (1)
- 1-ph 3-w Transformer
- 1-ph 4-w Transformer
- 1-ph 5-w Transformer
- 1-ph 5-w Transformer (1)
- 1-ph 6-w Transformer
- 1-ph 7-w Transformer
- 1-ph 8-w Transformer
- 3-ph Transformer
- 3-ph Y/Y Transformer
- 3-ph Y/D Transformer
- 3-ph D/D Transformer
- 3-ph D/Y Transformer
- 3-ph 3-w Y/D/D Transformer
- 3-ph 3-w Y/Y/D Transformer
- 3-ph 3-w Transformer
- 3-ph 4-w Transformer
- 3-ph 6-w Transformer

[4] Other

- Op. Amp.
- Op. Amp. (1)
- Op. Amp. (2)
- dv/dt

[5] Motor Drive Module

Squirrel-cage Ind. Machine
Squirrel-cage Ind. Machine (neutral)
Squirrel-cage Ind. Machine (linear)
Squirrel-cage Ind. Machine (nonlinear)
Wound-rotor Ind. Machine
Wound-rotor Ind. Machine (linear)
Wound-rotor Ind. Machine (nonlinear)
DC Machine
Brushless DC Machine
Permanent Magnet Sync. Machine
Permanent Magnet Sync. Machine (V)
Permanent Magnet Sync. Machine (nonlinear)
Synchronous Machine
Synchronous Machine (I)
Switched Reluctance Machine
Mechanical Load (general)
Mechanical Load (constant-power)
Mechanical Load (constant-torque)
Mechanical Load (constant-speed)
Gear Box
Mechanical-Electrical Interface
Absolute Encoder
Incremental Encoder
Resolver
Hall-effect Sensor
Speed Sensor
Torque Sensor

A-1-2. Control 요소

Control 요소에는 하위요소를 포함하는 Filters, Computational Blocks, Other Function Blocks, Logic Elements, Digital Control Module, SimCoupler Module와 Proportional, PI, Integrator, Differentiator, Resetable Integrator, Comparator, Limiter, Summer(1-input), Summer (+/-), Summer (+/+), Summer (3-input)가 있다.

[1] Filters

2nd-order Low-pass Filter
2nd-order High-pass Filter
2nd-order Band-pass Filter
2nd-order Band-stop Filter

[2] Computational Blocks

Multiplier
Divider
Square-root
Sine
Sine Inverse
Cosine
Cosine Inverse
Tangent
Tangent Inverse
Exponential (a^x)
Power (x^a)
LOG (base e)
LOG10 (base 10)
RMS
Absolute Value
Sign Block

[3] Logic Elements

- AND Gate
- AND Gate (3-input)
- OR Gate
- OR Gate (3-input)
- XOR Gate
- NOT Gate
- NAND Gate
- NOR Gate
- Set-Reset Flip-Flop
- JK Flip-Flop
- D Flip-Flop
- Monostable
- Controlled Monostable
- Pulse Width Counter
- Up/Down Counter
- A/D Coverter (8-bit)
- A/D Converter (10-bit)
- D/A Converter (8-bit)
- D/A Converter (10-bit)

[4] Digital Control Module

- Zero-Order Hold
- Unit Delay
- Discrete Integrator
- Discrete Differentiator
- Discrete Resetable Integrator
- FIR Filter
- Digital Filter
- z-domain Transfer Function
- Circular Buffer
- Array
- Convolution
- Memory Read
- Quantization Block
- FIR Filter (1)
- Digital Filter (1)
- Array (1)
- Stack

[5] Other Function Blocks

- Sample-and-hold
- Lookup Table (trapezoid)
- Lookup Table (square)
- FFT
- s-domain Transfer Function
- s-domain Transfer Function (1)
- Time Delay
- THD
- Roundoff
- dv/dt Limiter
- Multiplexer (2-input)
- Multiplexer (4-input)
- Multiplexer (8-input)

[6] SimCoupler Module

- In Link Node
- Out Link Node

A-1-3. Other 요소

Other 요소에는 하위요소를 포함하는 Switch Controllers, Sensors, Probes, Function Blocks과 Control-to-power Interface, Ground, Ground(1), Ground(2), .FILE, .ACSWEEP, .PARAMSWEEP가 있다.

[1] Switch Controllers

- On-Off Controller
- Alpha Controller
- PWM Pattern Controller

[2] Sensors

- Voltage Sensor
- Current Sensor

[3] Probes

- Voltage Probe
- Current Probe
- Voltage Probe (node-to-node)
- DC Voltmeter
- AC Voltmeter
- DC Ammeter
- AC Ammeter
- Watt Meter
- 3-ph Watt Meter
- VAR Meter
- 3-ph VAR Meter
- VA/Power Factor Meter
- 3-ph VA/Power Factor Meter
- AC Sweep Probe
- AC Sweep Probe (loop)

[4] Function Blocks

- ABC-DQO Transformation
- DQO-ABC Transformation
- Lookup Table
- 2-D Lookup Table (integer)
- 2-D Lookup Table (interpolation)
- Math Function
- Math Function (2-input)
- Math Function (3-input)
- Math Function (5-input)
- Math Function (10-input)
- DLL Block (1-input)
- DLL Block (3-input)
- DLL Block (6-input)
- DLL Block (12-input)
- DLL Block (20-input)
- DLL Block (25-input)
- General DLL Block

[4] Sources

Sources 요소에는 하위요소를 포함하는 Voltage, Current와 Time 요소가 있다.

[1] Voltage

- DC
- DC (battery)
- Sine
- 3-ph Sine
- Triangular
- Square-wave
- Step
- Step (1)
- Piecewise Linear
- Piecewise Linear (1)
- Voltage-controlled
- Current-controlled
- Current-controlled (1)
- Variable-gain Voltage-controlled
- Nonlinear (multiplication)
- Nonlinear (division)
- Nonlinear (square-root)
- Grounded DC
- Grounded DC (1)
- Random
- Power
- Math Function

[2] Current

- DC
- Sine
- Triangular
- Square
- Step
- Step (1)
- Piecewise Linear
- Piecewise Linear (1)
- Current-controlled
- Current-controlled (1)
- Voltage-controlled
- Variable-gain voltage-controlled
- Nonlinear (multiplication)
- Nonlinear (division)
- Nonlinear (square-root)
- Random
- Polynomial
- Polynomial (1)

A-2 부품 툴 바의 구성요소

PSIM Editor 창에서 도면을 쉽고 빠르게 그리기 위하여 자주 사용되는 요소(Elements)를 부품 툴 바에 배치를 해두고 있다.

그룹	아이콘	명 칭	기 능
기본 구성 요소		Ground	회로의 기준 전위 0 [V] 설정
		Resistor	저항
		Inductor	인덕터
		Capacitor	커패시터
		Diode	다이오드
		Thyristor	사이리스터
		MOSFET Switch	MOSFET 스위치
		IGBT Switch	IGBT 스위치
	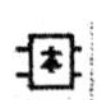	Single Phase Diode Bridge	단상 교류입력 정류기
		Three Phase Diode Bridge	3상 교류입력 정류기
게이팅		Gating Block for Switch	스위치 게이팅 신호 발생기
		ON/OFF Switch Controller	ON/OFF 스위치 제어기
측정	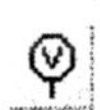	Voltage Probe	GND 기준 전압 프로브
	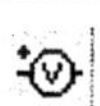	Voltage Probe	양단전압 측정 프로브
		Current Probe	전류 프로브

전원		DC Voltage source	직류 전압원
		Sinusoidal Voltage source	정현파 전압원
		Triangular-Wave Voltage source	삼각파 전압원
		Square-Wave Voltage source	구형파 전압원
		Step Voltage source	계단 전압원
센서		Voltage Sensor	전압 센서
		Current Sensor	전류 센서
연산 및 제어 요소		Proportional Block	비례 요소
		Proportional-Integral Block	비례-적분 요소
		Summer	가산기(+/-)
		Summer	가산기(+/+)
		Comparator	비교기
		Limiter	제한기
		NOT Gate	NOT 게이트
		Multiplier	곱셈기
		Divider	분할기

찾아보기

ㄱ

강압 변환기 218
강압-승압 변환기 236
강제응답 95
게이트 펄스 132
고주파용 변압기 253
공진형 변환기
Resonant converter 339
과도해석 48
교류전압 제어회로 166
권선 리셋형 포워드 변환기 259

ㄷ

다이오드 12
단방향 스위칭 308
단상 반파 위상제어정류 129
단상 반파정류 89
단상 브리지 전파정류 110
단상 전브리지 인버터 293
단상 전파정류 110
데드타임 318
도통각 171
동작점 16, 20
동적링크라이브러리 72
듀티비 207

ㅁ

맥동율 121, 91
맥동전압 106, 222
문턱전압 12

ㅂ

반브리지 변환기
Half-bridge converter 271
반송신호 307
반파형 전류공진 343
반파형 전압공진 341
벅 변환기 218
벅-부스트 변환기 236
병렬공진 직류-직류 변환기 379
부스트 변환기 227
부품 툴 바 42
부회로 65

ㅅ

소프트 스위칭
soft switching 340
소호각 97, 135, 171
순방향 바이어스 11
순시값 25
스위칭 손실 340
승압 변환기 227
실효값 26
쌍극접합 트랜지스터 13

ㅇ

양방향 스위칭 307
역률 32
역방향 바이어스 11
역방향 첨두전압 13
영전류 스위칭
Zero Current Switching 339
영전류 스위칭 기법 342
영전류 스위칭 변환기
ZCS converter 342
영전압 스위칭
Zero Voltage Switching 339
영전압 스위칭 기법 340
영전압 스위칭 다중공진형 변환기
ZVS MRC 367
영전압 스위칭 변환기
ZVS converter 340
영전압 스위칭 준공진형 변환기
ZCS QRC 355
ZVS QRC 345
왜곡률 33
위상제어 정류회로 130
인버터 293
인버터 정류형 직류-직류 변환기 270

ㅈ

자연응답 96
자화리액턴스 258
전계효과 트랜지스터 17
전고조파 왜형률 296, 33
전브리지 변환기
Full-bridge converter 276
전파형 전류공진 344
전파형 전압공진 341
점호각 130, 24
제어기준신호 307
준공진형 변환기 345
준공진형 직류-직류 변환기
Quasi Resonant converter 345
직렬공진 직류-직류 변환기 369
직류부하선 16
직병렬공진 직류-직류 변환기 386

ㅊ

차단영역 14
초퍼 207
최대 역방향 전압 91
축 변환기
Cuk converter 245

ㅋ

커패시터 필터 105

ㅍ

펄스폭 변조 306
평균전력 26
포워드 변환기
Forward converter 254
포화영역 14
푸리에 급수 28, 214
푸시-풀 변환기
Push-Pull converter 277

플라이백 변환기
Flyback converter 263
핀치오프 18

ㅎ

항복영역 15
항복현상 13
환류 다이오드 102
활성영역 15

A

angle of extinction 135

B

Boost converter 227
Buck converter 218
Buck-Boost converter 236

C

chopper 207

D

dead-time 318
DF 33
DLL 72
Duty Ratio 207

F

FFT 60
firing angle 130
fourier series 214
freewheeling diode 102

G

GTO 25

J

J-FET 17

M

MOSFET 17

P

Power Factor 32
PWM 207

R

RCD 리셋형 포워드 변환기 260

S

SCR 21
Subcircuit 65

T

THD 296, 33
TRIAC 24

PSIM 시뮬레이션 프로그램으로 해석하는
전력전자실습

2023. 8. 10 인쇄
2023. 8. 15 발행

판 권
소 유

저 자 : 김경만 · 최경진 · 심광열 · 조관열
강찬호 · 김희준 · 이홍희 · 전태원 공저

발행자 : 이진권

발행처 : 도서출판 **태영문화사**

주 소 : 서울특별시 강서구 초원로 38
전 화 : 2661-8751
F A X : 2661-8798
등 록 : 1998년 11월 12일 제 2-2682호

정가 24,000원